ORGANIC MASS
SPECTROMETRY
AND ITS APPLICATIONS

# 有机质谱法
# 及其应用

盛龙生　编著

化学工业出版社

·北京·

本书分上下两篇，内容涵盖了有机质谱法的主要方面。

上篇主要介绍有机质谱方法，包括有机质谱的概念术语、离子化方法、仪器、联用技术、数据处理和谱图解析。对基质辅助激光解吸/离子化（MALDI）和电喷雾离子化（ESI）等大气压离子化（API）和衍生技术、复杂样品分析数据的处理和挖掘、有机质谱的解析等进行了重点讨论。

下篇介绍了有机质谱法在药物分析、食品安全、环境监测和生命科学等领域的应用，给出了基本应用原理及规律，同时辅以大量实例对分析过程做了详细阐述。

本书可作为分析化学特别是质谱分析领域的初学者及入门不久的分析测试技术人员的学习用书，也可供食品、药品、农药、环境分析和生命科学领域的研究人员参考阅读。

**图书在版编目（CIP）数据**

有机质谱法及其应用 / 盛龙生编著. —北京：化学工业
出版社，2016.10
ISBN 978-7-122-27981-1

Ⅰ.①有… Ⅱ.①盛… Ⅲ.①有机分析－质谱法
Ⅳ.①O657.63

中国版本图书馆 CIP 数据核字（2016）第 208497 号

责任编辑：傅聪智　　　　　　　　　　文字编辑：李　玥
责任校对：王　静　　　　　　　　　　装帧设计：刘丽华

出版发行：化学工业出版社（北京市东城区青年湖南街 13 号　邮政编码 100011）
印　　装：北京虎彩文化传播有限公司
787mm×1092mm　1/16　印张 20　彩插 1　字数 541 千字　2018 年 3 月北京第 1 版第 1 次印刷

购书咨询：010-64518888　　　　　　　　售后服务：010-64518899
网　　址：http：// www.cip.com.cn
凡购买本书，如有缺损质量问题，本社销售中心负责调换。

定　　价：88.00 元

随着我国经济和各项事业的发展，高等院校、研究院所、监测检验机构和大型企业等相继引进了大量先进的质谱仪器和有关设备。有机质谱法在我国得到了迅速的发展，已成为食品、药品、农药、环境分析和生命科学研究等领域必不可少的有力工具。另外，不断扩大的从业人员队伍需要得到进一步的培训。有机质谱法及其联用技术涉及广泛的原理、知识、方法和技能，需要结合实际工作不断地学习。编写本书的目的是希望借此能对初学者及入门不久的质谱工作者的成长有所帮助。

上篇为方法篇。第 1 章概述中主要讨论的是质谱法的基本概念和术语，因为恰恰是这些最基本的东西，往往不被重视，在市面上出现的中文仪器样本、应用报告和讲座中，常常出现不正确或不恰当的概念和术语。建议读者仔细阅读第 1 章中的有关内容，并参阅所附的参考文献：国际纯粹和应用化学联合会（IUPAC）2013 年推荐的"有关质谱法的术语"，以及"准确质量测定：术语和数据处理"。在本书的其他章节中，涉及有关术语的，也已分别加以说明。

质谱法的迅速发展，与仪器的进步及新的离子化方法的发展密切相关。离子化方法的研究是质谱法中最活跃的领域。在第 2 章离子化方法中，电喷雾离子化（ESI）和基质辅助激光解吸/离子化（MALDI）是目前最重要、应用范围最广的两种技术，因此，对其离子化机理、实验方法及发展，如表面增强激光解吸/离子化（surface-enhanced laser desorption/ionization，SELDI）、表面辅助激光解吸/离子化（surface-assisted laser desorption/ionization，SALDI）、纳升电喷雾离子化（nano ESI）和原环境电喷雾离子化（native ESI）等均进行了讨论。

其他大气压离子化方法，除了大气压化学离子化（APCI）、大气压光离子化（APPI）和大气压 MALDI（APMALDI）外，解吸电喷雾离子化（desorption electrospray ionization，DESI）和直接实时分析（direct analysis in real time，DART）的发展引人注目，这两种敞开式离子源（ambient ionization）的出现，启发了众多相关技术的产生。也可以说它们是 ESI 相关技术、LDI 相关技术、APCI 相关技术和 APPI 相关技术。

第 3 章讨论质量分析器，这是质谱仪的主体。质谱法是用质谱仪研究物质的方法。质谱仪涉及许多理论、方法和技术。本章中讨论了常用的各种质量分析器，包括分辨率最高的傅里叶变换离子回旋共振质谱仪（Fourier transform ion cyclotron resonance mass spectrometer，FTICR MS）和最新的静电场轨道离子阱（Orbitrap）。对串联质谱法和杂交仪器，结合实际详细讨论了质谱扫描或采集方式，并涉及碰撞诱导解离（CID）、电子捕获解离（ECD）和电子转移解离（ETD）等离子活化方法。

进样系统或联用技术是样品分析的关键，本书讨论了 LC-MS、GC-MS 和 CE-MS，并较详细地介绍了离子淌度谱仪（ion-mobility spectrometer，IMS）与液相色谱仪及质谱仪的联用（LC-IMS-MS），这是一种正在快速发展的强有力的分析系统。

复杂样品的色谱-质谱数据处理是分析工作的一个重要环节。在基因组学之后，蛋白质组学、代谢组学等一系列组学研究的兴起，对色谱-质谱数据处理提出了更高的要求。因为以色谱-质谱法为基础的方法，在复杂样品中可能检出数以千计的谱峰，这样复杂的数据需要自动处理。在第 4 章中，我们结合应用实例，讨论了背景扣除、谱峰检测和成分鉴别等技术，包括提取离子色谱（EIC）、产物离子过滤（PIF）、中性丢失过滤（NLF）、质量差值过滤（MDF）、分子特征提取（MFE）、数据库及质谱库检索等问题。

第 5 章质谱解析中，除了基本的质谱裂解反应外，重点讨论了大气压离子化质谱（API MS）的解析，包括有机小分子 API MS 的解析及生物大分子质谱的解析。

下篇是应用篇，主要介绍了有机质谱法在药物分析、食品安全、环境监测和生命科学四个方面的应用。这些领域的工作，在很大程度上促进了有机质谱的发展。在这些应用实例中，根据工作需要，采用了不同的方法、仪器和相关技术，以及数据处理、分析和解析，建议读者必要时与上篇中的有关内容联系起来，加深理解。笔者引用文献时，尽量保持应用实例主要内容的完整性，以供读者参考。复杂样品的预处理十分重要，由于篇幅限制，本书仅提供了经过优化后的最终方法，对于优化过程，请读者阅读文献原文。

在本书的每一章后，均列出了参考文献，以便读者深入学习。

王颖博士对全书进行了核对并标注了图表的中英文，中国药科大学有关领导、仪器公司和笔者的同事、朋友对本书的编写给予了支持，化学工业出版社为本书的出版提供了资助，此处一并表示感谢！

本书的内容涉及有机质谱仪器、方法、技术和应用的主要方面。因学识有限，不当之处请予以指正。

编著者

# 缩略语

| 英文缩写 | 英文全称 | 中文名称 |
|---|---|---|
| APCI | atmospheric pressure chemical ionization | 大气压化学离子化 |
| API | atmospheric pressure ionization | 大气压离子化 |
| APMALDI | atmospheric pressure matrix assisted laser desorption/ionization | 大气压基质辅助激光解吸/离子化 |
| APPI | atmospheric pressure photoionization | 大气压光离子化 |
| ASAP | atmospheric pressure solids analysis probe | 大气压固体分析进样杆 |
| BIRD | blackbody infrared radiative dissociation | 黑体红外辐射解离 |
| CAD | collision activated dissociation | 碰撞活化解离 |
| CCS | collision cross-section | 碰撞截面积 |
| CE | capillary electrophoresis | 毛细管电泳 |
| CI | chemical ionization | 化学离子化 |
| CID | collision induced dissociation | 碰撞诱导解离 |
| CZE | capillary zone electrophoresis | 毛细管区域电泳 |
| DART | direct analysis in real time | 直接实时分析 |
| DCI | direct chemical ionization | 直接化学离子化 |
| DESI | desorption electrospray ionization | 解吸电喷雾离子化 |
| DIOS | desorption/ionization on silicon | 硅上解吸/离子化 |
| DIP | direct inlet probe | 直接进样杆 |
| DMA | differential mobility analyzer | 示差淌度分析器 |
| DMS | differential mobility spectrometer | 示差淌度谱仪 |
| DTIMS | drift time ion mobility spectrometer | 漂移时间离子淌度谱仪 |
| ECD | electron capture dissociation | 电子捕获解离 |
| EESI | extractive electrospray ionization | 萃取电喷雾离子化 |
| EI | electron impact ionization | 电子轰击离子化 |
| EIC | extracted ion chromatogram | 提取离子色谱 |
| EID | electro-induced dissociation | 电子诱导解离 |
| EM | electron multiplier | 电子倍增器 |
| ESI | electrospray ionization | 电喷雾离子化 |
| ETD | electron transfer dissociation | 电子转移离子化 |
| FAB | fast atom bombardment | 快原子轰击 |
| FAIMS | field asymmetric waveform ion mobility spectrometer | 场非对称波形离子淌度谱仪 |
| FD | field desorption | 场解吸 |
| FSOT | fused silica open tubular column | 熔融二氧化硅空心柱 |
| FT | Fourier transform | 傅里叶变换 |

| 英文缩写 | 英文全称 | 中文名称 |
|---|---|---|
| FTICR | Fourier transform ion cyclotron resonance | 傅里叶变换离子回旋共振 |
| FWHM | full width at half maximum | 半峰宽 |
| GC | gas chromatography | 气相色谱法 |
| GD | glow discharge | 电晕放电 |
| GE | gel electrophoresis | 凝胶电泳 |
| GFC | gel filter chromatography | 凝胶过滤色谱法 |
| GPC | gel permeation chromatography | 凝胶渗透色谱法 |
| HPLC | high performance liquid chromatography | 高效液相色谱法 |
| ICR | ion cyclotron resonance | 离子回旋共振 |
| IEC | ion-exchange chromatography | 离子交换色谱法 |
| IEF | isoelectric focusing | 等电聚焦 |
| IMS | ion mobility spectrometry | 离子淌度谱法 |
| IPF | isotope pattern filtering | 同位素图形过滤 |
| IR | infrared | 红外 |
| IRMPD | infrared multiphoton dissociation | 红外多光子解离 |
| IT | ion trap | 离子阱 |
| iTRAQ | isobaric tags for relative and absolute quantitation | 同位素标记相对和绝对定量 |
| IT-TOF | ion trap-time-of-flight | 离子阱-飞行时间 |
| LA | laser ablation | 激光烧蚀 |
| LC | liquid chromatography | 液相色谱法 |
| LDI | laser desorption/ionization | 激光解吸/离子化 |
| LIT | linear ion trap | 线形离子阱 |
| LIT-FTICR | linear ion trap-Fourier transform ion cyclotron resonance | 线形离子阱-傅里叶变换离子回旋共振 |
| LIT-Orbitrap | linear ion trap-Orbitrap | 线形离子阱-静电轨道场离子阱 |
| LSIMS | liquid secondary ion mass spectrometry | 液体二次离子质谱法 |
| MALDI | matrix-assisted laser desorption/ionization | 基质辅助激光解吸/离子化 |
| MCP | microchannel plate | 微通道板 |
| MD | mass defect | 质量差值 |
| MDF | mass defect filtering | 质量差值过滤 |
| MFE | molecular feature extract | 分子特征提取 |
| MPI | multiple photon ionization | 多光子离子化 |
| MRM | multiple reaction monitoring | 多反应监测 |
| MR-TOF | multiple reflection time-of-flight | 多反射飞行时间 |
| MS | mass spectrometry | 质谱 |
| MSI | mass spectrometry imaging | 质谱成像 |
| MS/MS | mass spectrometry/mass spectrometry | 质谱/质谱 |
| $MS^n$ | MS/MS of higher generations | 多级质谱 |
| MT-TOF | multiple turn time-of-flight | 多次旋转飞行时间 |
| nano ESI | nano flow electrospray ionization | 纳升流速电喷雾离子化 |
| NLF | neutral loss filtering | 中性丢失过滤 |
| NPC | normal-phase chromatography | 正相色谱法 |
| OPLS-DA | orthogonal partial least squares discriminant analysis | 正交偏最小二乘判别分析 |
| OTC | open tubular column | 空心柱 |
| PCA | principal component analysis | 主成分分析 |

| 英文缩写 | 英文全称 | 中文名称 |
|---|---|---|
| PD | plasma desorption; photodissociation | 等离子解吸；光解离 |
| pI | isoelectric point | 等电点 |
| PI | photoionization | 光离子化 |
| PIF | productd ion filtering | 产物离子过滤 |
| PLS-DA | partial least squares discriminant analysis | 偏最小二乘判别分析 |
| PSD | post-source decay | 源后裂解 |
| q | quadrupole (or hexapole/octapole) used as collision chamber | 四极(或六极/八极)用作碰撞池 |
| Q | quadrupole, quadrupole mass filter | 四极，四极质量过滤器 |
| Q-FTICR | quadrupole-Fourier transform ion cyclotron resonance | 四极-傅里叶变换离子回旋共振 |
| QIT | quadrupole ion trap (Paul trap) | 四极离子阱(Paul 阱) |
| Q-LIT-Orbitrap | quadrupole-linear ion trap-Orbitrap | 四极-线形离子阱-静电轨道场离子阱 |
| Q-Orbitrap | quadrupole-Orbitrap | 四极-静电轨道场离子阱 |
| Q-q-LIT(QTRAP) | quadrupole-q-linear ion trap | 四极-q-线形离子阱 |
| QqQ | triple quadrupole | 三重四极 |
| Q-TOF | quadrupole-time-of-flight | 四极-飞行时间 |
| QuEChERS | Quick, Easy, Cheap, Effective, Rugged and Safe | 快速，容易，便宜，有效，可靠，安全 |
| RF | radio frequency | 射频 |
| RPC | reversed-phase chromatography | 反相色谱法 |
| SALDI | surface-assisted laser desorption/ionization | 表面辅助激光解吸/离子化 |
| SCI | self chemical ionization | 自身化学离子化 |
| SEC | size exclusion chromatography | 体积排斥色谱法 |
| SELDI | surface-enhanced laser desorption/ionization | 表面增强激光解吸/离子化 |
| SFC | supercritical fluid chromatography | 超临界流体色谱法 |
| SID | surface-induced dissociation | 表面诱导解离 |
| SIM | selected ion monitoring | 选择离子监测 |
| SIMS | secondary ion mass spectrometry | 二次离子质谱法 |
| SORI | sustained off-resonance irradiation | 持续偏共振照射 |
| SPE | solid phase extract | 固相萃取 |
| SPME | solid phase micro-extraction | 固相微萃取 |
| SRM | selected reaction monitoring | 选择反应监测 |
| SWIFT | stored waveform inverse Fourier transform | 储存波形逆傅里叶变换 |
| TDC | time-to-digital converter | 时间-数字转换器 |
| TIC | total ion current | 总离子流 |
| TICC | total ion current chromatogram | 总离子流色谱 |
| TOF | time-of-flight | 飞行时间 |
| TOF-TOF | tandem time-of-flight | 串联飞行时间 |
| TSI | thermospray ionization | 热喷雾离子化 |
| TWIMS | travelling wave ion mobility spectrometer | 迁移波离子淌度谱仪 |
| UPLC | ultra performance liquid chromatography | 超高效液相色谱法 |
| UV | ultraviolet | 紫外 |
| WCOT | wall coated open tubular | 壁涂空心柱 |
| ZE | zone electrophoresis | 区域电泳 |

**上篇　有机质谱方法**

上 篇

有机质谱方法

# 1

## 概述

---

## 1.1  质谱法及基本术语

质谱法（mass spectrometry，MS）是通过物质生成的气相离子，用质谱仪由其质量、电荷、结构、物理-化学性质所表征的研究方法[1]，其基本过程如下。

（1）样品的离子化。用适当的方法使样品分子转变为气相离子，对于有机化合物，如果在离子化过程中接受了过多的能量，新生的分子离子（molecular ion）会进一步裂解，生成各种碎片离子（fragment ions）。

（2）离子的分离分析和检测。

（3）数据采集与处理。

图 1.1 是质谱仪的基本组成部分。

图 1.1  质谱仪基本组成部分

样品在离子源中用适当的离子化方法转变为气相离子，然后，进入处于真空中的质量分析器对离子进行分离分析并由检测器产生信号。除了上述基本组成部分之外，质谱仪还有进样系统、真空系统和电子单元及计算机系统进行仪器控制及数据采集和处理。本书将在下面各章节中依次讨论质谱仪的离子化方法（离子源）、质量分析器、检测器、进样系统和联用技术、数据采集和处理、质谱解析等基本原理、方法、技术和应用。

质谱仪产生的主要信息是离子的质量及其强度。这些数据可以列成表，但最常用的是以离子的质量与其所带电荷的比值（质荷比，$m/z$）为横坐标，强度为纵坐标制成的质谱（mass spectrum），如图 1.2 所示。

质谱中的基本术语如下。

（1）质荷比  $m/z$ 是个符号，表示离子的质量除以该离子所带的电荷数。质荷比符号中的 $m$ 和 $z$ 应为斜体小写。离子的质量等于组成该离子的所有元素的原子量（以一个 $^{12}C$ 原子的质量 $1.99266×10^{-26}kg$ 的十二分之一，即 $1.660540×10^{-27}kg$ 为单位，符号为 u）的总和。原子量单位又称道尔顿（dalton，Da），也曾用 amu，即原子量单位的英文缩写。在质谱法中产生的离子，如只带一个电荷，此时，离子的质荷比常视作离子的质量（相差一个电子的质量）。

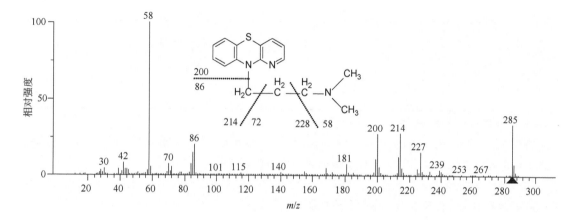

图 1.2　质谱图

（2）基峰与相对强度　基峰（base peak）是质谱图中的最强峰。质谱峰的强度常以相对强度衡量。以基峰的强度为 100，算出各个质谱峰的相对百分强度。图 1.2 中，左边的纵坐标即为相对强度（relative intensity）。基峰位于 $m/z$ 58 处。也可用绝对强度表示，单位为每秒计数（counts per second，counts/s），单位符号为 cps 或 c/s。商品仪器的图谱中，强度常直接用 counts 表示。

（3）分子离子　分子离子是样品分子失去一个电子形成的正离子或得到一个电子形成的负离子。分子离子代表完整的样品分子，是其所有碎片离子的终极前体（ultimate precursor）。由分子离子的 $m/z$ 值可得到该化合物的分子量。分子离子如为阳离子则以 $M^{+\cdot}$ 表示，"+"代表该离子具有一个正电荷，"·"代表自由基，故此离子为自由基阳离子。分子离子如为阴离子则以 $M^{-\cdot}$ 表示，为自由基阴离子。$M^{+\cdot}$、$M^{-\cdot}$ 均含未成对电子，为奇电子离子（odd electron ions）。图 1.2 中 $m/z$ 285 处的峰为分子离子峰。分子离子提供了最有价值的质谱信息，包括分子量、元素组成与碎片离子相关的结构信息。

（4）准分子离子（quasi-molecular ion）　取决于化合物的性质和质谱离子化方法及条件，可生成质子化或去质子的分子，即$[M+H]^+$、$[M-H]^-$ 及加合物离子，如$[M+Na]^+$、$[M+Cl]^-$等，这些均为偶电子离子（even electron ions）。

（5）同位素峰　同位素峰是由于多数元素有丰度较低的同位素存在而产生的。表 1.1 列出了常见元素的天然同位素丰度。表中"$A$"为最轻同位素的原子量。

表 1.1　常见元素的天然同位素丰度

| 元素 | $A$ | | $A+1$ | | $A+2$ | | 元素类型 |
|---|---|---|---|---|---|---|---|
| | 名义质量[①] | 百分数 | 名义质量 | 百分数 | 名义质量 | 百分数 | |
| H | 1 | 100 | 2 | 0.015 | | | $A$ |
| C | 12 | 100 | 13 | 1.1 | | | $A+1$ |
| N | 14 | 100 | 15 | 0.37 | | | $A+1$ |
| O | 16 | 100 | 17 | 0.04 | 18 | 0.20 | $A+2$ |
| F | 19 | 100 | | | | | $A$ |
| Si | 28 | 100 | 29 | 51 | 30 | 3.4 | $A+2$ |

续表

| 元素 | A | | A+1 | | A+2 | | 元素类型 |
|---|---|---|---|---|---|---|---|
| | 名义质量 | 百分数 | 名义质量 | 百分数 | 名义质量 | 百分数 | |
| P | 31 | 100 | | | | | A |
| S | 32 | 100 | 33 | 0.08 | 34 | 4.4 | A+2 |
| Cl | 35 | 100 | | | 37 | 32.5 | A+2 |
| Br | 79 | 100 | | | 81 | 98.0 | A+2 |
| I | 127 | 100 | | | | | A |

① 名义质量 nominal mass，即元素原子量的整数质量。

在图 1.2 中，比 $m/z$ 285 的分子离子峰高出 1 个、2 个 $m/z$ 的强度较低的峰，即 $m/z$ 286 和 287 的质谱峰为同位素峰。同样，碎片离子峰也有同位素峰相伴随。

国际纯粹和应用化学联合会（IUPAC）最近推荐的有关质谱法的术语请参阅文献[1]，在本书以后各章节中，对有关术语，也会有所说明。

# 1.2  质谱法简史

质谱法的概念是 1982 年由 Joseph J. Thomson 通过他的阴极射线管实验提出来的。因此，$m/z$ 的单位曾用 Th 表示。质谱法的诞生则归功于他用抛物线型质谱计在 20 世纪初分析正电荷射线的工作。此时，Thomson 预言这个新技术将广泛用于化学分析。但是，在此后的 20 年中化学家未能实现这一发展的意义。随 Thomson 之后，Aston、Dempster、Bainbridge 和 Nier 继续发展质谱法，用于发现新的同位素，测定同位素的相对丰度和准确质量。20 世纪 40 年代，质谱法主要用于石油工业；50～70 年代在有机化学中的应用迅速发展；50 年代，高分辨质谱仪开始有商品，促进了准确质量测定的工作；60 年代，气相色谱-质谱联用技术的发展，标志着质谱法用于分析复杂混合物的开端；80 和 90 年代起，是质谱离子化方法和仪器快速发展时期[2]。

起先，质谱法采用电子轰击（electron impact，EI）和化学离子化（chemical ionization，CI）技术，通常只能测定分子量 500 以下的小分子化合物。20 世纪 70 年代，出现了场解吸（field desorption，FD）离子化方法，可使分子量高达 1500～2000 的非挥发性化合物离子化，但重现性差，需较高的实验技能。与此同时，Mcfarlane 发明了等离子解吸质谱法（plasma desorption mass spectrometry，PD-MS），可测定分子量为数千的化合物，但由于使用锎元素的放射衰变产物使待测成分离子化，缺乏商品化的仪器，这一技术未能广泛使用。随后，Barber 等发明了快原子轰击质谱法（fast atom bombardment mass spectrometry，FAB-MS），用动能为数千电子伏特的原子（氩原子）轰击以甘油为基质的样品溶液，产生质子化的分子[M+H]⁺进行质谱分析。这个方法比较简便，仪器很快商品化，所以迅速打开了极性大分子分析的领域，可分析分子量达数千的多肽。同样，用快离子（如 Cs⁺）轰击样品的甘油溶液，也能得到类似的结果，该法称为液体二次离子质谱法（liquid secondly ion mass spectrometry，LSI-MS）。

随着各个研究和应用领域的发展，欲分析的样品更加复杂，待测成分含量很低，分子量范围也更大，FAB-MS 等方法已很难满足这些要求，因而寻求新的质谱离子化和测定技术就显得非常必要。20 世纪 80 年代，两种质谱新技术迅速发展，使质谱法在大分子化合物的分析方面取得了突破性的进展。这两种技术就是基质辅助激光解吸离子化质谱法（matrix-assisted laser desorption ionization mass spectrometry，MALDI-MS）和电喷雾离子化质谱法（electrospray ionization mass spectrometry，ESI-MS）。MALDI 可用于分子量高达数十万的蛋白质质谱测定，并可用于混合物分析。ESI 由于形成多电荷离子，故用常规质谱仪如四极质谱仪分析分子量很高的化合物，同时，也是高效液相色谱法（HPLC）或毛细管电泳（CE）与质谱法联用的一种较好的接口技术。

质谱离子化方法的发展（这常常是质谱法中最活跃的研究领域）推动了质量分析器的不断发展。值得注意的是，由于 MALDI 和 ESI 的出现，使"古老"的飞行时间质谱仪（time-of-flight mass spectrometer，TOF-MS）得到了新生。此外，离子阱（ion traps），包括四极离子阱及电磁离子阱的发展，产生了新的质谱仪如四极离子阱质谱仪（ion trap mass spectrometry，IT-MS），傅里叶变换离子回旋共振质谱仪（Fourier transform ion cyclotron resonance mass spectrometry，FTICR-MS），后者常被称为傅里叶变换质谱仪（FT-MS）。近来，静电场轨道离子阱（Orbitap）得到了快速发展，新的仪器不断推出。Orbitap 的瞬态信号也用 Fourier transform 处理，所以 FTICR-MS 不宜简称为傅里叶变换质谱仪（FT-MS）。现在，质谱法的多功能性质，超过了所有其他研究有机和无机化合物的仪器方法。质谱法与分离方法，如 HPLC、CE 和 GC 的联用，加上质谱法本身也可实现联用（串联质谱法 MS/MS 或多级质谱法 MS$^n$），应用范围十分广泛，是复杂样品分离分析的强大"武器"。

此外，药学和生物科学的迅速发展对质谱法及相关技术提出了很高的要求，促进了现代质谱仪的研究与开发，而新的性能更好的仪器又推进了生物学研究。MALDI-MS 和 ESI-MS 的许多应用都涉及生物分子，如多肽与蛋白质、核苷酸、糖类等，并由此衍生出一门新兴的边缘学科——生物质谱学。

现代质谱法具有如下突出的功能：

（1）很高的专属性，提供分子量、元素组成及结构信息；

（2）超高灵敏度，可达 zepto mole（zmol，$10^{-21}$mol）[3]；

（3）广泛的适用性，可用于检测各种类型及存在状态的有机和无机化合物；

（4）极好的准确度和重现性，$m/z$ 测定值的误差可小于百万分之一，实验室之间重现性也好；

（5）与高分辨分离技术相结合，可以分析非常复杂的样品。

# 1.3  质谱信息

## 1.3.1  准确质量

准确测定离子的质量（$m/z$）的目的是为了确定化合物的元素组成（分子式）。如果待测物质的分子量不超过 300，仅含 C、H、O、N 四种元素，质谱仪的分辨率为 10000，由测定的准确质量，通常可以确定该化合物的分子式，这是因为计算得出的可能的分子式较少。随着化合物分子量和组成分子的元素的增加，可能的分子式呈指数增加，使得确定待测物质的分子式比较困难。此处讨论准确质量测定和确定待测物质的分子式的有关问题。

### 1.3.1.1  相关术语

（1）同位素质量（monoisotopic mass）  由各元素中最轻的同位素（通常，也是丰度最高的）的质量计算所得的离子或分子的质量（exact mass），由此可见，exact mass 是离子或分子的计算质量，即理论质量。离子带有电荷，涉及电子的质量（0.00055u），计算时不应忽略。

（2）准确质量（accurate mass） 实验测定的离子的质量，测定应达到适当的准确度和精密度，用于确定或限定离子的元素组成（实验式）[4]。

accurate mass 和 exact mass 很容易混淆，Sparkman[5] 建议用 "measured accurate mass" 和 "calculated exact mass"，加以区别。

（3）名义质量（nominal mass） 离子或分子的计算质量的最接近的整数值，即整数质量，等于各组成原子质量数的总和。

（4）平均质量（average mass） 用各元素的平均原子量计算所得的离子或分子的质量。

（5）质量差值（mass defect） 是原子、分子、离子的名义质量（整数质量）与准确质量（计算质量）之差。mass defect 取决于元素组成，可为正值，也可能为负值。质量差值过滤（mass defect filtering，MDF）是高分辨 LC-MS 的一种数据处理方法。

（6）质量测定准确度（mass measurement accuracy） 准确度为测量值与真值之间的差值，质量测定准确度为测定的准确质量与计算（理论）质量之差。通常，用质量测定的误差说明质量测定的准确度。这样，单次质量测量的误差为：$\Delta m_i = (m_i - m_a)u$ 或 $\Delta m_i = (m_i - m_a)/m_a$，后者为相对误差，常用 $10^{-6}$ 表示。$m_i$ 是单次测量的准确质量，$m_a$ 为计算质量。

（7）质量分辨率（mass resolution） 对于质谱中的单电荷离子的单峰其质量为 $m$，分辨率用 $m/\Delta m$ 表示。现在，常用的分辨率是基于 $\Delta m$ 为质谱峰的半峰宽（full width of the peak at half its maximum，FWHM）计算所得。如 $m$ 为 500u，$\Delta m$ 是 0.025u，则分辨率 $R$ 为 20000。

### 1.3.1.2 准确质量的实验测定

为了实现准确质量测定，应了解和优化以下要点。

（1）仪器调谐（instrument tuning） 质谱仪应调谐至规定的峰形、分辨率、灵敏度、质量测定的准确度与精密度。

（2）待测物质离子的强度 离子的强度过高，会使检测器饱和，而信号过低，则因为离子统计不足和峰形较差，致使质谱峰（profile）的中心不能准确确定。

（3）质量校正（calibration） 质量校正有两种方法。

① 外标法 通常在仪器调谐时，同时进行。

② 内标法 因为可以校正仪器漂移等，为了实现准确质量测定，常常是必需的，除非在待测物质测定过程中，能够确定校正过的质量坐标是稳定的。

（4）质谱峰"纯度" 待测物质的质谱峰中是否有重叠峰，如有，则质谱峰"不纯"，质谱峰中心对应的质量会偏离待测物质应有的准确质量。如果样品是复杂混合物，则需要对样品进行适当的预处理，用色谱分离和高分辨质谱测定常常是必要的。

## 1.3.2 元素组成

元素组成是鉴定化合物的重要数据。因为每个元素均有特定的准确质量，因此，如能准确测定离子或分子的质量，就可以计算其元素组成。例如 $C_{13}H_{24}$ 和 $C_{12}H_{22}N$ 的质量分别为 180.1753u 和 180.1879u，相差 0.0126u，为了分离这两个化合物，仪器的分辨率 $m/\Delta m$ 应为 14300，为了区分它们，质量测定应准确到小数点后至少 4 位有效数字。用质谱仪的应用程序，根据仪器测定的质量及分子或离子中可能存在的元素，可计算出在一定测定误差范围内分子或离子的各种可能的元素组成。用准确质量计算元素组成时，不能忽略电子的质量。质量测定的误差越小，可能的元素组成越少。但是，随着化合物分子量和组成分子的元素的增加，可能的分子式呈指数增加，因此对仪器的分辨率及质量测定的准确度的要求更高。另外，仅仅依靠测定的准确质量难以确定待测未知化合物的元素组成，需要结合待测物质的其他性质、质谱中的同位素丰度比、MS/MS 实验、其他光谱数据等[6]。

### 1.3.3 同位素丰度

绝大多数元素在自然界以同位素混合物存在。天然的碳是 98.90% 的 $^{12}C$ 和 1.10% 的 $^{13}C$ 的混合物。表 1.1 中列出了有机化合物中常见元素的同位素及其丰度。元素类型"$A$"是指元素没有同位素或其同位素的丰度很低；"$A+1$"指其 $A+1$ 的同位素有一定丰度，如 $^{12}C$ 有 1.10% 的 $^{13}C$；"$A+2$"指其 $A+2$ 的同位素有一定丰度，如 $^{35}Cl$ 有 32.5% 的 $^{37}Cl$。由于元素的同位素的存在，所以质谱峰呈现为同位素峰簇，是各种元素及其同位素组成的表现，它们提供了另一重要信息。在质量测定的准确度有限时，根据同位素丰度数据有可能限定元素组成。例如，$C_{10}H_{20}$ 和 $C_8H_{12}O_2$ 的名义质量均为 140u，而其在 $m/z$ 141 处的同位素峰相对于 $m/z$ 140 峰的强度分别为 11% 和 8.8%，这是由 $^{13}C$ 存在的概率所确定的，因而可区分这两个离子。应该注意低丰度同位素峰的测定误差较大，质谱的分辨率不足时，还可能有其他质谱峰与之重叠。

高分辨质谱仪中的应用软件可提取同位素丰度比率数据，有利于确定待测化合物的元素组成。

### 1.3.4 不饱和度

由分子或离子的元素组成，可计算其不饱和度，包括环、双键和三键，故又称双键相等数（double bond equivalents，DBE）。DBE 的计算式为：

$$DBE = C + Si - \frac{1}{2}(H + F + Cl + Br + I) + \frac{1}{2}(N + P) + 1$$

在分子中含氧或硫不影响不饱和度，卤素等取代一个 H 的元素计作 H；P 计作 N；Si 计作 C。此式中碳、硅为四价，卤素、氮、磷为最低价态。在质谱中，此式可用于分子离子 $M^{+\cdot}$ 的 DBE 计算。对于偶电子离子，如 $CH_3^+$ 比 $CH_4$ 少 1 个氢，故导致 DBE 出现半整数 0.5。同理，由 $[M-H]^-$ 计算得到的 DBE 及 $[M+H]^+$ 计算所得的 DBE 也会出现半整数，因此，应分别减去 0.5 或加上 0.5 以得到 M 的 DBE。

### 1.3.5 氮规律

一般分子含有偶数电子，但有极少数例外，如 NO。在质谱中，观察到的离子既有具偶数电子的，也有具奇数电子的。

在普通化学计算中，原子量用的是其同位素混合物的平均原子量，如二氯甲烷 $CH_2Cl_2$ 的分子量为 $12.01 + 2 \times 1.00 + 2 \times 35.45 = 84.91u$。

在质谱中，同位素峰已分离，二氯甲烷 $CH_2Cl_2$ 的分子量为 $12 + 2 \times 1 + 2 \times 35 = 84$，计算是基于最轻同位素峰 $CH_2^{35}Cl_2^{+\cdot}$（以名义质量计）。在 $CH_2Cl_2$ 的质谱中，除了 $m/z$ 84 的峰外，在 $m/z$ 86 处有强度相当于 $m/z$ 84 的 64.8% 的 $CH_2^{35}Cl^{37}Cl^{+\cdot}$ 峰。

通常，有机化合物由 C、H、O、N、S、P 和卤素组成。下面的讨论仅限于这些元素组成的小分子化合物的最轻同位素峰且以名义质量计算。

氮规律指出：含偶数氮原子或不含氮原子的分子其分子量为偶数，含奇数氮原子的分子其分子量为奇数。这是因为氮的质量是偶数（14），而价态为奇数。而其他元素的质量和价态要么均为偶数，要么均为奇数。

在质谱中，氮规律指出：不含氮或含偶数氮原子的任何离子，如含奇数电子（自由基阳离子或自由基阴离子），其质量应为偶数；反之，若为偶电子离子（阳离子或阴离子），其质量应为奇数。

或者，含奇数氮的离子，如为奇电子离子，其质量应为奇数；如为偶电子离子，其质量应为偶数。

## 1.3.6　质谱峰强度与质谱定量

质谱峰强度是样品质谱定量分析的依据。

质谱数据的采集常用三种形式：总离子流（total ion current，TIC）、选择离子监测（selected ion monitoring，SIM）、选择反应监测（selected reaction monitoring，SRM）。

如用扫描仪器，如四极质谱仪，TIC 的灵敏度较低，所以定量分析通常采用 SIM 或 SRM。但是，为了鉴定化合物，TIC 是必需的。此时，仪器在一定 $m/z$ 范围和时间内，不断进行扫描，将每次扫描所得质谱（全扫描质谱，full scan mass spectra）中的各个离子的信号加和得到总离子强度，对时间（或扫描数）作图，即得 TIC。与色谱法联用时，所得曲线习惯上称总离子色谱图（total ion chromatogram），其英文缩写与总离子流的英文缩写均为 TIC。IUPAC 最近建议用总离子流色谱图（total ion current chromatogram，TICC）替代总离子色谱图（total ion chromatogram）术语[1]。在 TIC 或 TICC 上的每一点均可显示一张全扫描质谱，提供了化合物分子量及结构信息等，可供定性、定量分析。

如用非扫描仪器，如飞行时间质谱仪，记录的数据是到达检测器的所有离子的信号，即全量程质谱（full range mass spectra），所以，用飞行时间质谱仪等非扫描仪器所得质谱，不宜称为"全扫描质谱"，可简称全谱。

### 1.3.6.1　选择离子监测（SIM）

在 SIM 方式中，与 TIC 不同之处在于不是采集完整的质谱，而是不断记录选定的一个或几个离子的信号。选择的离子越少，灵敏度越高，单离子监测的灵敏度最高，而专属性则相反。

在实践中，如果分子离子或准分子离子的信号最强，则 SIM 通常记录这些离子的信号，否则，记录其他强质谱峰的离子流。选择的离子应处于质谱的高质量端，以提高含量测定的专属性。

为除去干扰物，提高方法的专属性，通常应对样品进行预处理并与色谱法联用。实验时，应进行空白试验。

提高专属性的另一种方法是使用高分辨质谱仪，如扇形磁场质谱仪、飞行时间质谱仪等。

### 1.3.6.2　选择反应监测（SRM）

SRM 用多级质谱法，采集相应于选定 $m/z$ 的前体离子（precursor ion）的一个或多个产物离子（product ions）的数据。

在定量分析应用中，常用三重四极质谱仪（QqQ）。如 SIM 受到样品中其他化合物或基质背景干扰时，可采用 SRM。在 SRM 中，前级质量分析器选择前体离子（通常为分子离子或准分子离子），也有称母离子者，然后用碰撞诱导解离（collisional induced dissociation，CID）等方法使之裂解（CID 亦称为碰撞活化解离，collision activated dissociation，CAD，现在较少应用），用后级质量分析器选择一个或多个产物离子（通常为位于高质量端的特征离子），也有称子离子者，记录其离子流。与 SIM 比较，SRM 显然有较高的选择性，排除了本底干扰（化学噪声），因而有较高的信噪比。SIM 的优点是仪器和实验步骤较 SRM 简单。

用 SRM 监测由一个或多个前体离子产生的多个产物离子，称为多反应监测（multiple reaction monitoring，MRM）。

对于选择反应监测及定量分析的有关问题，将在"3.6.2.1 三重四极质谱仪（QqQ）"中进一步讨论。

### 1.3.6.3　定量分析和内标

和其他定量分析方法一样，质谱定量分析可采用外标法和内标法。由于内标法可减少仪器、样品处理等造成的一系列的误差，故最为常用。内标物的理化性质应尽可能与待测成分一致，有较高的纯度，不含待测成分，对样品是惰性的。内标物宜用化学结构类似物，包括稳定同位素标记物、同系物和同类化合物。内标物应在实验开始时即加入样品中，这样可减少由样品预处理、导入仪器及离子源条件变动等产生的一系列误差。质谱定量通常与色谱法联用。内标物产生的离子的 $m/z$ 应与待测物质产生的离子不同，这样，即使内标物与待测物质不能分离，通过监测不同 $m/z$ 的离子流也可准确定量。相反，如内标物产生的离子的 $m/z$ 与待测物质产生的离子相同，只要色谱法能够分离内标和待测物，同样能够进行定量分析。

### 参考文献

[1] Kermit K, Murray K K, Boyd R K, et al. Definitions of terms relating to mass spectrometry (IUPAC Recommendations 2013). Pure Appl Chem，2013, 85(7): 1515-1609.

[2] Dass C. Principles and Practice of Biological Mass Spectrometry. New York：Wiley-Interscience, 2001.

[3] Belov M E, Groshkov M V, Udseth H R, et al. Zeptomole-sensitivity electrospray ionization-Fourier transform ion cyclotron resonance mass spectrometry of proteins. Anal Chem, 2000, 72 (10)：2271-2279.

[4] Brenton A G , Godfrey A R. Accurate mass measurement：Terminology and treatment of data. J Am Soc Mass Spectrom，2010, 21(11)：1821-1835.

[5] Sparkman O D. Mass Spec Desk Reference. 2nd ed. Global View Publishing: Pittsburgh, PA, 2006.

[6] Kind T, Fiehn O. Seven golden Rules for heuristic filtering of molecular formulas obtained by accurate mass spectrometry. BMC Bioinformatics, 2007, 8:105.http://www.biomed central.com/1471-2015/8/105.

# 2

# 离子化方法（离子源）

近年来，质谱法的迅速发展与仪器的进步及新的离子化方法的发展密切相关。20 世纪 70 年代初期，有机质谱法主要采用电子轰击离子化（electron impact ionization，EI）和化学离子化（chemical ionization，CI）测定在质谱仪离子源中能气化的样品。后来，一些"软离子化方法"（soft ionization method）相继出现，大大扩展了质谱法的应用范围。质谱法可采用的离子化方法种类很多，取决于应用。本章主要讨论用于有机质谱的常用离子化方法。

## 2.1  电子轰击离子化（EI）

电子轰击离子源如图 2.1 所示。电子束由通电加热的灯丝（filament）（阴极）发射，由位于离子源另一侧的电子收集极（阳极）所接收。此两极间的电位差决定了电子的能量。图 2.2 表示一般有机化合物的离子化程度随电子能量的增加（自 10eV 至 20eV）迅速增大。大多数标准质谱图是在 70eV 获得的，因为在此条件下，电子能量稍有变动不致影响离子化过程，质谱的重现性较好。这样，具有一定能量的电子与由进样系统进入离子化室的样品蒸气相碰撞，导致样品分子的离子化，分子被打掉一个电子成为有一个不成对电子的正离子，称分子离子：

$$M + e^- \longrightarrow M^{+\bullet} + 2e^-$$

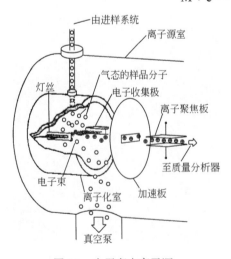

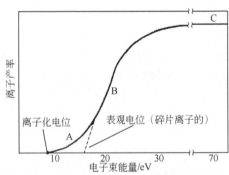

A 区段：离子产率随电子束能量的增加缓慢增加；
B 区段：离子产率随电子束能量的增加快速增加；
C 区段：离子产率随电子束能量的变化保持稳定，意味着电子束能量的变化不会显著影响离子产率，从而保证谱图重现性

图 2.1  电子轰击离子源　　　　　　图 2.2  离子产率与电子束能量的关系

或得到一个电子形成带负电荷的分子离子：

$$M + e^- \longrightarrow M^{-\bullet}$$

如上所述，电子的能量远大于有机化合物的电离能，过多的能量使分子离子中的化学键裂解而生成碎片离子和自由基：

$$M^{+\bullet} \longrightarrow A^+ + B^\bullet$$

或失去一个中性小分子：

$$M^{+\bullet} \longrightarrow C^{+\bullet} + D$$

碎片离子还可能进一步碎裂。

为了得到一张良好的质谱图，在离子化室中必须保持一定的样品蒸气压，对于常规质谱仪，约为 $133 \times 10^{-5} Pa$（$10^{-5}$Torr）。但蒸气压也不能太高，以免引起分子-离子反应。

## 2.2 化学离子化（CI）

化学离子化是一种软离子化方法。在离子化过程中没有给予新生的离子过多的能量，常常生成强度较大的加合物离子（adduct ions），通常为质子化的分子。这些离子称为准分子离子（quasi-molecular ion）。

CI 与 EI 不同，样品分子不是与电子碰撞，而是与试剂离子碰撞而离子化的。如用烷烃作试剂气（如甲烷），CI 通常产生质子化的样品分子。质子化的部位通常是具有较大质子亲和力的杂原子。质子化的分子也可能裂解，丢失包括杂原子的碎片。由于 C—C 键的裂解在 CI 中较少，故 CI 谱中碎片离子较少。CI 质谱提供了样品的分子量信息，但缺少样品的结构信息，因此，CI 与 EI 是相互补充的。

现代常规质谱仪常常配备 EI/CI 离子源，自 EI 方式变为 CI 方式可以切换。CI 离子源比较密闭，将试剂气导入离子化室，使其压力约为 $133Pa$（1Torr），而样品蒸气仅为 $133 \times 10^{-5} Pa$（$10^{-5}$Torr）左右。自灯丝发射的电子束由入口狭缝进入离子化室。在 CI 中电子能量较高，达几百电子伏特，以有效地穿透压力较高的试剂气，产生稳态浓度的试剂离子。虽然在离子化室中亦有样品蒸气存在，但由于试剂气的浓度远较样品蒸气的浓度高，故样品的离子化主要是离子-分子反应。以甲烷试剂气为例，可用下列反应式表示：

$$CH_4 + e^- \longrightarrow CH_4^{+\bullet} + 2e^-$$
$$\longrightarrow CH_2^{+\bullet} + H_2$$
$$\longrightarrow CH_3^+ + H^\bullet$$
$$CH_4^{+\bullet} + CH_4 \longrightarrow CH_5^+ + {}^\bullet CH_3$$
$$CH_3^+ + CH_4 \longrightarrow C_2H_5^+ + H_2$$

事实上还有更多的反应发生在甲烷离子和分子之间，最重要的反应是上述最后两个反应。它们产生试剂离子 $CH_5^+$ 和 $C_2H_5^+$，而这两个离子不再与甲烷分子反应，在离子化室中积累。因甲烷没有足够的质子亲和力从这些离子中夺取质子，而许多样品分子却有足够的质子亲和力，于是发生如下反应：

$$M + CH_5^+ \longrightarrow MH^+ + CH_4$$

$$M + C_2H_5^+ \longrightarrow MH^+ + C_2H_4$$

因此，在 CI 谱的高质量端，通常为[M+H]⁺峰。

其他试剂气及其主要试剂离子如表 2.1 所示。

四甲基硅烷作为试剂气产生试剂离子$(CH_3)_3Si^+$，可与许多化合物加成生成$[M + (CH_3)_3Si]^+$离子，碎片很少。

在常规 CI 中，如样品分子的质子亲和力大于试剂气的质子亲和力，则质子从试剂离子转移至样品分子。多数含 C、H、O 的有机分子的质子亲和力约 200kcal/分子（1kcal=4.1868kJ）。由表2.1 可见，在 CI 条件下，这些分子用甲烷或异丁烷作试剂气可离子化，但用氨则不行。

**表 2.1 化学离子化试剂气特性**

| 试剂气 | 主要试剂离子 | 质子亲和力/（kcal/分子） | 氢负离子亲和力/（kcal/分子） |
|---|---|---|---|
| $He/H_2$ | $HeH^+$ | 42 | — |
| $H_2$ | $H_3^+$ | 101 | 299 |
| $CH_4$ | $CH_5^+$ | 127 | 272 |
|  | $C_2H_5^+$ | 159 | 272 |
| $H_2O$ | $H_3O^+$ | 164 | — |
| $CH_3CH_2CH_3$ | $C_3H_7^+$ | 182 | 249 |
| $(CH_3)_3CH$ | $C_4H_9^+$ | 195 | 232 |
| $NH_3$ | $NH_4^+$, $(NH_3)_2H^+$, $(NH_3)_3H^+$ | 207 | — |
| $(CH_3)_2NH$ | $(CH_3)_2NH_2^+$, $[(CH_3)_2NH]_2H^+$, $C_3H_8N^+$ | 222 | — |
| $(CH_3)_3N$ | $(CH_3)_3NH^+$ | 226 | — |

当样品分子和试剂气的质子亲和力相当时，可观测到由试剂离子和样品分子形成的加合物离子，而非质子化的分子。

在 CI 质谱中碎片峰较少，如果样品分子和试剂气的质子亲和力相差较大，则有较多的能量转移到新生的质子化的分子中，因此发生较大程度的碎裂。

在 CI 质谱中观察到的裂解，常常涉及从质子化的分子中除去功能团及氢原子。如样品分子用 AX 表示，X 为杂原子或功能团，$RH^+$为试剂离子，则：

$$AX + RH^+ \longrightarrow AXH^+ + R$$
$$\longrightarrow A^+ + HX$$

在烃类的 CI 质谱中，常常可看到从样品分子中脱掉氢负离子而产生的[M-H]⁺ 离子，这也可能是由[M+H]⁺丢失 $H_2$ 形成的。脱 H⁻也可能从醇的 CI 质谱中发现。

CI 也为负离子质谱法的发展提供了机会。因为在常规 EI 离子源中，电子的能量很高，如70eV，几乎没有热电子，因而常规 EI 质谱法很少用于负离子的检测，灵敏度很低。在 CI 离子源中，真空度较低，经多次碰撞，产生大量低能电子，包括热电子。样品分子 AB 与电子碰撞产生负离子的过程如下：

共振电子捕获：  $AB + e^-$（约 0.1eV）$\longrightarrow AB^-$

解离电子捕获：  $AB + e^-$（0~1.5eV）$\longrightarrow A^· + B^{·-}$

离子对形成：  $AB + e^-$（>10eV）$\longrightarrow A^- + B^+ + e^-$

负离子-分子反应：  $AB + C^- \longrightarrow ABC^-$

或  $AB + C^- \longrightarrow [AB-H]^- + HC$

在 CI 条件下，负离子的检测限可达飞克(fg，$10^{-15}$g)级。

# 2.3  激光解吸离子化（LDI）

激光解吸离子化（laser desorption/ionization，LDI）是现代质谱法最常用的离子化方法之一。激光器可置于质谱仪离子源之外（只要一个透镜即可）、激光易于聚焦在样品的特定表面、激光常用脉冲工作方式，所有这些，使之成为飞行时间质谱仪和傅里叶变换离子回旋共振质谱仪的理想离子化方法。常用的激光器有钕/钇-铝-石榴石（neodymium/ yttrium-aluminum-garnet，Nd-YAG）激光器（基频 1.06μm，二倍频 530nm，三倍频 353nm，四倍频 266nm）；氮分子激光器（N₂ laser），发射波长 337nm；横向激励大气压（transversely excited atmospheric pressure，TEA）二氧化碳激光器，发射波长为 10.6 μm。用于 LDI 的激光器均是短脉冲的，以避免样品受长时间的照射而分解。

LDI 能够分析的生物分子的分子量有限制，通常限制在 1000u 左右。这一限制使基质辅助激光解吸/离子化（matrix-assisted laser desorption/ionization，MALDI）得到了发展。Karas 等[1,2]观察到小的、不吸收入射激光的分子可成功地、完整地被解吸离子化，条件是与其他能吸收入射激光的分子共存。这种与供试品共存，能吸收入射激光，防止激光直接照射供试品使之破坏的物质，称为基质（matrix）。随后，由 Hillenkamp 领导的实验室发现烟酸是一个很好的基质，可使分子量超过 100000u 的蛋白质离子化，而且只需几个皮摩尔（pmol，$10^{-12}$mol）的样品量，从而促使 MALDI 技术获得广泛应用，尤其是微量甚至痕量的生物大分子的分析。与此同时，日本岛津公司的田中耕一将钴粉末与甘油的混合物作为基质分析蛋白质[3]，这一工作获得了 2002 年诺贝尔化学奖。

## 2.3.1  基质辅助激光解吸/离子化（MALDI）

许多有机化合物没有紫外吸收，因此不能采用直接共振 UV-LDI 离子化。如将样品加在具有强烈共振吸收的过量的基质中，通常样品与基质的摩尔比为 1 :（1000～10000），即可进行 MALDI-MS 分析。试验了大量可能作为基质的化合物，但成功的不太多。由此可见，基质不仅仅是传递能量，可能成为一个好的基质的化合物应具备下述条件：

① 强烈吸收入射的激光波长；

② 较低的气化温度（气化最好以升华的形式进行）；

③ 与样品有共同的溶剂；

④ 在固相溶液体系中能分离和包围被分析的大分子而不形成共价键。

经过一些研究小组的筛选，常用的 UV-MALDI 基质如表 2.2 所示。

表 2.2  MALDI 常用基质

| 结构 | 名称 | 分子量/u |
| --- | --- | --- |
| | 1,4-双（5-苯基-2-噁唑基）苯 1,4-bis（5-phenyl-2-oxazole）benzene （POPOP） | 364 |
| | 1,8,9-蒽三酚 1,8,9-trihydroxy anthracene，dithranol | 226 |
| | 2,4,6-三羟基苯乙酮 2,4,6-trihydroxyacetophenone | 168 |

| 结构 | 名称 | 分子量/u |
|---|---|---|
| | 2,5-二羟基苯甲酸<br>2,5-dihydroxy benzoic acid，gentisitic acid<br>（DHB） | 154 |
| | 2-（4-羟基苯基偶氮）苯甲酸<br>2-（4-hydroxyphenylazo）benzoic acid<br>（HABA） | 242 |
| | 邻氨基苯甲酸<br>anthranilic acid | 137 |
| | 3-氨基吡嗪-2-羧酸<br>3-aminopyrazine-2-carboxylic acid | 123 |
| | 3-羟基-2-吡啶甲酸<br>3-hydroxypicolinic acid | 139 |
| | 4-羟基-3-甲氧基肉桂酸<br>4-hydroxy-3-methoxycinnamic acid，ferulic acid | 194 |
| | 吲哚-3-丙烯酸<br>3-indoleacrylic acid | 187 |
| | 2,6-二羟基苯乙酮<br>2,6-dihydroxyacetophenone | 152 |
| | 5-甲氧基水杨酸<br>5-methoxysalicylic acid | 167 |
| | 5-氯水杨酸<br>5-chlorosalicylic acid | 172.6 |
| | 9-蒽甲酸<br>9-anthracenecarboxylic acid | 222 |

续表

| 结构 | 名称 | 分子量/u |
| --- | --- | --- |
| 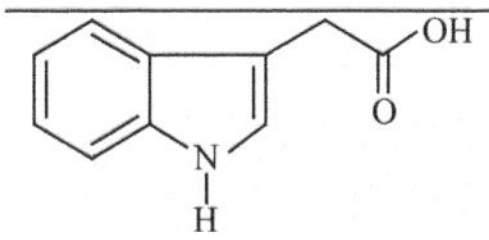 | 吲哚-3-乙酸<br>indole-3-acetic acid | 175 |
| 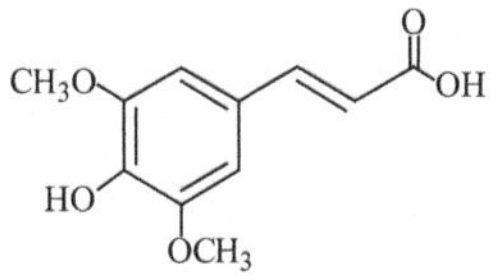 | 反-3,5-二甲氧基-4-羟基肉桂酸<br>*trans*-3,5-dimethoxy-4-hydroxy cinnamic acid，sinapinicacid | 224 |
| 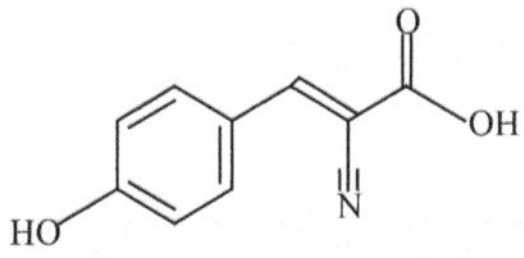 | α-氰基-4-羟基肉桂酸<br>α-cyano-4-hydroxycinnamic acid<br>（α-CHCA） | 189 |
| 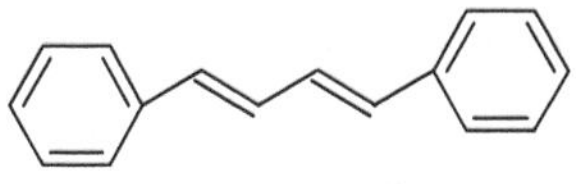 | 1,4-二苯基-1,3-丁二烯<br>1,4-diphenyl-1,3-butadiene | 206 |
| 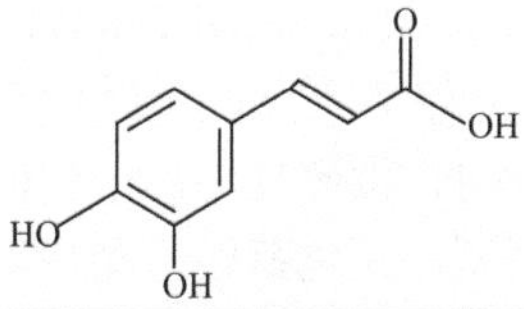 | 3,4-二羟基肉桂酸<br>3,4-dihydroxycinnamic acid，caffeic acid | 180 |

在红外（IR）-MALDI 中，因许多化合物均吸收 IR 辐射，基质的选择范围更加广泛，如羧酸类、甘油、尿素均可作为基质，甚至水（需低温冻结在样品靶上，防止挥发）亦可作为基质。因此，有可能用生物体液直接进行 IR MALDI-MS 分析。

应该说明的是，基质的气化温度不能太低，否则将影响质谱离子源的真空度。在傅里叶变换离子回旋共振质谱仪工作的真空度 $133 \times 10^{-8}$ Pa（$10^{-8}$ Torr），有些基质在常温下很快升华而被真空系统抽除，以至不能应用。

基质的作用有三个方面：

① 从激光束吸收激光能量，可控的能量转移至固相基质-待测物质混合物，使之"软解吸"；

② 通过离子-分子反应促进离子化；

③ 隔离待测物质在过量的基质中，以限制聚集体的形成，供试品如聚集成很大的分子将不能被解吸和分析。

另一类基质是前面提到的，田中耕一用甘油作溶剂，用细的金属粉末为激光能量的吸收剂。

LDI 采用基质之后，不仅打开了质谱法分析各种高分子化合物的新领域，而且也给 LDI 实验带来许多方便，例如，针对具有不同吸收带的待测物质，不需要调节激光波长即可进行测定；此外，测定具有不同吸收波长的化合物的混合物时，只需要采用适用于基质的激光波长即可。

### 2.3.1.1 MALDI 的机理

MALDI 的机理还不是很清楚。基于基质的功能，待测物质的离子化有个"三步模型"，即待测物质分子渗入基质中并被隔离；在用激光能量解吸时，基质-待测物质固体解体，待测物质分子释放至空中；在激光产生的烟云（plume）中含有基质的反应离子，通过离子-分子反应使待测物质分子离子化。

现在，幸存者理论（lucky survivor theory）和气相质子化模型（gas phase protonation model）在 MALDI 的机理中占主导地位[4]，幸存者理论假设待测物质渗入基质中时带有从溶液中保留下来的电荷态（charge states），例如肽和蛋白质是质子化的，因此，带正电荷的待测成分将与基质中的反离子相结合。当激光照射时，基质-待测物质固相崩溃，产生簇合物（clusters）。一种情况下，簇合物含带电的待测物质及相应数量的反离子，因而没有净电荷，簇合物解离时导致所有正、负电荷的中和或产生中性加合物，这些均不能被检测到；另一种情况是相崩溃产生的簇合物，由于电荷分离，带净电荷，因为缺少反离子，阻止了定量的电荷中和，导致生成质子化的待测物质，它们将被检测到，称之为"幸存者"。最终待测物质离子的形成伴随着去基质和残留溶剂，可用下式说明，M 代表待测物质，ma 代表基质，A 代表反离子，{..}代表簇合物：

$$\{(M+nH)^{n+}+(n-1)A^-+x\,ma\}^+ \longrightarrow [(M+nH)^{n+}+(n-1)A^-]^+ + x\,ma$$

$$[(M+nH)^{n+}+(n-1)A^-]^+ \longrightarrow [M+H]^+ + (n-1)HA$$

对于待测物质负离子的生成：

$$\{(M+nH)^{n+}+(n+1)A^-+x\,ma\}^- \longrightarrow [(M+nH)^{n+}+(n+1)A^-]^- + x\,ma$$

$$[(M+nH)^{n+}+(n+1)A^-]^- \longrightarrow [M-H]^- + (n+1)HA$$

气相质子化模型预示来自结合在基质中的待测物质是不带电的，或者是带电的但已与相应的反离子定量电荷再结合。中性待测物质与质子化的基质[ma+H]$^+$或去质子的基质[ma−H]$^-$气相碰撞，发生质子转移反应，生成质子化或去质子的待测物质。

为了实验区分上述两种机理，Jaskolla 和 Karas[5]采用氘代基质 CHCA-*tert*-butylester-d$_9$，这种基质在典型的样品制备条件下是稳定的，只有在激光照射的 MALDI 过程中才会产生氘代酸 CHCA-COOD 及试剂离子，包括 [CHCA-COOD+D]$^+$和 CHCA-COO$^-$。此时，按照气相离子化模型将导致不带电荷的待测物质 A 氘离子化而不是质子化。对于幸存者模型，正电荷的待测物质 AH$_n^{n+}$与相应的反离子 $n$X$^-$结合，当采用氘代基质时，在簇合物形成、分解或反离子中和过程中，由不完全的电荷中和导致生成中性的 DX。因此，检查质谱中若存在[A+H]$^+$或[A+D]$^+$，可直接证实这两个模型。结果证实上述两种离子化模型均有存在的理由，如下所示：

对于气相质子化模型：

$$A \xrightarrow[-ma]{+[ma+D]^+} AD^+$$

对于幸存者模型：

$$AH_n^{n+}+nX^- \longrightarrow AH^+ + X^- +(n-1)HX$$

$$AH_n^{n+}+nX^- \xrightarrow[-ma]{+[ma+D]^+} AH^+ + DX + (n-1)HX$$

在上述经实验证实的基础上，Jaskolla 和 Karas 提出上述两种模型可作为"统一的 MALDI 待测物质质子化机理"（unified MALDI analyte protonation mechanism）的组成部分，见图2.3。

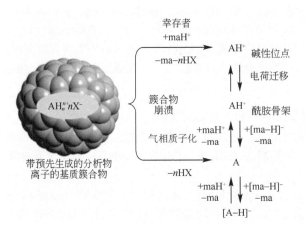

图2.3　MALDI 质子化机理

#### 2.3.1.2 样品制备

经典的样品制备及基质选择可参考下述方法。

（1）小分子化合物　分子量在 1000u 左右或以下的合成药物、天然药物等可直接采用 LDI-MS 进行分析。样品的制备是选择适当的溶剂制成浓度约 1mg/mL 的溶液，取一至数微升样品溶液置于不锈钢或其他材料制成的靶上，待溶剂挥干后即可送入质谱仪进行测定。

（2）生物聚合物　生物聚合物，如多肽、蛋白质、核苷酸、多糖等是 MALDI-MS 应用最广泛的领域。为了得到好的结果，适当的样品制备方法是非常重要的。应使样品与基质形成均匀的溶液，在溶剂蒸发完后，送入质谱仪进行分析。基质的选择、基质与供试品的摩尔比、基质与供试品共结晶的形成、激光波长的选择等，这些因素对于获得最佳分析结果是很重要的。

蛋白质样品通常配成 0.1mg/mL 的水溶液，常常加入 0.1%的三氟乙酸（TFA）及一定比例的醇、乙腈等以助溶解。基质浓度为 $5 \times 10^{-2}$ mol/L。取等量蛋白质溶液与基质溶液混合，滴加在不锈钢靶上，用空气缓缓吹干，然后送入质谱仪进行分析。表 2.3 是 Hillenkamp 实验室典型的样品制备条件[6]。

表 2.3　三种 UV-基质和 IR-基质的样品制备条件

| 基质 | | | | 蛋白质 | 溶剂 |
|---|---|---|---|---|---|
| 可用波长 | 名　称 | 结构 | 浓度/(g/L) | 浓度/(g/L) | |
| $220\sim300$nm，$248$nm，$266$nm，$2.94\mu$m | 烟酸 | | 5 | 0.05 | $H_2O$ + 1%TF + 10%EtOH |
| $337$nm，$355$nm $266$nm，$2.94\mu$m，$10.6\mu$m | 二羟基苯甲酸 | | $8\sim10$ | $0.02\sim0.005$ | $H_2O$ + 1%TFA + 10%EtOH |
| $337$nm，$355$nm $266$nm，$2.94\mu$m | 芥子酸 | | $8\sim10$ | $0.02\sim0.005$ | 0.1%TFA 溶于乙腈-$H_2O$（1:2） |

基质的选择与所用的激光波长和测定的灵敏度有很大关系。样品中的杂质，如缓冲盐和表面活性剂，对不同基质的影响有很大的差别。在测定分子量约 50000u 的蛋白时，烟酸是最好的基质，但少量的上述杂质即可使信号消失。而肉桂酸衍生物，如芥子酸和 2,5-二羟基苯甲酸（DHB）允许杂质含量高达 $0.1\sim1$mol/L，DHB 可允许 10%十二烷基磺酸钠（SDS）存在，因此可分析 SDS 凝胶电泳分离的样品。至今，用于 UV-MALDI 的基质大多为酸性，pH 值在 4.5 以下。这样低的 pH 值可能会改变蛋白质溶液中的高级结构。在研究蛋白质高级结构时，应注意这个问题。IR-MALDI 的一个优点是可用中性和弱碱性的基质，如甘油、尿素，甚至水，已如前述。

笔者的实验室中，最常用的基质是 DHB，这是分析多肽和蛋白质最好的基质之一。DHB 使用范围广，结晶性好，通常将 DHB 配成 0.5mol/L 的甲醇液。样品溶液为 1mmol/L 的 0.1%TFA 水溶液，取样品液 1μL 与 10μL DHB 溶液混合，样品与 DHB 摩尔比为 1:5000。如样品分子量较小（<5000u），则应减少 DHB 的比例，相反，样品的分子量较大，DHB 的比例也应随之增加。将 DHB 配成浓度较高（近于饱和）的甲醇溶液是为了溶液的稳定。这样的溶液如冷藏（5℃）可长期使用。实验中发现样品-基质混合物中含水量在 10%以上，滴加在不锈钢靶上不扩散，成珠状。这样可以处理容积很小的样品溶液，如 0.10μL，这在样品很少时是很重要的。

关于结晶的方法，笔者一般是将样品-基质溶液加在样品靶上，室温下静置使其自然干燥，以长成大结晶。这样长成的结晶往往存在 hot spot（热点），在此处测定的灵敏度、分辨率、准确度较高。如用 UV 激光器轰击同一点，可反复得到信号，有时可做上百次测定。大结晶的缺点是"不均匀"，有的部位没有信号或信号很少。因此，仪器最好有观察系统，在显示屏上可看到样品表面的结晶情况。如用快速结晶法，即借助于热气流或真空使溶剂迅速挥发，以长成细结晶，这样，靶面比较"均匀"，各部位产生信号的差异较小。

（3）合成聚合物　分子量较小的合成聚合物，如聚乙二醇（PEG）-6000 等可用溴化钾饱和的甲醇溶液制成约 1mg/mL 的溶液后用 LDI-MS 直接分析。由于 $K^+$、$Na^+$ 在样品、试剂、实验器皿中到处存在，在合成聚合物分析中通常得到两组峰即 $[M+K]^+$ 系列和 $[M+Na]^+$ 系列，加入 KBr 可抑制 $[M+Na]^+$ 系列，以便测得聚合物的平均分子量及分布。分子中仅含碳、氢两种元素的聚合物可加入银盐与之形成络合物，能产生较好的信号。

用 MALDI-MS 可测定分子量高达数十万或更高的生物聚合物，而用于合成聚合物时，不是总是成功的。极性聚合物与现有的基质比较匹配，因而比较容易得到好的结果，而非极性聚合物的分析比较困难，为此人们研究了一些用于聚合物分析的基质，如 1,3-二苯丁二烯、5-氯水杨酸等，主要用于低极性聚合物的分析。在合成聚合物的分析中，亦可采用"相似相溶"原则，即极性强的聚合物选用强极性的基质，而低极性和非极性的聚合物选用极性低的基质。选择适当的溶剂或溶剂混合物是很重要的，溶剂系统应使聚合物与基质均匀混溶，而且当加在样品靶上时能结晶。

实验表明，如一定比例的样品与基质能产生信号，试用更高的基质比例，常可能得到更好的结果。在进行聚合物分析时，应使用较稀的样品和较高的基质浓度，尤其是聚合物分子量较高时，更应如此。

## 2.3.2　表面增强激光解吸/离子化（SELDI）

随着蛋白质组学（proteomics），尤其是诊断蛋白质组学的发展，为了鉴别疾病的生物标志物（biomarker），常用二维聚酰胺凝胶电泳（2D-PAGE）作为质谱分析前的样品处理技术。但是，这种分离方法费力费时且不能分离分子量很大或亲脂性的蛋白。

表面增强激光解吸/离子化（surface-enhanced laser desorption/ionization，SELDI）是一种与MALDI 相似的方法，其原理为蛋白质可以以吸附、分配、静电、亲和力与固相芯片靶表面的基质相互作用。SELDI 提供了一种特征的样品处理平台，与 MALDI 不同的是芯片的靶表面按样品性质设计制成正相、反相、离子交换、亲和、抗原-抗体、受体-配体、DNA-蛋白相互作用等活性表面以保留蛋白。通常，不同的化学活性表面保留不同的蛋白，而生物活性表面保留特定目标蛋白[7]。当样品加在活性表面上之后，用适当的方法加以洗涤，仅仅保留欲测定的成分，然后，用MALDI 质谱法分析。Ahmed 综述了 MALDI/SELDI 质谱法在肿瘤生物标志物发现和验证中的应用[8]，可供参考。

## 2.3.3　表面辅助激光解吸/离子化（SALDI）

MALDI 有许多优点，尤其在大分子的分析中是必不可少的工具。但是，基质的存在，使得在质谱的低质量端产生许多化学背景离子，对小分子的 MALDI 分析造成困难。表面辅助激光解吸离子化（surface-assisted laser desorption/ionization，SALDI）用活性表面取代化学基质，以免除基质干扰。近来，SALDI 迅速发展，用于包括药学和代谢组学等各种组学及其他领域的研究。现在，已有各种各样的材料用于 SALDI，其中主要是纳米材料，包括碳纳米管（carbon nanotubes，

CNTs）、金属纳米颗粒（Au、Ag 和 Pt 等）、多孔硅（porous silicon，PSi）和硅纳米丝（silicon nanowires，SiNWs）等，这些材料极大地提高了样品的激光解吸/离子化效能[9]。多孔硅和纳米丝的应用产生了在硅表面解吸/离子化（desorption/ionisation on silicon，DIOS）和纳米丝-辅助激光解吸/离子化（nanowire-assisted laser desorption/ionization，NALDI），受到了广泛关注，成为基于半导体的 SALDI 研究的基础。SiNWs 靶已商品化，商标为 NALDI™（Nanosys, Inc.和 Bruker Daltonics，Inc.）。这个靶表面的 SiNWs 是经氧化和（五氟苯基）丙基二甲基氯硅烷衍生化的，其表面具有足够低的离子化激光照度阈值，电子显微镜图像说明在激光照射时易于熔融和蒸发，影响 LDI 性能的重要参数已经优化。但是,在正离子 NALDI 质谱中存在特征的背景离子,$m/z$ 197、235、243 分别为 $Au^+$、$[AuF_2]^+$、$[AuSi(H_2O)]^+$，以及其他簇离子等，这是因为生产这种靶面的工艺中，使用了胶态金作催化剂及含氟衍生化试剂。

SALDI 的离子化过程可分为吸附、保留、照射和偶合、解吸和离子化反应，但还存在很多争议。关于离子化，SALDI 与其他激光质谱技术有相似之处，取决于待测物质的性质，涉及激发态质子转移、去质子、裂解反应、离子-分子反应、阳离子加合或转移等。

# 2.4 大气压离子化（API）

大气压离子化（atmospheric pressure ionization，API）的离子源处于大气压下，与 EI、CI 等离子源处在低压的条件不同。最常用的 API 离子化方法有：

（1）电喷雾离子化（electrospray ionization，ESI）用电场产生带电雾滴，随之通过离子从微滴中排斥（ion eject）生成气态样品离子进行质谱分析；

（2）气动辅助电喷雾离子化（pneumatically assisted electrospray ionization）又称离子喷雾（ion spray），与 ESI 相似，但液滴的形成借助气流雾化的帮助；

（3）大气压化学离子化（atmospheric pressure chemical ionization，APCI）在大气压条件下的 CI，常用溶剂作为试剂气使样品离子化。

ESI 和 APCI 本身是离子化方法，也是质谱法与液相分离技术如高效液相色谱法（HPLC）和毛细管电泳（CE）等联用的一个较好的接口，在各个领域得到了广泛的应用。

## 2.4.1 电喷雾离子化（ESI）

20 世纪 80 年代，John Bennett Fenn 发展了电喷雾离子化法，推动了蛋白质组学领域的研究，由于对生物大分子的鉴定和结构分析方法的研究，其与田中耕一、库尔特·维特里希共同获得了 2002 年诺贝尔化学奖。ESI 是 "最软的离子化方法"，也是 LC-MS 最常用的接口，在各个领域中得到了广泛的应用；另外，ESI 离子化机理也较 MALDI 的机理更为明确，有利于实验结果的预示和条件的优化，所以，下面将对 ESI 作较详细的讨论。

ESI-MS 的硬件如图 2.4 所示，包括：大气压腔，为雾化、去溶剂和离子化区；离子传输区，将离子从大气压传送至低压区，进而进入质量分析器；质量分析器，常用四极质谱仪，亦可用扇形磁场质谱仪、离子阱质谱仪、飞行时间质谱仪等。

### 2.4.1.1 ESI 机理[10,11]

如上所述 ESI 是一种离子化方法，ESI 将溶液中的待测物质转变为气相离子，进而进行 MS 分析。

ESI-MS 是一种日益重要的技术，因为许多化学、物理和生物化学过程都涉及在溶液中的离子。这些离子包括很小的无机离子，有机酸、碱离子，大分子（如蛋白质和核酸离子）。

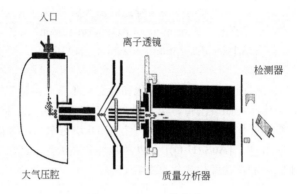

图 2.4 ESI-MS 的硬件

将离子从溶液中转移至气相是强吸热过程，需要较高的能量，因为溶液中的离子是溶剂化的。将 $Na^+$ 从水溶液中转移至气相需要的能量为：

$$-\Delta G_{sol}^0 = 98 \text{ kcal/mol} \tag{2.1}$$

$$-\Delta H_{sol}^0 = 106 \text{ kcal/mol} \tag{2.2}$$

式中，$G_{sol}^0$ 为离子的溶剂化能；$H_{sol}^0$ 为焓；负号表示相反过程——将离子从溶液中移至气相。这一能量大于使 C—C 键裂解所需的能量，如果在短时间内给予这一能量，将导致有机离子从溶液中转移至气相，同时，可能发生裂解。快原子轰击（fast atom bambardment，FAB）是在很短的时间和很小的范围内，给予很高的能量，因而不仅导致离子的去溶剂化，也使离子发生裂解。和 FAB 相比，ESI 在相对低的温度下，逐步去溶剂化，是迄今最软的质谱离子化方法。由于 ESI 是很软的离子化方法，因而期望进入质量分析器的离子的结构与溶液中的相同，但是现有的实验数据是不确定的，有些结构性质是保留的，而另一些则不是，取决于 ESI 的条件、样品及其溶液的性质。

为了说明：

① 为什么溶液中离子的状态有些能保留而有些则变化了？

② 质谱检测的离子信号强度是否与其在溶液中的浓度相关？

③ 在微量分析时，如何优化测定条件？

④ MS 测定的信号是与浓度相关，还是与质量相关？

这些，均与 ESI-MS 机理有关，涉及在大气压下，ESI 如何将溶液中的（待测物质）离子变为气相离子；从大气压下，将气相离子传输至在高真空下的质量分析器中；以及，在传输过程中（经过不同的气压和电场区）可能发生的变化。

气相离子的产生过程包含了如下①～⑪的机理。

① ESI 将溶液中的离子转变为气相离子包括三个基本过程：

a. 在喷雾毛细管尖端产生带电雾滴；

b. 通过溶剂蒸发和雾滴分裂使带电雾滴变小，这一过程反复进行，直至生成很小的雾滴；

c. 由很小的带电雾滴产生气相离子。

② 在喷雾毛细管尖端产生带电雾滴——电泳机制。如图 2.5 所示，约 2～4kV 的电压（$V_c$）加于金属毛细管（通常为外径 0.2mm，内径 0.1mm，距离反电极约 2cm）。反电极在 ESI-MS 中可以是一具有小孔的金属板，或为固定在板上的取样毛细管，作为 MS 取样系统的一部分。因为喷雾毛细管尖端很细，故在空气中，毛细管尖端的电场强度（$E_c$）很高，约 $10^6$V/m，当反电极

较大且为平面时，毛细管尖端的电场可用下述近似的关系式估算：

$$E_c = \frac{2V_c}{r_c \ln(4d/r_c)} \qquad (2.3)$$

式中，$r_c$ 为毛细管外径；$d$ 为毛细管尖端至反电极的距离。

如 $V_c$=2000V，$r_c=10^{-4}$m，$d$=0.02m，则 $E_c \approx 6 \times 10^6$V/m，$E_c$ 正比于 $V_c$，大致与 $r_c$ 成反比；由于对数关系，$E_c$ 随 $d$ 的增加，缓慢下降。

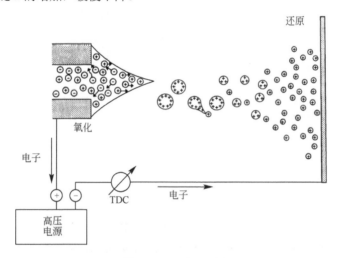

图 2.5　ESI 主要过程

电场使液体形成双电层，液体表面正离子的富集导致毛细管尖端液面的不稳定，

形成一锥体并喷射带过量正电荷的雾滴，最终产生气相离子

通常，毛细管中的溶液由极性溶剂组成，其中含有电解质溶质，例如，溶剂为甲醇/水，NaCl 或 B-HCl（B 为有机碱）为溶质，浓度 $10^{-5} \sim 10^{-3}$mol/L，以下以正离子模式进行讨论。

当电场作用于毛细管，$E_c$ 将穿透毛细管尖端的溶液，在电场作用下，溶液中的正、负离子将移动，直至电荷分布产生的对外加电场的反作用在溶液中产生无场条件为止。如毛细管为正电极，正离子移向毛细管尖端处的弯月面，负离子以相反方向移动，由于液体表面正离子之间的斥力，克服液体的表面张力，因此毛细管尖端的液面扩张，使正电荷和液体进一步前移，形成一锥体，称 Taylor 锥。如电场强度足够高，细的喷口从锥体尖端形成并破裂为细的雾滴（见图 2.6）。

雾滴带正电是由于在锥体及其喷口表面有过量的正离子。如果在溶液中的电解质是 NaCl，在表面过量的正离子是 $Na^+$，这种带电模式取决于在电场作用下，正、负离子向相反方向迁移，称为电泳机制。由锥体喷雾产生的带电雾滴经空气向反电极方向漂移，随着溶剂蒸发，带电雾滴收缩，雾滴表面电荷密度增加。当雾滴缩小至一定的半径，电荷间的斥力克服了表面张力，雾滴发生分裂，这个过程重复发生（溶剂蒸发与雾滴分裂），直至生成气相离子。

③ ESI 是特殊的电解池——电解机制。假定电荷的分离是电泳机制，在稳定的 ESI 操作下，带正电的雾滴将连续带走正离子，在这样的连续电流的装置中（图 2.5），必须实现电荷平衡，同时，只有电子能通过金属导线，因而推测 ESI 必定包括电化学过程，将移向电极的离子转换为电子。换言之，ESI 装置是一种特殊的电解池。其特殊之处在于部分的离子迁移是通过气相由带电雾滴和其后产生的气相离子携带的，而常规电解池中，离子的迁移是在连续的溶液中进行的。按照电化学反应，氧化反应发生在阳极，在上述 ESI 中，应发生在溶液/金属毛细管界面。这一反应将金属中的原子转变为金属离子进入溶液，以补充溶液中的正离子。或者，通过氧化反应移走

溶液中的负离子，对于水溶液，反应如下：

$$M(表面) \longrightarrow M^{2+}(水) + 2e^-(金属)$$

$$4OH^-(水) \longrightarrow O_2(气体) + 2H_2O + 4e^-(金属)$$

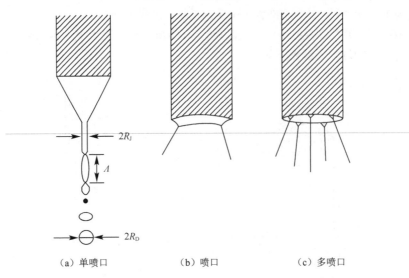

（a）单喷口　　　　　（b）喷口　　　　　（c）多喷口

图 2.6　锥体-喷口模型

（a）中锥体尖端延伸为液体喷口，$R_J$ 为喷口半径，$R_D$ 为雾滴半径，$\Lambda$ 为液体在毛细管尖端的扩张距离。

对 ESI-MS 常用的低黏度液体，$R_D/R_J$ 约 1.9。当电压由（a）→（b）→（c）增加，可观察到多喷口模型

可以预期最低氧化电位的反应首先发生，这取决于金属电极材料、溶液中的离子和溶剂的性质。用 Zn 毛细管尖端，溶液中产生 $Zn^{2+}$ 且单位时间释放至溶液中的 $Zn^{2+}$ 的量转换为每秒的电量（C），等于测得的电喷雾电流 $I$。用不锈钢毛细管得到相似的结果，在溶液中释放 $Fe^{2+}$。这些定量的结果，充分证明了电解机制。

④ ESI 所需的电位。为使 Taylor 锥发生静电喷雾，在毛细管尖端上所需的起始电场 $E_{on}$ 为：

$$E_{on} \approx \left( \frac{2\gamma\cos\theta}{\varepsilon_0 r_c} \right)^{1/2} \tag{2.4}$$

这一起始电场的方程与式（2.3）合并，得到起始电位 $V_{on}$ 的方程：

$$V_{on} = \left( \frac{r_c \gamma \cos\theta}{2\varepsilon_0} \right)^{1/2} \ln\left( \frac{4d}{r_c} \right) \tag{2.5}$$

式中，$\gamma$ 为溶剂的表面张力；$\varepsilon_0$ 为真空的介电常数；$r_c$ 是毛细管半径；$\theta$ 是 Taylor 锥的半角。以 $\varepsilon_0 = 8.8 \times 10^{-12}$F/m 和 $\theta = 49.3°$ 代入得起始电位 $V_{on}$：

$$V_{on} = 2 \times 10^5 (\gamma r_c)^{1/2} \ln\left( \frac{4d}{r_c} \right) \tag{2.6}$$

式中，$\gamma$ 以牛顿/米（N/m）和 $r_c$ 以米（m）为单位得 $V_{on}$ 的单位为伏特。表 2.4 列出了四种溶剂的表面张力和 ESI 起始电位，此处，$r_c = 0.1$mm，$d = 40$mm。

水的表面张力最高，最难以形成 Taylor 锥及喷雾，故起始电位 $V_{on}$ 最高。为了稳定喷雾，必须加以较 $V_{on}$ 高数百伏的电位。用水作溶剂，容易导致毛细管尖端放电，尤其是当毛细管为负电位时（负离子方式）。虽然 ESI 起始电位对正或负离子方式是相同的，但是，当毛细管处于负电

位时，毛细管尖端的放电起始电位较低。放电使毛细管电流 $I$ 增加，如电流在 $10^{-5}A$ 以上，通常是由于有放电现象。在正离子方式，检测到质子化的溶剂簇，如 $H_3O^+(H_2O)_n$（水）或 $CH_3OH_2^+(CH_3OH)_n$（甲醇），说明发生了放电。放电使 ESI-MS 性能降低，待测离子强度大为下降，放电产生的离子具高强度，这可能是放电使毛细管尖端电位下降，影响了带电雾滴的形成。

表 2.4　不同溶剂的表面张力 $\gamma$ 和起始电位 $V_{on}$

| 溶剂 | $CH_3OH$ | $CH_3CN$ | $(CH_3)_2SO$ | $H_2O$ |
|---|---|---|---|---|
| $\gamma/(N/m)$ | 0.0206 | 0.030 | 0.043 | 0.073 |
| $V_{on}/kV$ | 2.2 | 2.5 | 3.0 | 4.0 |

ESI 需高电位，在大气压下进行不仅方便，而且空气中的氧具电子亲和力，易于捕获自由电子。当气体中有自由电子（由宇宙线和背景辐射产生）时，为电场加速，使气体分子电离，则产生放电。在近于大气压下，与气体分子碰撞的频率很高，阻碍了电子的加速过程。$SF_6$ 和多氯芳烃比氧更易捕获电子，故抑制放电更为有效，所以，以水为溶剂的 ESI 可用 $SF_6$ 为电子清除剂（electro scavenger），抑制放电。

⑤ 由带电雾滴产生的电流。带电雾滴离开毛细管的电流 $I$ 是易于测量的（如图 2.5 所示），这个电流相当于离开毛细管的过量正离子的总数。

电流 $I$ 与雾滴半径 $R$ 和所带的电荷 $q$ 的关系为：

$$I = \left[ (4\pi/\varepsilon)^3 (9\gamma)^2 \varepsilon_0^5 \right]^{1/7} (KE)^{3/7} (V_f)^{4/7} \tag{2.7}$$

$$R = \left( \frac{3\varepsilon\gamma^{1/2}V_f}{4\pi\varepsilon_0^{1/2}KE} \right)^{2/7} \tag{2.8}$$

$$q = 0.5 \left[ 8(\varepsilon_0\gamma R^3)^{1/2} \right] \tag{2.9}$$

式中，$\gamma$ 为溶剂的表面张力；$\varepsilon$ 为溶剂的介电常数；$\varepsilon_0$ 为真空的介电常数；$K$ 为溶液的电导率；$E$ 为加在毛细管尖端上的电场；$V_f$ 为体积流速（体积/时间）；$R$ 为雾滴半径；$q$ 为雾滴电荷。这些方程是基于一些未经证明的假设，但是所得结果与实验测定为同一数量级。

以下是基于实验测量 $I$、$R$ 和 $q$ 并经理论推导的方程：

$$I = f\left( \frac{\varepsilon}{\varepsilon_0} \right)\left( \gamma K V_f \frac{\varepsilon}{\varepsilon_0} \right)^{1/2} \tag{2.10}$$

$$R \approx \left( V_f \frac{\varepsilon}{K} \right)^{1/3} \tag{2.11}$$

$$q = 0.7 \left[ 8\pi(\varepsilon_0\gamma R^3)^{1/2} \right] \tag{2.12}$$

这些关系是基于溶液的电导率 $K>10^{-4}S/m$ 得到的。用极性溶剂，如水及甲醇和基本上完全解离的电解质，溶液的浓度约为 $10^{-5}mol/L$（这是 ESI-MS 通常的浓度），流速为 $1\mu L/min$（这是常规 ESI-MS 的低限）。

虽然式（2.7）和式（2.10）似乎有很大差别，但均能预示对电流 $I$ 的两个最重要的实验参数——流速和电导率，且结果非常相似。式（2.7）预示 $I\propto V_f^{0.57}$，而式（2.10）得到 $I\propto V_f^{0.5}$。对电导率 $K$ 的关系也相同。电流 $I$ 和流速 $V_f$ 的关系如图 2.7（a）所示，实线为实验结果（盐酸

可卡因 $10^{-5}$mol/L 甲醇溶液），虚线为由式（2.7）预示的结果，在低流速区（2～80μL/min）两者相当接近。式（2.10）的结果也相似。

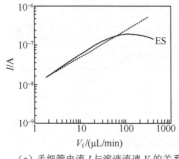 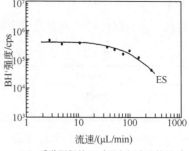

（a）毛细管电流 $I$ 与溶液流速 $V_f$ 的关系　　　（b）质谱测得的 BH$^+$ 强度与流速的关系

图 2.7　毛细管电流和待测离子强度与溶液流速的关系

图 2.7（b）表示质谱分析所得的有机碱的 BH$^+$ 离子流与流速的关系。[BH$^+$]=$10^{-5}$mol/L，甲醇溶液，分析时浓度恒定。比较图 2.7（a）和图 2.7（b），气相离子流并不与雾滴电流 $I$ 相关，随 $I$ 的增加，BH$^+$ 强度保持恒定，在高流速区甚至下降。随着流速的变化，雾滴电流和离子强度缺乏相关性，这提示需要进一步了解从雾滴中产生气相离子的过程。

式（2.8）或式（2.11）预示雾滴半径随流速增加而增加。实验观察到，随流速增加，气相离子流降低[图 2.7（b）]，这与雾滴大小相关联，即随着雾滴的增大，从带电雾滴中产生气相离子的数目下降。式（2.8）和式（2.11）也预示 $R$ 随电导率 $K$ 的增加而变小。因而，降低流速和增加电导率是产生细雾滴的有效方法。

⑥ 雾滴电流 $I$ 与电导率和溶液中离子浓度的关系。雾滴电流 $I$ 与溶液电导率 $K$ 的关系之所以得到关注，是因为电导率正比于溶液中离子的浓度：

$$K = \lambda_{0,m} c \qquad (2.13)$$

上式只有在低浓度（$c < 0.1$ mol/L）时才有效。电解质的分子电导 $\lambda_{0,m}$ 取决于电解质离子的特定性质，决定 $\lambda_{0,m}$ 大小的重要性质是淌度，即溶液中正或负离子在电场作用下的迁移速度。

式（2.13）是对单一电解质而言的，当溶液中有几种电解质时，$K$ 为各电解质电导率之和：

$$K = \sum_i \lambda_{0,m_i} C_i \qquad (2.14)$$

表 2.5 列出了一些电解质在甲醇中的 $\lambda_{0,m}$ 值。

表 2.5　在 25℃，某些电解质在甲醇中的分子电导率

| 溶质 | $\lambda_{0,m}$ | 离子 | $\ell_{0,m}$ |
|---|---|---|---|
| HCl | 190 | H$^+$ | 146 |
| HClO$_4$ | 214 | Li$^+$ | 40 |
| HNO$_3$ | 203 | Na$^+$ | 45 |
| LiCl | 91 | K$^+$ | 52 |
| NaCl | 97 | Cl$^-$ | 52 |
| KCl | 104 | Br$^-$ | 56 |

分子电导为组成离子的电导之和：$\lambda_{0,m}$(MX)=$\ell_{0,m\,(M^+)}$ + $\ell_{0,m\,(X^-)}$。$\lambda_{0,m}$ 和 $\ell_{0,m}$ 以 cm$^2$/（Ω·mol）为单位，$\Omega^{-1}$ = S（西门子，Siemens）。实验测定电流 $I$ 与溶液电导率 $K$（HCl 和 NaCl 在 60%水

和 40%甲醇的混合溶液中）的关系为：

$$I \propto K^n = (\lambda_{0,m}C)^n \qquad (n \approx 0.22) \tag{2.15}$$

如果待测物质离子在溶液中的浓度最高，则质谱测得的待测物质离子强度约与雾滴电流 $I$ 成正比，即气相离子强度取决于其在溶液中的浓度。但是，通常的实验条件下，除了待测物质以外，还有其他电解质存在于溶液中，这就使情况变得复杂，将在"⑩雾滴蒸发过程中溶质浓度的变化"中进一步讨论。

⑦ 带电雾滴中溶剂的蒸发导致雾滴缩小和库仑分裂。电喷雾产生的带电雾滴随着溶剂的蒸发而缩小，但电荷保持恒定，溶剂蒸发的能量由环境气体提供。

雾滴半径 $R$ 变小而雾滴电荷 $q$ 不变导致表面上电荷斥力的增加，直至达到 Rayleigh 稳定限：

$$q_{Ray} = 8\pi(\varepsilon_0 \gamma R^3)^{1/2} \tag{2.16}$$

Rayleigh 方程指出当雾滴半径 $R$ 和电量 $q$ 满足式（2.16）时，静电斥力等于表面张力 $\gamma$，雾滴不再稳定，发生裂解，称之为库仑分裂（Coulombic fission）或库仑爆炸（Coulombic explosion）。这种分裂不同于细胞分裂，不是一分为二，而是形成细小的喷口，喷出许多小的雾滴，如图 2.8 所示。

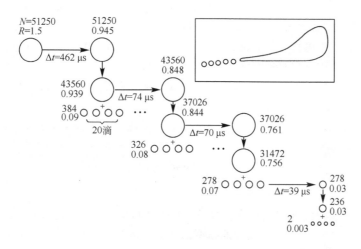

图 2.8　母雾滴和子雾滴

左上角的雾滴是在室温下由毛细管电喷雾产生的雾滴，溶剂蒸发，电荷恒定，导致电荷斥力增加，通过喷雾释放子雾滴，右上角的插图是实验观察到的雾滴喷雾分裂（jet fission）。$N$ 为雾滴上的电荷数，$R$ 为雾滴半径（μm）。$\Delta t$ 值代表蒸发缩小雾滴至开始分裂的尺寸时所需时间。图中仅画出三个连续的母雾滴分裂

雾滴通过喷雾分裂释放了电荷张力后，继续蒸发再次达到 Rayleigh 稳定限，再次发生喷雾分裂。

雾滴蒸发和分裂过程取决于雾滴的起始尺寸和电荷，决定雾滴半径的重要参数是流速 $V_f$ 和溶液电导率 $K$。低流速和高电导率产生细雾滴，流速为几微升每分钟和 $K \approx 4^{-4} \sim 10^{-2}$S/m（相当于在极性溶剂中，电解质浓度为 $10^{-5} \sim 10^{-4}$mol/L）产生半径为几微米的雾滴。其起始电荷 $q_0$ 离 Rayleigh 稳定限不远，$q_0 \approx 0.7q_{Ray}$。

当用甲醇、水和乙腈等挥发性溶剂时，雾滴半径为几微米或更小，蒸发速率服从表面蒸发限定律，雾滴半径与时间 $t$ 具简单关系：

$$\frac{\mathrm{d}R}{\mathrm{d}t} = -\frac{\alpha\bar{v}}{4\rho} \times \frac{p^0 M}{R_g T} \tag{2.17a}$$

$$R = R_0 - \frac{\alpha\bar{v}p^0 M}{4\rho R_g T} \tag{2.17b}$$

式中，$\bar{v}$ 为溶剂蒸气平均热速率；$p^0$ 为溶剂在雾滴温度下的饱和蒸气压；$M$ 为溶剂分子的分子量；$\rho$ 为溶剂密度；$R_g$ 为气体常数；$T$ 为雾滴温度；$\alpha$ 为溶剂凝集系数，对于水、乙醇和甲醇，$\alpha\approx0.04$。

喷雾分裂导致母雾滴质量的丢失仅为 2%，而电荷的丢失达 15%，子雾滴的半径约为母雾滴的 1/10，质量平衡预示约生成 20 个子雾滴。

雾滴演化过程中涉及的数字不是很准确，是粗略的估计。图 2.8 中，由起始雾滴（$R_0=1.5\mu m$，$q_0=10^{-4}C$）到达首次分裂所需的时间 $\Delta t\approx460\mu s$，整个过程的时间是几百微秒，与带电雾滴在大气压区停留时间相近。带电雾滴实际的停留时间取决于 ESI 离子源的设计，一般是几百微秒至几毫秒。

式（2.17）表明溶剂蒸发速率取决于溶剂的蒸气压，对于甲醇、水等极性溶剂，为了达到 ESI-MS 应有的取样效率，雾滴及环境气体应处在高温下。第一代子雾滴的半径 $R\approx0.08\mu m$，电荷数 $N\approx280$（见图 2.8）。假定溶液中的离子是单电荷的，$N$ 相当于雾滴中未被负离子平衡的正离子数目。这一子雾滴达到不稳定限的时间约 $40\mu s$，此时半径 $R\approx0.03\mu m$。假定这一子雾滴的库仑爆炸也是喷雾分裂，则由其产生的第二代子雾滴 $R\approx0.003\mu m$，$N\approx2$。雾滴半径远远小于 $1\mu m$ 是难以实验观察的，故这一雾滴喷雾分裂未经实验证明。

⑧ 气相离子形成的机制。从很小的带电雾滴生成气相离子有两种机制：离子蒸发（ion evaporation）和带电残渣模型（charged residue mode）。

a. 离子蒸发的 Iribarne-Thomson 方程    Iribarne-Thomson 方式基于过渡态理论，从带电雾滴中发射离子的速率常数 $k_I$ 为：

$$k_I = \frac{k_B T}{h} e^{-\Delta G^{\neq}/kT} \tag{2.18}$$

式中，$k_B$ 为 Boltzman 常数；$T$ 为雾滴温度；$h$ 为 Planck 常数；$\Delta G^{\neq}$ 为活化自由能，由图 2.9 的模型估算。

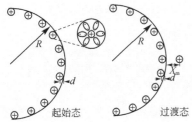

图 2.9    Iribarne-Thomson 模型

过渡态和起始态表示在雾滴表面有过量的 $N$ 单电荷正离子，雾滴半径 $R$。溶剂化的离子具溶剂外壳，离子加溶剂壳的半径为 $d$。在过渡态中，某一带溶剂壳的离子已移出雾滴达 $X_m$ 距离。通常，对水溶液 $X_m=0.6nm$，$R=8nm$，$N=70$。

在 Iribarne-Thomson 过渡态中，能量屏障（势垒，barrier）是由于相反的静电力，即雾滴中遗留电荷对逸出离子的斥力和雾滴极化后产生的对逸出离子的吸力相互作用的结果。

$\Delta G^{\neq}$ 取决于四个参数，其中主要是 $N$ 和 $R$（雾滴中的电荷数和雾滴半径）。这些参数决定了雾滴表面的电场 $E$ 并产生对逸出离子的斥力，电场的值由 Coulomb 方程确定：

$$E = \frac{q}{4\pi\varepsilon_0 R^2} = \frac{Ne}{4\pi\varepsilon_0 R^2} \tag{2.19}$$

由式（2.18）预示的速率常数 $k_I$ 随 $N$ 的增加和 $R$ 的变小而增加。其他两个参数代表发射的离子的性质，最低 $\Delta G^{\neq}$ 的逸出离子不是裸露的电解质离子 M⁺，而是溶剂化的离子 M⁺(SI)ₘ。如式（2.1）所示，裸露的 Na⁺ 从水溶液中转移至气相需要较高的能量约 98kcal/mol，但转移 Na⁺(H₂O)₇ 只需要约 56kcal/mol。表 2.6 列出了裸露的碱金属离子 M⁺ 和水合的 M⁺(H₂O)ₘ 从气相至溶液的移迁自由能 $\Delta G_{sol}^0$。

**表 2.6 用于评价 Iribarne-Thomson 速率常数的数据和实验比较**

| 项目 | Li⁺ | Na⁺ | K⁺ | Cs⁺ | NH₄⁺ | (CH₃)₄N⁺ | (C₂H₅)₄N⁺ |
|---|---|---|---|---|---|---|---|
| $-\Delta G_{sol}^0$ (M⁺)/[kcal/mol] | 122 | 98.2 | 80.6 | 67.5 | 81 | (54) | (49) |
| $-\Delta G_{o,m}^0$ (M⁺)/[kcal/mol] | 74.4 | 56.4 | 36.5 | 23.5 | — | — | — |
| $m$ | 7 | 7 | 6 | 5 | 约 6 | — | 约 0 |
| $-\Delta G_{sol}^0$ [M⁺(H₂O)ₘ]/[kcal/mol] | 61.2 | 56.5 | 55.8 | 54 | 55.6 | (54) | (49) |
| $d[-R_{Ion}(hydrated)]$/Å | 3.82 | 3.58 | 3.3 | 3.29 | 3.3 | | (2) |
| $\Delta G^{\neq}$/[kcal/mol] | 13.1 | 9.3 | 9.7 | 7.9 | 9.5 | | 7.9 |
| $k_I/(\times 10^{-5}s^{-1})$ | 0.02 | 9.8 | 4.9 | 94 | 6.8 | | 98 |
| $k_I$ | 2×10⁻⁴ | 0.1 | 0.05 | 1.0 | 0.07 | | 1.4 |
| $k$ | 1.6 | 1.6 | 1.0 | 1.0 | 1.3 | | 约 5 |
| $k_I$(Iribarne) | 3.5 | 1.25 | 1.5 | 1.0 | | | |

表 2.6 中，$R_{Ion}$（hydrated）为水合离子的半径，$d$ 以 Å 为单位，1Å=0.1nm。$m$ 为具最低 $-\Delta G_{sol}^0$ [M⁺(H₂O)ₘ] 的 M⁺(H₂O)ₘ 中的水分子数，$k_I$ 为 Iribarne-Thomson 常数，相对于 $k$（Cs⁺）=1。$k$ 为实验系数，相对于 $k$（Cs⁺）=1，$k_I$（Iribarne）为 Thomson 和 Iribarne 测定的 $k_I$ 的相对实验值。

强烈水合的 Li⁺ 和 Na⁺，具较大的迁移能，Iribarne-Thomson 方程预示具高的活化势垒，即较小的速率常数 $k_I$。强溶剂化的离子如 Li⁺ 强烈地结合了较大数目的溶剂分子，因而有较大的 $d$。Iribarne-Thomson 的 $\Delta G^{\neq}$ 表达式为：

$$\Delta G^{\neq} = \left[\frac{Ne^2}{4\pi\varepsilon_0(R+X_m)} - \frac{e^2}{16\pi\varepsilon_0 X_m}\right] - \left[\Delta G_{sol}^0 + \frac{Ne^2}{4\pi\varepsilon_0(R-d)}\right] \quad (2.20)$$

第一个括号内的各项给出了过渡态的能量，而第二个括号内的各项给出起始态的能量，这两个状态的零水平相当于带电雾滴和溶剂化离子距离无限远。表达式的第一项表示单电荷溶剂化离子和具 $N$ 个电荷的带电雾滴间的斥力（静电位能）。第二项表示带电离子和极化的雾滴之间的吸力产生的位能。第三项代表在中性雾滴中溶剂化离子 M(SI)ₘ 的溶剂化能，而最后一项对具 $N$ 个电荷的非中性雾滴进行校正。这样，$Ne^2/4\pi\varepsilon_0(R-d)$ 相当于需要克服将溶剂化离子从无穷远移至雾滴内距 $d$ 处的静电排斥能。

图 2.10 说明由 Iribarne-Thomson 方程获得的结果。对恒定的 $\Delta G_{sol}^0$（−57kcal/mol）和 $N$（70），$\Delta G^{\neq}$ 和 $k_I$ 随雾滴半径的变化见图 2.10（a），结果表明 $k_I$ 随 $R$ 的改变极迅速地变化，例如，$R$ 从 10nm 变为 7nm，$k_I$ 由 $3\times 10^{-3}s^{-1}$ 变为 $1.4\times 10^{13}s^{-1}$，变化了 16 个数量级！Iribarne 假定当 $k_I=10^6s^{-1}$ 时，离子蒸发先于 Rayleigh 分裂。

图 2.10（b）说明当 $\Delta G_{sol}^0$ 作为变量，而 $N$=70，$R$=8nm 恒定时，$\Delta G^{\neq}$ 和 $k_I$ 的变化。在表 2.6 中列出了碱金属离子在雾滴 $R$=8nm 和 $N$=70，温度 $T$=298K 时所得的速率常数 $k_I$。这些数据说明 M⁺(H₂O)ₘ 的迁移能 $-\Delta G_{sol}^0$ [M⁺(H₂O)ₘ] 是 $k_I$ 的决定性参数。锂离子具最大水合离子迁移能，因而具最低的 $k_I$。铯离子的 $k_I$ 相对于锂离子的 $k_I$ 要大 5000 倍。

b. 带电残渣模型　Dole 等在研究聚苯乙烯分子量测定时提出，如果雾滴中只有一个聚苯乙烯分子，这将是加合物离子，如[M+Na]⁺，可能用质谱法检出。Dole 等虽然未能用质谱法证明，但这一模型保留了下来，这将在以下的讨论中进一步说明。

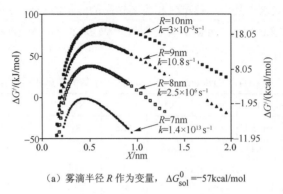

（a）雾滴半径 $R$ 作为变量，$\Delta G_{sol}^0 = -57kcal/mol$

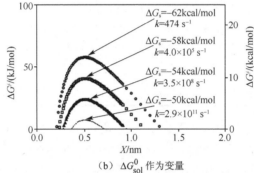

（b）$\Delta G_{sol}^0$ 作为变量

图 2.10 Iribarne-Thomson 方程的结果：逸出离子自由能与溶剂化离子和雾滴表面的距离 $X$ 的关系

两个图中 $R=8nm$，$N=70$，$d=0.385nm$ 均相同，速率常数 $k_1$ 由式（2.18）估算

⑨ 实验数据与离子蒸发理论预示结果的比较以及表面活性对离子蒸发和带电残渣理论的影响。表 2.7 中的相对离子蒸发速率 $k$ 的实验数据基于质谱测定的离子强度比 $I_A/I_B$，用等浓度的电解质 $A^+X^-$ 和 $B^+X^-$ 溶液进行电喷雾，假定：

$$\frac{I_A}{I_B} = \frac{k_A}{k_B} \qquad [A^+]=[B^+] \tag{2.21}$$

为得到好的相对数据，用同一仪器在相同的条件下测定。在这样条件下得到了另外一些数据，列在表 2.7 内。

表 2.7　实验测得的相对离子蒸发速率 $k$

| 离　　子 | $k$ | 离　　子 | $k$ |
|---|---|---|---|
| $Cs^+$ | 1 | $CocH^+$ | 10 |
| $Li^+$ | 1.6 | $Ni^{2+}(Tpy)_2$ | 5 |
| $Na^+$ | 1.6 | $Et_4N^+$ | 2 |
| $K^+$ | 1.0 | $Pr_4N^+$ | 5 |
| $NH_4^+$ | 1.3 | $Bu_4N^+$ | 8 |
| $MorH^+$ | 3 | $Pen_4N^+$ | 14 |
| $CodH^+$ | 5 | $C_7NH_3^+$ | 10 |
| $HerH^+$ | 6 | $C_{11}NH_3^+$ | 10 |

注：Mor=吗啡，Cod=可待因，Her=海洛因，Coc=可卡因，Tpy=三吡啶基，Bu=正丁基，Et=乙基，Pr=正丙基，Pen=正戊基，$C_7=n\text{-}C_7H_{15}$，$C_{11}=n\text{-}C_{11}H_{23}$。

通常，在 ESI-MS 文献中，可观察到巨大的疏水性基团的单电荷离子具较高的实验灵敏度，因这些离子有低的溶剂化能（如表 2.7 中，$Pen_4N^+$ 和 $C_{11}H_{23}NH_3^+$ 有相对高的 $k$ 值）。这样的定性结果对离子蒸发理论较电荷残渣模型更有利。

在离子蒸发理论中，离子的表面活性应仔细考虑，如 $A^+$ 和 $B^+$ 存在于溶液中，$A^+$ 较 $B^+$ 有更强的表面活性。可以预期在雾滴表面的电荷富集了 $A^+$，因而有较多的 $A^+$ 被蒸发。因此，灵敏度系数不仅取决于离子蒸发速率常数 $k_I$，也取决于 $K_s$，$K_s$ 表示整体对表面离子平衡的常数：

$$k \propto K_s k_I（离子蒸发理论）$$

$$\frac{k_A}{k_B} = \frac{K_{s,A} k_{I,A}}{K_{s,B} k_{I,B}} \tag{2.22a}$$

对于表面活性的认识，也为电荷残渣理论所考虑。在雾滴表面富集的离子将优先转移至小雾滴的表面，因为小雾滴表面的离子来源于母雾滴表面的电荷。相同的过程代代相传，可以预期最后的雾滴只含一个过量的离子，这必将是表面活性离子优先。因为没有其他离子存在，故不存在将这一离子推向表面的驱动力，离子不再处在表面。以此为基础，带电残渣理论成立，可以预期实验反映表面活性：

$$k \propto K_s（扩展的电荷残渣理论）$$

$$\frac{K_A}{K_B} = \frac{K_{S,A}}{K_{S,B}} \tag{2.22b}$$

对于表面活性相同的离子，如碱金属离子，可以预期灵敏度系数相似，这与实验一致（见表 2.6 和表 2.7）。已知四烷基铵离子的表面活性随烷基基团的增大而增加，实验灵敏度系数按相同次序增加（见表 2.7）。这样，实验灵敏度与修改的电荷残渣基本一致。由于离子的溶剂化能与表面活性相关，因而离子蒸发理论和电荷残渣理论所预示的灵敏度系数的变化方向是相同的。

在两个理论中，对于雾滴半径 $R > 10\text{nm}$ 时，释放电荷张力均为通过 Rayleigh 分裂。当雾滴 $R \approx 10\text{nm}$ 或更小时，按照离子蒸发理论释放电荷张力是通过离子发射的；而按电荷残渣理论，Rayleigh 分裂继续下去。当雾滴变得非常小，$R < 1\text{nm}$，雾滴中含几个过量电荷（见图 2.7）和一些溶剂分子（取决于溶质起始浓度）。

⑩ 雾滴蒸发过程中溶质浓度的变化。随着溶剂的蒸发，雾滴体积变小，溶质的浓度必将增加。溶质可能是气相离子的前体。此外，如溶质是酸、碱，它们的浓度的变化，将导致溶液 pH 的改变，可能会影响观测到的质谱。

图 2.8 所示的母雾滴和子雾滴经历了不同的溶质浓缩过程。因为子雾滴得到约 15% 的母雾滴电荷和约 2% 的质量。这些子雾滴的后代很快演变为高度带电的很小的雾滴，成为气相离子的前体。在这些雾滴中，溶质浓度的增加远较母雾滴中溶质浓度增加得慢。因此，母雾滴是固体残渣的前体，这些残渣是雾滴中溶质的聚集体，因而对质谱分析无用。

为了进行以下讨论，选择半径 $R = 0.03\mu m$（$N = 278$）的雾滴。按照离子蒸发理论，这样的雾滴可能通过离子蒸发直接生成气相离子。另外，按带电荷残渣理论，Rayleigh 分裂继续，将产生约 20 个 $R = 0.003\text{nm}$ 和 $N = 2$ 的雾滴。起始容积与最终容积的比率 $V_i/V_f$，由于这一雾滴经历了若干个蒸发阶段，可由相应的多个蒸发阶段产生的雾滴的半径估算，可得到总的变化 $V_i/V_f \approx 94$，最大的比率 $V_i/V_f$ 发生在第一阶段，$(R_i/R_f)^3 = (1.51/0.95)^3 = 4$。如 ESI 形成的起始雾滴接近于 Rayleigh 稳定限，则第一阶段的比率低。因此，假定平均比率 $V_i/V_f \approx 50$。所以，不挥发溶质浓度增加的倍数为：

$$\frac{c_f}{c_i} = \frac{V_i}{V_f} \approx 50$$

如溶质有一定程度的挥发性，则较难估算。在蒸发平衡条件下，溶质 St 在气相中的摩尔分数 $Y_{st}$ 由 Henry 定律确定：

$$Y_{st} = k_{st}X_{st}$$

式中，$k_{st}$ 为 Henry 常数；$X_{st}$ 是溶液中溶质的摩尔分数。可以预期：

$$k_{st} > 1 \text{（溶质在雾滴中变少）}$$

$$k_{st} < 1 \text{（溶质在雾滴中富集）}$$

许多溶质的 Henry 常数是已知的，例如用于调节水和甲醇溶液 pH 的弱酸、弱碱。如果雾滴蒸发缓慢，估算一定的初始和最后容积比 $V_i/V_f$ 时浓度的变化是可能的。然而，很小的雾滴蒸发极快，超出了表面控制自由分子的规则，因而也难以用蒸发平衡条件下的 Henry 定律计算溶质浓度的变化。由于蒸发很快，高度非挥发性的溶质在雾滴中富集的程度可能低于相平衡条件下的数据。氨的挥发性很高，故在蒸发的雾滴中浓度下降，导致溶液 pH 变低。如用非挥发性酸、碱，如 $H_2SO_4$、NaOH，在蒸发的雾滴中的浓度将增加，导致溶液 pH 的很大变化。由溶剂蒸发导致的高或低 pH 可能使蛋白质变性。

⑪ 质谱测得的待测物质离子信号强度与电喷雾溶液中待测物质离子和其他离子浓度的关系——信号抑制效应（signal suppression）。此处，将讨论 ESI-MS 测定的待测物质离子信号强度与电喷雾溶液中待测物质离子浓度的关系，以及溶液中其他离子对这一强度的影响。其他离子包括通常存在于溶剂中的杂质、欲测定的其他成分、缓冲剂及样品中的背景物质。

不同浓度的待测物质溶液用 ESI-MS 测定其离子强度，结果如图 2.11 所示。图 2.11 表示质谱中单一待测物质离子强度对待测物质浓度系列的变化，用对数图是为了容纳宽的离子强度和浓度范围。在低浓度区至约 $10^{-6}$mol/L 是线性部分，斜率约为 1，随后是信号饱和区，在最高浓度时，强度甚至略有下降。

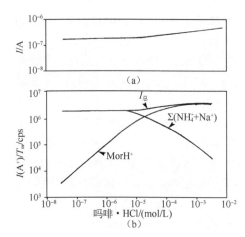

图 2.11 毛细管电流 $I$（a）和待测物质 $A^+$ 的强度（b）对待测物质浓度的关系

测得的毛细管电流 $I$ 和总离子强度 $I_总$ 在约 $10^{-5}$mol/L 以前是恒定的，这是由于在试剂级的甲醇中有约 $3\times10^{-5}$mol/L 的 $Na^+$、$NH_4^+$ 电解质杂质。待测物质 $A^+$ 是质子化的吗啡，$MorH^+$。离子强度，每秒记数（c/s），已对质谱仪中的与质量相关的传输因素进行了校正，校正因子 $T_m$

理解整个曲线的关键是必须理解电喷雾的溶液并非单一电解质体系。所用的溶剂，除非专门去离子，常含电解质杂质。试剂级甲醇中的杂质主要是铵和钠盐，总浓度约 $10^{-5}$mol/L。在待测物质 A 的低浓度区，毛细管电流主要由杂质 B 携带，B 的浓度是恒定的，因而在此区域内，$I$ 也是恒定的（图 2.11 上部）。质谱测得的总离子强度，$I_{总} \approx I_A + I_B$，也是恒定的，因为杂质 B 是主要的。

待测物质 A 的浓度为 $10^{-5}$mol/L 左右时，待测物质开始成为主体，总电解质浓度开始增加。在这一区域毛细管电流也开始增加，这可由式（2.15）得知。

$$I \propto \left(\lambda_m^0 c\right)^n \qquad (n \approx 0.2 \sim 0.4)$$

因为不同电解质的分子电导的变化倍数通常小于 2（常见分子的电导率参见表 2.5）和指数 $n$ 很低，电流 $I$ 基本上与电解质的性质（即 $\lambda_m^0$）无关。这样电流 $I$ 随浓度 $c$ 而变化，但是由于指数 $n$ 很低，故变化相对较小（弱相关）。例如 $c$ 变化 100 倍，电流变化 4~8 倍。

$I_{总}$ 的形状与毛细管电流 $I$ 相似。在这一区域，这两个电流基本上成比例。当待测物质浓度在 $10^{-5}$mol/L 以上时，杂质 $B^+$ 的强度 $I_B$ 下降。如上所述，电流 $I$ 与浓度 $c$ 弱相关。这是因为这一电流与总的雾滴电荷成正比，而 A 的增加几乎不增加雾滴电荷，但是在气相离子转换过程中，雾滴中的 $A^+$ 竞争 $B^+$，这样增加$[A^+]$将导致气相离子 $B^+$ 的降低，因而 $I_B$ 降低。

基于上述考虑，提出了双电解质和三电解质体系的两个方程：

$$I_A = fp \frac{k_A[A^+]}{k_A[A^+] + k_B[B^+]} \times I \tag{2.23}$$

$$I_A = fp \frac{k_A[A^+]}{k_A[A^+] + k_B[B^+] + k_C[C^+]} \times I \tag{2.24}$$

这些方程对 $I_B$、$I_C$ 也是相似的。为了简便，下面仅仅讨论双电解质系统。设 $I_A$ 是质谱测定的 $A^+$ 离子强度，$[A^+]$、$[B^+]$ 是电喷雾溶液中电解质的浓度，常数 $k_A$、$k_B$ 为灵敏度系数。假定 $fp$ 与离子的性质无关，而 $f$ 为雾滴上的电荷转变为气相离子的分数，$p$ 是离子取样效率，即被质谱仪检出的离子的分数相对于雾滴在一个大气压下产生的气相离子。$f$ 值取决于雾滴的质量，而 $p$ 值取决于大气压区至质量分析器的接口的质量，$fp$ 可由式（2.25）确定：

$$I_A + I_B = fpI \tag{2.25}$$

测量质谱分析的总离子流（$I_A + I_B$）和毛细管电流 $I$ 可得 $fp$ 乘积。当电解质的浓度和性质改变时，直到约 $5 \times 10^{-4}$mol/L，$fp$ 几乎恒定。以甲醇为溶剂，流速 20μL/min 粗略估算$fp \approx 0.3$。在约 $5 \times 10^{-4}$mol/L 以上时，$fp$ 下降，这是由于高电解质浓度时，电喷雾产生的雾滴中含较粗的雾滴，使 $f$ 下降。当浓度增加几个数量级时，如流速不变，Taylor 锥喷雾不稳定，故观察到粗雾滴。因此，当电导率改变时，应改变流速，以保持稳定的锥喷雾。在高电解质浓度时，应降低流速。

$p$ 值取决于大气压区至质量分析器之间的接口（离子传输区）的设计。如用针孔取样，$p$ 值为 $10^{-5} \sim 10^{-4}$。这是由于空间电荷使雾滴和离子分散及取样孔面积很小的原因，导致取样效率很低。

式（2.23）和式（2.24）表示溶液内部离子进入气相的竞争，强度 $I_A$ 只取决于 $k_A/k_B$ 的比率，而并不取决于个别的 $k_A$ 和 $k_B$。比率 $k_A/k_B$ 代表气相离子 $A^+$ 和 $B^+$ 的产率比（相对于溶液本体中的浓度）。如前文"⑩雾滴蒸发过程中溶质浓度的变化"中所述，随着溶剂蒸发，雾滴体积缩小，故电解质浓度增加。式（2.23）和式（2.24）只适用于强电解质 A、B 和 C。对于这些强电解质，雾滴中各个离子的浓度增加倍数相同，由于方程中只涉及浓度比，因此，随着溶剂蒸发的进行，电解质浓度增加这一因素被抵消，而产率比不变。

图 2.12 说明待测物质 A⁺的强度为存在于溶液中的第二种电解质 B 所抑制的情况。B 是缓冲剂。在实验中，待测物质 A 保持恒定的浓度，$[A^+]=1\times10^{-5}$mol/L，而 B⁺（此处为 NH₄⁺）的浓度增加至 $2\times10^{-5}$mol/L。图 2.12 中的实线符合式（2.23），观察到 $I_A$ 逐渐下降。如 A 为 Bu₄N⁺，这一离子具最高的 $k_A$，故观测到的 $I_A$ 下降最小，如为 Cs⁺，因其 $k_A$ 最低，故 $I_A$ 下降很快，当[NH₄⁺]由 $10^{-5}$mol/L 增加至 $10^{-3}$mol/L 时，$I_A$ 下降至 1/12。

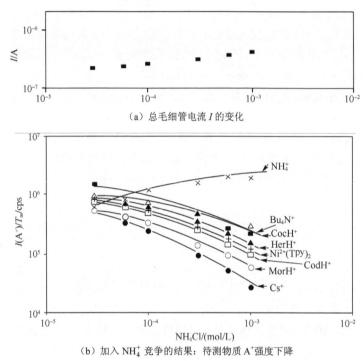

（a）总毛细管电流 I 的变化

（b）加入 NH₄⁺ 竞争的结果：待测物质 A⁺强度下降

图 2.12　加 NH₄Cl 对质谱测定的待测物质 A⁺（$[A^+]=10^{-5}$mol/L）的影响

图中符号与图 2.11 和表 2.7 相同

式（2.23）预示，随 $k_B$ 值增加，当[B⁺]增加时，$I_A$ 下降较大。如用 Bu₄N⁺代替 NH₄⁺，则待测物质 Cs⁺和 MorH⁺的强度将下降至约 1/200。因此，在 ESI-MS 实验中，应使用灵敏度系数 $k$ 较低的缓冲剂。

### 2.4.1.2　生物分子的 ESI-MS 及分子量的测定

在 ESI-MS 中，多肽及蛋白质得到的主要是多质子化的分子，一般没有碎片离子。分子中可以质子化的位点的数目是影响 ESI-MS 观测到的多电荷离子的主要因素。对于大多数化合物，在水溶液 pH<4 时，最大的电荷数和碱性氨基酸残基的数目间存在近乎线性的关系。

由于分析时所用的溶剂和添加剂的不同，观测到的准分子离子种类（quasi-molecular ion species）有：[M+H]⁺、[M+Na]⁺、[M+K]⁺、[M+NH₄]⁺、[M+X]⁺（X 为溶剂或缓冲剂阳离子）、[M+H+S]⁺（S 为溶剂分子）；在高浓度时有[2M+H]⁺。

对于蛋白质的正离子 ESI-MS，测定其分子量（$M$）是基于两个假定：①系列中相邻峰相差 1 个电荷；②电荷是由于阳离子的加成（通常为质子）所致的。因而，图 2.13 中每一个峰代表蛋白质分子加上一定数目的质子所形成的多价离子，即$(M+nH)^{n+}$。

$H$ 为质子的质量（1.0079u）。

质谱仪测得每一个峰的质荷比 $m$ 为：

$$m =(M + nH)/n$$

如 $n$ 已知则易于计算其分子量：

$$M = n(m - H)$$

为了确定 $n$，可利用任意两个相邻峰，

$$m_1 = [M + (n + 1)H]/(n + 1), \quad m_2 = (M + nH)/n$$

$m_2$ 和 $m_1$ 为具有 $n$ 和 $n + 1$ 个质子的两个相邻峰的质荷比。解上述联立方程得：

$$n = (m_1 - H)/(m_2 - m_1)$$

由此可由每一个峰计算蛋白质的分子量$[M = n(m - H)]$，取平均值以提高测定的准确度。在上例中，标准偏差为±1.7u，误差为 0.007%。

如为多电荷负离子，通常质谱峰由分子减去多个质子形成，计算方法也相似，不过 $m=(M - nH)/n$。

上述计算过程常称为 deconvolution，有人译为"去卷积"，其实 deconvolution 本义为"去复杂化"，用在不同的场合应有不同的意义。例如，在组合化学法（combinational chemical methods）中需要采用高分辨的正交色谱系统 deconvolute 复杂的混合物。显然，此处的 deconvolute 实际意义为分离分析。在上述蛋白质分子量的计算中，deconvolution 是一种计算程序，由多电荷离子系列的质荷比计算供试品的分子量，因此，笔者建议在此处译作多电荷离子分子量求解，相应的计算软件译作分子量求解软件。同样，Cody[12]也认为 deconvolution 是由多电荷离子质谱测定分子量的数学方法，是将多电荷质谱转换为不带电荷的质谱。他指出 deconvolution 这个字会造成混淆，以为是 convolution（卷积）的逆运算。

用上述方法，利用多电荷离子系列的形成，就可以用质荷比范围和分辨率有限的常规质谱仪，如四极质谱仪，研究蛋白质。由于仪器的分辨率不足，不能分离同位素峰，故测得的是平均分子量。如用高分辨仪器，如 FTICR-MS，则可测得单同位素分子量。

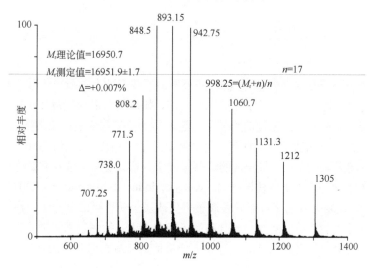

图 2.13 马肌红蛋白的 ESI-MS

### 2.4.1.3 离子从带电雾滴转移至气相时电荷和结构的改变

质子化的碱和去质子的酸分别是产生正离子和负离子的两类重要物质，这样的体系可能涉及非预期的质子转移化学，发生在离子从雾滴至气相的非常规条件的过程中，因为对离子而言溶液

和气相是两种完全不同的环境。

质子转移化学是影响多质子化的多肽和蛋白质的电荷态分布的重要因素。例如：当肌红蛋白的 50：50 甲醇水溶液加氨碱化至 pH 10，用负离子方式进行 ESI-MS 分析，得到了一组肌红蛋白负离子，电荷态分布的极大值约 15 个负电荷，这个结果是可以"预期的"，因为可以预期去质子的肌红蛋白负离子存在于碱性溶液中。当用同一溶液在正离子方式测定质谱时，得到了质子化的肌红蛋白离子，电荷分布峰值约 14 个正电荷。这是"非预期的"，在 pH 10 的溶液中，没有多质子化的肌红蛋白离子存在于溶液本体，相反，大多数肌红蛋白是去质子化的。

为了解释上述"预期的"和"非预期的"结果，涉及了三个反应物，第一、二个反应物位于溶液内部，而第三个反应物是给雾滴提供电荷的离子，它们位于雾滴表面。此处，只讨论"非预期的"结果。当雾滴在毛细管尖端生成时，溶液的 pH 约为 10，溶液中主要的离子是 $NH_4^+$ 和 $OH^-$。在正离子模式，在雾滴表面的电荷主要是 $NH_4^+$。蛋白质分子浓度很低，大多数是去质子化的，位于溶液本体，周围为反离子 $NH_4^+$。雾滴蒸发时，丢失溶剂和氨，溶液 pH 值下降。这将产生两个结果：①表面电荷部分由 $NH_4^+$ 变为 $H_3O^+$；②溶液中的蛋白质去质子化变少。当雾滴变得非常小时，溶液本体中的离子和蛋白质与表面的离子（$NH_4^+$ 或 $H_3O^+$）均非常接近，发生如下反应。

本体离子的中和反应：

$$\text{蛋白} \overset{\text{COO}^-}{\underset{\text{NH}_2}{\Big|}} + NH_4^+ \longrightarrow \text{蛋白} \overset{\text{COOH}}{\underset{\text{NH}_2}{\Big|}} + NH_3$$

表面离子反应：

$$\text{蛋白} \overset{\text{COOH}}{\underset{\text{NH}_2}{\Big|}} + NH_4^+ \longrightarrow \text{蛋白} \overset{\text{COOH}}{\underset{\text{NH}_3^+}{\Big|}} + NH_3$$

这样，产生了为质谱检出的质子化蛋白。

另一种变化涉及离子从雾滴转移至气相，如果蛋白质或多肽上的质子化碱性基团有一定的移动自由度，这个基团将与邻近的未质子化的碱性基团，如羰基氧形成氢键环状结构，质子同时与两个碱性基团配合。这样分子内氢键的形成可引起多质子化多肽或蛋白质构型的改变。

未被分子内氢键稳定的质子化碱性基团将被溶剂分子溶剂化。这些溶剂分子在离子从雾滴转移至气相时可能保留下来，或从大气压区的溶剂蒸气中获取。通常在进入质量分析器的离子传输区时，与背景气体碰撞，通过碰撞诱导解离（collision induced dissociation，CID）可除去这些溶剂分子。这种 CID 强制去溶剂化可能导致质子丢失或质子转移至溶剂分子。待测物质去质子化的程度取决于溶剂分子的性质。溶剂分子具高质子亲和力者，待测物质去质子化较多。因此，待测物质电荷态的分布取决于气相条件和进行质量分析前对待测物质离子的处理。

当多电荷局限于一个原子或一个小的原子团上，如多电荷金属离子或多电荷负离子 $SO_4^{2-}$、$PO_4^{3-}$，也会发生气相诱导电荷态的改变。当多电荷局限于很小的区域时，某些多电荷离子尽管已知是存在于溶液中的，但由于高的电荷斥力，不能在气相观察到。例如碱土金属 $Be^{2+}$、$Mg^{2+}$、$Ca^{2+}$、$Sr^{2+}$、$Ba^{2+}$ 系列。最小的离子 $Be^{2+}$ 不能在气相中观察到。通常，通过溶剂分子（如 $H_2O$）的溶剂化稳定后，可观察到较高的电荷态。但是，$Be^{2+}$ 即使水化后也观察不到，但 $Mg^{2+}(H_2O)_n$

可以检出，$n \leqslant 3$；对 $Ca^{2+}$ 和 $Sr^{2+}$，$n \leqslant 2$。只有最大的 $Ba^{2+}$ 可以观察到裸露的离子。

如欲通过 CID 从双电荷碱土金属离子中除去水分子，除了 $Ba^{2+}$ 外，均导致电荷态由 2 变为 1。

$$M^{2+}(H_2O)_n \xrightarrow{CID} MOH^+(H_2O)_x + H_3O^+(H_2O)_{n-2-x}$$

电荷态的改变也取决于溶剂分子的性质。例如 $Cu^{2+}$ 用质子溶剂（如水），裸露的或溶剂化的离子均观察不到。但是，用偶极疏质子溶剂（如二甲基亚砜，DMSO）即可以观察到。溶剂化的 CID 将导致还原反应：

$$Cu^{2+}(DMSO)_n \xrightarrow{CID} Cu^+(DMSO)_{n-1} + DMSO^+ \qquad (n=3)$$

发生了分子间电荷的转移。

三价过渡金属离子用一般溶剂不能观察到，用络合剂可能成功。

多电荷负离子情况类似。可观察到水合离子，$SO_4^{2-}(H_2O)_n$。CID 除去水时，结果 $n \leqslant 3$，进一步去水，发生如下反应。

$$SO_4^{2-}(H_2O)_3 \xrightarrow{CID} HSO_4^- + OH^-(H_2O)_2$$

在 ESI 中，从带电雾滴中除去溶剂时，电荷张力的增加是通过 Rayleigh 分裂或离子蒸发释放的。溶剂化的气相离子生成之后，去溶剂后增加的电荷张力是通过降低离子的电荷态和化学反应释放的。

综上所述，由很小的、高度带电的雾滴产生气相离子的过程仍然是不完全清楚的。因为当雾滴 <10nm 时，蒸发迅速（在几个微秒内），所以无法实验观察是继续 Rayleigh 分裂直到成为带电残渣，还是直接发射气相离子，也即很难明确区分电荷残渣和离子蒸发理论。但是，理解上述涉及离子从溶液转移至气相的过程、相互关系和参数，在实际的 ESI-MS 分析中是很有帮助的。

### 2.4.1.4　ESI 实验条件优化

按照上述讨论，选择 ESI 条件应注意以下几个方面。

（1）待测物质在溶液中的状态　ESI 过程是将离子从溶液中转移至气相的过程，所以，对可接受质子的待测物质，如有机碱 B，用极性溶剂并加甲酸（HCOOH）或醋酸（HAc）使之呈酸性，pH 2 左右，生成 $BH^+$，用正离子方式测定。

$$B + RCOOH \longrightarrow BH^+ + RCOO^-$$

对于可解离质子的待测物质，如有机酸 HA，在溶液中加氨水使之碱化，pH 8 左右，生成 $[A-H]^-$，用负离子方式测定。

$$HA + NH_3 \longrightarrow A^- + NH_4^+$$

但是，应注意 "2.4.1.3 离子从带电雾滴转移至气相时电荷和结构的改变" 节中的有关讨论。上述对有机碱 B 或酸 HA 的溶液，用挥发性酸或碱调节 pH 后，在电喷雾过程中，溶剂蒸发，雾滴的 pH 将会改变。在实际工作中，待测成分分子常常含多种功能团，因此低 pH 的样品溶液，ESI-MS 分析时，可能测得负离子信号，包括 $[M-H]^-$、$[M+HCOO]^-$、$[M+Ac]^-$、$[M+Cl]^-$、$[M+NO_3]^-$ 等。这是因为使用了易挥发酸的缓冲溶液，ESI 过程中 pH 升高，样品和试剂中又常含微量氯化物和硝酸盐之故。同理，用氨调节 pH 的样品溶液，用正离子方式测定，可能测得 $[M+H]^+$、$[M+NH_4]^+$、$[M+Na]^+$、$[M+K]^+$ 等。

（2）溶剂的表面张力　如用纯水作溶剂，因其表面张力高，故形成 Taylor 锥和稳定喷雾所需电压高，可能导致放电（尤其是负离子方式），所以，常用水-甲醇（50:50）溶剂，同时，水与甲醇混合，黏度也下降，这也有利于雾化。

（3）溶液的流速与电导率　电喷雾所得雾滴的半径与许多因素有关，如溶液的表面张力、介电常数、电导率、流速及加在毛细管尖端的电场等[见式（2.8）及式（2.11）]。改变流速是最方便的，低流速产生细雾滴，有利于产生气相离子，提高信号强度。在高流速范围，需采用高速同轴气流辅助雾化。

（4）雾滴的蒸发速率　气相离子是从最终的非常细小的雾滴中产生的。如起始雾滴小，采用挥发性溶剂（甲醇、乙腈及其与水的混合物），溶液表面张力较小，溶剂迅速蒸发，易于达到库仑分裂条件[见式（2.16）]，产生更小的子雾滴，最终产生气相离子。

为了提高溶剂蒸发速率，可提高"干燥气"的温度和流速，也可用加热金属毛细管使带电雾滴蒸发，但后者应注意高温可能造成热不稳定的待测成分分解及不挥发成分堵塞毛细管。

水的热容量高，故溶剂中含水量高时，蒸发温度应予提高。

近来，一些质谱仪生产厂商，纷纷推出 ESI 高温（可达 600℃）离子源，提高了仪器灵敏度。

（5）气相离子的产生　表面活性高（具低溶剂化能）的离子将优先转移至雾滴表面，最终转变为气相离子，故有较高的实验灵敏度——竞争机制，所以：

① 应采用表面活性低的缓冲剂；

② 采用低浓度的挥发性的酸、碱及缓冲盐；

③ 采用高纯度的溶剂、试剂；

④ 样品应作预处理，除去干扰物及盐。

### 2.4.1.5　纳升电喷雾离子化与原环境 ESI 和原环境质谱法

纳升电喷雾离子化（nano ESI）是指喷雾时，溶液的流速低至约几十纳升/分钟（nL/min）的 ESI。纳升流速的 ESI 由于采用很细的喷口（如 10μm 内径）可以将液体分散成很小的雾滴，这些雾滴具有大的表面/体积比，因而免除了强烈的去溶剂化条件；nanoESI 可容纳较多的非挥发性盐和缓冲剂，在某些情况下，可达 mmol/L 浓度范围；需要的样品量很少（低至 1 μL，0.5~10 μmol/L）；减少了对挥发性溶剂的需要，甚至可以用纯水溶液，这对生物样品代表了其原环境（native environment for the biological analytes），此时 nano ESI 称为 native ESI，因此，译为原环境 ESI，对 native mass spectrometry，译作原环境质谱法。

原环境 ESI 或原环境 MS 如何在整个离子化过程中保持溶液中非共价复合物的"原"结构？我们可按照"2.4.1.1 ESI 机理"中所述的气相离子的产生机理，简要讨论如下。

当起始雾滴从 nano ESI 毛细管尖端发射后，溶剂蒸发，雾滴缩小，直至其表面电荷达到 Rayleigh 限，此时，雾滴表面电荷的斥力克服了溶剂的表面张力，雾滴分裂，生成更小的雾滴。这一过程反复进行，直至生成很小的雾滴，由此产生气相离子。由于 nano ESI 产生的起始雾滴很小，因此，这一过程较常规 ESI 快得多；样品浓度也低得多；最后的纳米大小的雾滴中，平均只容纳一个蛋白质分子。此外，在 native ESI 中，用的是挥发性缓冲剂如醋酸铵或碳酸氢铵，因此，在整个过程中能保持原环境，加之相变转换速率很快，保证了大而易碎的非共价复合物能保存下来，仪器参数经小心调整，即可检测到完整的准分子离子。

原环境 ESI 与离子淌度质谱（ion mobility-mass spectrometry，IM-MS）联用，已成为结构生物学研究的有力工具，用于生物分子构型、相互作用、组装结构、多亚单元复合物等研究[13]。

纳升电喷雾离子化另一值得注意的方面是：曾有报道[14]，当 nano ESI 的流速为几纳升/分钟时，其他物质对待测成分的信号抑制效应消失，不同化合物的离子化效率趋于一致；Tang 等也提出，当 nano ESI 流速低至一定范围时，不同化合物的离子化效率将变得相似[15]。如果经过更广泛的实验研究，在 nano ESI 低流速条件下，离子抑制效应（或基质效应）得以消除或减弱，不同化合物的响应趋于一致，这将对复杂样品的定量（至少是半定量分析），产生很大影响。因为复杂样品（如天然药物、药物代谢物及各种组学研究物等）中待测成分常常得不到对照品（标准品），此时，就可实现"无对照品定量分析"了；另外，如果成分未知，其质谱响应也可代表其在溶液中的实际浓度了。

## 2.4.2 大气压化学离子化（APCI）

APCI 是 Horning 等[16~18]创导的，当时称为 API 并首次实现了与 HPLC 的连接。样品的离子化在处于大气压下的离子化室中完成。由 $^{63}Ni$ 放射源或放电电极产生的低能电子使试剂气（如 $N_2$、$O_2$、$H_2O$ 等）离子化，经复杂的一系列反应使样品产生正离子或负离子。APCI 的优点是检测限低，易于与 GC 或 LC 连接。样品分子在 EI 中的绝对离子化效率是 0.01%~0.1%，而 APCI 的起始离子化效率几乎是 100%。与 CI 相比较，APCI 的离子-分子或电子-分子反应在大气压下进行，样品分子与试剂离子或电子可以进行有效碰撞，在短时间内经数次碰撞即可达到热平衡。离子的损失主要是扩散至器壁、重新结合和离子传输过程引起的。相反，CI 的真空度约 133Pa（1Torr），达到热平衡的时间较长，通常处在非平衡状态下，样品仅仅一小部分被离子化，且产生的离子处在激发态，未能经碰撞使之稳定，故易于碎裂。

图 2.14 所示为大气压化学离子化质谱仪。

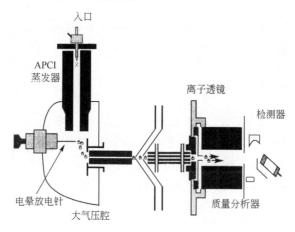

图 2.14　大气压化学离子化质谱仪

在大气压条件下，离子-分子反应取决于离子源中特定的气体或气相试剂。如用氮气（常含微量水）在放电电极电晕放电作用下，反应过程如下[18]：

$$N_2 + e^- \longrightarrow N_2^{+\bullet} + 2e^-$$

$$N_2^{+\bullet} + 2N_2 \longrightarrow N_4^{+\bullet} + N_2$$

$$N_2O^{+\bullet} + H_2O \longrightarrow H_3O^+ + HO^\bullet$$

$$H_3O^+ + H_2O + N_2 \longrightarrow H^+(H_2O)_2 + N_2$$

$$H^+(H_2O)_{n-1} + H_2O + N_2 \longrightarrow H^+(H_2O)_n + N_2$$

其他离子如 $N^{+\bullet}$ 和 $N_3^{+\bullet}$ 也可生成。如有氧存在，还有 $O_2^{+\bullet}$、$NO^+$、$NO^+(H_2O)_n$ 和 $NO_2^+$。

如将溶剂或 HPLC 流出物注入 APCI 源，则溶剂（B）成为气相试剂，可形成各种各样正反应剂离子或负反应剂离子，如 $BH^+$、$B^{+\bullet}$，这取决于溶剂的性质。

供试品分子（A）的离子化通过质子化：

$$A + BH^+ \longrightarrow AH^+ + B$$

或电荷转移：

$$A + B^{+\bullet} \longrightarrow A^{+\bullet} + B$$

此外，还有去质子（供试品为酸）、电子捕获（卤素、芳香化合物）及加合物，如 $M + NH_4^+$、$M + Ac^-$ 的形成等。

在 APCI 中，样品溶液是借助于雾化气的作用，喷入高温（如 500℃）蒸发器的，此时，溶剂和溶质均成为蒸气，然后，如上所述，气化的样品分子经化学离子化生成气相离子。因此，热不稳定的或难以气化的极性化合物宜用 ESI-MS 分析。在 ESI 中，如样品具酸、碱性，则样品分子在溶液中可去质子生成阴离子或接受质子成为阳离子，或者和 $Na^+$ 等生成加合物离子。APCI 适用于极性较低的小分子化合物，如醇和醚类，它们的质子亲和力低，不能在溶液中形成质子化的离子或去质子生成阴离子。因此，APCI 和 ESI 是互补的。由于 APCI 不像 ESI 那样涉及溶液化学等，故操作简易。

此外，正相色谱通常易于与 APCI 连接。非极性溶剂及其溶液易于蒸发，烷烃溶剂生成的试剂离子是强气相酸，易于将质子转移至样品。

近来，APCI 作为 GC-MS 的接口得到了重视，而且已商品化，用于杀虫剂、食品等分析。GC-APCI-QqQ MS 结合了 GC 的高分离能力和 APCI 的高灵敏度[19]，GC-APCI-QTOF MS 则又有了高分辨率质谱和准确质量测定功能[20]。此外，GC-APCI-MS 的商品化，使现有的 LC-MS 仪器可以方便地切换为 GC-MS。

## 2.4.3 其他大气压离子化技术

离子源处于大气压下有许多方便之处，如便于与其他分离分析技术联用，便于更换和清洗离子源等。随着 ESI 和 APCI 与 MS 连接的成功和广泛的应用，其他离子化方法，如光离子化（photo ionization，PI）和 MALDI 在大气压下工作也取得了成功，产生了 APPI 和 APMALDI 离子化方法，这样，可在质谱仪上配备多种可互换的离子源以适应不同工作的需要。近来，又发展了许多新的大气压离子化方法，如解吸电喷雾离子化（DESI）、直接实时分析（DART）等，与 ESI、APCI 等大气压离子源不同，它们是敞开式离子源，常统称为 ambient ionization、ambient mass spectrometry，笔者建议译为敞开式离子化、敞开式质谱法。敞开式离子源便于对各种各样的样品进行直接实时分析，甚至可使传运带通过这些离子源，对大量样品进行在线监测。

### 2.4.3.1 大气压光离子化（APPI）

大气压光离子化（atmospheric photo ionization，APPI）主要用于芳香化合物、甾体等不易用 ESI、APCI、MALDI 离子化的样品，APPI 易与正相色谱法联用，读者可阅读综述[21]详细了解。此处，简述其原理及实验考虑。

首先，应选择合适的紫外（UV）灯，其光子能量（$h\nu$）应大于待测物质 AB 的离子化能（IE），而小于离子源中气体的 IE，对于大气压离子源，气体（gas）为氮、氧、水蒸气和色谱流动相蒸气。氪放电灯发射的光子能量为 10eV，最为常用。当 $h\nu > IE$ 时，

$$AB + h\nu \longrightarrow AB^*$$

$$AB^* \longrightarrow AB^{+\bullet} + e^-$$

式中，*代表激发态。

由于离子源中气体或气化了的流动相（MP）分别对待测物质离子有猝灭作用，它们消耗了光子能量，因此待测物质分子直接离子化的概率很低。

$$AB^* + gas \longrightarrow AB + gas^*$$

$$AB^* + MP \longrightarrow AB + MP^*$$

为此，样品分析时常需加入添加剂（D）。添加剂的 IE 应较低，具较高的重新结合能或较低的质子亲和力。甲苯是常用的添加剂。此时，

$$D + h\nu \longrightarrow D^{+\cdot}$$

$$D^{+\cdot} + AB \longrightarrow D + AB^{+\cdot}$$

因此，生成分子离子 $AB^{+\cdot}$。在 APPI 质谱中也可能检测到的是$[AB+H]^+$，生成后者的机理是：

$$D^{+\cdot} + MP \longrightarrow [D-H]^{\cdot} + [MP+H]^+$$

$$[MP+H]^+ + AB \longrightarrow MP + [AB+H]^+$$

APPI 的离子源如图 2.15 所示。

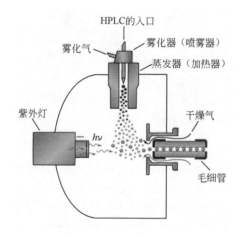

图 2.15　APPI 的离子源

HPLC 的出口与 APPI 离子源连接，流出物经高温的蒸发器成为蒸气，在 UV 光子作用下，待测物质离子化，经取样孔及毛细管进入质量分析器，进行质谱分析。

### 2.4.3.2　大气压 MALDI（APMALDI）

使用大气压 MALDI（atmospheric pressure MALDI，APMALDI）可将从二维凝胶电泳（2D-PAGE）上转移至膜上的斑点直接放在仪器中进行分析，尤其适合于高通量分析，因为样品矩阵和靶台位于大气压下，便于与机械手和传输线组合。此外，样品可用挥发性溶剂和基质，甚至细胞或组织[22]。与在真空条件下的 MALDI（vacMALDI）一样，APMALDI 既可采用 UV 激光，也可使用 IR 激光。在大气压条件下，还可以从溶液中进行红外离子化（atmospheric infrared ionization from solution，AP-IRIS），在 N 连接寡糖的 MS 分析中取得了成功[23]。

与 vacMALDI 比较，APMALDI 所得结果大多情况下是相似的。通常，APMALDI 产生的准分子离子的内能较 vacMALDI 低，这是因为在大气压条件下，新生成的离子经过了气体碰撞冷却，从而保存了足够多的完整的准分子离子，聚焦、加速进入质量分析器。

### 2.4.3.3 敞开式离子源

敞开式离子源（ambient ionization）的先行者是 Graham Cooks 及其同事[24]，他们在 2004 年引入了解吸电喷雾离子化（desorption electrospray ionization，DESI）。紧接着，2005 年，Robert Cody 等[25]引入了直接实时分析（direct analysis in real time，DART）。这两种敞开式离子源的发展，启发了众多的 ambient ionization 技术的产生。为了与其他大气压离子化方法区别，Harris 等[26]建议敞开式离子源应具备下述基本特性。

① 与典型的 ESI、APCI、APPI、APMALDI 离子源是封闭的不同，敞开式离子源是不封闭的。这个特征在测定特殊形状和大小的样品（目标物）时是很重要的，这样的样品是难以放在封闭的离子源内的。换言之，这种离子化方法应在敞开的周围环境下操作。

② 样品经简单的预处理，可以直接离子化。

③ 应可与大多数具大气压接口的质谱仪连接，而不需要对离子传输光学或真空接口作重大修改。

④ 应为软离子化方法，内能的沉积等于或低于 ESI、APMALDI、APPI、APCI。

（1）直接实时分析　DART 离子源的主要部分是放电腔体，如图 2.16 所示。

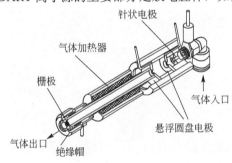

图 2.16　大气压光离子源

DART 离子源常用气体是氦或氮。在放电室的电极间加以几千伏的电压使针状电极放电，产生的等离子体中含有离子、电子、激发态原子 $He^*$ 和分子 $N_2^*$ 等。气流可用电极调制，以除去不需要的离子，例如用网状电极除去相反极性的离子，以免由于离子-离子反应，使样品信号丢失。必要时气流也可加热。气流导出离子源后，直接对准样品（M），产生的样品离子导向质谱仪入口。样品离子的产生经由直接或间接的 Penning 离子化过程，对于正离子：

直接过程　　　　$He^* + M \longrightarrow M^{+\cdot} + He + e^-$

间接过程　　　　$H_2O^{+\cdot} + H_2O \longrightarrow H_3O^+ + OH^\cdot$

　　　　　　　　$H_3O^+ + (n-1)H_2O \longrightarrow [(H_2O)_nH]^+$

　　　　　　　　$[(H_2O)_nH]^+ + M \longrightarrow MH^+ + nH_2O$

在直接过程中，激发态原子或分子将能量转移至待测物质分子，生成分子离子。在间接过程中，大气压中的氧、氮和水分子，作为中间分子，与激发态原子或分子反应，生成试剂离子，与待测物质分子反应，产生准分子离子，如质子化的分子等加合物离子。

DART 已广泛用于分析分子量约 1000u 及以下的化合物，包括药品及其代谢物、药物滥用、中药和天然药物、食品及其添加剂、爆炸品及毒品、体液等各种各样的样品。DART 早已商品化，其主要特点是可实现原位、快速、高通量的定性、定量分析。

（2）解吸电喷雾离子化　DESI 离子源如图 2.17 所示，将电喷雾针直接对准样品台上的样品，电喷雾产生的带电雾滴和离子轰击样品，产生气相离子，随后进入质谱仪。所得质谱与常规 ESI 质谱相似，有单电荷离子和多电荷离子。

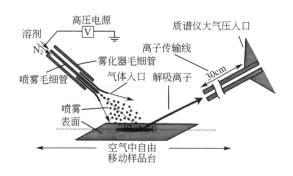

图 2.17 解吸电喷雾离子源

样品台可以是导体或非导体，DESI 理论上应可分析任何物质表面；更换喷雾溶液，可用于选择性地使特定化合物离子化。聚甲基丙烯酸甲酯(有机玻璃)、普通钠玻璃、聚四氟乙烯(PTFE)、PTFE 涂层的玻璃、$C_{18}$ 衍生化的玻璃和办公用纸等可作靶台。在分析磷脂化合物时，喷雾溶剂曾试验过纯水，纯甲醇，25%、50%、75%甲醇水溶液。用 PTFE 涂层的玻璃作靶台时，磷脂的信号最强，最稳定，信号持续时间最长[27]。这是因为 PTFE 非极性表面减少了待测物质的相互作用；PTFE 表面粗糙、多孔，表面积较大，载样量较多。对于喷雾溶剂，以 50%～75%甲醇水溶液为好。必要时，在溶剂中可添加少量钠盐，以得到[M+Na]⁺信号。

（3）萃取电喷雾离子化（extractive electrospray ionization，EESI）[28] 萃取电喷雾离子化装置主要由电喷雾通道和中性样品通道两部分以一定角度交叉组成，如图 2.18 所示。

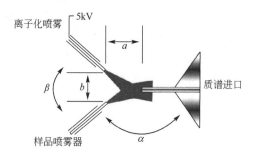

图 2.18 萃取电喷雾离子化装置

在大气压环境下，EESI 有两个喷雾器，一个为电喷雾喷针，通过电喷雾将酸性甲醇或水分散成细雾滴，产生带电雾滴及离子。带电雾滴与从样品喷雾器产生的样品雾滴在空间交叉，碰撞融合，发生液-液萃取和电荷转移作用，继而发生去溶剂作用，从而获得待测物质离子，进行质谱分析。

EESI 的样品喷雾器将含有大量基体的中性样品喷雾至相对宽阔的三维空间内，因此，EESI 对复杂基质的承受能力较高，而且带电液滴与中性待测物的接触时间和有效空间都较长，使得 EESI 所得的样品信号具有较高的长期稳定性和灵敏度。

EESI 能够在无需样品预处理条件下，直接对液体、胶体、气态样品进行直接离子化。非常适合于进行实时在线分析。EESI 操作相对灵活，通过调节样品喷雾器与质谱进样口的角度（$\alpha$）、距离（$a$）以及两个喷雾器间的角度（$\beta$）、距离（$b$），在合适的雾化气流速、喷射溶液、电喷雾电压等条件下获得较低的检出限。与其他技术不同，在 EESI 中，样品的主体与电场或带电粒子等隔离，避免变性试剂如甲醇、乙酸等的影响，有利于进行生物样品、化学反应体系、动植物的活体的质谱分析。

　　EESI 技术最早是为了实时在线地连续监测液体样品而发明的一种快速质谱分析技术，后来逐渐拓展到气体、气溶胶、固体、胶体和黏稠物的分析。其分析对象已经涵盖了各种样品形态，在活体质谱分析和黏稠物分析中显示了较为优越的性能。为了将一些难以雾化的样品，如粉末、固体、黏稠物、非均相样品等，进行 EESI-MS 分析，一般可用合适的中性气流解吸出少量样品，并通过一个密闭的管道输送到 EESI 源中进行萃取/离子化，如图 2.19 所示。

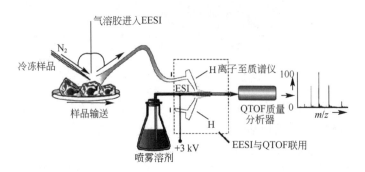

图 2.19　典型的 ND-EESI 结构

　　这种与中性解吸（neutral desorption，ND）联用的 ND-EESI 技术结合了样品解吸方法与三维空间内萃取离子化的优点，而且将采样与离子化过程从时间和空间上截然分开，可作为远程分析，特别是在恶劣环境如高温、低温、生物危害或放射性等条件下进行远距离的质谱分析。此外，中性气体解吸采样技术是一个没有明显损伤的温和的方法，在取样过程中可以根据分析对象的需要采用空气或氩气等惰性气体，对样品尤其是生物体没有任何化学污染，对动植物生理或病理状态没有明显干扰，适合进行生物体表的活体分析。

　　自从 2004 年引入 DESI 和 2005 年出现 DART 之后，敞开式解吸/离子化质谱法迅速发展，各种解吸和离子化方法的组合产生了众多的敞开式离子源及"新名词"——缩略词。读者可以发现这些离子源就离子化方法而言，主要是本章中讨论过的 LDI、MALDI、ESI、APCI、APPI 等。也可以说是 ESI 相关技术、LDI 相关技术、APCI 相关技术和 APPI 相关技术。

## 参考文献

[1] Karas M, Bachmann D, Hillenkamp F. Influence of the wavelength in high-irradiance ultraviolet laser desorption mass spectrometry of organic molecules. Anal Chem, 1985, 57(14): 2935-2939.

[2] Karas M, Bachmann D, Bahr U, et al. Matrix assisted ultraviolet laser desorption mass spectrometry of non-volitile compounds. Int J Mass Spectrom Ion Proc, 1987, 78: 53.

[3] Tanaka K, Waki H, Akita S, et al. Protein and polymer analyses upto m/z 100000 by laser ionization time-of-flight mass spectrometry. Rapid Commun. Mass Spectrom., 1988, 2(8): 151-153.

[4] Karas M, Krüger R. Ion formation in MALDI: The cluster ionization mechanism. Chem Rev, 2003, 103(2): 427-439.

[5] Jaskolla T W, Karas M. Compelling evidence for lucky survivor and gas phase protonation: the unified MALDI analyte protonation mechanism. J Am Soc Mass Spectrom, 2011, 22(6): 976-988.

[6] Gross M L. Mass Spectrometry in Biological Sciences: A Tutorial. Netherlands: Kluwer Academic Publishers, 1992: 182.

[7] Issaq H J, Conrads P, Prieto D A, et al. SELDI-TOF MS for diagnostic proteomics. Anal Chem, 2003, 75(7): 148A.

[8] Ahmed F E. Application of MALDI/SELDI mass spectrometry to cancer biomarker discovery and validation. Current Proteom, 2008, 5(4): 224-252.

[9] Law K P, Larkin J R. Recent advances in SALDI-MS techniques and their chemical and bioanalytical applications. Anal Bioanal Chem, 2011, 399(8): 2597-2622.

[10] Kebarle P, Ho Y H. On the Mechanism of Electrospray Mass Spectrometry// Cole R B. Electrospray Mass Spectrometry.

New York：John Willey & Sons Inc, 1997.

[11] Kebarle P. A brief overview of the present status of the mechanisms involved in electrospray mass spectrometry. J Mass Spectrom, 2000, 35(7)：804-819.

[12] Cody R B, Electrospray Ionization Mass Spectrometry// Pramanik B N , Ganguly A K, Gross M L, ed. Applied Electrospray Mass Spectrometry. New York：Marcel Dekker Inc. 2002.

[13] Konijnenberg A, Butterer A, Sobott F. Native ion mobility-mass spectrometry and related methods in structural biology. Biochim et Biophys Acta, 2013, 1834(6)：1239-1256.

[14] Schmidt A, Karas M, Dűlcks T J. Effect of different solution flow rates on analyte ion signals in nano-ESI MS. or：When does ESI turn into nano-ESI? J Am Soc Mass Spectrom, 2003, 14(5)：492-500.

[15] Tang K, Page J S, Smith R D. Charge competition and the linear dynamic range of detection in electrospray ionization mass spectrometry. J Am Soc Mass Spectrom, 2004, 15(10)：1416-1423.

[16] Horning E C, Horning M G, Carrol D I, et al. New picogran detection system based on a mass spectrometry with an external ionization source at atmopheric pressure. Anal Chem, 1973, 45(6)：936-943.

[17] Dzidic I, Carroll D I, Stillwell R N, et al. Comparison of positive ions formed in nickel-63 and corona discharge ion sources using nitrogen, ammonia and nitric oxide as reagents in atmospheric pressure ionization mass spectrometry. Anal Chem, 1976,48(12)：1763-1768.

[18] Caroll D I, Dzidic I, Horning E C, et al. Atmospheric-pressure ionization mass spectrometry. Applied Spectro Reviews, 1981, 17(3)：337-406.

[19] Portolés T, Mol J G J, Sancho J V, et al. Advantages of atmospheric pressure chemical ionization in gas chromatography tandem mass spectrometry：Pyrethroid insecticides as a case study. Anal Chem, 2012, 84(22)：9802-9810.

[20] Hurtado Fernández E, Pacchiarotta T, Longueira Suárezc E, et al. Evaluation of gas chromatography-atmospheric pressure chemical ionization-mass spectrometry as an alternative to gas chromatography-electron ionization-mass spectrometry：Avocado fruit as example. J Chromatogr A, 2013, 1313：228-244.

[21] Raffaelli A, Saba A. Atmospheric pressure photoionization mass spectrometry. Mass Spectrom Reviews, 2003,22(5)：318-331.

[22] Moyer S C, Cotter R J. Atmospheric pressure MALDI. Anal Chem, 2002, 74(17)：468A-476A.

[23] Tan P V, Taranenko N I, Laiko V V, et al. Mass spectrometry of N-link oligosaccharides using atmospheric pressure infrared laser ionization from solution. J Mass Spectrom, 2004, 39(8)：913-921.

[24] Takats Z, Wiseman J M, Gologan B, et al. Mass spectrometry sampling under ambient conditions with desorption electrospray ionization. Science, 2004, 306：471-473.

[25] Cody R B, Laramée J A , Durst H D. Versatile new ion source for the analysis of materials in open air under ambient conditions. Anal Chem, 2005, 77(8)：2297-2302.

[26] Harris G A, Galhena A S, Fernandez F M. Ambient sampling/ionization mass spectrometry：Applications and current trends. Anal Chem, 2011, 83(12)：4508-4538.

[27] Manicke M E, Wiseman J M, Ifa D R, et al. Desorption electrospray ionization (DESI) mass spectrometry and tandem mass spectrometry (MS/MS) of phospholipids and sphingolipids：ionization, adduct formation, and fragmentation. J Am Soc Mass Spectrom, 2008, 19(4)：531-543.

[28] 陈焕文，胡斌，张燮. 复杂样品质谱分析技术的原理与应用. 分析化学，2010, 38 (8)：1069-1088.

# 3

# 质谱仪器（质量分析器）

质量分析器是质谱仪的主体，质谱仪是以质量分析器命名的。本章将讨论常用的质谱仪，包括扇形磁场质谱仪、四极和离子阱质谱仪、飞行时间质谱仪、傅里叶变换离子回旋共振质谱仪和静电场轨道离子阱。

## 3.1 扇形磁场质谱仪

### 3.1.1 原理

扇形磁场质谱仪（magnetic sector mass spectrometer）如图 3.1 所示，在离子源中产生的离子束，经加速电极加速后，其动能与位能的关系为：

$$\frac{1}{2}mv^2 = zeV \tag{3.1}$$

式中，$m$ 为离子质量；$v$ 为加速后的速度；$z$ 为电荷数；$e$ 为单位电荷；$V$ 为加速电压。

经加速后的离子进入与其运动方向相垂直的强度为 $B_0$ 的均匀磁场时，将同时受到磁场及离子的速度向量的作用力，即 Lorentz 向心力 $zevB_0$ 和离心力 $mv^2/r$，$r$ 为离子圆周运动曲率半径。这两种力大小相等，方向相反，即：

$$zevB_0 = \frac{mv^2}{r} \tag{3.2a}$$

因此，

$$v = \frac{zerB_0}{m} \tag{3.2b}$$

将式（3.2b）代入式（3.1）得

$$\frac{m}{ze} = \frac{r^2 B_0^2}{2V} \tag{3.3}$$

在实践中，并不考虑 $e$ 的绝对值，而是作为一个单位，故式（3.3）简化为：

$$\frac{m}{z} = \frac{r^2 B_0^2}{2V} \tag{3.4}$$

由式（3.4）可见，当 $B_0$ 和 $V$ 固定时，不同 $m/z$ 的离子其运行的曲率半径不同，因而总离子束分散成个别的离子束，即磁场具有质量色散作用。如图 3.1 所示，在一定的加速电压和磁场强度下，只有 $m_1$ 离子可到达检测器，而较重的离子 $m_2$ 将与飞行导管的管壁上部相撞。同理，较轻的离子将与飞行导管下部相碰。因此，如仪器的 $r$ 固定，则可扫描磁场或电场，以得到质谱图。但是，由于离子的聚焦等问题与加速电压有关，故一般质谱仪都是在最佳加速电压下，进行磁场扫描。

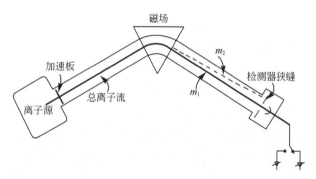

图 3.1　扇形磁场质谱仪简图

## 3.1.2　性能及限制

图 3.1 所示的仪器是单聚焦质谱仪，这是一种低分辨率的仪器。质谱仪的分辨率有若干种不同的定义，现在，常用 $m/\Delta m$ 表示，而且规定 $m$ 为指定峰的质荷比值，$\Delta m$ 为该峰的半峰宽（以质量单位表示）。此种分辨率表示方法称为 FWHM（full width at half maximum）。低分辨率质谱仪的分辨率约为 1000，只能是单位质量分辨。有机质谱法常常要求得到高分辨的质谱数据及准确的质量测定结果，即要求仪器能分辨名义质量相同而准确质量不同的离子，对于小分子化合物，给出小数点后至少 4 位有效数字的质量测定结果。这就需要性能更好的仪器，如双聚焦质谱仪。

扇形磁场质谱仪的另一个不足之处是扫描速率不高。现代高分辨色谱仪与质谱仪联用时，要求质谱仪具有高扫描速率。磁场质谱仪的扫描速率受电磁铁的磁阻（reluctance）所限制。磁阻是电磁铁的一种惰性，限制磁场强度的变化。现代磁场质谱仪采用叠片磁铁（laminated magnets），扫描速率可达 5000u/s 或更快。

另一影响扫描速率的问题是，如扫描速率超过一定限度，在离子迁移过程中磁场发生明显变化，这将造成离子迁移轨道的变形，导致分辨率和灵敏度的下降。

此外，扫描过程是低效率的。因为在此过程中的某一瞬间，只有满足式（3.4）的离子可以通过狭缝到达检测器，其他离子均与器壁碰撞消失，而且扫描速率与分辨率和灵敏度是相互矛盾的，高扫描速率将牺牲仪器的分辨率和灵敏度。

单聚焦仪器分辨率低的原因可由式（3.2b）说明。重排该方程可得：

$$r = \frac{mv}{zeB_0}$$

即离子运行的曲率半径与其动量（$mv$）成正比。实际情况是，对于相同 $m/z$ 的离子，自加速区进入磁场分析器时，其动量不是完全相同的。有许多原因造成这种差别，如被加速的离子具有不同的初始动能，离子源中存在着不均匀电场等。既然存在着不同动量的同一 $m/z$ 离子，其飞行轨道就有差异了，即磁场除了质量色散作用外，还具有能量色散作用，这就造成了质谱峰宽度的增加，降低了质谱分辨率。

如果在扇形磁场（磁分析器）前加一个扇形电场（静电分析器），则离子束从加速区进入静电场分析器时，动量不同的离子为静电场分开。这是因为离子进入电场后受静电力的作用作圆周运动。离子所受的电场力与离子运行的离心力相平衡，即：

$$zeE_0 = \frac{mv^2}{r_e} \tag{3.5}$$

式中，$E_0$ 为扇形电场强度；$r_e$ 为离子在电场中的轨道半径。

将式（3.5）与式（3.1）联立得：

$$r_e = \frac{2V}{E_0} \tag{3.6}$$

式（3.6）表明，$r_e$ 是 $V$ 的函数。当电场强度 $E_0$ 一定时，$r_e$ 值取决于离子所受的加速电压，而与离子的质量无关。对于质量相同的离子，扇形电场是一个速度（能量）分离器。如图 3.2 所示，静电场具有能量色散作用。

适当地组合静电分析器和磁分析器，使磁分析器的能量色散作用与静电分析器的能量色散作用相抵消，即可实现能量和质量的双聚焦作用。图 3.3 是一种双聚焦质谱仪，称 Nier-Johnson 双聚焦质谱仪。

由于电场在磁场之前称 EB 仪器，也有将磁场置在电场之前的反式结构，称 BE 仪器。

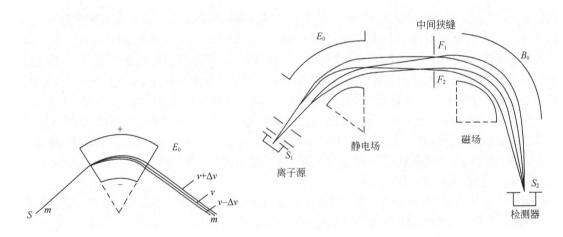

图 3.2　扇形电场的能量色散作用　　　　　图 3.3　双聚焦质谱仪

现代双聚焦质谱仪的分辨率达 15000 或更高，可以分离名义质量相同而准确质量不同的离子，经过仔细的聚焦和质量校正，可以达到准确质量测定的要求。双聚焦质谱仪除了分辨率较单聚焦仪器高之外，仍然具有磁场质谱仪的其他性能限制。

## 3.2　四极质谱仪和四极离子阱质谱仪

20 世纪 50 年代，Wolfgang Paul 及其同事在德国波恩大学发明了四极质量过滤器（quadrupole mass filter）[1]，如图 3.4、图 3.5 所示。

这个装置的主体是由四根截面呈双曲面的电极所组成的。四极质谱仪是基于离子在交变电场中的稳定路径。这种仪器很快为各有关领域所接受。许多公司均生产这种仪器，在质谱仪市场中占有重要份额，尤其是色谱-质谱联用系统。

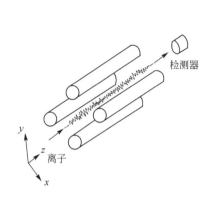

图 3.4　四极质谱仪

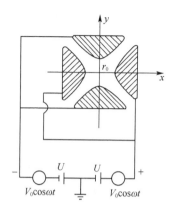

图 3.5　四极杆电压

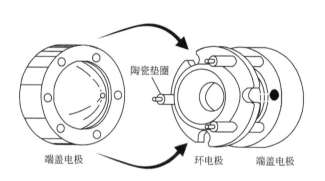

图 3.6　四极离子阱结构

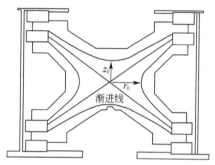

图 3.7　四极离子阱截面

在 Paul 等首次讨论四极质量过滤器的同时，他们也讨论了其三维类似物——离子阱（ion trap，又称 Paul trap），如图 3.6、图 3.7 所示。此装置由三个电极组成，两个端盖电极（end-cap electrode），以及这两个端盖之间的一个环电极（ring electrode）。通常端盖电极处在地电位，而环电极上加以射频电压，频率通常在兆赫范围（MHz），从而产生一四极电场。由于电极截面为抛物面，难以制造而且当时及此后相当长一段时期内很少用作质量分析器而未广泛被人们所注意。但是，离子阱曾用于储存离子和研究其在分离状态下的性质。这种工作，在用离子阱捕获处于非常低的温度下的单个离子，从而建立了频率标准时，达到了全盛时期。华盛顿大学的 Hans G. Dehmelt 在此项工作中作出了巨大贡献，因而和 Paul 共享 1989 年诺贝尔物理奖。

到了 20 世纪 80 年代初期，Stafford 等开发了质量选择性轴向不稳定模式（mass-selective axial instability mode）[2]，从而使四极离子阱成为一种质谱仪而商品化。这种选择性离子排斥的方法的前提条件是在动量散逸碰撞（momentum-dissipating collisions）作用下将离子先驱赶至离子阱的中心。为此，使用少量氦气以达到这一目的。随后，离子阱广泛用于 GC-MS。后来，又广泛用于 LC-ESI-MS。

四极质谱仪和离子阱质谱仪工作的基本原理是相同的，采用了早在这两种四极装置发明之前

100 年就已经阐明了的 Mathieu 二次线性微分方程[3]。Mathieu 方程是 Mathieu 研究振动伸缩的鼓膜的数学所得出的，用这一方程可描述稳定和不稳定区域的解。在四极装置中离子的运动轨道可用这些解和稳定、不稳定的概念来讨论。

离子在四极装置中的运动与离子在无场区的直线运动及在扇形磁场中的弧形曲线运动差别很大。四极离子阱和四极质谱仪被称作动态仪器，因为离子在这些仪器中的运动轨道受一组与时间相关的作用力的影响，这些轨道与扇形磁场仪器相比较，在数学上比较难以预期，而扇形磁场仪器称为静态装置，为了传送某一离子，其场强是恒定的。由上述介绍可以清楚地看到四极仪器设计的巧妙和基础理论研究的重要性。

### 3.2.1 基本原理——Mathieu 方程

关于 Mathieu 方程在四极质量分析器中的应用，即用这一方程来描述离子在四极场中的运动轨道及运动的稳定区等问题，在许多涉及四极质谱仪原理的书籍中均有叙述。北京师范大学数学系对此作了详细的推导[4]，下面，以四极离子阱为主，讨论其工作原理并指出其与四极质量过滤器的异同。

Mathieu 方程常用的形式为：

$$\frac{\mathrm{d}^2 u}{\mathrm{d}\xi^2} + (a_u - 2q_u \cos 2\xi)u = 0 \tag{3.7}$$

式中，$u$ 为 $x$、$y$、$z$ 坐标；$\xi$ 为无量纲参数，$\xi = \Omega t/2$，$\Omega$ 为频率，$t$ 为时间；$a_u$ 和 $q_u$ 为另两个无量纲参数，称为阱参数（trapping parameters）。

由式（3.7），代入 $\xi = \Omega t/2$，则

$$\frac{\mathrm{d}^2 u}{\mathrm{d}t^2} = \frac{\Omega^2}{4} \times \frac{\mathrm{d}^2 u}{\mathrm{d}\xi^2} \tag{3.8}$$

将式（3.8）代入式（3.7），两边乘以 $m$ 并重排得：

$$\frac{m\mathrm{d}^2 u}{\mathrm{d}t^2} = -\frac{m\Omega^2}{4}(a_u - 2q_u \cos \Omega t)u \tag{3.9}$$

注意，式（3.9）左边代表作用在离子上的力，即质量 $m$ 乘以在每一方向（$x$、$y$、$z$ 方向）的加速度。

在四极装置中的电场是不相耦合的，所以在这三个坐标方向的力可分别确定。让我们来考虑在 $x$ 方向的力 $F_x$，即在四极场中的任一点质量为 $m$ 和电荷为 $e$ 的离子所受到的作用力：

$$F_x = ma = m\frac{\mathrm{d}^2 x}{\mathrm{d}t^2} = -e\frac{\partial \phi}{\partial x} \tag{3.10}$$

式中，$a$ 为离子的加速度；$e$ 为电子电荷；$\phi$ 为在此四极场中在任一点（$x$，$y$，$z$）的电位。同样，可得到 $F_y$ 和 $F_z$ 的表达式。四极电位 $\phi$ 可表示为：

$$\phi = \frac{\phi_0}{r_0^2}(\lambda x^2 + \sigma y^2 + \gamma z^2) \tag{3.11}$$

式中，$\phi_0$ 为所加的电位（或者只是射频电位，或者是射频和直流电位相结合）；$\lambda$、$\sigma$ 和 $\gamma$ 分别为 $x$、$y$ 和 $z$ 坐标的权重常数；$r_0$ 为一常数，对于离子阱是环电极的半径，对于四极质量过滤器是极间距离的二分之一。

由式（3.11）可见，电位随 $x$、$y$ 和 $z$ 的二次方增加。在任何电场中 Laplace 条件是必须满足的，即在某一点的电位的二次微分等于零；电场在 $x$、$y$ 和 $z$ 方向是线性的，这样：

$$\lambda + \sigma + \gamma = 0 \tag{3.12}$$

对于离子阱，$\lambda = \sigma = 1$，$\gamma = -2$；而对于四极质量过滤器，$\lambda = -\sigma = 1$ 和 $\gamma = 0$。将 $\lambda = \sigma = 1$ 和 $\gamma = -2$ 代入式（3.11），即可得到在四极离子阱中四极场内的任一点的电位：

$$\phi_{x,y,z} = \frac{\phi_0}{r_0^2}(x^2 + y^2 - 2z^2) \tag{3.13}$$

此式可变换为圆柱面坐标，采用标准变换：$x = r\cos\theta, y = r\sin\theta, z = z$，因此式（3.13）变为：

$$\phi_{r,z} = \frac{\phi_0}{r_0^2}(r^2 \cos^2\theta + r^2 \sin^2\theta - 2z^2) \tag{3.14}$$

当用三角恒等式 $\cos^2\theta + \sin^2\theta = 1$ 时，可得：

$$\phi_{r,z} = \frac{\phi_0}{r_0^2}(r^2 - 2z^2) \tag{3.15}$$

外加电场 $\phi_0$（加在环电极上）可以是射频电位 $V\cos\Omega t$ 或和直流电位 $U$ 结合：

$$\phi_0 = U + V\cos\Omega t \tag{3.16}$$

式中，$\Omega$ 为射频场的角频率，rad/s，$\Omega = 2\pi f$；$f$ 为频率，Hz。

将由式（3.16）确定的 $\phi_0$ 和 $\lambda = 1$ 代入式（3.11），并将 $\phi$ 对 $x$ 微分，即可得到电位梯度的表达式：

$$\frac{\partial\phi}{\partial x} = \frac{2x}{r_0^2}(U + V\cos\Omega t) \tag{3.17}$$

将式（3.17）代入式（3.10）得作用在离子上的力的公式：

$$m\frac{d^2x}{dt^2} = \frac{-2e}{r_0^2}(U + V\cos\Omega t)x \tag{3.18}$$

现在可直接比较式（3.9）和式（3.18）右边的项，且 $u$ 代表 $x$ 得：

$$a_x = \frac{8eU}{mr_0^2\Omega^2}; \quad q_x = \frac{-4eV}{mr_0^2\Omega^2} \tag{3.19}$$

同样，可推导出在四极质量过滤器中在 $y$ 方向的离子的作用力。可以发现 $q_x = -q_y$，因为 $\lambda = -\sigma = 1$。对于四极离子阱，$q_x = q_y$，因为 $\lambda = \sigma = 1$。同样，可推导出 $a_z$ 和 $q_z$，在讨论四极离子阱的稳定图时常常要用到这些参数，此时 $\lambda = \sigma = 1$ 和 $\gamma = -2$。

$$a_z = \frac{-16eU}{mr_0^2\Omega^2}; \quad q_z = \frac{8eV}{mr_0^2\Omega^2} \tag{3.20}$$

式（3.20）适用于理想的四极场，即在图 3.7 中，$r_0^2 = 2z_0^2$。对于实际的离子阱，电极是截短了的，$r_0^2 \neq 2z_0^2$，此时，阱参数用实际的 $(r_0^2 + 2z_0^2)$ 计算，即：

$$a_z = \frac{-16eU}{m(r_0^2 + 2z_0^2)\Omega^2}; \quad q_z = \frac{8eV}{m(r_0^2 + 2z_0^2)\Omega^2}$$

### 3.2.2　离子轨道的稳定区

#### 3.2.2.1　四极质量过滤器的稳定图、扫描方式及仪器性能

如前所述，对于四极质量过滤器，$\lambda = \sigma = 1$，$\gamma = 0$，即在该装置中形成的是二维四极场，由式（3.19）知，操作参数是 $a_u$、$q_u$；$u$ 可取 $x$ 或 $y$。在四极质量过滤器中离子运动的稳定图如图 3.8 所示。当离子的 $a_u - q_u$ 值处于该三角形内时，该离子的振幅是有限的，因而轨迹是稳定的，可能过四极场到达检测器。如离子的 $a_u - q_u$ 值处于稳定三角形之外，其振幅随时间增大，其轨迹是不稳定的，这些离子将与电极碰撞消失。当 $r_0$ 和 $\Omega$ 固定时，即仪器尺寸和射频频率一定时，$m$ 正比于 $U$ 和 $V_0$。选择适当的 $a_u / q_u$ 值（即 $U/V_0$ 值），使扫描线通过稳定区，则扫描线与稳定区两个交点之间对应的质量范围的离子，如 $m_1$ 可以沿 $z$ 方向到达检测器，而其他离子，如 $m_2$，以不稳定振荡，与电极撞击而消失。这样，保持 $U/V_0$ 值不变，而改变 $U$ 和 $V_0$ 可以实现质量扫描。

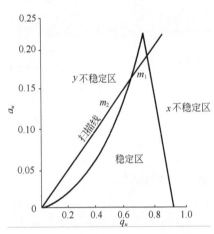

图 3.8　四极质量过滤器的稳定图

由图 3.8 可见，如进一步提高扫描线的斜率，则可提高质谱分辨率，但灵敏度急剧下降，因为只有极少数离子具有稳定轨迹。另外，如果降低扫描线的斜率，则将降低质谱分辨率。如果在极端状态，$a = 0$（$U = 0$），即扫描线沿水平坐标进行，此时四极质谱仪仅在射频方式（RF-only mode）下操作，则在很宽的 $m/z$ 范围内的所有离子均具有稳定轨迹可通过四极区。

四极质谱仪的优点是操作简便，灵敏度好，线性范围宽。这种质谱仪的另一个特点是与扇形磁场质谱仪相比较，可以在较低的真空度下工作，而且扫描速度较快，这就有利于与色谱仪的联用。

四极质谱仪通常为低分辨率仪器，分辨率在 1000 左右，为单位质量分辨仪器。现在，已有分辨率达 7500 的仪器面世。这种仪器采用了具有较大极间距离的精密抛物面的四极仪器核心部件。为了实现质量测定的准确性和稳定性，分析器的电子线路采用恒温等措施。四极质谱仪的质量范围较低，通常为 $m/z$ 10～2000，也有达 $m/z$ 4000 或更高的。

此外，需要注意质谱仪的质量歧视效应（mass discrimination）。质量歧视效应是指由离子化效率、传输效率和检测器响应的变化引起的质谱中不同 $m/z$ 离子的检测灵敏度的差别。由于扇形磁场质谱仪生产得较早，所得数据形成了最早的质谱数据库，所以，质量歧视有些时候（如质谱标准图谱）是将四极质谱仪所得数据与磁场质谱相比较而言的。通常，在质量范围 $m/z$ 250～400，这两种仪器的灵敏度相当，但低于 $m/z$ 100，四极质谱仪灵敏度较高，而高于 $m/z$ 400，磁质谱的灵敏度较高，因而同一化合物的质谱的高质量端及低质量端的峰相对强度，不同仪器所得结果有显著差别。关于高质量端的质量歧视效应问题，现代仪器设计已有改进。

#### 3.2.2.2　离子阱的稳定图、扫描方式及仪器性能

在离子阱的三维四极场中，离子只有当其运动轨道在 $r$ 和 $z$ 方向同时是稳定的才能储存在离子阱中。这样的稳定性存在于靠近原点的区域，如图 3.9 所示。

稳定区的坐标是 Mathieu 参数 $a_z$ 和 $q_z$；稳定性界限 $\beta_z = 1$ 与 $q_z$ 轴的交点位于 $q_z = 0.908$ 处，这是最低 $m/z$ 的离子可储存在离子阱中的工作点，即低质量截止点（low-mass cut-off，LMCO）。

由 $q_z = \dfrac{8eV}{mr_0^2\Omega^2}$ [式（3.20）]可知，在稳定图中，当 $r_0$ 和 $\Omega$ 固定时，在某一射频电压 $V$ 时，对一定质量 $m$ 的离子，应有一定的 $q_z$ 值。质量较高的离子，具较小的 $q_z$ 值，因此位于质量较低的离子的左方。在稳定图上的每一点上的离子均有其相应的特征频率 $\omega_z$，随着 $V$ 的增加，各个离子的 $q_z$ 增大，即随着扫描电压的增加，离子移向右方。当 $q_z = q_{\text{出}} = 0.908$ 时，此时，离子的特征频率 $\omega_z \approx \Omega/2$ 时，离子将从离子阱端盖中移出，到达检测器产生信号，这种方式称为质量选择不稳定扫描，离子阱中的离子由小到大先后产生信号，形成质谱。

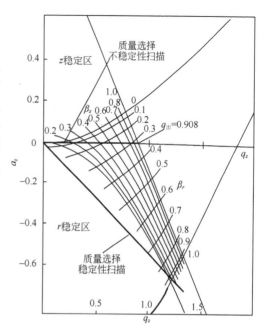

图 3.9 四极离子阱的稳定图
（常用的操作方式是质量选择不稳定性）

离子阱的特点是能够储存离子。储存在离子阱中的离子的运动特点是有两种特征频率，轴向的和径向的。当共振照射一个或两个这些特征频率时，离子的运动将被激发。这样的照射可采取在端盖电极上加几百毫伏的辅助振荡电位方法，也即偶极方式。共振激发离子的轴向特征频率已成为离子阱质谱法的一种重要技术，可采用由特定频率或频率范围组成的事先设计的波形进行激发。在共振激发之前，离子在与缓冲气氦原子碰撞下，被聚焦在离子阱的中心附近。这个过程称为"离子冷却"（ion cooling），这时离子的动能降低至约 0.1eV，相应于约 800K（由 $3RT/2 = 0.1\text{eV}$ 计算所得）。离子在离子阱中心小于 1mm 范围内运动。

当共振激发冷却的离子时，振幅为几百毫伏的辅助电位在特定离子的轴向特征频率振荡时，将引起这些离子离开离子阱的中心，这样，离子将受到较大的阱电场的作用。这种离子激发过程常称为"tickling"。离子被阱电场进一步加速，可达到几十电子伏特的动能。

共振激发可用于以下方面：

① 除去不需要的离子，分离出一种或一定 $m/z$ 范围的离子。在这种情况下，在端盖电极上加上不同波段的频率以同时激发并排斥许多离子，在离子阱中留下需要的离子。

② 增加离子动能以促进吸热离子-分子反应。

③ 增加离子动能，通过与缓冲气氦原子的动量交换碰撞，转变为内能，使离子解离，即碰撞诱导解离（collision-induced dissociation，CID）。

④ 增加离子的动能，使离子移近端盖电极，产生像电流（image current）。这种方式可以对储存的离子进行非破坏性测量及再测量（remeasurement）。这与傅里叶变换离子回旋共振质谱法（FTICR MS）相似，这些技术将在 FTICR MS 中讨论。

⑤ 在较低的频率下共振激发（轴向调制），用以扩大离子阱的质量范围。

在 1995 年之前，商品仪器质量范围为 10～650u，扫描速率通常为 5555u/s，峰宽约 0.5u。当降低扫描速率时，峰宽将变小，因而对一定的质量，质量分辨率将提高。虽然在研究仪器中，曾达到峰宽小于 3mu，但在商品仪器中最小峰宽约 0.2u。采用轴向调制后，现代仪器质量范围可达 4000u 或更高。将上述共振激发的离子分离和 CID 功能等结合起来，可实现多级质谱分析（MS$^n$）。详细的讨论可参阅相关专著[5]。

综上所述，四极离子阱质谱仪具离子储存功能，采用共振激发技术，不仅可以扩展仪器的质量范围，而且可以实现多级质谱分析。

离子阱的灵敏度较高，这是由于可积累离子和用电子倍增管检测离子。影响检测限的主要因素是离子导入和捕获的效率，以及操作有效周期。离子在注入和捕获过程中会有较多损失。

离子阱质谱仪的动力学范围取决于离子阱可能捕获的最大离子数和可以检出的最小离子数。空间电荷效应随捕获离子数的增加而增加，引起质量坐标的偏移，因此，应控制导入的离子总数。

离子阱质谱仪是低至中分辨率仪器。慢扫描"zoom scans"可提高分辨率，确定多电荷离子的电荷数。由于空间电荷效应和其他电场的影响，质量坐标偏移，故难以进行准确质量测定。

在离子阱中，CID 是用激发波形，选择前体离子并使之在碰撞气中加速和减速而完成的。缓慢和缓和的低能碰撞效率较高，但离子发生重排的倾向优先于单键裂解。产物离子质谱通常由几个丰度较高的离子所组成，缺少低质量端的信息。所以，为了进行结构分析，MS$^n$ 的实验常常是必需的。由于在长时间的捕获过程中，倾向重排反应和可能发生离子-分子反应，产生假象，故对未知物的产物离子质谱的解析应当谨慎。在蛋白质组学的应用中，通过数据库检索，可减小这个问题的影响。因为知道了肽的分子量和由几个关键碎片所得的部分序列信息，就有可能鉴别蛋白质。

定量分析不是离子阱质谱仪的强项，这是因为这种仪器的动力学范围有限，加之在捕获期间，离子-分子、离子-离子相互作用的发生，进一步对定量造成不利影响。

由于仪器小巧、价位低、较高的灵敏度和MS$^n$功能，四极离子阱质谱仪适合于目标化合物分析和肽、蛋白质定性。

上述四极离子阱与四极质量过滤器不同，前者形成的是三维四极场，而后者为二维四极场。

### 3.2.3　线形离子阱（LIT）

近来，又有了二维四极离子阱[6]。二维四极离子阱的四极结构由四个抛物面极杆组成，与用于四极质谱仪的相似。二维四极离子阱常被称作"线性离子阱"，这可能是由"linear ion trap（LIT）"

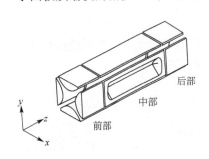

图 3.10　二维四极离子阱

翻译过来的，但原意应为"直线形离子阱"，而非线性，故宜称为线形离子阱。二维四极离子阱的一种设计是将四极杆切成三个部分，如图 3.10 所示。在前后两个部分加以直流电压，以使离子沿轴捕获在装置的中间部分。二维离子阱可作为独立的质谱仪或作为傅里叶变换离子回旋共振质谱仪（FTICR MS）或静电轨道场离子阱（Orbitrap）的前级质谱，组成高性能的仪器，这将在 FTICR MS 和 Orbitrap 中进一步讨论。另一种设计是作为三重串联四极谱仪的一个部分[7]，这将在串联质谱法和杂交仪器中说明。与三维离子阱相比较，二维离子阱由于离子储存体积的增加，降低了空间电荷效应，提高了离子的捕获效率，因而提高了仪器的灵敏度等性能。

## 3.3　飞行时间质谱法（TOF MS）

飞行时间质谱仪早在 1955 年就商品化了，在 20 世纪 60 年代曾得到广泛应用，但是不久即为分辨率、灵敏度更高的扇形磁场质谱仪和四极质谱仪所取代，其主要原因是当时缺乏在微秒级范围内记录和处理数据的技术。随着电子及计算机技术的发展，尤其是基质辅助激光解吸/离子化（MALDI）技术的出现，飞行时间质谱法（time-of-flight mass spectrometry，TOF MS）又重新引起了人们的兴趣。TOF MS 易于制造和操作；在理论上无测定质量上限；脉冲工作方式与 MALDI 技术相匹配；现代 TOF MS 采用快电子元件，具很高的采样速率，因而近来发展很快，包括与高分辨色谱法和毛细管电泳的联用，已成为必不可少的分析工具。

### 3.3.1 基本原理

TOF MS 仪器的基本结构如图 3.11 所示，主要由离子源、加速区、漂移区及检测器组成，离子在离子源中形成或自外部输入后为电场 $E$ 所加速，进入漂移区，这是一个真空无场漂移区，经电场加速的离子通过这个区域到达平面检测器（常用微通道板，micro channel plate，MCP）产生信号。

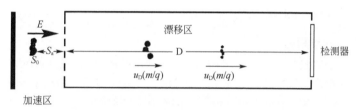

图 3.11　直线型 TOF MS 原理

由式（3.1）可得：

$$v = \left(\frac{2zeV}{m}\right)^{\frac{1}{2}}$$

由此式可见，较轻的离子具有较高的速度，而较重的离子速度较慢，它们先后到达检测器产生信号。如果离子源至检测器的距离为 $L$，则离子的飞行时间（$t$）为：

$$t = \frac{L}{v} = \left(\frac{m}{2zeV}\right)^{\frac{1}{2}} L$$

离子的 $m/z$ 值可由其到达检测器的时间所确定，即在一定的实验条件下，$t$ 直接取决于离子的质荷比。在通常的实验条件下，离子的迁移能为 keV 数量级，离子在约 1m 的无场区漂移的时间约在 100μs 区间。

### 3.3.2 质量分辨率

在质谱法中，通常以 $m/\Delta m$ 表示测定的分辨率，$\Delta m$ 为可辨别的质量差。在 TOF MS 中，通常工作在时域（time domain）中，因此分辨率可由 $t/\Delta t$ 测定。

因为 $m \propto t^2$，$m = At^2$，且 $\mathrm{d}m/\mathrm{d}t = 2At$，式中 $A$ 为常数，$\mathrm{d}m/m = 2\mathrm{d}t/t$，因此：

$$\frac{m}{\Delta m} = \frac{t}{2\Delta t}$$

时间差 $\Delta t$ 通常规定为半峰宽（FWHM）。

质量分辨率受对同一质量的离子测得的飞行时间的微小差别所限制（通常为 100ns 时间区）。

这些差别是由离子加速前的起始动能分布、起始位置和形成时间的差异所造成的。此外，非理想的加速电场，碰撞所产生的外加的能量分散，检测器系统的响应时间，仪器计时、门控制（gating）和检测过程的不确定因素均会造成进一步的时间分散，因而，早期的 TOF MS 属于低分辨仪器。但是，随着理论、方法和技术的发展，如下所述的空间聚焦、能量聚焦、延迟引出等技术，以及适当增加漂移区的长度，从而增加离子的飞行时间，现代 TOF MS 的分辨率已提高至 40000。

### 3.3.2.1　离子的起始位置和空间聚焦

无论离子源中的离子是从外部输入的，还是在离子源中产生的，在加速前其起始位置是有差异的，即存在离子的空间分布，由此决定了到达检测器的空间分布，这样，有两个相反的因素：①距离检测器较远的离子在加速区停留较长的时间；②距离检测器较近的离子在加速区受到较强的电场 $E$ 的作用，因而有较高的漂移速度，故其漂移时间较短。为了实现离子的空间聚焦，如仪器只有一个加速区（见图 3.11），通过理论计算只能采用较短的漂移管，仪器的分辨率低。Schlag 领导的小组[8]用二次空间聚焦原理，即两个相连的加速区，将空间聚焦平面延长，以得到较高的分辨率，可参阅郁昆云等发表的论文[9]。

### 3.3.2.2　能量聚焦——反射器

目前，最为成功的能量聚焦方法是采用反射器（reflector）[10]，离子经空间聚焦后，假定此时没有空间和时间分布，但具有动能分布。经漂移区后，具较高动能的离子首先进入反射器，跟随其后的是动能较低的离子。前者由于动能较大因而进入反射器的深度较后者更深，导致在反射器中滞留的时间较长。适当的选择电位和尺寸，可使高动能离子在无场漂移区飞行时间较短的问题由在反射器中较长的停留时间所补偿。当某一质量的离子在反射器中减速、停止，然后反射时，取这一点并把反射器看作是一个大的离子源，则此"离子源"也可用空间聚焦原理设计使焦点恰好落在检测器表面。

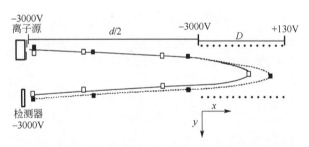

图 3.12　反射式 TOF MS 原理示意图

未配备反射器的仪器称直线型（linear）TOF MS（见图 3.11）。配备反射器的 TOF MS 称为反射式 TOF MS，如图 3.12 所示。有的反射式仪器配备了两套检测器，即反射器后也有一个检测器。此时，有两种操作模式，不加反射电场时为直线模式，加了反射电场时为反射模式。直线模式具较高的灵敏度和质量范围，但分辨率低；反射模式时分辨率高，但灵敏度和质量范围下降。

### 3.3.2.3　离子的延迟引出

影响 TOF MS 分辨率的另一因素——离子形成时间的分布，在 MALDI 实验中是一个难以确定的因素。如前所述，通过空间聚焦和反射器可以校正空间和动能分布，但是静电场 TOF MS，包括反射式的仪器，均不能校正离子形成时间的分布。在 MALDI-TOF MS 中，还有其他一些因素影响分辨率，如簇合物解离、气相碰撞、亚稳裂解、加合物生成等，因而 MALDI-TOF MS 即使用反射式仪器分辨率也不高。

为了校正离子形成时间的分布，也为了减少 MALDI 中的一些其他因素对 TOF MS 分辨率的影响，可以采用离子的延迟引出（delayed extraction，DE）或脉冲引出（pulsed ion extraction）技术。基本方法是使离子在无场区生成，经适当的延迟时间后，用一快速脉冲打开加速电场，将离子引出。

在引出场一定时，低质量至中等质量的离子的延迟时间约正比于 *m/z* 的平方根；对于高质量的离子，需增加延迟时间，亦可保持延迟时间一定，增加引出电场强度使高质量的离子实现聚焦。

有若干研究小组在 TOF MS 上采用离子延迟引出技术[11~14]。在仪器的设计中，将脉冲离子引出和离子源加速电场结合起来，以达到高分辨率和高灵敏度的要求。

### 3.3.3　质量测定

#### 3.3.3.1　质量范围

理论上无质量上限，主要的限制是离子的传输和检测器响应，用 MALDI-TOF MS 已观察到了质量高达 500000u 的离子。

#### 3.3.3.2　质量校正及准确度

如前所述 TOF MS 的基本原理简单明确，因此，如加速电压和漂移长度已知，可直接计算离子的 *m/z*。但是，和其他仪器相似，常用标准物质根据经验公式进行校正：

$$m/z = at^2 + b$$

常数 *a*、*b* 由已知质量离子的飞行时间确定。质量校正可用内标或外标完成，内标结果较外标所得到的结果更加准确，但是，如内标直接加至样品中，则可能产生离子抑制效应。近来，采用离子的脉冲正交技术（见 3.3.5 脉冲正交引出和连续离子源），准确度高达 $10^{-6}$ 数量级。因此，现代 TOF MS 可实现高分辨率及质量准确测定，这对于未知物分析是十分重要的。但是，TOF MS 测定的质量会随温度的变化而变化，从而产生误差，这是因为离子的飞行时间与加速电压和漂移管的长度相关，而温度的变化将同时引起高压电源输出和漂移管长度的变化。通常，TOF MS 电源的稳定性约为 0.0025%/℃，而不锈钢的膨胀系数约为 0.0018%/℃。因此，为了准确测定 *m/z*，应保持环境和仪器温度恒定。采用具低膨胀系数的合金并外加夹套是减少环境温度变化对漂移管长度的影响的有效方法。为了校正温度对质量测定的影响，在 ESI-TOF MS 中可采用双喷口技术，将样品与参比化合物交替或同时输入质谱仪，以随时对质量坐标进行校正。

### 3.3.4　数据采集和灵敏度

TOF MS 数据的采集有两种方式，即时间数字转换（TDC）或模数转换（ADC），TDC 的优点是信噪比较好，而 ADC 的优点是动态范围较宽。TDC 记录离子到达的时间，有死时间问题，如 2 个或多个离子同时到达检测器，TDC 记录为 1 个离子；如 2 个离子先后到达检测器，但时间相差<5ns，TDC 只记录先到的离子，因此，记录所得的质谱峰的 *m/z* 值和强度均低于实际值，需用数学方法加以校正。

与扫描仪器（如四极质谱仪）相比较，四极质谱仪全量程扫描时，在某一瞬间，只有某个 *m/z* 的离子能记录下来，因而其有效周期（duty cycle）在 0.1%以下；而 TOF MS 检测高速飞行经过漂移区到达检测器的所有 *m/z* 的离子，其有效周期要高得多。但是，连续的离子流需经调制器用高频脉冲电压引出，故有效周期远低于 100%，为 5%～30%（取决于仪器参数和 $m/z$）。这是为了避免质谱重叠，下一推迟脉冲只有在最慢的离子到达检测器后才能开始。即使如此，其全谱灵敏度也远高于扫描仪器。TOF 通常约 100μs 采集一次，因而可快速重复采样，进行信号平均，也有利于与色谱和毛细管电泳的联用。

### 3.3.5　脉冲正交引出和连续离子源

　　脉冲离子源，如激光解吸/离子化 LDI 和 MALDI，与脉冲工作方式的 TOF MS 是相匹配的。但是，在质谱法中，一些重要的离子源，如电子轰击离子源（EI）和电喷雾离子化（ESI）技术都是连续产生离子，因而与 TOF MS 相连接不像 LDI 那么直接。脉冲离子引出技术的发展，不仅提高了 TOF MS 的分辨率，而且使之成功地用于连续离子化方法。图 3.13 为离子正交引出 TOF MS 的示意图[15]。在将离子束从离子源中输入质量分析器时，经准直的低能离子束注入加速区（此时为无场区），然后，给予加速区一脉冲引出场，这一引出场严格垂直于连续离子束，这样，离子束被引出加速区，经漂移区到达与之平行的检测器。

　　离子束的准直使得 TOF 方向的速度分布为最小，这就大大提高了分辨率。用垂直引出的 TOF MS，包括直线型的和反射式的（图 3.13 和图 3.14）。反射器有利于对难以准直的离子束，如电喷雾离子源，达到较高的分辨率。

　　采用脉冲垂直引出技术后，可将 TOF MS 与连续离子源 ESI 连接起来。因为 TOF 仪器允许在与其轴垂直的平面上有较大的空间和速度分布，这样就可以将 ESI 形成的离子在与轴垂直的方向注入 TOF 加速区，这就是"正交注入"（orthogonal injection）。

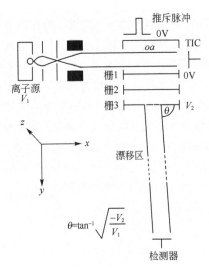

图 3.13　正交加速 TOF MS

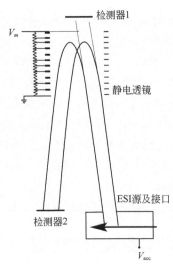

图 3.14　反射式 ESI-TOF

　　将 HPLC 与 ESI-TOF MS 连接起来获得了成功，而且仪器已经在各个领域中广泛应用。将毛细管电泳与之相连，实现 CE-ESI-TOF MS，以利用 TOF MS 快速数据采集的能力，在毫秒级时间内记录全谱[16]，有很好的发展前景。

### 3.3.6　多次反射和多次旋转 TOF MS

　　为了提高 TOF MS 的分辨率，增加漂移区的长度是最直接的有效方法。但是，太长的漂移区增加了仪器的尺寸，一个聪明的方法是重复应用漂移区长度若干次，从而延长离子的飞行时间至人为确定数值，以达高分辨率，甚至超高分辨率。

图 3.15 为多次反射（multiple reflection）飞行时间质谱仪（MR-TOF MS）和多次旋转（multiple turn）飞行时间质谱仪（MT-TOF MS）示意图。在多次反射 TOF MS 中，离子在分析器中往返许多次，这样，较之常规 TOF MS，飞行距离延长了几个数量级，所以达到了很高分辨率（>100000），仪器体积也紧凑。这样的仪器，结合 TOF MS 固有的优点，可以实现很短的测定时间（约 ms 级），宽质量范围，全谱高灵敏度，非扫描操作，高分辨率和质量测定准确度，具有从基础研究至新的应用领域的巨大潜能。

Plaß 等[17]综述了 MR-TOF MS 的发展，尽管主要研究和应用是在核科学中的，但也谈到了其他领域的应用。尤其是 MR-TOF MS 可以做得很小，车载用的，以便进行原位研究（in situ studies），例如：环境、医学、安全，检测分子生物学通道、标志物和代谢物等。

大阪大学（Osaka University）采用多次旋转离子光学系统技术开发了螺旋轨道离子光学系统技术，尤其是将完美聚焦（perfect focusing）与多次旋转结合，得到了很高的分辨率[18]。商品仪器有 MALDI-TOF-TOF 功能[19]，可得到高能碰撞诱导解离（HE-CID）产物离子谱。能选择单同位素前体离子，有扇形静电场以排除源后降解（post-source decay，PSD）产生的离子。

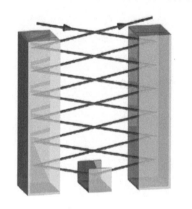

图 3.15　多次反射和多次旋转 TOF MS 示意图

# 3.4　傅里叶变换离子回旋共振质谱仪（FTICR MS）

傅里叶变换离子回旋共振质谱仪（Fourier transform ion cyclotron resonance mass spectrometer，FTICR MS）是离子回旋共振波谱法（ion cyclotron resonance spectrometry，ICR）与现代计算机技术相结合的产物，因此，长期以来，就称为傅里叶变换质谱仪（FTMS），而且当时采用傅里叶变换的质谱仪仅此一种，直至近来出现的静电轨道场离子阱（Orbitrap）也采用了傅里叶变换。

傅里叶变换离子回旋共振质谱仪是基于离子在均匀磁场中的回旋运动。离子的回旋频率、半径、速度和能量是离子质量、离子电荷及磁场强度的函数，通过一个空间均匀的射频场（激发电场）的作用，当离子的回旋频率与激发射频场频率相同（共振）时，离子将同相位加速至一较大的半径回旋，从而产生可被接受的像电流信号。傅里叶变换仪所采用的射频范围覆盖了欲测定的质量范围，所有离子同时被激发，所检测的信号经傅里叶变换处理，转变为质谱图。

最早的 ICR MS 可追溯到 Lawrence 回旋。1950 年，Sommer、Thomas 和 Hipple 研制了第一

台有实用价值的回旋质谱仪。而真正使离子回旋共振质谱仪发展史翻开崭新一页的是 1974 年 Marshall 和 Comisarow 把 FT 方法用于处理 ICR 数据[20,21]。随后，傅里叶变换离子回旋共振质谱仪的仪器设计和应用都得到了迅速的发展。傅里叶变换离子回旋共振质谱仪是一种高分辨的质谱仪，测定的准确度高，可以与多种离子化方法连接，可进行多级质谱 MS$^n$ 的检测，在化合物分子量测定、结构信息获取及反应机理的研究等方面发挥着重要作用。近来与基质辅助激光解吸/离子化（MALDI）及电喷雾离子化（ESI）联用，成为生物大分子研究中一个不可多得的工具。

### 3.4.1 基本原理[22]

#### 3.4.1.1 离子的回旋运动

离子在均匀磁场中受磁场力的作用，作垂直于磁场的圆周运动，此时向心力与离心力相平衡：

$$qv_{xy}B_0 = \frac{mv_{xy}^2}{r} \tag{3.21a}$$

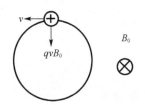

图 3.16 离子回旋运动示意图

式中，$m$ 为离子的质量；$q$ 为离子所带的电荷；$v_{xy}$ 为离子在 $xy$ 平面的速度，$v_{xy} = \sqrt{v_x^2 + v_y^2}$；$r$ 为离子回旋半径。

如果离子未经碰撞，离子将以均匀的速度以 $r$ 半径回旋，如图 3.16 所示。

令角速度 $\omega = \dfrac{v_{xy}}{r}$，则式（3.21a）可变为：

$$q\omega B_0 r = m\omega^2 r \tag{3.21b}$$

或

$$\omega_C = \frac{qB_0}{m} \tag{3.22a}$$

$$\nu_C = \frac{\omega_C}{2\pi} = \frac{1.535611 \times 10^7 B_0}{m/z} \tag{3.22b}$$

式（3.22a）中，$\omega_C$ 为离子的回旋频率。由此可见，离子的回旋频率与磁场强度成正比，而与离子的质荷比成反比，这是 ICR MS 的基本原理。此式说明一定质荷比的离子具相同的回旋频率而与其起始速度无关。这一性质对质谱法是十分有用的，因为不需动能聚集即可准确测定离子的 $m/z$。

式（3.22b）中，$\nu_C$ 以 Hz 为单位，$B_0$ 以 T（特斯拉）为单位，$m$ 以 u 为单位，$z$ 为电荷数。从中可以得出结论：对一个给定的 7.0T 的磁场，通常质量范围的离子的回旋频率从几千兆赫到几兆赫，这对于后面讲到的激发所用的射频电场是一个很方便的范围。

#### 3.4.1.2 离子的捕获振荡

如前所述，方向为 $z$ 的静磁场使离子作垂直于磁场方向的圆周运动，即离子的回旋运动被限定在 $x$-$y$ 方向，但是，离子在平行于磁场方向的运动仍然是自由的。为了防止离子在 $z$ 方向的逸失，通常需在 $z$ 方向加上一对电极，在电极上加上一小的静电压（如 1V）。这对电极称阱电极（trapping electrodes）。如果在这两个阱电极上同时加上 +1V 电压，则在这对电极间的正离子除了回旋运动外，将在这两个电极间往复运动（振荡）。离子在阱电极间沿 $z$ 方向的振荡频率为：

$$\omega_{\mathrm{T}} = \frac{2}{d}\sqrt{\frac{qV_{\mathrm{T}}}{m}} \qquad (3.23)$$

式中，$\omega_{\mathrm{T}}$ 为离子振荡频率，也称捕获频率（trapping frequency），Hz；$d$ 为阱板间的距离；$V_{\mathrm{T}}$ 为阱电压。

通常，离子的 $\omega_{\mathrm{T}}$ 远小于离子的回旋频率 $\omega_{\mathrm{C}}$。例如，对 $V_{\mathrm{T}} = 1\mathrm{V}$，$d = 0.0254\mathrm{m}$ 的一个立方池中，$m/z$ 1000 的离子的捕获频率只有 4580Hz。

按照 ICR 的基本原理，FTICR MS 的基本单元可用一置于恒定的强磁场中的立方池，如图 3.17 所示。这个单元也是一种离子阱（ion trap），这种由均匀静磁场加静电位的电磁离子阱称彭宁离子阱（Penning trap）。这种离子阱的六个极板是相互绝缘的，上下左右分为三对，其中的一对垂直于磁场方向，在其上加上一低静电场，以防离子从 $z$ 方向逸出，称阱电极，如前所述。左右的一对平行于磁场的为传送极，用于传送激发脉冲；上下极板为接收板，用于接收离子产生的信号，这对极板要平行于磁场但与传送板垂直。这两对极板的作用将在下述离子的激发与检测中作进一步的说明。

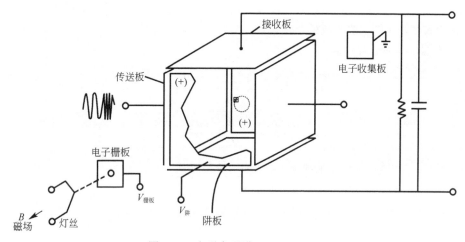

图 3.17　电磁离子阱（Penning trap）

### 3.4.1.3　离子的磁控运动

为了将离子捕获在离子阱中，必须在阱电极上加上一个低电压，以防离子在平行于磁场的方向逸出。如前所述，离子阱常用一立方池，这样，加在阱电极上的静电位将在立方池内形成一个四极静电场，如图 3.18 所示。这个四极静电场使离子的运动变得很复杂。离子在静电场和磁场作用下存在着第三种运动，称磁控运动（magnetron motion）。离子的磁控运动与质量无关，它将沿着等电位线运行。

由上述讨论可知，离子在电磁离子阱中存在着三种运动：回旋运动、捕获运动和磁控运动。这三种运动如图 3.19 所示。

另外，由图 3.18 可知，一个离子位于中心轴上（离子 a）受到的电场力指向 $z$ 轴，而离子 b 离开了中心轴在电场作用下具有轴向和径向分量。磁场对离子的作用力（洛仑兹力）是向内的径向力，而径向电场分量是与之相反的作用力，结果将使离子的回旋频率降低，因而式（3.21b）应予修改，式中 $E_0$ 为电场强度：

$$m\omega^2 r = qB_0\omega r - qE_0 r \qquad (3.24)$$

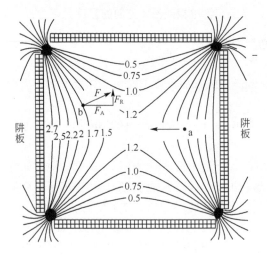

图 3.18　立方池（阱电势 3V）静电场等势示意图

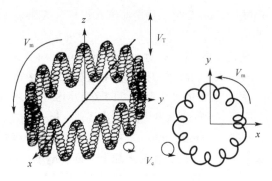

图 3.19　离子在磁场中的三种自然运动

c、T、m 分别代表回旋运动、捕获运动和磁控运动

上式中左右两边的 $r$ 可以约去，则回旋频率与 $r$ 无关。也就是说离子运动频率与离子在离子阱中的位置无关，这是四极静电场的一个优点。

解上述方程，有两个解，得两种自然频率：

$$\omega_0 = \frac{qB_0 + \sqrt{q^2 B_0^2 - 4mqE_0}}{2m} \tag{3.25a}$$

$$\omega_m = \frac{qB_0 - \sqrt{q^2 B_0^2 - 4mqE_0}}{2m} \tag{3.25b}$$

式中，$\omega_0$ 为"被降低"的回旋频率；$\omega_m$ 为磁控频率。

如阱电压 $V_T$ 很低，$E_0 \to 0$，式（3.25a）则变为：

$$\omega_0 = qB_0/m$$

即式（3.22a）回旋频率方程。

因为径向电场力远小于（径向）磁场力，因而磁控频率远低于回旋频率。也正因为阱电场降低了离子的回旋频率，因而径向电场的作用相当于降低了磁场强度，式（3.24）是 FTICR MS 质量校正的基础。

#### 3.4.1.4　离子的激发和检测

离子回旋运动本身用处并不大，真正的用途是基于和特定质荷比的离子回旋频率相同或相近频率的均匀空间射频电场作用所引起的"激发"（excitation），即射频电场分量随之增加，直至激发停止。激发在 FTICR MS 中有三种用途：①加速离子至一较大的可检测的轨道半径，见图 3.20（a）；②增加离子动能以引起离子的碰撞诱导解离（CID）或分子-离子反应，见图 3.20（b）；③加速离子，使其回旋半径超出离子阱半径，从而将离子"移出"（eject）离子阱，见图 3.20（c）。

应该说明，离子的回旋运动本身并不产生可观测的信号。因为离子形成时或将离子从外部送入离子阱时，离子的回旋运动的相位是随机的，也就是说离子回旋运动可以在圆形轨道的任意位置开始，因此，在两块相对的极板上诱导产生的电荷将为与之相差 180° 相位的离子所诱导产生的相等而相反的电荷所平衡。而且离子初始的回旋半径很小，即使给定质荷比的所有离子同相位运动，也不能产生可观测的信号。为了在接受极上产生信号，必须用振荡共振同相电场激发，这样，

所有的相同 $m/z$ 的离子离开轴心，在一个较大的轨道半径一起以同相位回旋，如图 3.20（a）所示，在两接收极板上诱导产生正弦波信号。由两接收极板间距离为 $d$ 和轨道半径为 $y$ 的电荷 $q$，诱导产生的上下两极板的镜像电荷差 $\Delta Q$ 为：

$$\Delta Q = -\frac{2qy}{d}$$

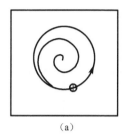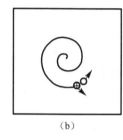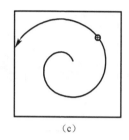

（a）　　　　　　（b）　　　　　　（c）

图 3.20　离子回旋激发的用途

从上式可知，由转化得到的 ICR 信号，与磁场强度无关，而随离子激发后的轨道半径线性增加。而且，检测信号随离子所带电荷呈线性增加，因此，ICR 信号对多电荷离子（如电喷雾产生的离子）更加灵敏。上述线性关系非常重要，① 因为 ICR 信号与离子激发后半径（它与离子激发电压和激发时间之积成正比）呈线形关系，所以 ICR 在任意频率的信号都与该频率下的激发电场强度成正比；② 对于 ICR 信号检测的两种方式，检测离子被特定频率的电场激发后诱导产生的像电流信号，或是检测激发电场的频率慢慢扫过待测 $m/z$ 范围，能量被吸收的情况，这两种方式实质上给出的是相同的"吸收"光谱；③ 信号的"叠加"原理意味着任何 $m/z$ 的离子所产生的信号可以在检测器上简单叠加，因此，宽范围 $m/z$ 的离子可以同时被检测，检测信号经傅里叶变换处理得质谱图。上述结论也论证了"多通道"检测的优点，与一次只扫描一个通道相比，脉冲激发后经傅里叶变换获得 $n$ 个数据点只需原来 $1/n$ 的时间。

## 3.4.2　结构与实验程序

### 3.4.2.1　FTICR MS 的基本结构与实验程序

FTICR MS 的基本结构是一立方池置于恒定的强磁场中，如图 3.21 所示。

图 3.22 说明了 FTICR MS 实验的基本程序，包括离子的形成、激发、检测和清除四个步骤。

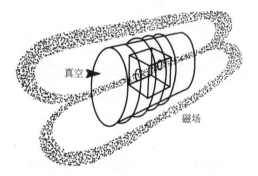

图 3.21　FTICR MS 分析池环境

离子的形成，如图 3.22 所示，可用电子轰击(EI)使样品离子化，此时，将电子枪打开(BEM)，即灯丝通电并调节电子束能量（如 70eV）及电流（如 5μA），使电子束穿过立方池，轰击池中样品蒸气，产生各种离子，这些离子按式(3.22)，以其特定的频率作圆周运动。在离子的激发(EXC)中，通常在传送极上加以很快的射频扫描（RF chirp），其频率范围取决于欲测定的质量范围。池中的离子将从相同频率的射频电场吸收能量，在更大的轨道上作同相位运动。在 BEM 和 EXC 间有一可变延迟时间（variable delay），可用于分子-离子反应、离子的冷却等。离子的检测(REC)是利用已激发的离子在接收极间作同相回旋运动，从而从与接收极相连的外电路中感应出像电流，因为频率扫描时包括了相应质量范围内的所有频率，因而各种离子被同时激发，形成复合的时域信号（time domain signals）。用傅里叶变换法解析这种信号以得到频域谱（frequency domain spectra）。当质量和频率的关系用标准化合物校正后，频域谱即可标记为质谱。这种经典的 FT 解析采用的数据系统，忽略了相位信息，以在宽质量范围内得到对称的频域谱和质谱峰，但牺牲了分辨率。随着仪器和计算技术的发展，采用相位信息可计算出"吸收光谱"和"色散光谱"。采用吸收模式后，仪器的分辨率可提高两倍。同样，Orbitrap 的 FT 采用吸收模式后，也将提高分辨率。

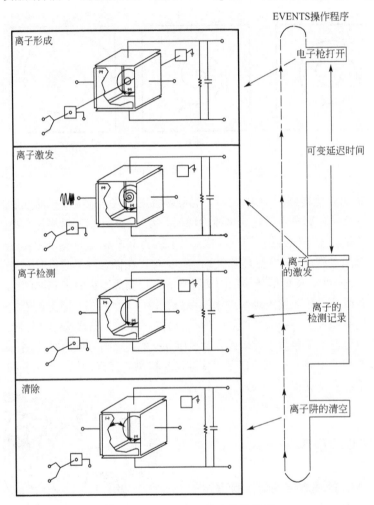

图 3.22　FTICR MS 基本实验程序

　　离子阱的"清洗"（quench，QNC），即除去池中的离子，是在两阱电极上分别加上较高的正、负电压，如+9.5V 和-9.5V，使正离子与负极板相撞。负离子与正极板相撞而完成。仪器的操作程序如图 3.22 右半部的脉冲程序所示。

　　信号的处理可用图 3.23 说明。时域信号经预放大器和放大器放大后，用模数转换器（ADC）将模拟信号转换为数字信号后快速存储，然后经傅里叶变换产生频域谱，最后，用标准化合物校正得到质谱。

### 3.4.2.2　离子源

　　成功运用 FTICR MS 技术的前提是使待测成分离子化和"捕获"住待测离子。FTICR 质谱仪的离子源分为两种类型：内离子源和外离子源。离子在离子阱中形成的离子源，被称为内离子源。易挥发的样品通过气体进样口，以气体形式进入离子阱；或者一些固体样品通过固体进样杆，被送入磁场中非常靠近离子阱的地方，经加热气化进入离子阱。最常用的内离子化方法就是电子轰击离子化：电子束直接穿过离子阱中央，通过电子和中性分子的相互作用，产生相应的离子。光离子化、激光解吸/离子化等也可采用内离子源完成。尽管内离子源满足了许多实验测定的要求，但大多仪器采用了外离子源的设计，即离子在磁场外形成的离子源。外离子源特别适合于产生大量气体的离子化方法，如电喷雾离子化（ESI）、基质辅助激光解吸/离子化（MALDI）等，也便于实现分离技术与质谱法的联用，如 LC-MS、CE-MS。在这些情况下，内离子源方式不易满足测定的真空度要求。将离子源置于磁场之外，然后将离子"注入"分析池，可避免进样及离子化过程降低池真空度，从而降低检测性能的问题。但是，离子的注入过程中，离子越靠近磁场，越会受到磁场力的作用，磁场将产生强大的磁场镜，使离子反射回去。可用长的四极杆将离子导入分析池[23, 24]，同时需在离子源及磁场之间增加复杂的真空系统以保证分析池高真空，见图 3.24。四极杆还可用作质量过滤器，以除去不需送入分析池的离子。也可用静电场将离子引入分析池[25]。

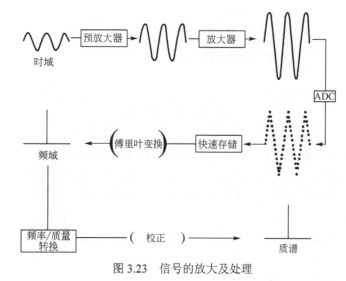

图 3.23    信号的放大及处理

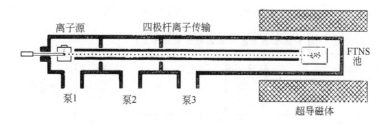

图 3.24    外离子源示意图

### 3.4.2.3    分析池的结构

分析池最重要的功能是提供一个能够进行准确质量测定、取得高分辨测定结果的环境。在 FTICR MS 中，有各种形状的分析池被采用，如最简单的立方池[图 3.25(a)]、长方池、圆柱形池[图 3.25(b)]、抛物面分析池[图 3.25(c)]等。这些池各有特点。上述几种池所产生的四极静电势相似。抛物面形的分析池，由于离子在任何一点具有同样的 ICR 频率，所以可给出最高的质量分辨率。

图 3.25（d）与图 3.25（e）两种分析池的设计是为了把检测区的静电场降为零，因而不形成四极静电场。图 3.25（e）为屏蔽的离子阱，由于降低了电场的强度，可以增加 ICR 的质量检测上限。

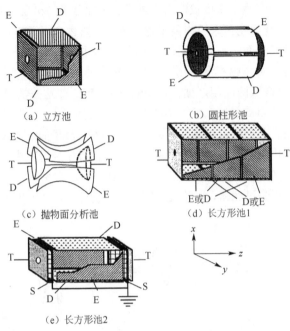

（a）立方池       （b）圆柱形池

（c）抛物面分析池     （d）长方形池1

（e）长方形池2

图 3.25   几种几何形状的静电磁场离子阱
（E、D、T 和 S 分别代表激发、检测、捕获和屏蔽电极）

另外，还有一种双池结构，主要用于内离子源。为了延长同相运动的离子寿命，以改善检测性能，必须在检测时降低背景压力。但是，在进样和离子化过程中，常常会引入许多中性分子，降低仪器的真空度。简单而有效的方法是采用双池结构（dual cell）。如图 3.26 所示，双池内两个立方池共用其中的一块阱电极板。这块共用的极板中央具一 2mm 直径的小孔，称为传导限制（conductance limit），将真空室一分为二。这两个部分分别利用两套真空泵减压。进样和离子化这边的分析池处于相对高的压力下，如 $133×10^{-7}Pa(10^{-7}Torr)$，而另一边则保持在高真空，如 $133×10^{-9}$ $Pa（10^{-9}Torr）$。如果这块共用的阱电极处于 0V 时，生成的离子可穿过中央小孔进入位于高真空中的分析池。此时，在中间极板上恢复阱电位，即可在分析池进行检测，以得到高分辨率质谱。

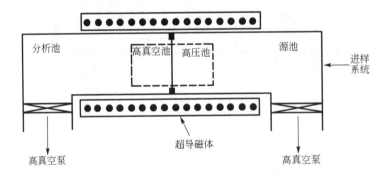

图 3.26   双池结构截面

池子的设计还偏重于采用大池子，因为池体积越大，可捕获较多的离子而不造成空间电荷的影响。捕获的离子数越多，检测越灵敏，有更高的动态范围。常用的立方池范围为 $2.5\sim7cm^3$。

## 3.4.3 性能和影响因素

### 3.4.3.1 分辨率

傅里叶变换离子回旋共振质谱仪是一种高分辨率仪器。

FTICR MS 分辨率计算公式常用下式：

$$R = \frac{m}{\Delta m_{50\%}} \leqslant K \frac{Bt}{m/z}$$

式中，$\Delta m_{50\%}$ 为半峰宽（FWHM）；$K$ 为比例常数。FTICR MS 分辨率（$R$）与磁场强度（$B$）、信号持续时间（$t$）成正比，与离子的 $m/z$ 成反比。对于特定的仪器和离子，$R$ 取决于信号持续时间，而 $t$ 与真空度密切相关，真空度越高，信号持续时间越长，可对此信号作较长时间的观测，因而可得到高分辨率数据。如真空度较低，则离子与中性分子碰撞的概率增加，信号很快消失，因而得不到高分辨率数据。

FTICR MS 的信号采集有两种方式，即直接方式（direct mode）和外差方式（heterodyne mode）。在直接方式中，见图 3.27，从放大器产生的放大信号直接输入模数转换器（ADC）。信号的采集速率受 Nyquist 准则制约，即采样频率至少两倍于 $m/z$ 离子的回旋频率，否则得到的谱图中会出现假象（aliasing phenomenon），观察到折叠峰（foldback peak），如图 3.27 所示。

在 FTICR MS 中，折叠峰的频率 $f_{fb}$ 为：

$$f_{fb} = f_s - f_{sig} \tag{3.26a}$$

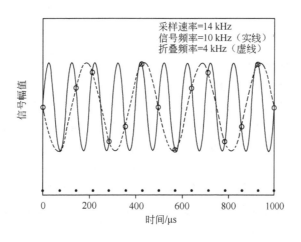

图 3.27 信号采集中的假象

式中，$f_s$ 为采样频率；$f_{sig}$ 为信号频率。

如 $f_{sig} > f_s$，则用更通用的公式为：

$$f_{fb} = \left| nf_s - f_{sig} \right| \tag{3.26b}$$

式中，$n$ 为整数，使 $f_{fb}$ 在 $0 \sim f_s/2$ 之间。

为了得到尽可能高的分辨率，需要在信号持续的时间内连续采样，而且，按照 Nyquist 准则，在常规质量范围内，采样速率在几千赫兹到几百万赫兹范围内。如信号持续以秒计，这样的采样速率对计算机的存储器的容量要求非同寻常。这就需要采用外差方式，如图 3.28 所示。

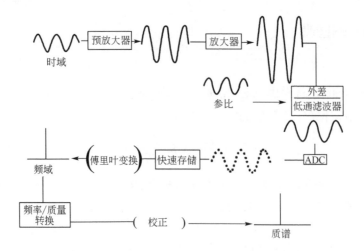

图 3.28    外差操作方式

在这种方式中，信号先与一参比信号混合。信号混合产生的合频和差频经低通滤波器以除去合频，结果将信号频率移至低频区，这样，可以用低的采样速率长时间采样，以得到高分辨数据。

在常规试验条件下，如真空度在 $133×10^{-9}$ Pa（$10^{-9}$Torr），磁场强度为 3T，用 MALDI-FTICR MS 测定α-促黑细胞激素（α-melanocyte stimulating hormone，α-MSH），$m/z$ 1665，分辨率高达 $1.5×10^{6}$[26]。

### 3.4.3.2    质量测定的准确度

FTICR MS 测定离子的质量是基于频率的测定。离子频率可测至 9 位有效数字，但频率与质量的关系尚待进一步研究改进。

和其他质谱仪一样，质量测定的准确度受分辨率和信噪比的影响。在 FTICR MS 中，质量的准确度还受到由阱电压和空间电荷（space charge）相互作用的影响。空间电荷影响与阱电位的影响相当，因为离子云的径向电场分量对离子的作用亦与磁场作用力相反，这就要求在校正时池中的离子数目应尽可能与样品测定时池中的离子数目相近。为了减少空间电荷效应的影响，Laude 等[27]提出了暂停捕获（suspended trapping）脉冲程序。在离子形成之后，阱电极的电位在短时期内（以μs计）降为零，以使部分离子逸出离子阱。这个过程是自我调节的，即起始离子密度越高，离子损失得越多。另一种方法是自动控制输入分析池的电荷数量（automatic gain control，AGC），现在的商品仪器常用这一方法。

为了提高质量测定的准确度，可采用内标法，将参比化合物离子与样品离子一起输入质谱仪，共同捕获在池内，以使参比物离子和样品离子处在同一环境中，常规测定误差可达 $1×10^{-6}$ 或更低。

### 3.4.3.3    数据采集速度和灵敏度

和常规的扫描型质谱仪不同，FTICR MS 同时检测所有离子，采集一个质谱的时间通常以微秒计，也没有常规仪器扫描过程造成离子的损失。现代 FTICR MS 检测系统可检出约 100 个单电荷离子。此外，就分辨率和灵敏度的关系而言，对扫描仪器是矛盾的，即为了得到高分辨的数据，必须牺牲灵敏度，而对 FTICR MS 是一致的。

#### 3.4.3.4　质量范围

FTICR MS 的质量范围，主要取决于磁场强度。对于 9.4 T 的商品仪器，$m/z$ 范围约为 30～10000。

#### 3.4.3.5　离子储存功能

FTICR MS 的一个突出性能是离子的储存功能。样品经适当的方法生成离子之后，可在 Penning 离子阱中存在相当长的一段时间（可长达数十秒），因而，可以对储存的离子进行多种处理。

（1）自身化学离子化　许多化合物用 EI 时常常得不到分子离子峰，或者分子离子强度很低，因而难以确定。自身化学离子化（self chemical ionization，SCI）利用储存在离子阱中由样品产生的碎片离子与样品分子碰撞，发生质子转移而生成[M+H]$^+$离子。

$$M + e^- \longrightarrow FH^+ + N^0 + 2e^-$$

$$FH^+ + M \longrightarrow [M+H]^+ + F$$

式中，FH$^+$碎片离子为气相酸，如 $C_2H_5^+$、$C_3H_7^+$ 等；M 为样品分子；$N^0$ 为中性碎片。

笔者曾用 SCI 测定了许多药物及其前体[28]。SCI 的优点是既提供了分子量信息，又有丰富的结构信息。

（2）多级质谱法　FTICR MS 进行质谱/质谱（MS/MS）实验，甚至 MS$^n$ 实验，只需改变软件实验程序，而不需对硬件进行改造。多级质谱由"前体离子"的激活、"前体离子"降解或反应及"产物离子"测定组成。FTICR MS 可利用储存波形逆傅里叶变换（stored waveform inverse Fourier transform，SWIFT）技术，选择所要测定的前体离子，而排除其他离子。激发脉冲将拟排除（ejection）的离子激发至其回旋半径大于池半径，此时，这些离子将与池壁碰撞消失或从池中逸出。这样，只有选定的离子存在于池中。然后，用相应频率激发至使之加速，达到适当的动能并使之与惰性气体发生碰撞诱导解离（CID），即可得到产物离子质谱。由于采用共振激发（即用回旋频率激发），离子的最大平动能受池的大小和磁场强度的限制，因此，$m/z$ 大的离子较难解离。对 $m/z$ 大的离子 CID 可用持续偏共振照射（sustained off-resonance irradiation，SORI）[29]激发，如图 3.29 所示。

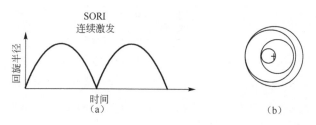

图 3.29　SORI 的离子回旋半径随时间变化（a）和离子运动轨道（b）

在 SORI 中，采用回旋频率的边带激发，在整个电场的脉冲过程中，所选定的 $m/z$ 离子交替激发-去激发。这样，离子可以持续激发，又不至于因回旋半径过大而被排出池外。离子在加速-减速的循环中，可多次与惰性气体分子碰撞。在 SORI 中，离子通过最低的能量途径裂解，比"共振"激发需要更长的照射时间（SORI 常大于 250ms，而共振激发常小于 20ms）。

FTICR MS 理论与技术的发展，包括采用超导高磁场（高达 25T）、离子云聚焦、新型分析池的设计、电场的优化、数据处理等，以增加仪器的质量范围、准确度、分辨率、灵敏度和多级质谱功能，应用范围不断扩大。现在 FTICR MS 的分辨率是所有的质谱仪中最高的。由于采用超导磁场，FTICR MS 质量校正很稳定，质量测定误差在宽质量范围内可低于 $1 \times 10^{-6}$，但是，其仪器价格昂贵，运转费用较高，所以难以普及。

# 3.5  静电场轨道离子阱（Orbitrap）

2000 年，Alexander Makarov[30]提出了一种新型的质量分析器，称之为轨道阱（Orbitrap）。这种仪器采用静电场捕获离子，场的电位分布可表示为四极电位与对数电位的结合。没有磁场和射频场的存在，离子的稳定是由于离子围绕轴电极的轨道运动达成的。轨道运动的离子同时也沿着这个电极进行谐振，谐振频率正比于 $(m/z)^{-1/2}$。这些谐振可用像电流检测并用快速傅里叶变换转换为质谱，这与傅里叶变换离子回旋共振质谱（FTICR MS）相似。

## 3.5.1  轨道捕获和 Kingdon 阱[31]

促使轨道阱（Orbitrap）的发明的第一步是轨道捕获（orbital trapping）。这在 1923 年就由 Kingdon 所完成[32]。其经典的形状——Kingdon 阱（Kingdon trap）由圆筒状外电极、中心丝状电极和两端的法兰盘（相似于四极离子阱的端盖电极）组成，它们之间是绝缘的。当电压加在丝和圆筒电极间时，强电场吸引离子移向丝电极，只有具足够的切向速度（垂直于丝状电极）的离子能采取围绕丝电极的轨道运动而留存下来。它们的轨道有些像太阳系中的行星或小行星，丝状电极的角色就像太阳。当 Kingdon 阱的内、外电极间加以一直流电压时，在两极间就会产生径向对数电位（$\Phi$）：

$$\Phi = A\ln r + B \tag{3.27}$$

由端盖电极和非理想电场引起的轴向电场分量在式（3.27）中是忽略了的。

当质量为 $m$ 和电荷为 $q$ 的正离子在阱内产生或由外部导入并具足够的垂直于丝电极的起始速度分量（$v$），而内、外电极间的电位差大于由式（3.28）计算出的值时，离子取围绕丝电极的稳定轨道（轨道捕获）：

$$qV = \frac{1}{2}mv^2\left(\frac{R}{r}\right) \tag{3.28}$$

式中，$R$、$r$ 分别代表外电极和内电极的半径。为了同时实现离子的轴向捕获，需在端盖电极上加推斥电位。这样，Kingdon 阱中离子的稳定运动包括围着中心丝电极的旋转和沿着该电极的轴向移动。

Kingdon 阱曾与四极质谱仪、飞行时间质谱仪和 FTICR MS 连接，也可接上电子倍增管、法拉第杯和微通道极等检测器，成为独立的仪器。

1981 年 Knight[33]修改了 Kingdon 阱的外电极，近于实现了"理想的 Kingdon 阱"（ideal Kingdon trap），这是推动 Orbitrap 发展的又一步骤。这种修改了的 Kingdon 阱，用沿着中心电极运动的离子的振荡频率测定其质荷比。在理想的 Kingdon 阱中，圆柱面对称的静电位可认为是四极电位与式（3.27）的径向对数电位的结合：

$$\Phi = A\left(z^2 - \frac{r^2}{2}\right) \tag{3.29}$$

由此得出电位分布：

$$\Phi = A\left(z^2 - \frac{r^2}{2} + B\ln r\right) \tag{3.30}$$

式中，$r$、$z$ 为圆柱面坐标（电位的对称平面是 $z = 0$）；$A$、$B$ 是与电极形状和所加电压相关的常数。

中心电极和外电极间的对数电位提供了径向轨道离子捕获，而四极电位在轴向限制离子，使之在 $z$ 方向谐振。

Knight 用这样的离子阱，监测脉冲激光器照射固体样品靶产生的离子。当在分割的外电极间加一交流频率可在轴向和径向观测离子的共振信号。但是，这些信号微弱、展宽、频率位移（对四极场的预期值），Knight 提出中心丝状电极可能破坏了轴向电位的四极性质。这个建议已用 SIMION 计算得到证实（图 3.30）。由此可见，中心电极应为纺锤状的几何形状，以在 $z$ 方向获得纯谐振电位。Makarov 采用这一结果设计了纺锤状电极使之与等位线相匹配，发明了新的质谱仪 Orbitrap（图 3.31），由离子沿着这种离子阱的 $z$ 轴谐振的频率得到 $m/z$ 值。

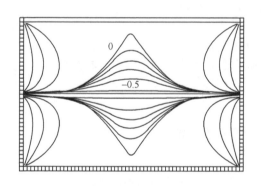

图 3.30　理想的 Kingdon 阱的等电位 SIMION 图

（阱参数：端盖电极 14 V，丝状电极−1 V）

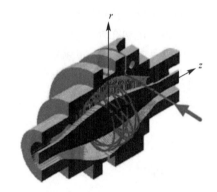

图 3.31　Orbitrap 剖面图

离子在箭头处注入（偏离赤道，$z = 0$，垂直于 $z$ 轴），
离子开始谐振，无需进一步激发

## 3.5.2　Orbitrap 质量分析器[34]

### 3.5.2.1　基本原理

Orbitrap 质量分析器如图 3.31 所示，由纺锤状中心电极和筒状外电极组成。在这两个轴对称电极间加以一直流电压，导致下述静电位分布：

$$U(r,z) = \frac{k}{2}\left(z^2 - \frac{r^2}{2}\right) + \frac{k}{2}(R_m)^2 \ln\left[\frac{r}{R_m}\right] + C \tag{3.31}$$

式中，$r$ 和 $z$ 为圆柱面坐标；$R_m$ 为特征半径；$k$ 为场曲率；$C$ 为常数。参数 $k$ 由电极的实际形状和所加电位确定。这个电场可视作离子阱的四极场与一圆柱状电容的对数场的叠加，即四极-对数场。电极的几何形状可由式（3.32）得出：

$$z_{1,2}(r) = \left[\frac{r^2}{2} - \frac{(R_{1,2})^2}{2} + (R_m)^2 \ln\left(\frac{R_{1,2}}{r}\right)\right]^{1/2} \tag{3.32}$$

式中，$z = 0$ 为对称赤道平面，下标 1 和 2 分别代表中心电极和外电极；$R_{1,2}$ 即 $R_1$ 和 $R_2$，分别代表中心电极和外电极的最大半径。

稳定的离子轨道包括围绕中心电极的旋转运动（$r$，$\varphi$-运动，$\varphi$ 是角坐标）和同时的 $z$ 方向振动。只有轨道半径小于 $R_m$ 的离子能被捕获。式（3.31）说明这些特殊形状的电极产生的静电位不含 $r$ 和 $z$ 的交叉项，意味着沿着 $z$ 的运动独立于 $r$，$\varphi$-运动。

在 Orbitrap 中，由轴向频率得到 $m/z$ 与离子的起始位置和动能无关，因而能得到高分辨和高质量测定准确度数据。沿 $z$ 的运动是一简单的谐振子，其精确解为：

$$z(t) = z_0 \cos(\omega t) + \left(\frac{2E_z}{k}\right)^{1/2} \sin(\omega t) \tag{3.33}$$

$$\omega = \left(\frac{kq}{m}\right)^{1/2} \tag{3.34}$$

式中，$z_0$ 为起始轴向振幅；$E_z$ 为沿 $z$ 轴的起始动能；$\omega$ 为轴向振荡频率（rad/s）；$m$，$q$ 分别为离子的质量和电荷。

在电极间的电位保持恒定时，离子沿 $z$ 轴的振荡频率只与离子的 $m/z$ 相关。

由离子的轴向运动在外电极（$z = 0$ 处分裂）中诱导产生的像电流，经快速傅里叶变换得到频域谱，然后，用式（3.34）将频率转换为 $m/z$，得到质谱。

由 $N$ 个离子，频率为 $\omega$，轴向振幅 $\Delta z$ 和平均半径 $r$ 产生的像电流由下述确定：

$$I(t,r) \approx -qN\omega \frac{\Delta z}{\lambda(r)} \sin(\omega t) \tag{3.35}$$

式中，$\lambda(r)$ 取决于 Orbitrap 的几何形状和 $r$ 的单倍增函数。

### 3.5.2.2 离子的捕获

当离子注入 Orbitrap（偏离 $z = 0$，垂直于 $z$ 轴）后，离子无需任何外加的激发，开始轴向谐振。离子的注入是在中心电极的电压打开之后（通常为 50～90ms），并在电压达到最终值（对起始动能约 1330eV 的离子，通常为 -3400V）之前。因此，进入 Orbitrap 的离子经历了电场强度的单音增加，这个过程称为"电动力挤压"（electrodynamic squeezing）。这将压缩离子云半径使之靠近 $z$ 轴（即减小旋转半径），以防止离子开始轴向振荡时与外电极碰撞。电场强度的提升时间（通常为 20～100ms）取决于捕获的 $m/z$ 范围；挤压容许宽捕获质量范围，$M_{max}/M_{min} > 50$（$M$ 为离子的 $m/z$）。因为不同 $m/z$ 的离子注入时间不同，较大 $m/z$ 的离子到达后，电动力挤压导致较大的轴向振荡振幅和较大的平均轨道半径，两者均将增加较大 $m/z$ 的离子的诱导像电流。这样的影响由式（3.35）可部分或完全抵消。所有离子进入 Orbitrap 后，中心电极电压保持恒定。随后，开始像电流检测。

### 3.5.2.3 旋转运动

中心电极电压稳定后，Orbitrap 内稳定的离子轨道包括轴向振荡和围绕中心电极的旋转运动（由径向 $r$ 和角 $\varphi$ 运动组成）。径向（运动靠近和离开中心电极）和角频率因离子具稍微不同的起始位置和动能而变化，这样，在这些方向内离子在约 50～100 次振荡后相位偏移，较轴向快几个数量级。径向 $r$ 和角 $\varphi$ 运动虽然不用于质量分析，但仍然重要，因为离子必须捕获在径向。当想象 Orbitrap 为一"360°静电分析器"，则：

$$r = \frac{2q_V}{q_E} \tag{3.36}$$

式中，$r$ 为静电分析器的半径，也是离子通过此分析器的轨道半径；$q_V$ 为离子注入前的动能；$q_E$ 为对离子的电场（径向向内 $r=0$）作用力。

式（3.36）可由稳定的旋转运动需要作用于离子的离心力和向心力之间的平衡而导出。对于不稳定的径向运动是椭圆形的，其近地点的进动非常快。当起始动能接近于电场的径向分量时，离子具近似圆形的轨道。

#### 3.5.2.4　轴向运动与像电流

与旋转运动和径向频率不同，轴向频率完全与离子的起始参数无关。因此，相同 $m/z$ 的离子沿 $z$ 轴一起连续振动，成千上万次振动保持同相位。因为外电极在 $z=0$ 处分割，在频谱中角频率不会被观测到。为减小频谱边带和与径向振动相关的混合谐振，检测将在离子在径向失去相干性，即发生相位偏移（20～100ms）后开始。在角和径向相位偏移后，一定 $m/z$ 的离子取细的圆环状，离子均匀地沿环分布。离子环的轴向厚度与轴向振幅相比是很小的。离子环从 Orbitrap 的一端移动，然后移向另一端，在外电极的两个半片中诱导出相反的电流，然后，用示差放大器检测产生的信号——像电流。最后，由于与残存的背景气体分子（即使在 Orbitrap 的超高真空约 $10^{-10}$mbar 下，1bar $= 10^5$Pa）碰撞，离子环的轴向厚度增加，离子环间和环内的空间电荷的影响，离子环在 Orbitrap 电场的非理想区域移动，可能转换径向和轴向运动等，使轴向厚度变得与轴向振幅相当时，由不同部分的离子诱导产生的像电流将相互抵消，信号幅值变低，直至完全消失在噪声中。与背景气体碰撞可能导致离子从阱中丢失，也会使信号下降。

由离子的轴向振荡在外电极的各半上诱导产生的像电流经示差放大器放大后，经模数转换产生时域瞬态信号，然后，由傅里叶变换得到质谱。这是 Orbitrap 的主要检测方法。Makarov 还提出过质量选择不稳定扫描方式。在中心电极的直流电压上外加 RF 电压，这将导致捕获离子的轴向和径向振幅的改变。在此条件下，径向运动方程比较复杂且非线性，而 $z$ 向运动由 Mathieu 方程所控制，当离子的不稳定界线趋于 1.0 时，RF 的角频率等于 $2\omega$。加这个 RF 频率于中心电极将导致参数共振，增加离子的轴向振幅，直至离子最后从阱中排斥至电子倍增（electron multiplier）检测器。读者可参考本章 3.2.2.2 节中，离子阱的稳定图及扫描方式，以进一步加深对质量选择不稳定扫描方式的理解。这种检测方法还没有在 Orbitrap 上实践。

#### 3.5.2.5　离子注入

将离子注入 Orbitrap 的主要要求是注入的离子应有窄的空间分布（小于几毫米）和时间分布（<100ns 至 200ns），以便在像电流检测时，保持捕获的离子的稳定性和同相位。在 Orbitrap 发展过程中，有三种注入方法：①静电加速透镜；②从线形四极离子阱轴向注入；③从 C 形离子阱（C-trap）径向注入。商品仪器离子注入采用第③种方法。这将在"3.6.3 杂交质谱仪"节中进一步讨论。

#### 3.5.2.6　主要性能

Orbitrap MS 是高分辨仪器，就质量分辨而言，在商品仪器中，只有 FTICR MS 能超过它。主要指标如下：①质量分辨率 $m/z$ 为 400 时高于 240000 FWHM；②质量测定准确度 $1\times10^{-6}$ 左右；③$m/z$ 上限约 6000；④线性动态范围约 4 个数量级。

为了取得高分辨率和信噪比及准确质量测定，需要较长的像电流信号采集时间，因而降低了质谱生成速率（spectra/s），另外，由于空间电荷的影响，准确质量测定宜用内标。

# 3.6 串联质谱法

串联质谱法或多级质谱法，缩写为 MS/MS 或 MS$^n$，涉及两级及两级以上的质谱分析，包括引起离子质量或电荷改变的解离过程或化学变化[35]。

在最常用的 MS/MS 实验中，第一级质量分析器用于选择一个前体离子（precursor ion），然后，用适当的活化方法使这一离子裂解生成产物离子（product ions）及中性碎片：

$$m_p^+ \longrightarrow m_f^+ + m_n$$

式中，$m_p^+$ 为前体离子；$m_f^+$ 为产物离子；$m_n$ 为中性碎片。

第二级质谱用于分析产物离子。可以增加串联质谱的级数，如从产物离子中再选择一个离子，然后，分析最后选择的离子的碎片，则标记为 MS/MS/MS 或 MS$^3$ 实验。级数可进一步增加至 $n$ 次，实现 MS$^n$ 实验。

串联质谱法可分为两类：将两个质量分析器串联起来进行 MS/MS 实验，称空间串联质谱法；利用离子储存装置运行适当的程序进行 MS$^n$ 实验，称时间串联质谱法。

现在，最常用的空间串联质谱仪是三重串联四极质谱仪，通常用 QqQ 表示。

常用的时间串联质谱仪为离子阱质谱仪，包括二维四极离子阱质谱仪、三维四极离子阱质谱仪和傅里叶变换离子回旋共振质谱仪。

## 3.6.1 离子的活化方法

### 3.6.1.1 碰撞诱导活化

串联质谱法需要使前体离子裂解及分析由此产生的产物离子。在质谱法中，离开离子源的离子分为三类。第一类离子的寿命长于 $10^{-6}$s，这些离子到达检测器前未发生任何裂解反应。第二类离子的寿命短于 $10^{-7}$s，在到达检测器前已经裂解，只能检测到碎片离子。第三类离子的寿命在上述两者之间，称亚稳离子，这些离子可以为第一级质量分析器选择而且具足够的过多的能量使之在达到第二级质量分析器前已发生裂解，称亚稳裂解（metastable ion dissociation）。这种裂解的概率很低，约 1%，这是因为亚稳离子的数量很少且在反应区停留的时间极短。如果使前体离子经受碰撞活化，使其内能增加，诱导其裂解，称为碰撞诱导解离（collision-induced dissociation，CID），前体离子裂解概率得以提高，这种技术也被称为碰撞活化解离（collision-activated dissociation，CAD）。CID 技术可增加在反应区中的前体离子的数量及裂解途径，以利于结构分析等工作。

CID 过程分为两步。第一步非常短，$10^{-14} \sim 10^{-16}$s，相应于离子与靶碰撞并将部分迁移能转变为内能，使之处于激发态。第二步为活化离子的单分子裂解。碰撞的产率按照准平衡理论取决于活化的前体离子分解的概率，包括 4 个假设：

① 离子的解离时间长于其形成和激发时间。

② 解离速率低于激发能对所有的离子内部模式的重分配速率。

③ 当能量以同等概率分配至所有内部模式时，离子达到内部平衡条件。如果一个离子具 $N$ 个非线性原子则有 $3N-6$ 个振动模式，因此碰撞产率将以反比于离子质量的方式下降。

④ 观测到的解离产物由一系列竞争的和连续的反应产生。

经由碰撞而促成前体离子的解离，碰撞能须转变为内能。按照动量守恒定律，快速质点的动能，在与静态靶碰撞时，不可能全部转变为内能。因此，能量和动量守恒说明在非弹性碰撞时，只有部分迁移能转变为内能。能量分量由下式确定：

$$E_{com} = E_{lab} [M_t / (M_i + M_t)]$$

式中，$M_i$ 为离子的质量；$M_t$ 为靶的质量；$E_{lab}$ 为在实验室参考系统内离子的动能；$E_{com}$ 为转变为内能的最大能量分量。因此，增加离子的动能或靶气体的质量将增加可转变的能量。这一能量的下降是 $1/M_i$ 的函数。

例如，动能为 10eV 的质量 100u 的离子与氩（原子量 40u）碰撞，其内能最大可增加至：

$$10[40 / (40 + 100)] = 2.86eV$$

在低碰撞能时，这个最大值几乎可以达到，但高碰撞能（keV）时，只有此最大值的一部分可转变为内能。

实践中，高能与低能碰撞的区分为：低能，1～100eV，例如发生在四极质谱仪和离子阱仪器中；高能，几千电子伏，例如用扇形磁场仪器质谱仪测量。

在高能碰撞中，离子通常激发至电子态。当碰撞相互作用时间与激发的内部时间相近时，内能转换最为有效。对于能量为 8keV，质量为 1000u 的离子，碰撞相互作用时间约 $10^{-15}$s，这一时间相当于电子跃迁，这样，得到的内能再分配为振动态，可导致键的裂解。氦是最常用的高能CID 的靶（碰撞气），因其引起前体离子中性化及使产物离子偏离轨道从而难以聚焦进入第二个扇形场的作用最小。

低能 CID 谱通常用三重四极质谱仪测得。碰撞池通常为四极工作于射频（RF-only）模式。这样可以聚焦因碰撞而离散的离子。在低能时，激发能通常为振动态，因为对于质量为 200u、能量为 30eV 的离子与靶相互作用时间约 $10^{-14}$s，相当于键的振动周期。碰撞气的性质较高能碰撞时更为重要，用较重的气体，如氩、氪、氙更好，因可以转移更多的能量。低能碰撞能量的转移虽略低于高能碰撞，但分散较少，碰撞产率很高，一方面是因为 RF-only 有良好的聚焦特性，另一方面是碰撞池较长可产生多次碰撞。由于能量转移有限，因而裂解程度受限，而且常伴随着重排反应，通常裂解途径不如高能碰撞那样明确。

在串联质谱法发展过程中，产生了许多离子活化方法，如：电子束解离（electro-induced dissociation，EID，电子诱导解离）；光束解离（UV/visible photodissociation，UV/Vis PD，紫外/可见光解离；infrared multiphoton dissociation，IRMPD，红外多光子解离）；黑体红外辐射解离（blackbody infrared radiative dissociation，BIRD）；与固体表面碰撞，称表面诱导解离（surface-induced dissociation，SID）；电子捕获解离（electron capture dissociation，ECD）和电子转移解离（electron transfer dissociation，ETD）等。选择离子活化的方法，取决于化合物的性质、欲取得的信息，也与所用的仪器有关。黑体红外辐射解离只有 FTICR MS 可应用。对于离子活化方法有一篇综述，读者可进一步参阅[36]。下面，主要讨论 ECD 和 ETD。

### 3.6.1.2 电子捕获解离（ECD）

CID 是常用的离子活化方法，但是，用 CID 分析蛋白质的后翻译修饰（post translational modifications，PTM），如磷酰化、硫酸酯、糖基化等是困难的，因为修饰处易于裂解，从而丢失了肽骨架的裂解，导致缺少肽的序列信息。蛋白质中存在多个碱性氨基酸残基时，也使得常规 CID 难以获得肽的完整序列。

ECD 是 McLafferty 及其同事在 1998 年创导的[37]。在 ECD 中，肽或蛋白质的多电荷离子

$[M+nH]^{n+}$捕获了低能（小于 0.2eV）电子，生成$[M+(n-1)H]^{(n-1)+\cdot}$奇电子离子，通过 H·转移，使其裂解，生成 c-离子和 z·。肽骨架裂解生或的离子命名如下：

$(M+nH)^{n+}$的 CID 主要裂解酰胺键生成 b-离子或 y-离子：

ECD 裂解 N—Cα 键，产生 c-离子和 z·，也生成少量的 a· 和 y-离子，其反应为[38]：

除了环 N 和焦谷氨酸（均为亚氨键）外，任何氨基酸组合均可裂解。

ECD 的另一特点是可使二硫键解离，而在 CID 中二硫键是稳定的。ECD 的突出特点是蛋白质的后翻译修饰（PTM），如磷酰化、糖基化等易裂解的键，在 ECD 过程中通常能保留下来，因而，可用于鉴别蛋白质的 PTM。

ECD 主要采用 FTICR MS，因为当前体离子为近于热能的高密度电子云围绕时，电子捕获的概率最高，以及长时间（若干毫秒）的作用时间和有效捕获近于热能的电子是 ECD 的前提条件。

ECD 的主要应用是自上而下（top-down）鉴定蛋白质的序列、二硫键分析，以及自上而下和自下而上（bottom-up）相结合分析后转录后修饰。

### 3.6.1.3　电子转移解离（ETD）

电子转移解离是利用离子/离子化学使肽裂解的新方法[39]。这种方法从自由基阴离子转移一个电子至质子化的肽上，从而诱导肽骨架的裂解，就像 ECD 一样，引起 Cα—N 键的开裂。ETD 保留了 PTM 并获得序列信息，而 CID 则不能。

Donald Hunt[40]及其同事用四极线形离子阱（LIT）研究了单电荷阴离子和多电荷肽的气相反应，导致肽去质子（质子转移）或电子沉积（电子转移），后者诱导肽骨架裂解，裂解反应与 ECD 相似。他们确定了一些阴离子与多电荷肽的反应途径。这些阴离子包括二氧化硫、全氟-1,3-二甲基环己烷、六氟化硫、蒽和 9,10-二苯基蒽生成的阴离子。发现某些阴离子仅发生质子转移反应，还有一些阴离子发生质子以及电子转移，而另一些主要作用为电子转移试剂离子。这些离子用化学离子化（CI）产生，在四极离子阱中与多质子化肽反应，发生 ETD 诱导肽骨架裂解，产生互补的 c-离子和 z-离子，序列信息比 CID 所得的更加明确：

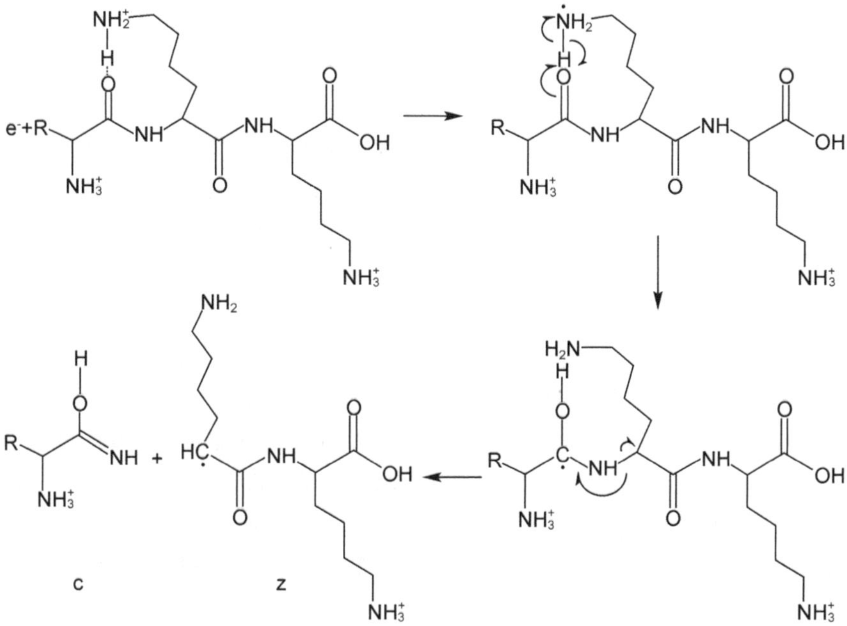

最近，houel 等用配备了 ETD 的 Q-TOF MS 分析了依那西普（etanercept，一种高度糖基化的融合蛋白），确定了 12 个 O-糖基化的位点[41]。

## 3.6.2 串联质谱仪

现在常用的串联质谱仪是 QqQ、TOF-TOF 和时间串联质谱仪，如四极离子阱和傅里叶变换离子回旋共振质谱仪，更重要的是将不同类型的质量分析器串联起来的杂交质谱仪。

### 3.6.2.1 三重四极质谱仪（QqQ）

三重四极质谱仪是最常用的串联质谱仪，用碰撞诱导解离（CID）和选择反应监测（selected reaction monitoring，SRM）进行定量分析，具有很好的选择性及很低的定量限。此外，还有多种扫描方式，在许多领域中得到了广泛应用，成为主要的定性定量分析仪器和技术平台。

在 3.2 节中，我们主要从理论上讨论了四极质谱仪。此处，从应用的角度，进一步说明三重四极质谱仪是如何工作的。为此，先得讨论单四极质谱仪的操作原理及方式。

四极质谱仪又称四极质量过滤器，其 Mathieu 方程操作参数为：$a = -8eU/m_0 r^2 \omega$，$q = 4eV/mr_0\omega^2$。式中，$a$ 决定于直流电压 $U$，$q$ 决定于射频电压 $V$。图 3.33 表示四极质谱仪的稳定图。扫描时，同时改变直流电压和射频电压，而保持其比值恒定（扫描线）。扫描线可用宽度偏置（width offset）适当上移，以得到窄的质谱峰，提高分辨率；或下移降低分辨率，提高质谱峰强度。扫描线上的任何一点均对应于一特定 $m/z$ 的离子。图中列出了某些离子（$m/z$ 322、$m/z$ 622、$m/z$ 922）的稳定三角形，扫描至某一离子的区域时，这个离子可通过四极区，而其他离子经历不稳定振荡，不能通过四极区而丢失（见图 3.32，图 3.33）。在全量程扫描时，各个离子依次通过四极区，到达检测器产生信号，得到全扫描质谱。如关闭直流电压，则扫描线沿 $x$ 轴，此时，称 RF-only，在很宽质量范围内的所有离子均能稳定通过四极区。此时的四极成为离子的传输装置，将离子输入仪器的下一组件（如三重四极质谱仪的碰撞池）。

单四极质谱仪的扫描方式有以下几种。

（1）全扫描（full scan） 已如上述，得到全扫描质谱，主要用于定性分析。因为扫描过程中，仪器的有效周期不足 0.1%，用于采集每个 $m/z$ 离子信号的驻留时间（dwell time）是很短的，因此，所得的信号很弱。为了得到一张信噪比较好的全扫描质谱，需要多次扫描，进行信号平均或累加。

（2）选择离子监测（selected ion monitor，SIM） 主要用于定量分析。仪器操作参数固定在某一或几个 $m/z$ 的相应 $U/V$ 值，此时，仪器仅采集一个或几个目标离子，这些信号的采集时间远较全扫描相应的采集时间长得多，因而信号很强。用于定量分析时有很低的定量限。如 SIM 仅采集单个离子的信号（single ion monitor），此时有效周期近于 100%，灵敏度最高。

（3）源内碰撞诱导解离（in-source CID）或源内裂解（in-source fragmentation） 如果质谱仪的离子源采用的是软离子化方法，如 API，则所得全扫描质谱缺乏化合物的结构信息。此时，单四极质谱仪在离子源与质量分析器之间的低压区（压力约几个托），可采用 CID 技术，称这为"源内" CID。这个区域通常位于取样孔（或取样毛细管）出口与隔离锥（skimmer）之间，此处有个传输电压，这个电压用于向后传输从离子源中进来的离子；同时，也有使溶剂化的离子与背景气体（主要为 $N_2$）碰撞去除溶剂分子的作用，如将 $M(H_2O)_n^+$ 转变为 $M^+$。如果适当提高这个电压，加速离子与背景气体碰撞，将动能转变为内能，诱导其裂解，即可取得结构信息等。

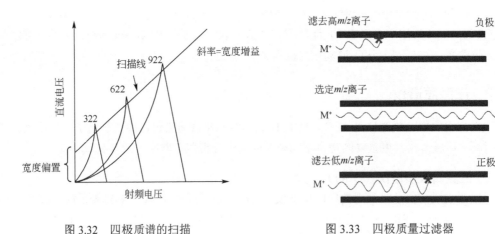

图 3.32　四极质谱的扫描　　　　　　图 3.33　四极质量过滤器

现在进一步说明三重四极质谱仪是如何工作的。三重四极质谱仪的示意图见图 3.34，其主体是三组四极杆，Q1、Q2、Q3。中间这组四极杆 Q2 为碰撞池，也可以用六极、八极或其他离子传输装置，作为碰撞诱导解离区，可输入碰撞气（如 He、Ar、$N_2$）。其两端另有电极，设定电位差（碰撞能，eV），以调节自第一级质谱分析器输入的离子的动量，与碰撞气多次碰撞，使之解离。Q2 不是质量分析器，无离子的选择或扫描功能，只加射频（RF-only），将其中的所有离子聚焦并传输至后级质量分析器 Q3。

图 3.34　三重四极质谱仪示意图

基于单四极质谱仪的扫描方式及其不同组合方式，即可形成三重四极质谱仪的 4 种主要的 MS/MS 扫描方式。如图 3.35 所示：

（1）产物离子扫描（product ion scan） 包括选择前体离子和测定由 CID 产生的所有产物离子。实验时，第一级质量分析器选定一个离子，扫描第二级质量分析器。主要用于化合物定性、结构分析。

（2）前体离子扫描（precursor ion scan） 包括选择某一产物离子和搜索所有能经 CID 产生这一产物离子的前体离子。实验时，第二级质量分析器选定一个离子，而扫描第一级质量分析器，用于检测样品中能产生这一产物离子的化合物。

（3）中性丢失扫描（neutral loss scan） 包括选定中性碎片及检测所有能丢失这一共同中性碎片的化合物。中性丢失扫描需要同时扫描前、后两级质量分析器，且前后两个分析器扫描过程中，始终相差恒定的中性丢失质量。在质谱中，中性丢失由前体离子和产物离子的质量差确定，因此，对于质量差 $a$，当质量为 $x$ 的离子经过第一个分析器，通过碰撞池能产生质量为 $x-a$ 的产物离子时，即可检测到。

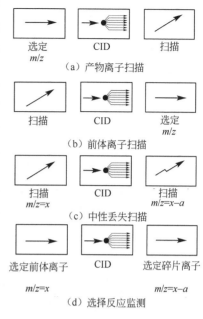

图 3.35　MS/MS 主要扫描方式
（CID 为碰撞诱导解离）

（4）选择反应监测（selected reaction monitoring，SRM）此时，第一个质量分析器选定一个离子 a，这个离子经碰撞池产生第二个质量分析器选择的离子 b。这个方法主要用于定量分析，以提高选择性和信噪比。

除了上述四种主要的 MS/MS 扫描方式外，还有一级质谱的全扫描方式。此时，可以用 Q1 为质谱分析器，Q2、Q3 均只加射频作为传输装置。或者，Q1、Q2 在 RF-only 下作为传输装置，而 Q3 为质量分析器。这样，三重四极质谱仪就像单四极质谱仪，扫描 Q1 或 Q3 可得到全扫描一级质谱。下面，对这些扫描方式举例说明。

以药品丁螺环酮（buspirone）为例，研究其动物体内的代谢。首先，用原药测定其一级全扫描质谱。用 ESI 得图 3.36（a），图中 $m/z$ 386 为[M+H]$^+$，$m/z$ 408 为[M+Na]$^+$，可确定其分子量为 385u，未见碎片离子，缺乏结构信息。

进行产物离子扫描时，Q1 选择 $m/z$ 386 的[M+H]$^+$为前体离子，在 Q2 中进行 CID，Q3 全扫描得图 3.36（b）。$m/z$ 386 为未裂解的残留前体离子；$m/z$ 122 为基峰，为丁螺环酮的特征产物离子，其结构及其与丁螺环酮结构中的相应部分已在图中标明；其他主要产物也已确定。注意 $m/z$ 386 的离子裂解生成 $m/z$ 265 离子，两者质量差为 121u，这是特征中性丢失，其结构与 $m/z$ 122 离子相应（相差 H$^+$）。

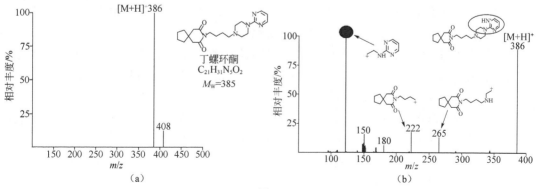

图 3.36

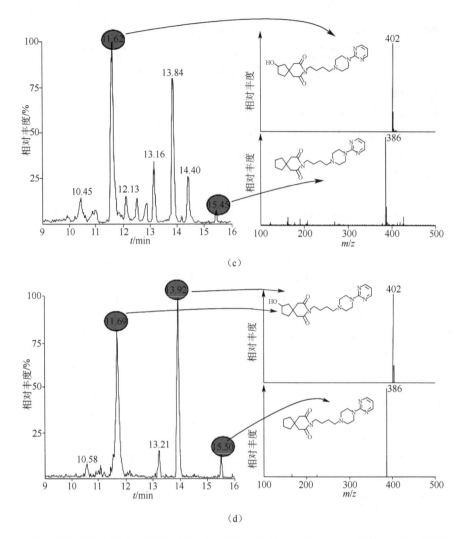

图 3.36　丁螺环酮 ESI-MS 全扫描谱（a），产物离子谱（b），前体离子扫描（c）和中性丢失谱（d）

为了鉴别血浆样品中的代谢物，可用 LC-MS/MS 方法。进行前体离子扫描时，Q3 固定在 $m/z$ 122，Q1 全扫描，Q2 处进行 CID。结果见图 3.36（c），在保留时间 11.62min 处检出 $m/z$ 402 的离子，这意味着该前体离子在 Q1 扫描过程中通过四极区，进入 Q2 发生诱导解离，产物中有 $m/z$ 122 离子，故可经 Q3，在检测器上产生信号。在保留时间 15.45min 处检出 $m/z$ 386 的离子，这是未代谢的原药丁螺环酮的[M+H]$^+$。比较 $m/z$ 402 离子和 $m/z$ 386 丁螺环酮的[M+H]$^+$，其质量增加了 16u，推定为羟基化代谢物，其结构已在图中标明。

用中性丢失扫描可检出样品中具相同中性丢失的化合物。此时，三重四极质谱中性扫描模式设定 Q1 与 Q3 质量差为 121u，扫描结果见图 3.36（d），检出了羟基代谢物和原药。13.92min 的色谱峰的中性丢失质谱与 11.69min 者相同，这是另一个羟基代谢物（异构体）。

为了进行含量测定，通常用 LC-MS/MS，选择反应监测（SRM）。可以选择多个反应进行监测，称为多反应监测（multiple reaction monitoring，MRM）。

例如，血浆中丁螺环酮、螺环哌啶酮（spiperone，$C_{23}H_{26}FN_3O_2$）的含量测定（图 3.37），以氟哌啶醇（haloperidol，$C_{21}H_{23}ClFNO_2$）为内标。这三个化合物的浓度均为 10pg/mL，进样量

100fg，LC-ESI-MS/MS，MRM 模式，高速色谱法，运行时间 1.6 min。丁螺环酮的选择前体离子 $m/z$ 386 和产物离子 $m/z$ 122，螺环哌啶酮的选择前体离子 $m/z$ 396 和产物离子 $m/z$ 165，氟哌啶醇的选择前体离子 $m/z$ 376 和产物离子 $m/z$ 165。

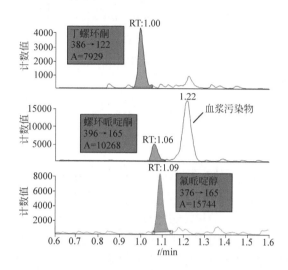

图 3.37 血浆中丁螺环酮、螺环哌啶酮的 MRM

应该注意，上述扫描方式中，SRM 是最灵敏的，其他扫描方式由于有效周期降低，因而灵敏度下降。

### 3.6.2.2 TOF-TOF 质谱仪

常见的是 MALDI-TOF-TOF 仪器，用于高通量蛋白质组学研究、肽的序列分析。Medzihradszky 等[42]改造了 Voyager DE STR mass spectrometer（PE biosystems，Framingham，MA），使之成为一台高性能的 MALDI-TOF-TOF MS（见图 3.38）。按照其功能，仪器分成三个组成部分：离子的选择、碰撞区、碎片离子的检测。

从靶板表面至时间离子选择器（timed ion selector，TIS）的中心，为第一级质量分析器，用于选择前体离子。离子在第一级 TOF 的能量决定了前体离子与中性气体在碰撞池中碰撞的性质，此处为 3 keV 加速电压。单透镜电压为 1.4 kV。时间离子选择器（TIS）由两片反射门（gate）构成（图 3.39），gate1 为低质量过滤器，通常保持"关"状态（±950V 加在两个电极上），使离子以一定角度反射，不能进入第二个离子源。gate 2 为高质量过滤器，通常处于"开"状态（两个电极为地电位），同步开、关这两个反射门由软件控制。在选择离子的计算飞行时间到达 gate1 时，电压迅速从"关"至"开"（0V），允许选择的离子和较高质量的离子向 gate 2 传输。在选择离子计算的到达 gate 2 的时间时，迅速加±950 V 于两个电极上，反射所有此后到达的离子，即质量高于选择离子的离子。因此，能进入碰撞池的离子必须在开 gate 1 和关 gate 2 之间的时间内通过这两个门。

TOF-TOF 的第二个部分是碰撞池区域，包括碰撞池和两个质量分析器之间的离子传输装置。因为离子门的机制是非目标离子的轨道必须经反射，偏离正常的飞行路径。因此，离子门和碰撞池之间应有一定距离，以保证前体离子选择的分辨率最大化。碰撞气通过调节阀输入并维持一定压力，由无碰撞气时的 $2.0 \times 10^{-7}$ Torr 升至 $2.0 \times 10^{-6}$ Torr。

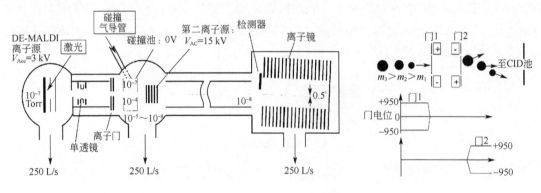

图 3.38　MALDI-TOF-TOF MS　　　图 3.39　时间离子选择器

TOF-TOF 的第三部分是第二级脉冲 TOF 质量分析器，提供高分辨产物离子谱。仪器具单级加速区（图 3.38 中的第二离子源）、约 1m 的无场漂移区、单级离子反射镜（ion mirror）。第二离子源与快速高压电源开关连接，随着该电源的开关，可以产生从地电位至 15 V 加速电压的脉冲。第二离子源中的离子，只有加载该脉冲后，才能被加速飞向反射镜。软件可以计算出前体离子到达第二离子源中心的飞行时间。在碰撞池中形成的产物离子与前体离子的速度相同，因此，到达第二离子源的时间与前体离子相同，同样加速至反射镜。进入反射器的前体离子的总能量为从两个 TOF 加速脉冲得到的能量之和，典型的操作条件下，对单电荷离子为 18eV。影响产物离子分辨率的两个主要因素：反射镜电压，这对所有反射式 TOF 都是固有的问题；加速脉冲（至第二个 TOF）计时，需要优化，以使各个离子获得最好的灵敏度和分辨率。

这一 TOF-TOF 仪器由 Marvin Vestal 和 Alma Burlingame 主导设计，成为一些商品 TOF-TOF MS 的原型和基础，在蛋白质组学研究中发挥了重要作用。现代 TOF-TOF 仪器在分辨率、灵敏度、质量测定准确度和采样速率等方面均有提高。

### 3.6.3　杂交质谱仪

杂交质谱仪是将不同类型的质量分析器串联起来，设计为性能更好的仪器，因为各种质谱仪均有其自身的优缺点，杂交仪器可实现取长补短。现代常用新型质谱仪有以下几种。

#### 3.6.3.1　四极-线形离子阱质谱仪（Q-q-LIT）

将串联四极质谱仪的最后一组四极杆设计成二维四极离子阱,使之既有三重四极仪器的多种扫描功能，又有二维离子阱的多级质谱、高灵敏度和慢扫描增加分辨率的特性。图 3.40 是仪器的示意图，商品名为 QTRAP[43]。该仪器是在原三重四极质谱仪的平台上，在 Q3 之后加了两片带孔透镜，标注为 Exit 的透镜，孔径 8 mm 有筛网，与 IQ3 这个 Q2 碰撞池后的透镜配合，加上直流电压，在 Q3 上加以射频，这样就有了直线形离子阱的功能。该离子阱采用轴向扫描方式，在这组四极杆上加上辅助交流电压（四极方式），与 Exit 边界场（fringe field）耦合，实现选择性离子排出，到达电子倍增检测器产生质谱信号。

QTRAP 可以用三重四极质谱方式操作，即一级质谱全扫描，在 MS/MS 实验中，进行产物离子扫描、前体离子扫描、中性丢失扫描和选择反应监测。在离子阱模式中，有两种特殊模式进行 MS/MS 实验，即时间延迟裂解（time-delayed fragmentation，TDF）和增强多电荷离子（enhanced multiply charged ions，EMC）。整个系统基本上没有更多的扫描功能，但是有多种由三重四极和离子阱模式相结合的扫描方式，如表 3.1 所示。

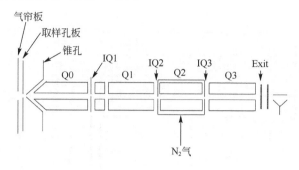

图 3.40　Q-q-LIT MS 示意图

**表 3.1　三重四极和离子阱模式相结合的扫描方式**

| 操作模式 | Q1 | Q2 | Q3 |
|---|---|---|---|
| Q1 扫描 | 分离（扫描） | RF-only | RF-only |
| Q3 扫描 | RF-only | RF-only | 分离（扫描） |
| 产物离子扫描（PI） | 分离（固定） | 裂解 | 分离（扫描） |
| 前体离子扫描（PC） | 分离（扫描） | 裂解 | 分离（固定） |
| 中性丢失扫描（NL） | 分离（扫描） | 裂解 | 分离（扫描偏置） |
| 选择反应监测（SRM） | 分离（固定） | 裂解 | 分离（固定） |
| 增强 Q3 单级 MS（EMS） | RF-only | 不裂解 | 捕获/扫描 |
| 增强产物离子（EPI） | 分离（固定） | 裂解 | 捕获/扫描 |
| MS³ | 分离（固定） | 裂解 | 选择/碎片捕获/扫描 |
| 时间延迟裂解（TDF） | 分离（固定） | 捕获/不裂解 | 裂解/捕获/扫描 |
| 增强分辨 Q3 单级 MS（ER） | RF-only | 不裂解 | 捕获/扫描 |
| 增强多电荷离子（EMC） | RF-only | 不裂解 | 捕获/扫描 |

### 3.6.3.2　四极-飞行时间质谱仪（Q-TOF MS）

这种仪器可看作是将三重四极串联质谱仪的最后一组四极杆用飞行时间（TOF）质量分析器代替[44]。Q-TOF MS 具 MS/MS 功能并且可得到高分辨及准确质量测定数据，是应用范围广泛（包括生物分子和小分子化合物的分析）的强有力的分析工具。图 3.41 为 Q-TOF MS 的示意图。

由图 3.41 可见，三重四极质谱仪的 Q3 为 TOF 所代替。Q0 和 Q2 也可用八极和六极的，就离子的聚焦而言，四极优于六极、八极，而为了宽质量范围离子的传输，则八极优于六极、四极。Q1、Q2 与 TOF 采用正交输入方式。在 TOF 的离子调制和加速区，由高速脉冲电压将离子推入漂移区，经离子反射镜到达微通道板检测器，产生质谱信号。

进行一级质谱测定时，Q1 以 RF-only 方式操作，此时 Q1 仅仅作为传输元件。用 TOF 作为质量分析器，记录质谱。所得质谱具高分辨率和准确质量测定等优点，而且 TOF 仪器平行记录所有离子的信号，而不是扫描，因此全谱灵敏度较高。也可用 Q1 扫描一级质谱，用 TOF 记录总离子流。然而，由于 TOF 所得质谱的优点，这种操作方式仅用于 Q1 的校正及调谐。在采集一级质谱时，碰撞池 Q2 可以充以一定压力的碰撞气，也可以不充碰撞气，四极部分的参数按 MS/MS 设定，但碰撞能设定在 10eV 以下，以免发生 CID。由于碰撞池中有气体，因而离子发生碰撞聚焦，故有利于灵敏度和分辨率的提高。离子离开碰撞池后，再加速、聚焦成平行离子束进入 TOF 的调制区。此时，调制区是无电场的，离子连续以原方向进入此区域。随后，几千赫兹（kHz）频率的脉冲电场加在调制区，将以原方向进入的离子以正交方向推入加速区，取得的最终能量为几千电子伏后，进入无场漂移区，离子按质荷比分离，经反射器聚焦后，得到高分辨 MS。

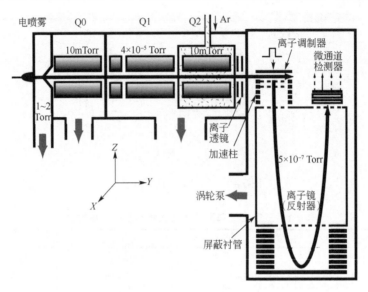

图 3.41 Q-TOF MS 示意图

进行二级质谱分析时，Q1 按质量过滤模式操作，只有选择的前体离子能通过，其质量宽度通常为 1～3 $m/z$，取决于是否希望传输同位素峰等。然后，将选定的离子加速至约 20eV 或更高后，使之进入碰撞池，经最初的几次碰撞后，发生 CID。产生的产物离子及残留的前体离子，继续碰撞冷却和聚焦，离开碰撞池后，如上所述，经再加速、聚焦后进入 TOF 质谱分析器，得到 MS/MS（产物离子谱）。

Q-TOF 不是扫描仪器，无前体离子扫描、中性丢失扫描等操作方式，如前所述 Q-TOF 得到的是全量程高分辨 MS、MS/MS。数据采集、储存后，可用一系列数据处理方法（见第 4 章数据处理与发掘）得到包括前体离子、产物离子和中性丢失在内的很多信息，进行定性、定量分析。MS/MS 操作主要有两种方式：信息依赖采集（information-dependent data acquisition，IDA）自动 MS/MS 实验，也称作数据依赖采集（data-dependent acquisition，DDA）自动 MS/MS 实验；或者有目标的 MS/MS 实验，可以手动操纵，也可用列表依赖采集（list-dependent acquisition）或数据引导采集（data-directed acquisition）自动运行。自动 MS/MS 的基本过程为：经搜索采集（survey acquisition）得到样品的全量程一级质谱；接着，按操作者事先设定的要求，自动选择前体离子，经 CID，记录产物离子全谱。现在 IDA 越来越智能化，将背景扣除、前体离子、产物离子和中性丢失等信息纳入采集软件，排除干扰，有利于低含量未知成分的检测。

对于 IDA，操作者的设定包括：测定的质量范围、采集速率、信号阈值、每个采集周期中最多的前体离子数目、碰撞能、离子的电荷数等。对于有目标的 MS/MS 分析，操作者的设定与上述对于 IDA 的设定大致相似，主要的不同是操作者需输入目标离子列表。

Q-TOF MS 的另一种操作方法，采用高、低碰撞能切换技术，采集 MS 和产物离子数据，这种方法称为 $MS^E$ 或 $MS^{All}$。$MS^E$ 借助超高分辨色谱法（ultrahigh-performance chromatography，UPLC），将分离的组分依次输入 Q-TOF MS，此时，四极质量过滤器 Q 处于 RF-only 方式，作为宽范围离子传输装置，离子源中生成的所有前体离子均被送入碰撞池。采集产物离子数据无需用手动或数据依赖方式选择前体离子，因此 $MS^E$ 或 $MS^{All}$ 为非信息依赖采集方式。在整个采集过程中，低碰撞能时，碰撞能设定在很低的数值，以免发生 CID，得到的是前体离子信息。在高碰撞能时，则发生 CID，得到的是产物离子数据。然后，结合保留时间，用数据处理方法，检测已知的和未知化合物[45]。

近来，出现了一种新的产物离子质谱采集方法，称为 SWATH（sequential window acquisition of all theoretical fragment-ion spectra），与 $MS^E$ 相似，也是采用高、低碰撞能切换技术的非数据依赖采集方式。Q 的离子传输窗口以介于 IDA 和 $MS^E$ 之间的宽度（如 25u）连续步进，通过设定的整个 m/z 范围。这样，每次以 25 u 的传输窗口输入离子至碰撞池，采集 MS 和 MS/MS 数据。与 $MS^E$ 相比较，SWATH 获得的产物离子是由窄得多的前体离子窗口产生的，因而产物离子质谱的质量较高，但仍可在整个量程范围内，记录所有的信息[46]。表 3.2 对四极仪器与 TOF MS 定量分析方法作了比较。

**表 3.2  四极质谱仪与飞行时间质谱仪定量分析方法比较**

| 四极质谱仪 | 飞行时间质谱仪 |
| --- | --- |
| 用 SIM、SRM 等方法 | 采用提取离子流（EIC） |
| 随着选择监测的离子数量的增加，检测灵敏度下降 | 提取多种离子检测灵敏度不受影响 |
| 为提高专属性，需同时记录"定性离子" | 提供待测成分的全谱、产物离子谱、中性丢失、准确质量、实验式、不饱和度、同位素丰度比等信息 |
| 低分辨率，对 $t_R$ 和 m/z 均相近的离子难以定量 | 高分辨率，可定量测定名义质量相同而准确质量不同的离子 |

### 3.6.3.3  四极离子阱-飞行时间质谱仪（IT-TOF）

IT-TOF 是将四极离子阱与飞行时间质谱仪串联起来，以实现离子阱的多级质谱功能与飞行时间质谱仪的高分辨率和准确质量测定功能的结合。图 3.42 表示用 API 离子源的仪器的直线形离子光学[47]。

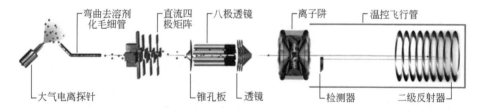

图 3.42  API-IT-TOF 的离子光学

这种结构的离子导入方法称为压缩离子导入（compressed ion introduction CII）。用一组末端涂了非金属材料的八极杆（octrpole）与其前后的锥孔板（skimmer）和电透镜组（lens）的第一个电极（lens1）相结合，形成电位梯度。通过锥孔板的电压的改变（开、关），控制离子的输入并在八极的末端聚集。然后，降低透镜 1 电压将离子快速导入阱，如图 3.43 所示。在离子全部进入离子阱时，将 RF 加在环电极上由离子阱操控离子，如聚焦、选择前体离子、激发、传输等。MS、$MS^n$ 均由 TOF 记录，以得到高分辨率和准确质量数据。

这种方法将连续离子源的离子束转换为脉冲形式导入离子阱，提高了离子阱的捕获效率，因而增加了灵敏度。另外，将离子从离子阱注入 TOF 的加速方法是通过在两个端盖电极上分别加以极性相反的高电压（同时将射频电压设为 0 V）实现的。这个方法降低了离子的空间分布。

另一个重要方面是仪器的飞行管、高压和射频电源均精密恒温，因而仪器经调谐、质量校正后，保持长时期的稳定。样品成分的准确质量测定，可能不需要内标。由于新开发的电源高度准确、稳定和高速高压开关，仪器可快速极性（正、负）切换，最快切换频率 2.5Hz。

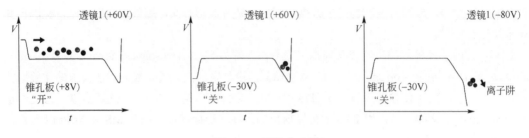

图 3.43 压缩离子导入

离子阱中进行 CID 时，仅在激发前体离子时，才将 Ar 碰撞气用脉冲阀导入，这样，提高了 CID 的效率。同时，产物离子强度能稳定较长时间。

### 3.6.3.4 四极-傅里叶变换离子回旋共振质谱仪（Q-FTICR）

将三维四极离子阱与傅里叶变换离子回旋共振质谱仪杂交（Q-FTICR MS）可以提高仪器的动力学范围、灵敏度和速度。Patrie 等[48]设计了一台 Q-FTICR，在常规 FTICR 的离子输入端之前，增加了四极质量过滤器及八极离子累积池（充以一定压力的缓冲气）。前者用于选择离子，后者加了直流电压梯度，用于控制一定数量的离子，然后输入两端开放、电容耦合的分析池，进行测定。多级质谱用红外多光子解离（IRMPD）并结合电子捕获解离（ECD）。

现代商品 Q-FTICR 仪器，如 Solarix XR，采用 ESI-MALDI 可切换双离子源、二级离子漏斗传输离子、新设计的分析池（paracell）、多级质谱的离子活化用电子转移（ETD）、傅里叶变换数据处理用吸收模式（absorption mode）等，大大提高了分辨率、灵敏度和实验速度。图 3.44 为 Solarix 系列仪器简图。

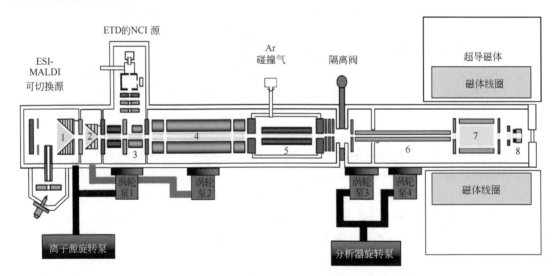

图 3.44 Solarix 系列仪器简图

1,2—离子漏斗；3—RF 六极离子传导；4—四极质量过滤器；5—RF 六极，用作离子累积或 CID 或与来自负化学离子源（NCI source）的自由基阴离子反应（产生 ETD）；6—RF 六极离子传导；7—ICR 池；8—空心阴极（以进行 ECD）

### 3.6.3.5 线形离子阱-傅里叶变换离子回旋共振质谱仪（LIT-FTICR）

LIT-FTICR 的多级质谱测定主要在二维离子阱中进行，由 FTICR MS 实现高分辨和准确质量测定。如欲在 FTICR 中进行 MS$^n$ 实验，可采用上述电子捕获解离（ECD）、红外多光子解离（IRMPD）、黑体红外辐射解离（BIRD）等技术。由于离子由二维离子阱控制并输入 FTICR MS，将空间电荷效应减小至最低程度，甚至免除，所以提高了质量测定的准确度。

### 3.6.3.6 杂交静电场轨道离子阱（hybrid Orbitrap）

（1）线形离子阱-静电场轨道离子阱（LIT-Orbitrap）[49] 静电场轨道离子阱杂交仪器中，首先商品化的是与线形离子阱（LIT）串联的，称为 LTQ-Orbitrap，典型的仪器如图 3.45 所示。

在线形离子阱 LTQ 之前为离子源及离子传输元件，LTQ 有两个检测器，以检测线形离子阱的低分辨率 MS 或 MS$^n$ 谱；此后，为传输八极，将由线形离子阱轴向输出的离子向后传输，由 C 形阱（C-trap），将从前端八极输入的离子在其中累积，与缓冲气（N$_2$）碰撞使动能逸散，然后将离子经电极加速，形成紧密的离子云，以垂直方向注入 Orbitrap；最后，离子在 Orbitrap 中捕获和检测，得到高分辨、准确质量数据。此外，仪器附高能碰撞池（HCD），C-trap 中累积的离子可先输入 HCD，裂解后再回到 C-trap 中，再输入 Orbitrap，得到产物离子谱。

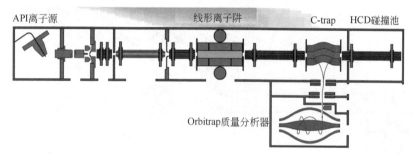

图 3.45 LIT-Orbitrap 示意图

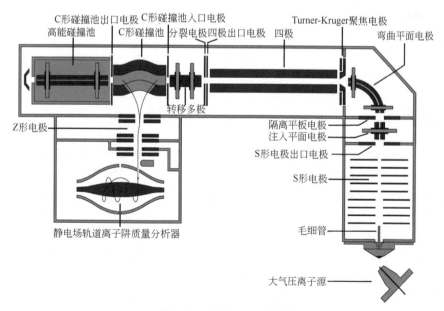

图 3.46 Q-Orbitrap 示意图

（2）四极-静电场轨道离子阱（Q-Orbitrap）[50] Q-Orbitrap 是在 LIT-Orbitrap 之后推出的仪器，可以看作是 QqQ 中的最后一级四极为 Orbitrap 所取代。其典型仪器结构如图 3.46 所示。其 MS 和 MS$^2$ 操作与前述"3.6.3.2 四极-飞行时间质谱仪（Q-TOF MS）"相似，但具高能碰撞性能。Q-Orbitrap 在质谱采集速率较慢时（如 1.5 张谱图/s），在 $m/z$ 400，分辨率可达 100000。

（3）四极-线形离子阱-静电场轨道离子阱三合一仪器（Q-LIT-Orbitrap）[51]　Q-LIT-Orbitrap为最新的 Orbitrap 仪器，图 3.47 为该仪器的示意图。

四极质量过滤器用于前体离子选择或宽 *m/z* 范围离子传输；离子路由多极（ion-routing multipole，兼作 HCD），用作离子储存（裂解或不裂解）及高效、稳定地在路由多极、Orbitrap 和双压线形离子阱（dual-pressure linear ion trap，双压 LIT）之间传输；双压线形离子阱，高压池（high-pressure cell）用于 MS$^n$ 前体离子选择、碰撞诱导解离（CID）和电子转移解离（ETD），低压池（low-pressure cell）用于提高扫描速度和分辨率，双打拿极检测器（dual-dynode detector）具高动力学线性范围有利于定量分析。用离子路由多极引导，可同步在 LIT 和 Orbitrap 中进行质量分析，结合多种离子活化技术，可在许多领域灵活应用。

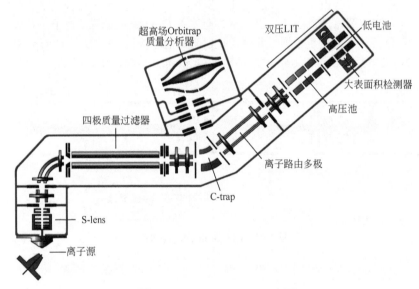

图 3.47　Q-LIT-Orbitrap 示意图

# 3.7　检测器

检测器的作用是将质量分析器输出的离子的能量转变为电信号，由质谱仪的数据采集系统记录下来，产生质谱及有关信息。

离子撞击检测器表面时，形成二次粒子的发射，如电子、光子等。为了提高信噪比，质量分析器输出的离子常常再加速，然后撞击检测器。

在这一节中，简要介绍现在最常用的检测器。例如，四极仪器常用电子倍增器（electron multiplier）为检测器，飞行时间质谱仪采用微通道板（micro-channel plate，MCP）平面检测器。

另外，如前所述，傅里叶变换离子回旋共振质谱仪和静电场轨道离子阱质谱仪不需外加检测器，而采用像电流检测，这是非破坏性检测方法。这种方法可以对已测量过的离子进行再测量。

## 3.7.1　电子倍增器

通常在电子倍增器前设置转换打拿极（conversion dynode），对离子进行再加速。打拿极表面由碱金属和碱土金属合金组成。转换打拿极采取离轴设计，防止可能的中性分子撞击电子倍增器表面，产生噪声[52]。当离子到达这一电极时，引起二次粒子的发射。当正离子撞击负高压的转换打拿极时，发射负离子和电子；当负离子撞击正高压的转换打拿极时，二次粒子是正离子。这些二次粒子加速进入连续打拿极电子倍增器的弯曲形内壁时，产生更多的二次电子。二次电子通过电子倍增器时，不断与内壁碰撞，每次碰撞产生更多的电子，最后到达地电位，放大倍数约 $10^7$。图 3.48 为连续打拿极电子倍增器的示意图。

## 3.7.2  微通道板

微通道板由平行的圆筒形微通道组成。微通道的直径范围为 4～25μm，微通道间的中心距离在 6～32μm 之间。当离子进入微通道时，产生二次电子，反射通过这些通道时和电子倍增器相似，不断产生更多的电子，每一通道的放大倍数约 $10^5$。如果将几块微通道板用适当的方法叠在一起，放大倍数将达 $10^8$。图 3.49 为微通道板示意图。

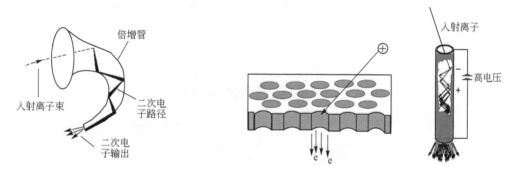

图 3.48  连续倍增电极电子倍增器的示意图          图 3.49  微通道板示意图

微通道板也可与闪烁检测器（scintillator detector）联用。在微通道板之后放置一闪烁器，当电子撞击闪烁器时，产生闪光，用透镜聚焦至光电倍增管（photomultiplier tube，PMT），产生电信号，为数据系统采集。采用闪烁器将 MCP 的电子信号转换为光信号，然后通过 PMT 将信号输出的原因是飞行时间质谱仪 MCP 的输出端处于高电压，而 PMT 的信号输出为地电位[53]。图 3.50 为 MCP 与闪烁检测器联用的简图。

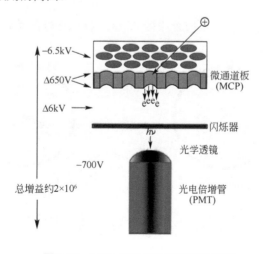

图 3.50  MCP 与闪烁检测器联用简图

## 3.8 进样系统及联用技术

### 3.8.1 直接进样杆（DIP）

直接进样杆（direct inlet probe，DIP）主要用于 EI/CI MS 的固体样品及高沸点液体样品的进样。将一定量（μg 级）样品置于末端封闭的毛细管底部（样品皿），插入 DIP 顶端。如图 3.51 所示，DIP 插入离子源的步骤是通过 O 形环密封圈至起始位置（在真空阀之前，此时真空阀是关闭的）。然后，打开辅助真空泵上的阀，进行预真空。最后，打开真空阀将 DIP 伸入离子源。样品管的开口端应正对离子化室，以便样品蒸气能有效地进入。DIP 顶端有加热器，可程序升温，以增加样品蒸气压。有的 DIP 还可冷却其顶端，以控制易挥发物的蒸发，否则易挥发物可能在进样过程中被真空系统抽走。应该用尽可能少的样品得到质谱图，过多的样品易污染离子源。

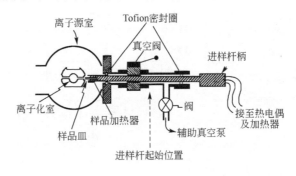

图 3.51　直接进样系统

常规的 DIP 中，样品需先挥发，然后再经 EI 或 CI 进行质量分析，不适合于热不稳定性样品的分析。经过改进的 DIP 将样品暴露在紧靠电子束处，可避免常规 DIP 的样品蒸发过程，此时，如用 CI，则产生的试剂气离子撞击样品进样杆顶端的样品，使之解吸和离子化。这种方法可用于难挥发、热不稳定样品的分析，称直接化学离子化（direct CI，DCI）。如用 EI，则用电子束直接轰击样品，使一些用常规 DIP/EI 方法不能得到分子量信息的难挥发、热不稳定样品产生分子离子，称在束电子轰击（in-beam EI）。图 3.52 是常规 DIP 与直接暴露进样杆的比较。

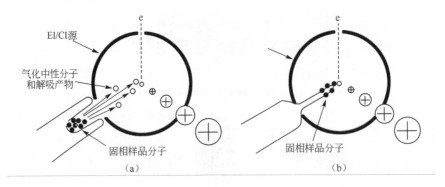

图 3.52　常规 DIP（a）与直接暴露 DIP（b）的比较

最近，商品化的大气压固体分析探针（atmospheric sample analysis probe，ASAP）用于 APCI-MS 样品进样。携带样品的探针直接插入 APCI 离子源内，热的氮气流使样品快速解吸，经电晕放电使样品离子化，进行 MS 或 MS$^n$ 定性、定量分析。

## 3.8.2 加热储槽进样器

加热储槽进样器（heatable reservoir inlet）由阀、储槽和针孔漏组成，如图 3.53 所示。将储槽用辅助真空泵抽空，加入样品使达到一定的蒸气压，然后打开至离子源的阀，样品蒸气从针孔漏扩散至离子源中。这种进样器又称批进样器（batch inlet）。

储槽进样器适用于气体、挥发性液体和低沸点固体样品。EI/CI 质谱调谐和质量校正的标准样品，常用这种进样器导入质谱仪。优点是可在离子源中维持恒定的样品蒸气压，产生稳定的质谱；缺点是需要较多的样品。

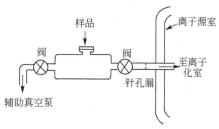

图 3.53　加热储槽进样器

## 3.8.3 气相色谱-质谱联用技术（GC-MS）

色谱仪可以看作是质谱仪的进样系统，相反也可以把质谱仪看作是色谱仪的检测器，常称为色谱-质谱联用技术。

气相色谱-质谱联用技术（gas chromatography-mass spectrometry，GC-MS）经过约五十年的发展，已经成熟。GC-MS 的基本问题包括色谱柱、接口（interface）及质谱仪的选择。

### 3.8.3.1 GC 色谱柱

GC 色谱柱可分为填充柱和空心柱两类。空心柱（open tubular column，OTC）的发展，尤其是熔融二氧化硅空心柱（fused silica open tubular column，FSOT）及键合或横向交联固定相的出现，使色谱-质谱联用技术进入了一个新时代。FSOT 本身是直的，易于与质谱仪离子源连接，而且键合或横向交联的固定相在使用时流失较少，所以现代 GC-MS 大多采用这种色谱柱。在 GC 中，固定相的流失造成基线的提高，可用基始电流补偿器补偿。而在 GC-MS 中，色谱柱固定相和进样口隔膜的蒸气进入离子源将不断离子化并产生碎片。在每次质谱扫描中，这些离子均将存在。这将影响样品中低含量成分的检测，降低了 GC-MS 的检测限。当然，现代质谱仪的数据处理系统可进行背景校正，但还是增加了困难。

### 3.8.3.2 GC-MS 接口

常规质谱仪的工作压力不能高于 $1.33 \times 10^{-3}$Pa（$10^{-5}$Torr），而 GC 出口压力是一个大气压。现代质谱仪采用示差真空系统（离子源、分析器各具真空系统）及高速真空泵，允许 6～8mL/min 的载气进入离子化室。所以，现代 GC-MS 采用 FSOT 柱，一般用直接连接方式。将 FSOT 通过可控温的传输导管，直接插入质谱仪离子化室。传输导管维持一定温度，防止色谱流出物的冷凝。

## 3.8.4 液相色谱-质谱法（LC-MS）

虽然 GC-MS 得到了广泛应用，加之，键合相 FSOT、毛细管柱上进样技术、化学衍生化方法及 MS 新技术的发展，进一步扩大了 GC-MS 的应用范围，但是许多化合物由于挥发性和稳定性等问题，不能用这种方法分离分析。而 HPLC 可分离分析的化合物范围远较 GC 为大，包括热不稳定、极性及大分子化合物。另外，现代 GC 具很高的柱效及分离效能，但是常规 HPLC 仍相形见绌。因此，HPLC 色谱峰更可能包含未分离成分，这就需要更灵敏、更专业的检测器，所以液相色谱-质谱法（liquid chromatography-mass spectrometry，LC-MS）得到了广泛的重视。LC-MS

经过约四十年的发展，已经在许多领域中得到了广泛应用，但仍不如 GC-MS 那样方便易用。LC 与 MS 联机连接（on line coupling）的主要问题在于，一方面 LC 的流动相为液体，与质量分析器在真空条件下工作不匹配；另一方面 LC-MS 不宜使用含磷酸盐等非挥发性缓冲盐的色谱流动相。

### 3.8.4.1　LC-MS 接口

如前所述（第 2 章离子化方法），APCI 和 ESI，它们既是离子化方法，也是与液相分离技术联用的接口技术。由于 LC-APCI-MS 操作比较简便（见 2.4.2 大气压化学离子化），关键为控制气化温度，故此处主要讨论 LC-ESI-MS 技术。

溶液样品的进样系统包括注入（infusion）、流动注射（flow injection）、高效液相色谱仪（HPLC）和毛细管电泳仪（CE）等。用分离系统（HPLC，CE）作为 ESI-MS 的进样系统，称为联用技术（LC-MS，CE-MS）。在联用系统中，质谱仪也可看作是 HPLC 或 CE 的检测器。MS 作为检测器，既有广泛的适用范围（不取决于特定的功能团），又有很好的专属性（取决于被检测离子的质量及元素组成），因而 LC-MS 和 CE-MS 是强有力的分离分析工具。

（1）注入　用注射泵（syringe pump）将样品溶液直接缓慢输入 ESI-MS 离子源。

这种方法简便、快速。缺点是需要相对多的样品（通常将样品配成溶液，体积大于 $10\mu L$），以及样品中其他物质可能产生干扰。

（2）流动注射　将样品溶液置于 HPLC 进样系统中，HPLC 仪器不连接色谱柱，用连接毛细管代替，溶剂（流动相）输送系统（高压泵）采用低流速。用进样器将样品溶液注入流动相，直接输入 ESI-MS 离子源。

这个方法与注入法比较，同样简便、快速；样品溶液的用量可很小（如 $0.1\mu L$），易于实现自动进样分析。缺点是样品中盐和其他成分可能干扰测定，以及进样过程中样品溶液被稀释，从而降低检测限。另外，需注意样品溶剂应有利于样品的离子化。

### 3.8.4.2　LC-ESI-MS 联用技术

LC-ESI-MS 将高分离能力、使用范围极广的分离技术与高灵敏、专属及通用的质谱法结合起来，成为一种强有力的分离分析工具。自从 ESI-MS 商品化以来，LC-ESI-MS 已经迅速成为最广泛应用的联用技术。下面是在应用中应考虑的一些基本问题。

（1）溶剂流速　与之相关的 HPLC 柱的内径是影响 ESI-MS 工作的重要条件。对于 ESI-MS，最高的绝对灵敏度（对一定的进样量产生最高的信号）是在可能的最低流速和最小的柱直径下获得的。这是因为采用较小的柱直径，流出峰浓度较高，而且在低流速下，离子化过程的效率增加。在高流速下，离子化效率的降低可以用改善喷雾过程和增加带电雾滴的溶剂蒸发速率予以一定程度的补偿，这包括气动辅助、加热去溶剂等方法。然而，用较大直径的柱，流出峰浓度降低是无法改变的，这将降低灵敏度。在实际工作中，应根据具体问题，选用可提供足够的灵敏度以解决分析问题的色谱柱和相应的流速。如只考虑样品从柱中洗脱出来的浓度的差别，预期的灵敏度差别，在 4.6mm 和 0.18mm 内径的色谱柱之间，约为 600 倍（反比于柱内径的平方），因为 ESI-MS 通常是一种浓度检测器。当样品量有限时，灵敏度是考虑的主要因素，因而应选择内径小的色谱柱。例如，从二维凝胶电泳上分离得到的蛋白质欲进行肽图谱（peptides mapping）测定时，常采用 1mm 内径的填充柱，流动相流速约为 $40\mu L/min$；或内径更小的填充毛细管，流速可低至 $1\mu L$ 以下。如样品来源丰富，可选用内径较大的柱，适当增加进样量，以补偿由于采用较大的柱内径而造成的低信噪比。例如质量控制、发酵液监测、药物中的微量杂质分析等工作常用 4.6mm 内径的柱，在 1mL/min 的流速下操作。在药物代谢物鉴定、药物动力学研究等工作中需兼顾灵敏度和柱载样量时，常用 2.1mm 内径的色谱柱，约 $300\mu L/min$ 的流速。

为了在不同的流速范围内维持 ESI-MS 的最佳性能，对喷雾器有不同的设计，流速可大体分为三个范围：1nL/min～1μL/min、1～200μL/min、200μL/min～1mL/min。

在 ESI 产生气相离子的过程中有四个连贯的阶段：液体表面带电、带电雾滴的形成、雾滴蒸发、离子从微滴中发射。在这些阶段中，对于特定的流速范围的电喷雾装置的优化设计，最重要的是雾滴的形成和蒸发阶段。为了得到最佳的灵敏度，从纳升至毫升范围内，采用了不同的技术，以使雾滴的形成和蒸发过程最优化，包括用很小的喷口的纳升电喷雾离子化（nanoESI），用于低流速；以及气动辅助电喷雾离子化，用于高流速。

（2）分流与检测器性质　为了讨论 ESI 灵敏度与流速的关系，必须理解质量检测器和浓度检测器的概念。质量型检测器的响应与待测成分的质量流速（质量通量）成比例，而浓度型检测器的响应与流动相中待测成分的浓度成比例。紫外检测器是一种典型的浓度型检测器，吸收值与浓度的关系符合 Beer 定律。进样量相同，柱内径较小时，灵敏度较高，因为流出峰浓度较高。浓度反比于柱内径的平方，因此，在理想情况下，同样的进样量，1mm 内径的柱的流出峰浓度 16 倍于 4mm 内径柱的流出峰浓度。

质量型检测器的响应与待测成分在流动相中的浓度无关，与通过检测器的待测成分的质量成比例。典型的质量检测器是放射性同位素检测器，以及在电子轰击或化学离子化条件下的质谱仪。APCI 源作为 HPLC 的接口与质谱仪联用是质量型检测器，因此常用 4.6mm 内径的色谱柱。

和其他质谱离子源不同，ESI 所表现出的信号响应类似于浓度型检测器。为了证明这一点，可通过柱后分流将不同比例的柱流出物移走。图 3.54 证明了分流实验的结果。分子量为 581 的药物（$t_R = 1.2$min）和内标（$t_R = 1.7$min）用内径为 2.1mm 的色谱柱分离，取不同的柱后分流比，观察实际响应，即使进入离子源的量相差大于 25 倍（不分流和最大分流），也无甚差别。

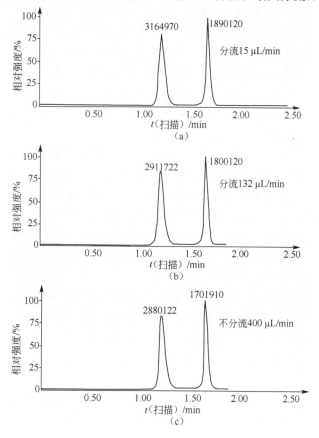

图 3.54　2.1mm 内径色谱柱，流动相流速 400μL/min，分流对信号的影响

对于上述表观浓度型现象的解释是随着流速的降低，离子化效率增加，但是，随着流速的降低，进入喷雾器的质量流速也成比例地降低，因此，信号保持恒定。不论采用何种假说，从实用的观点来说，ESI 的浓度响应说明：内径较细的色谱柱具较高的绝对灵敏度；对于一定量的样品，较低的流速意味着较长的信号采集时间；柱后分流不导致明显的信号丢失。

已经证明柱后分流是可靠的，易于安装且并不增加系统的复杂性。用分流器有许多好处：可同时收集经色谱纯化的样品；可同时使用与质谱仪平行的另一检测器；以较低的流速通过喷雾器以提高离子化效能；因为只有一小部分样品进入离子源，因而有利于保持质谱仪内部的清洁。

为了分离分析极复杂的样品，超高压或超高效液相色谱法（ultrahigh pressure liquid chromatography, ultrahigh efficiency liquid chromatography, UPLC）是必要的。在蛋白质组学研究中，分离度的增加，降低了 ESI 离子化过程中成分间的相互抑制效应，更好地利用了质谱法的动力学范围，使蛋白质的检出率得以提高。Shen 等[54]用长 87cm，内径小至 15μm，填充 3μm $C_{18}$ 多孔(孔径 30nm)键合硅胶的色谱柱，流动相流速低至约 20nL/min，线速度约 0.2cm/s 的 nanoUPLC 与 nanoESI-TOF MS 联用，取得了成功。

Oosterkamp 等[55]曾经报道流速低于 400nL/min，ESI 为质量响应；而在高流速下，ESI 为质量响应不复存在，值得注意。

关于纳升技术在蛋白质研究中的作用，请参见"2.4.1.5 纳升电喷雾离子化与原环境 ESI 和原环境质谱法"。

（3）灵敏度及线性范围　ESI 通常被认为是一种很灵敏的技术，但是，灵敏度很大程度上取决于柱内径、流速和溶剂组成。待测成分的化学性质也对检测限有很大的影响。化合物的一个很重要的性质是其表面活性，因为 ESI 的机制假定为一种表面离子化方法，具表面活性的化合物（例如去污剂）用 ESI 时具最高的响应。这些化合物也是对其他表面活性较弱的分子的最有效的离子化抑制剂，因为它们占据了液滴表面。分子能在溶液中生成离子也很重要，酸性化合物主要检测其负离子，碱性化合物检测其正离子，已如前述。除了离子化的酸碱机理外，分子可通过多种途径取得电荷，如加合物（adduct）的形成，$[M+NH_4]^+$、$[M+K]^+$、$[M+Na]^+$、$[M+Ac]^-$、$[M+Cl]^-$ 等，以及在喷雾器的金属/液体表面氧化/还原。

用 ESI-MS 进行定量分析，线性及动力学范围是很重要的。在制药工业中，ESI（和 APCI）是测定低浓度（pg/mL）血浆生物样品中药物及其代谢物的首选方法。ESI-MS 的线性范围约 $10^3 \sim 10^4$。

（4）从 LC 转换至 LC-ESI-MS　将现有的 HPLC 方法用于 LC-ESI-MS 时应注意以下问题。

① 缓冲剂　硫酸盐、磷酸盐和硼酸盐等非挥发性缓冲剂需用挥发性缓冲剂，如醋酸铵、甲酸铵、醋酸、三氟乙酸（TFA）、七氟丁酸（HFBA）、氢氧化四丁基铵（TBAH）等代替。

② 溶液的 pH 值　当用挥发性酸、碱，如甲酸、乙酸、TFA 和氨水代替非挥发性酸、碱时，应保持相同。

③ 离子对试剂　应采用挥发性的，如六氟丙酸（HFBA）、氢氧化四丁基铵（TBAH）。但是，更换离子对试剂后，很难达到相同的保留时间。分子量较大的离子对试剂，常残留在反相色谱柱和流路系统中，难以洗净，在以后分析其他样品时，可能产生干扰。

④ 有机溶剂　大多数 LC 用的溶剂，尤其是反相色谱流动相，与 ESI-MS 相匹配。非极性溶剂宜用 APCI 测定。

⑤ 大多数色谱柱与 LC-MS 相匹配，但离子交换柱因用非挥发性流动相添加剂及高离子强度，可能产生困难。疏水相互作用色谱需用盐浓度梯度洗脱生物分子，非挥发性盐与 ESI-MS 不相匹配。

此外，通过柱后修饰可使 ESI-MS 响应改善。柱后修饰的作用有以下几方面。

a. 调节 pH 值以优化正离子或负离子检测。

b. 添加异丙醇以助于含水溶剂的去溶剂化并稀释缓冲盐以达到 ESI-MS 正常工作可接受的程度。

c. 添加醋酸钠（约 50μmol/L）以使缺乏或弱质子化位点的样品阳离子化[M+Na]$^+$。

d. 用"TFA Fix"改善灵敏度，在肽的色谱分离时，流动相中常添加 0.1%TFA。CF$_3$COO$^-$是个较强的离子对试剂，因而在 ESI 过程中不易生成[M+H]$^+$，使其质谱信号减弱：

$$[M+H]^+ + [CF_3COO]^- \rightleftharpoons [M+H]^+[CF_3COO]^-$$

可在柱后添加丙酸或乙酸（20%酸，80%异丙醇，流速 0.1mL/min）。由于沸点的差别，丙酸>乙酸>三氟乙酸，在 ESI 溶剂蒸发过程中，TFA 被沸点较高且离子对作用弱的丙酸或乙酸所取代，因而易于生成[M+H]$^+$，得到较强的质谱信号，称之为"TFA Fix"。

$$[M+H]^+ + [RCOO]^- \rightleftharpoons [M+H]^+[RCOO]^-$$

随着 ESI 离子源的改进，如高温 ESI，TFA 挥发，对正离子的抑制效应得以减弱；nanoESI 由于起始雾滴很小，有很大的比表面积，TFA 的离子抑制效应也会减弱。

e. 增加流速，以达到稳定的喷雾。如填充毛细管柱色谱或毛细管电泳，常需柱后添加适当溶剂（补足液流），但由于流分被稀释而响应降低。

f. 柱后分流，降低流速，这常在采用直径较大的色谱柱、流速较高时使用。

### 3.8.4.3  其他 LC-MS 接口

如大气压光离子化（atmospheric photo ionization，APPI），主要用于芳香化合物、甾体等不易用 ESI、APCI 离子化的样品。APPI 的另一优化是易于和正相色谱法联用。详见"2.4.3.1 大气压光离子化"。

### 3.8.4.4  LC-MS 样品制备

LC-MS 的失败常常是由于样品制备不当导致信号抑制或共存物的干扰。在进行 ESI-MS 分析之前应注意样品中是否存在较高浓度的盐、样品中的其他成分和浓度等问题。样品制备的方法视样品而异，此处只能简述一些常用的方法。

（1）超滤  采用超滤膜过滤器，截留分子量从 3000～1000000 的均有商品供应。超滤器根据分子量大小选择性保留或通过溶液中的成分。低分子量化合物存在于滤液中，而高分子量化合物留在滤器上。

这种方法简便、快捷、易于实现自动化。经超滤制备出来的样品通常可进行 LC-MS 分析。

在药物动力学或代谢物研究中，如用超滤制备样品，可选择滤器，其截留分子量为 1000～3000，以将分子量低的药物或代谢物从血浆中分离出来。通常将 1～5mL 样品用等体积的 50%乙腈水溶液稀释以减低药物或代谢物与底物的结合，混匀后，将混合物移至超滤管，离心 15～30min（4000g），取滤液直接分析或冻干后，用 HPLC 流动相溶解进行测定。

（2）蛋白质沉淀  含蛋白质的样品，如血浆等，可加乙腈等有机溶剂沉淀蛋白质，高速离心后，取上清液进行分析或挥干后溶于流动相进行测定。

超滤或蛋白质沉淀法取滤液或上清液样品，不能除去共存的小分子成分，因而存在基质效应，通常抑制待测成分的离子化。

（3）溶剂提取  将待测成分自水相提取至有机相是常用的方法之一。这个方法的优点是应用范围广；溶剂、溶液 pH 值等均可选择，有利于提取；可浓集待测成分。缺点是耗时，有时回收率较低。

（4）固相萃取　固相萃取（SPE）利用小柱（如 $C_{18}$）选择性保留待测成分而使干扰物流出；或反之，待测成分流出而干扰物被小柱保留，从而达到纯化样品的目的。用 SPE 可除去杂质和盐，浓集待测成分，使有机相或水相变换，在小柱上衍生化等，因而应用日广。可供选用的小柱非极性固定相有 $C_{18}$、$C_8$、$C_4$、Phenyl 等；极性固定相有硅胶、氰基、氨基等。此外，还可选用离子交换剂作固定相等。

（5）柱切换　将样品注入预分离柱，使待测成分与干扰物分离；由切换阀将待测成分（必要时经富集柱富集）转入分析柱；由分析柱分离待测成分并进行测定。

用柱切换技术可在线纯化和浓集样品，便于自动化，减少样品损失，缩短分析时间，结果再现性较好。缺点是需较复杂的色谱系统。

样品制备之后，应注意样品溶剂是否与色谱流动相匹配，必要时需进行溶剂转换。通常，宜用色谱起始流动相为样品溶剂，避免用强溶剂干扰起始色谱分离等。

## 3.8.5　毛细管电泳-质谱联用技术（CE-MS）

随着毛细管电泳的发展，需要一种灵敏、选择性及能提供结构信息的检测方法。质谱法是可以满足这些要求的。但是，CE 和 MS 的联用仍需改进。CE-MS 与 LC-MS 接口相比较，有其不同的要求，例如，CE 流速很低，缓冲系统具中等电导，分析毛细管两端均需保持电接触以确定 CE 电位梯度，溶质电泳区带的毛细管外展宽必须减低至最小以保持高分离效能等。商品 CE-MS 接口常采用夹套液流（sheath flow）以实现电接触及稳定喷雾，主要用于水溶液毛细管电泳-质谱联用技术。夹套液稀释了 CE 流出液，使峰浓度下降，导致信噪比的损失。为了提高灵敏度，可应用柱上浓缩技术，如等电聚焦等。Monton 等[56]用场增强进样（field-enhanced sample injection，FESI）技术，其原理为当样品到达低电导样品溶液与高电导背景电解质间的界面时，样品的迁移速度突然下降，导致样品带的浓集。关于非水毛细管电泳-质谱联用技术，读者可参阅综述[57]。采用无夹套液流的在线纳升喷雾接口是另一种选择，Zamfir 对此进行了综述[58]。此处，介绍一种最近商品化的无夹套液流接口（见图 3.55）[59]。

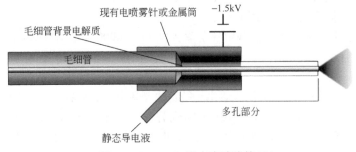

图 3.55　CE-ESI 无夹套液流接口

这种 CE-MS 接口的 CE 分离毛细管和 ESI 喷针为同一根毛细管，毛细管出口端加工成可导电的多孔喷针。通过充满导电液的电喷雾电极将 ESI 喷雾电压加在喷针上，实现稳定喷雾，同时，形成 CE 的电流回路。喷针末端未经拉细，避免或减少了 nanoESI 常见的填塞现象。

## 3.8.6　离子淌度谱-质谱（IMS-MS）[60]

离子淌度谱（ion-mobility spectrometry，IMS）是一种分离分析技术，用于分离和鉴别气相中离子化的分子，其原理是基于它们在缓冲气中淌度的差异。起先，广泛用于检测爆炸品和毒品，后来，逐步扩大至很多领域的分析应用。现在，将 IMS 与 HPLC 和 MS 联用，HPLC-IMS-MS 已成为强有力的分析工具。

#### 3.8.6.1 基本原理

经典的漂移时间离子淌度仪（drift-time IMS，DTIMS）中，离子通过加了电场和充有缓冲气的漂移管后，到达检测器。基于离子的质量、电荷、尺度和形状，不同的离子通过漂移管时与缓冲气碰撞，其迁移时间是不同的，所以能区分不同的样品成分。

离子与缓冲气碰撞的面积，称为离子的碰撞截面积（collision cross-section，CCS），与离子的大小和形状相关。CCS 较大，意味着离子有较大的面积与缓冲气碰撞，因而阻碍离子的漂移，离子需要较长的时间迁移通过漂移管，到达检测器。

离子淌度 $K$ 定义为离子在气体中的漂移速度 $V_d$ 与电场强度 $E$ 的比例常数：

$$V_d = KE$$

离子淌度通常报告为折算淌度，将缓冲气校准为标准气体密度，即标准温度 $T_0 = 273K$ 和标准压力下 $P_0 = 1.013 \times 10^5 \, Pa$ 的气体：

$$K = \frac{K_0 N_0}{N} = \frac{K P_0 T}{P T_0}$$

式中，$N$ 为气体的数字密度。

离子淌度 $K$ 可通过实验测定，即测量离子通过漂移管长度为 $L$、电位差为 $U$ 的均匀电场的漂移时间 $t_D$：

$$K = \frac{L^2}{t_D U}$$

离子淌度 $K$ 也可由 Mason 方程计算：

$$K = \left( \frac{3q}{16N} \right) \left( \frac{2\pi}{\mu kT} \right)^{1/2} \frac{1}{\Omega}$$

式中，$q$ 为离子的电荷；$N$ 为缓冲气的数字密度；$\mu$ 为离子和缓冲气分子的折算质量；$k$ 为 Boltzmann 常数；$T$ 为缓冲气温度；$\Omega$ 为离子对缓冲气的碰撞截面积（CCS）。

这一关系仅在低电场限下适用，此时，$E/N \leqslant 2 \times 10^{-17} \, V \cdot cm^2$。

DTIMS 的分辨率为：

$$R = \frac{dt}{W_h}$$

式中，$R$ 为 DTIMS 的分辨率；$dt$ 为离子的漂移时间；$W_h$ 为半峰宽。

分辨率是仪器分离两个峰的效能。

漂移管的分辨率也可计算为：

$$R = \frac{t}{\Delta t} = \sqrt{\frac{LEQ}{16kT \ln 2}}$$

式中，$L$ 为漂移管的长度；$E$ 为电场强度；$Q$ 为离子的电荷；$k$ 为 Boltzmann 常数；$T$ 为缓冲气温度。

在低电场时，离子的热能大于碰撞间从电场获得的能量。离子与缓冲气分子具相似的能量，离子的移动主要为扩散力控制。

#### 3.8.6.2 仪器

（1）漂移时间离子淌度仪（DTIMS） 在 DTIMS 中，测量在一定的气压下，离子在均匀电场中的迁移速度，见图 3.56。

DTIMS 广泛用于科学研究，提供最高的分辨率。DTIMS 的优点是离子淌度可实验测定，且 CCS 测定无需校正（calibration）。主要问题是 DTIMS 脉冲工作将导致有效周期损失，因此影响灵敏度。

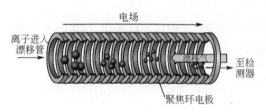

图 3.56　DTIMS 工作原理

（2）示差离子淌度仪（DMS/FAIMS） DMS（differential mobility spectrometer） 利用在高电场下，离子淌度 $K$ 取决于电场强度 $E$，离子在不同的时间经历不同的场强，因而，只有具一定淌度关系的离子能到达检测器。这种仪器以可扫描的过滤器方式工作。DMS 又称场不对称离子淌度仪 FAIMS（field asymmetric IMS）。

FAIMS 工作原理如图 3.57 所示，将离子导入电极间并引入气流作为迁移介质。在电极间加以不对称波形，此波形由短时间的高电场和紧接着的较长时间的低电场所组成。这个典型的固定的分散电压（dispersion voltage，DV）波形叠加了一个可变的补偿电压（compensation voltage，CV）以维持欲分析离子的稳定轨迹。这个过程将有效地选择离子，用作选择离子过滤器。此时，DMS/FAIMS 以连续的方式操作，有效周期较长。缺点是由于多种因素的影响，难以确定性地推测待测物质的结构性质及其构造。

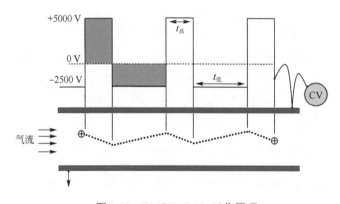

图 3.57　DMS/FAIMS 工作原理

（3）迁移波离子淌度仪（travelling wave IMS，TWIMS）[61] 图 3.58 为 TWIMS 的原理。（a）图表示由一系列的极性依次相反的 RF-only 环状电极组成的迁移波离子淌度池；（b）图说明当瞬时的直流（direct current，DC）电压脉冲依次加在这一系列的环状电极上时，产生电动力，即迁移波，推斥离子通过此装置，具高淌度的离子赶在前，而低淌度的离子落在后，因此，基于相对离子淌度可将离子分离。

TWIMS-MS 较早地商品化，离子淌度可实验测定，但 CCS 测定需用适当的对照品校正。

（4）示差淌度分析器（differential mobility analyzer，DMA）[62] DMA 由两片平板电极组成，在电场的垂直方向引入高速气流。离子从顶端注入，气流（速度 U）使离子向右移动，同时在电场 E 的作用下，推斥离子以移向下方，选定的离子从出口狭缝进入质谱仪入口（图 3.59）。扫描电场，可使不同淌度的离子依次进入质谱仪入口，产生信号。DMA 的优点是易于加在质谱仪前端，不需复杂的接口。

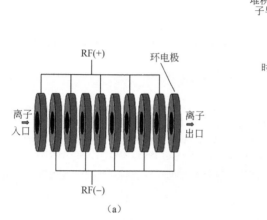

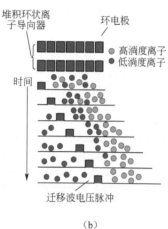

图 3.58　TWIMS 原理

### 3.8.6.3　漂移（缓冲）气

对于 IMS 仪器的设计和分辨率，漂移气是一个重要参数。1m 长的漂移管，可加 10～30kV 的漂移电压和气压为 100～1000mbar（1bar = $10^5$Pa）的漂移气，以获得高分辨率。在较低的气压下，离子易于储存，可获取累加的连续信号，此时，也需采用低电场（10～30V/cm）。常用的漂移气有氮气、空气和氦气。漂移气中，也和色谱流动相添加剂相似，可添加化合物蒸气，以改善待测成分的分离。

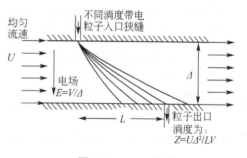

图 3.59　DMA 原理

### 3.8.6.4　液相色谱-离子淌度-质谱法（LC-IMS-MS）

当液相色谱-离子淌度-质谱法（liquid chromatography-ion mobility spectrometry-mass spectrometry，LC-IMS-MS）联用时，有很多优点，包括较好的信噪比、异构体分离和多电荷离子确定等。IMS 可与多种质量分析器串联，如四极质量过滤器、离子阱、飞行时间质谱仪、FTICR 和 Orbitrap。

IMS 和 MS 结合，成为一种新技术，可基于成分的 IMS 尺寸/电荷比（size to charge ratio，$\Omega/z$ for IMS）和 MS 质量/电荷比（mass to charge ratio，$m/z$ for MS）区分成分，因此，提供了正交的专属性。

即使是高分辨质谱仪，其分辨率达几十万，也难以区别准确质量很接近的化合物。更不能区分同分异构体。IMS 提供了另一种分辨率，且高速高效。LC-IMS-MS 已成为分析复杂体系和生物分子等的有力工具。

# 参考文献

[1] Paul W，Steinwedel H. German Patent 944900. 1956.

[2] Stafford J G C，Kelley P E，Syka J E P，et al. Recent improvements in and analytical application of advanced ion trap technology. Int J Mass Spectrom Ion Processes，1984，60(1)：85-98.

[3] March R E. An introduction to quadrupoloe ion trap mass spectrometry. J Mass Spectrom，1997，32(4)：351-369.

[4] 北京师范大学数学系. 马绍方程小组. 分析仪器，1974，1：1.

[5] 盛龙生，彭建和，韩俊等. 现代质谱法//安登魁. 现代药物分析选论. 北京：中国医药科技出版社，2001.

[6] Schwartz J C，Senko W，Syka J E P. A two-dimensional quadruploe ion trap mass spectrometer. J Am Soc Mass Spectrom. 2002，13：659-669.

[7] Hager J W. A new linear ion trap mass spectrometer. Rapid Commun Mass Spectrom，2001，16(6)：512-526.

[8] Boesl U，Weikauf R，Schlag E W. Reflectron time-of-flight mass spetrometry and laser excitation for the analysis of neutrals, ionized molecules and secoundary fragments. Int J Mass Spectrom Ion Processes，1992，112(2-3)：121-166.

[9] 郁昆云，彭建和，韩俊等. 高分辨飞行时间质谱仪的原理及设计. 质谱学报，1998，19(1)：6-11.

[10] Mamyrin B A. Russian Patent 198034. 1966.

[11] Vestal M L，Juhasz P，Matrin S A. Delayed extraction matrix-assisted laser desorption ionization time-of flight mass spectrometry. Rapid Commun Mass Spectrom，1995，9(11)：1044-1050.

[12] Brown R S，Lennon J J. Mass resolution improvement by incorporation of pulsed ion extraction in a matrix-assisted laser desorption/ionization linear time-of-flight mass spectrometry. Anal Chem，1995，67(13)：1998-2003.

[13] Whittal R W，Li L. High-resolution matrix-assisted laser desorption/ionization in a linear time-of-flight mass spectrometry. Anal Chem，1995，67(13)：1950-1954.

[14] Colby S M，Reilly J P. Space-velocity correlation focusing. Anal Chem，1996，68(8)：1419-1428.

[15] Dawson J H J，Guilhaus M. Orthognal-acceleration time-of-flight mass spectrometry. Rapid Commun Mass Spectrom，1989，3(5)：155-159.

[16] Banks J F，Dresch T. Detection of fast capillary electrophoresis peptide and protein saparation using electrspray ionization with a time-of-flight mass spectrometry. Anal Chem，1996，68(9)：1480-1485.

[17] Plaß W R，Dickel T，Scheidenberger C. Multiple-reflection time-of-flight mass spectrometry. Int J Mass Spectrom，2013，349-350：134-144.

[18] Satoh T. Development of JMS-S3000：MALDI-TOF/TOF utilizing a spiral Ion trajectory. JEOL News，2010，45(1)：34.

[19] Satoh T，Sato T，Kubo A，et al. Tandem time-of-flight mass spectrometer with high precursor ion selectivity employing spiral ion trajectory and improved offset parabolic reflectron . J Am Soc Mass Spectrom，2011，22(5)：797-803.

[20] Comisarow M B，Marshall A G. Fourier transform ion cyclotron resonance spectroscopy. Chem Phys Lett，1974，25(2)：282-283.

[21] Comisarow M B，Marshall A G. Frequency-sweep Fourier transform ion cyclotron resonance spectroscopy. Chem Phys Lett，1974，26(4)：489-490.

[22] Marshall A G，Francis R V. Foruier Transform in NMR，Optical and Mass Spectrometry，a user's handbook. NewYork：Elsever，1990.

[23] McIver R T，Li Y，Hunter R L. High-resolution laser desorption mass spectrometry of peptides and small proteins. Proc Nati Acad Sci，1994，91(11)：4801-4805.

[24] Winger B E，Hofstadler S A，Bruce J E，et al . High-resolution accurate mass measurements of biomolecules using a new electrospray ionization ion cyclotron resonance mass spectrometer. J Am Soc Mass Spectrom，1993，4(7)：566-577.

[25] Limbach P A，Marshall G，Wang M. An electrostatic ion guide for efficient transmission of low energy externally formed ions into a Fourier transform ion cyclotron resonance mass spectrometer. Int J Mass Spectrom Ion Proc，1993，125(2-3)：135-143.

[26] Sheng L S，Cover J E，Shew S L，et al. Matrix-assisted laser desorption ionization Fourier-transform mass spectrometry. Rapid Commun Mass Spectrum，1994，8(6)：498-500.

[27] Laude D A Jr，Ben S C. A suspended traping pulse sequence for simplified mass calibration in Fourier-transform mass spectrometry. Anal Chem，1989，61(21)：2422-2427.

[28] 盛龙生，夏霖. 傅里叶变换质谱法鉴定 MX-2 副产物 N-(4-氯苯甲酰)二环己基脲. 中国药科大学学报，1989，20(6)：367-369.

[29] Gauthier J W，Trautman T R，Jacobson D B. Sustained off-resonance irradiation for collision-activated dissociation involving Fourier transform mass spectrometry. Collision-activated dissociation technique that emulates infrared

multiphoton dissociation. Anal Chim Acta, 1991, 246(1): 211-225.

[30] Makarov A. Electrostatic axially harmonic orbital trapping: a high-performance technique of mass analysis. Anal Chem, 2000, 72(6): 1156-1162.

[31] Kingdon K H. A method for the neutralization of electron space charge by positive ionization at very low gas pressures. Phys Rev, 1923, 21(4): 408-418.

[32] Perry R H, Cooks R G, Noll R J. Orbitrap mass spectrometry: instrumentation, ion motion and applications. Mass Spectrom Rev, 2008, 27(6): 661-699.

[33] Knight R D. Storage of ions from laser-produced plasmas. Appl Phys Lett, 1981, 38(4): 221-223.

[34] Hu Q H, Noll R J, Li H Y, et al. The Orbitrap: a new mass spectrometer. J. Mass Spectrom, 2005, 40(4): 430-443.

[35] Hoffman E de, Stroobant V. Mass spectrometry principles and application. 2nd ed. Christopher: John Wiley & Sons, 2001, 133.

[36] Sleno L, Volmer D A. Ion activation methods for tandem mass spectrometry. J. Mass Spectrom, 2004, 39(10): 1091-1112.

[37] Roman A. Zubarev R A, Neil L, et al. Electron capture dissociation of multiply charged protein cations. A nonergodic process. J Am Chem Soc, 1998, 120(13): 3265-3266.

[38] Kruger N A, Zubarev R A, Horn D M, et al. Electron capture dissociation of multiply charged peptide cations. Int J Mass Spectrom, 1999,185/186/187: 787-793.

[39] Mikesh L M, Beatrix Ueberheide B, Chi A, et al. The utility of ETD mass spectrometry in proteomic analysis. Biochim et Biophys Acta, 2006, 1764(12): 1811-1822.

[40] Coon J J, Syka J E P, Schwartz J C, et al. Anion dependence in the partitioning between proton and electron transfer in ion/ion reactions. Int J Mass Spectrom, 2004, 236(1-3): 33-42.

[41] Houel S, Hilliard M, Yu YQ. N-and O-glycosylation analysis of etanercept using liquid chromatography and quadrupole time-of-flight mass spectrometry equipped with electron-transfer dissociation functionality. Anal Chem, 2014, 86(1): 576-584.

[42] Medzihradszky K F, Jennifer M, Campbell J M, et al. The characteristics of peptide collision-Induced dissociation using a high-performance MALDI-TOF/TOF tandem mass spectrometer. Anal Chem, 2000, 72(3), 552-558.

[43] Hopfgartner G, Varesio E, Tschäppät V, et al. Triple quadrupole linear ion trap mass spectrometer for the analysis of small molecules and macromolecules. J Mass Spectrom, 2004, 39(8): 845-855.

[44] Chernushevich I V, Loboda A V, Bruce A, et al. An introduction to quadrupole–time-of-flight mass spectrometry. J. Mass Spectrom, 2001, 36(8): 849-865.

[45] Wrona M, Mauriala T, Bateman K P, et al. 'All-in-One' analysis for metabolite identification using liquid chromatography/hybrid quadrupole time-of-flight mass spectrometry with collision energy switching. Rapid Commun. Mass Spectrom, 2005, 19(18): 2597-2602.

[46] Zhu X, Chen Y, Subramanian R. Comparison of information-dependent acquisition, SWATH, and MSAll techniques in metabolite identification study employing ultrahigh-performance liquid chromatography-quadrupole time-of-flight mass spectrometry. Anal Chem, 2014, 86(2): 1202-1209.

[47] Shimadzu Co. High-speed liquid chromatograph mass spectrometer LCMS-IT-TOF brochure.

[48] Patrie S M, Charlebois J P, Whipple D, et al. Construction of a hybrid quadrupole/Fourier transform ion cyclotron resonance mass spectrometer for versatile MS/MS above 10 kDa. J Am Soc Mass Spectrom, 2004, 15(7): 1099-1108.

[49] Thermo Scientific. LTQ Orbitrap XL™ hybrid FT mass spectrometer. BR30135_E 06/07M.

[50] Thermo Scientific. Q exactive benchtop quadrupole-Orbitrap mass spectrometer. PS30223_E 06/12S.

[51] Thermo Scientific. Orbitrap fusion tribrid mass spectrometer-unmatched analytical performance, revolutionary MS architecture. PS63844_E 0614S.

[52] Agilent Technologies. Agilent 6400 series triple quadrupole LC/MS system. Concepts Guide, 2012: 58.

[53] Agilent Technologies. Agilent Q-TOF LC/MS techniques and operation, 2008: 75.

[54] Shen Y F, Zhao R, Berger S J, et al. High-efficiency nanoscale liquid chromatography coupled on-line with mass spectrometry using nanoelectrospray ionization for proteomics. Anal Chem, 2002, 74(16): 4235-4249.

[55] Oosterkamp A J, Gelpi E, Abian J. Quantitative peptide bioanalysis using column-switching nano liquid chromatography/ mass spectrometry. J Mass Spectrom, 1998, 33(10): 976-983.

[56] Monton M R N, Terabe S. Field-enhanced sample injection for high-sensitivity analysis of peptides and proteins in capillary electrophoresis-mass spectrometry. J Chromatogr A, 2004, 1032(1-2): 203-211.

[57] Scriba G K E. Nonaqueous capillary electrophoresis-mass spectrometry. J Chromatogr A, 2007, 1159: 28-41.

[58] Zamfir A D. Recent advances in sheathless interfacing of capillary electrophoresis and electrospray ionization mass

spectrometry. J Chromatogr A，2007，1159：2-13.

[59] Sciex/Beckman Coulter. CESI 8000 高效毛细管电泳分离和电喷雾离子化系统样本，2014.

[60] Lapthorn C，Frank Pullen F，Chowdhry B Z. Ion mobility spectrometry-mass spectrometry (IMS-MS) of small molecules：separating and assigning structures to ions. Mass Spectrom Rev，2013，32(1)：43-71.

[61] Pringle S D，Giles K，Wildgoose J L. An investigation of the mobility separation of some peptide and protein ions using a new hybrid quadrupole/travelling wave IMS/oa-ToF instrument. Int J Mass Spectrom，2007，261(1)：1-12.

[62] Rus J，Moro D，Sillero J A，et al. IMS-MS studies based on coupling a differential mobility analyzer (DMA) to commercial API–MS systems. Int J Mass Spectrom，2010，298(1-3)：30-40.

# 4

# 数据处理与发掘

## 4.1　色谱－质谱数据处理

复杂样品的色谱-质谱数据处理是分析工作的一个重要环节。色谱-质谱数据处理通常包括背景扣除、保留时间调整、谱峰检测和成分鉴别等。

背景扣除的目的是除去样品中的背景信号（化学噪声）和仪器干扰（电噪声）。保留时间调整是为了使样品组的数据中同一化合物的信号处于相同的时间坐标，以便成分检测。谱峰检测是为了准确检出来源于样品成分的信号和强度。成分鉴别是对化合物进行定性，包括理化性质、实验式和同位素丰度比等。

在基因组学之后，蛋白质组学、代谢组学等一系列组学研究的兴起，对色谱-质谱数据处理提出了更高的要求。因为以色谱-质谱法为基础的方法可能检出数以千计的谱峰，这样复杂的数据需要自动处理。一些研究实验室和仪器厂商开发了一些软件。这些数据处理软件包括了背景扣除、保留时间调整、谱峰检测、成分鉴别和归一化（normalization），归一化的目的是校正系统变异和标示数据强度，使得各个样品可以相互比较。组学研究中还需要进行统计分析，如方差分析、主成分分析法（PCA）等，对各研究组进行分类（classification）并发现生物标志物（bio-markers）。

下面主要以天然药物成分分析和药物代谢物鉴定的 LC-MS 数据处理为例，讨论背景扣除、提取离子色谱（EIC）、产物离子过滤（PIF）、中性丢失过滤（NLF）、质量差值过滤（MDF）、分子特征提取（MFE）、数据库及质谱库检索等有关方法。

### 4.1.1　背景扣除

背景扣除（background subtraction）包含在质谱仪的常规应用软件中，常用色谱-质谱法所得的总离子流色谱峰前后的一段基线进行背景扣除。在复杂样品的 LC-MS 分析中，背景信号可能很强，样品信号则因为基质效应而被抑制，故不能清晰显现，因此用常规方法扣除背景质谱信号，可能得不到预期结果。

高分辨率 LC-MS 的应用可以使背景扣除方法变得比较简单，而不需要运用复杂的算法。这是因为高分辨率和准确质量测定可以区分和鉴别名义质量相同而准确质量不同的离子。以此为基础，Zhang 等提出了"空白测定背景扣除算法"[1]，充分扣除样品测定中的背景和基质相关信号。

这个算法中，首先，在与样品测定的 LC-MS 相同的时间窗口内，搜索空白测定的所有数据，以发现可能会存在于样品测定中的背景和基质相关信号。其次，基于离子的准确质量扣除在样品测定数据中的背景和基质相关信号。

实施这一算法先要将 LC-MS 数据转换为 NetCDF 格式。然后将转换了的数据输入用 Java API library for NetCDF（http://www.unidata.ucar.edu/packages/netcdf-java/）产生的背景扣除软件进行处理。

在样品测定中实际扣除背景离子时，应在规定的质量测定允差范围内（如 $\pm 5 \times 10^{-6}$），确定空白测定中离子的最大强度。这一强度乘以适当的系数（如 $\times 10$），然后在样品测定数据中扣除背景离子。这样，在规定的时间窗口内，样品测定中的背景离子强度明显降低，而空白中不存在的待测成分离子的强度保持不变，因而在处理过的数据中得以显现。色谱保留时间的位移和色谱图形的变异在这个背景扣除算法中已经校正。数据处理后，输出的 NetCDF 文件需转换回仪器的原文件格式并显示图谱。

为了成功地应用背景扣除方法，应有适当的空白样品及质量测定准确度高的 LC-MS 数据。空白样品应包含待测样品中可能存在的背景和基质。质量测定的精密度和准确度应在各次测定中均符合要求，从而使同一物质在空白和样品测定中测得的 $m/z$ 值保持一致。

## 4.1.2　提取离子色谱图（EIC）

提取离子色谱图（extracted ion chromatogram, EIC）是以选定 $m/z$ 值的信号强度对保留时间的重建色谱图，又称质量色谱图（mass chromatogram）和重建离子色谱图（reconstructed ion chromatogram）。全量程记录的色谱-质谱数据，可显示为总离子流色谱图（TICC）。TICC 是样品测定中所有离子信号的总和对时间的图形。

在混合物分析时，如果要分析目标化合物，可用 EIC 显示该化合物的色谱峰及其质谱进行定性、定量分析。EIC 可同时提取多种目标化合物的信号。如果 TICC 用的是高分辨率、质谱准确质量测定的数据，则提取目标信号时，取决于测定的准确度和精密度，设定的 $m/z$ 值窗口可以很窄，如 $\pm 5 \times 10^{-6}$。这样，干扰离子，包括样品中的其他成分、背景及基质生成的离子，只要其准确质量与目标化合物离子的准确质量不同（超过 $5 \times 10^{-6}$），就不会在 EIC 中出现，目标成分的 EIC 信噪比得以提高，背景也已扣除，TICC 中的重叠峰可以区分，甚至埋没在 TICC 基线下的目标成分也会显现。因此，高分辨率质谱准确质量测定的 EIC 是复杂样品分析的快速、有效数据处理方法。图 4.1 是 LC-TOF MS 测定大鼠血浆中三七皂苷 R1 的 EIC，图(a)表示提取窗口为 $m/z$ $967.0 \sim 968.0$ 的 EIC，主要是噪声。图(b)为提取窗口 $m/z$ $967.531 \sim 968.532$ 的 EIC，$10 \times 10^{-9}$ 的 R1 清晰可见。用这种方法，同时测定了三七注射液主要成分（Rb1, Rg1, Re, R1, Rd）的动物体内药物动力学曲线。同样，用 EIC 鉴定和测定了金银花中的 32 个化合物[2]。

## 4.1.3　产物离子过滤（PIF）及中性丢失过滤（NLF）

如果样品用 LC-MS$^n$ 分析，则可以得到样品中相关成分的产物离子和中性丢失信息。产物离子和中性碎片与化合物的基本结构和取代基相关，因此可以用特征产物离子或中性丢失在 LC-MS$^n$ 数据中搜索能产生这些产物离子或中性丢失的所有成分（目标和非目标成分）。图 4.2 是 LC-QTOF MS$^2$ 分析金银花的 TICC[图(a)]和用 $m/z$ 191.056（喹宁酸类成分特征产物离子）经产物离子过滤（production filtering, PIF）所得的色谱图[图(b)]。PIF 排除了背景和其他成分的信号，所得数据包括色谱保留时间、全量程 MS 和 MS$^2$ 数据，因此有利于喹宁酸类成分的鉴定。保留时间 15min 以前的成分主要为单咖啡酰喹宁酸类（新绿原酸、绿原酸、隐绿原酸等）；此后的成分主要为双咖啡酰喹宁酸类（如异绿原酸 A、异绿原酸 B、异绿原酸 C）。

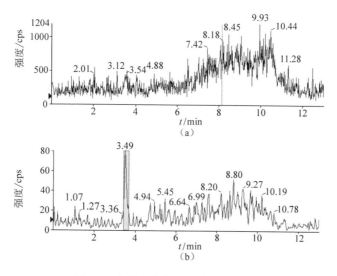

图 4.1　大鼠血浆中三七皂苷 R1 的测定

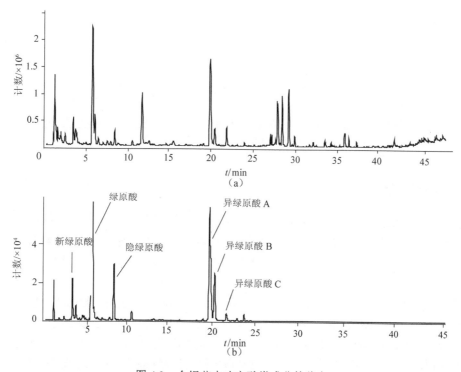

图 4.2　金银花中喹宁酸类成分的鉴定

Wrona 等[3]用 QTOF MS 采用高、低碰撞能切换技术，采集前体离子和产物离子数据，这种方法称为 MS$^E$。MS$^E$借助超高分辨率色谱法（ultrahigh-performance chromatography, UPLC），采集产物离子数据无需用手动或数据依赖方式选择前体离子。在整个采集过程中，低碰撞能时，碰撞能设定在很低的电压，以致不发生 CID，得到的是前体离子信息。在高碰撞能时，则发生 CID，得到产物离子数据。然后，用一系列数据处理方法，包括 EIC、PIF、NLF（neutral loss filtering, 中性丢失过滤）等挖掘分子信息，检测已知的和未知的代谢物。中性丢失扫描是检测药物代谢物的常用方法（参见"3.6.2.1 三重四极质谱仪"），但是中性丢失扫描时，三重四极质谱仪中间的四极（碰撞池）处于 RF-only 状态，前、后两个质量分析器均处于扫描方式，所以有效周期较短，灵敏度较低。QTOF MS$^E$ 采集前体离子和产物离子数据后，用数据挖掘方法，搜索与药物相关的中性丢失，灵敏度高得多。如图 4.3 所示，检出了两个微量葡萄糖醛酸结合代谢物。

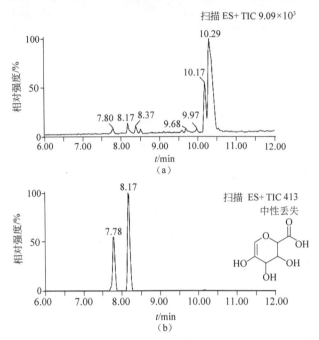

图 4.3　（a）异搏定（verapamil）大鼠肝微粒体培养代谢物的 TICC；（b）葡萄糖醛酸化代谢物中性丢失（$m/z$ 176.0340±0.1）色谱

## 4.1.4　质量差值过滤（MDF）

按照 IUPAC 推荐的定义："mass defect"是原子、分子、离子的名义质量（整数质量）与准确质量（计算质量）之差值。mass defect 取决于元素组成，可为正值，也可能为负值。质量差值过滤（mass defect filtering, MDF）是高分辨 LC-MS 的一种数据处理方法。所以，此处将 mass defect 翻译为质量差值，而国内一些质谱仪供应商则译为"质量亏损"。

在药物代谢物研究中，普通代谢物（common metabolites）是指由已知的或可预期的生物转移反应生成的代谢物，如羟基化、$N$-去甲基代谢物，它们的分子式和分子量是已知的。非普通代谢物（uncommon metabolites）是通过非常规或多步生物转移反应形成的代谢物。它们的分子量变化难以从原药的分子量推定。在复杂的生物基质中检出代谢物，尤其是低浓度的非普通代谢物，是相当困难的，因为这些代谢物的信号常常埋没在背景和内源性成分信号之内。

得益于高分辨准确质量 LC-MS 技术，代谢物与干扰成分可以分离或分辨。DMF 应用于代谢物检出的关键是认识到 I 相和 II 相代谢物离子 $m/z$ 的非整数部分（即 mass defect, MD）与原药离子 $m/z$ 的 MD 比较，改变在±50mDa（±0.050u）范围内[4]。例如，羟基化或氧化 MD 改变-5mDa，去氢 MD 改变-16mDa，去甲基 MD 改变-23mDa，葡萄糖醛酸化 MD 改变+32mDa，硫酸酯化 MD 改变-43mDa。分子式改变较大时，如谷光苷肽结合物（GSH conjugation）MD 改变+68mDa，虽然在 50mDa 窗口之外，但仍可预期。从原药至代谢物的 MD 改变很小且明确，促使人们想到可设定一个 MD 窗口，以保留 $m/z$ 的小数点部分与原药相近的离子，而排除在规定的 MD 窗口之外的离子。这种过滤方法应用于高分辨 LC-MS 数据，主要干扰离子自动排除，所得数据有利于药物代谢物鉴别。

为了进行 MDF，基于原药的名义质量和 MD，代谢物可分为四组：①代谢物与原药的分子量和分子式相似；②代谢物的分子量明显低于原药，这是经分解反应生成的；③结合代谢物（conjugated metabolites）其分子量明显高于原药；④去卤素代谢，原药含一个或几个卤素。MDF 已广泛地应用于体外和体内药变代谢研究。表 4.1 列出了①组代谢物的分子量、分子式、MD 的改变及生物转移反应，供参考。

表 4.1 与原药的分子量和分子式相似的代谢物

| 质量偏移 | 分子式变化 | 质量差值偏移 | 生物转化反应 |
| --- | --- | --- | --- |
| +48 | $+O_3$ | −0.0153 | $RSH \longrightarrow RSO_3H$, $3 \times (RH \longrightarrow ROH)$ |
| +34 | $+2OH$ | +0.0054 | $RCH{=}CHR' \longrightarrow RCH(OH){-}CH(OH)R'$ |
| +32 | $+O_2$ | −0.0102 | $2 \times (RH \longrightarrow ROH)$, $RSR' \longrightarrow RSO_2R'$ |
| +30 | $+OCH_2$ | +0.0106 | $RH \longrightarrow ROH \longrightarrow ROCH_3$ |
|  | $+O_2{-}H_2$ | −0.0259 | $RCH_3 \longrightarrow RCOOH$ |
|  |  |  | 形成醌 |
| +18 | $+H_2O$ | +0.0106 | $RCN \longrightarrow RCONH_2$ |
|  |  |  | $RCH{=}CHR' \longrightarrow RCH_2CH(OH)R'$ |
|  |  |  | 环氧化物水解 |
| +16 | $+O$ | −0.0051 | $RH \longrightarrow ROH$ |
|  | $+O_2{-}CH_4$ |  | 环氧化 |
|  |  |  | $S$-氧化或 $N$-氧化 |
|  |  | −0.0415 | $RCH_2CH_3 \longrightarrow RCOOH$ |
| +15 | $+O_2{-}NH_3$ | −0.0367 | $RCH_2NH_2 \longrightarrow RCOOH$ |
| +14 | $+CH_2$ | +0.0157 | 甲基化 |
|  | $+O{-}H_2$ | −0.0208 | $RCH_2R' \longrightarrow RCOR'$ |
|  |  |  | $RCH_2OH \longrightarrow RCOOH$ |
| +4 | $+H_4$ | +0.0313 | $2 \times (RCH{=}CHR' \longrightarrow RCH_2CH_2R')$ |
| +3 | $+OH{-}N$ | −0.0004 | 异噁唑还原断裂，接着酰亚胺水解 |
| +2 | $+H_2$ | +0.0157 | $RCOR' \longrightarrow RCH(OH)R'$ |
|  | $+O{-}CH_2$ |  | $RCH{=}CHR' \longrightarrow RCH_2CH_2R'$ |
|  |  | −0.0208 | $RCH_3 \longrightarrow ROH$ |
| +1 | $+O{-}NH$ | −0.0160 | $RCH_2NH_2 \longrightarrow RCH_2OH$ |
|  | $+H$ | +0.0078 | $N{-}O \longrightarrow N{-}OH$ |
| 0 | $+O{-}CH_4$ | −0.0364 | $RCH(OH)CH_3 \longrightarrow RCOOH$ |
| −1 | $+O{-}NH_3$ | −0.0317 | $RCHNH_2R' \longrightarrow RCOR'$ |
| −2 | $-H_2$ | −0.0157 | $RCH_2CH_2R' \longrightarrow RCH{=}CHR'$ |
|  |  |  | $RCH(OH)R' \longrightarrow RCOR'$ |
|  |  |  | $RNHNH_2 \longrightarrow RN{=}NH$ |
| −4 | $-H_4$ | −0.0313 | $RCH_2NH_2 \longrightarrow RCN$ |
|  |  |  | $R(CH_2)_4R' \longrightarrow RCH{=}C{-}CH{=}CHR'$ |
| −12 | $+O{-}C_2H_4$ | −0.0364 | $RCH_2COCH_3 \longrightarrow RCOOH$ |
| −14 | $+H_2{-}O$ | +0.0208 | $RCOOH \longrightarrow RCH_2OH$ |
|  |  |  | $RNO_2 \longrightarrow RNHOH$ |
|  | $-CH_2$ | −0.0157 | 去甲基化 |
| −16 | $-O$ | +0.0051 | $RSOR' \longrightarrow RSR'$ |
|  | $+O{-}S$ |  | $RNHOH \longrightarrow RNH_2$ |
|  |  | +0.0330 | $RNHNHR'C{=}S \longrightarrow RNHNHR'C{=}O$ |
| −18 | $-H_2O$ | −0.0106 | $RCH_2CH(OH)R \longrightarrow RCH{=}CHR$ |
|  |  |  | $RCH{=}N{-}OH \longrightarrow RCN$ |
| −28 | $-CO$ | +0.0051 | $RCOR' \longrightarrow RR'$ |
|  | $-C_2H_4$ | −0.0313 | $RNHCH_2CH_3 \longrightarrow RNH_2$ |
| −29 | $+H{-}NO$ | +0.0098 | $RNO \longrightarrow RH$ |

| 质量偏移 | 分子式变化 | 质量差值偏移 | 生物转化反应 | |
|---|---|---|---|---|
| −30 | +H$_2$−O$_2$ | +0.0259 | | RNO$_2$ ⟶ RNH$_2$ |
| | −CH$_2$O | −0.0106 | | ROCH$_3$ ⟶ RH |
| −44 | −CO$_2$ | +0.0102 | RCOOH ⟶ RH | |
| −45 | +H−NO$_2$ | +0.0149 | RONO$_2$ ⟶ ROH | |

　　MDF 也已在其他领域中得到了应用。在中药麦冬提取物中，应用 MDF 及 MS$^n$ 可对麦冬黄酮和麦冬皂苷进行快速分析，搜索已知（目标化合物）和未知成分（非目标化合物），共检出了 34 个黄酮，鉴定了 27 个（其中 7 个为非目标化合物）；检出了 62 个麦冬皂苷，鉴定了 50 个（其中 4 个为非目标化合物）[5]。图 4.4 说明 MDF 有效地滤除了干扰离子。

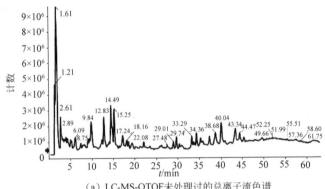

(a) LC-MS-QTOF未处理过的总离子流色谱

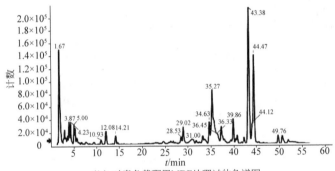

(b) 对麦冬黄酮用MDF处理过的色谱图

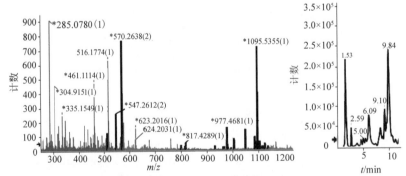

(c) 保留时间9.034min的质谱（灰色的是滤去的背景离子信号，黑色的是麦冬皂苷的特征离子）及对麦冬皂苷用MDF处理过的色谱图（右侧，0~10min区间）

图 4.4　麦冬提取物 LC-MS$^n$，MDF 快速分析麦冬黄酮和麦冬皂苷

## 4.1.5　同位素图形过滤（IPF）

高分辨率质谱除了准确质量、峰强度之外，还有另一重要信息——同位素分布。高分辨率质谱仪中的应用软件可提取同位素丰度比数据，有利于确定待测化合物的元素组成。

对于化合物由于存在天然同位素（Cl、Br 等）或经稳定同位素标记（$^2$H、$^{13}$C、$^{15}$N 等），同位素图形识别常常是优先选择的工具。高分辨率质谱仪常附有同位素图形过滤软件包，用于数据处理。通常用基于质谱平均的准确质量（accurate mass based spectral averaging）算法。在同位素图形过滤（isotope pattern filtering, IPF）之前，首先进行质谱平均，以降低峰强度的变异；然后，严格基于准确质量进行 IPF，选定的同位素离子对（如 M+1 与 M+2 或 M 与 M+1，此处 M 为分子离子；M+1，M+2 为同位素离子）必须符合预先设定的测定的准确质量允差（如 $5×10^{-6}$），同时满足预定的相对丰度标准；最后，在搜索过程中，需同时检查 M 与 M+1 和 M 与 M+2 离子对，以提高专属性。

上述产物离子、中性丢失、质量差值和同位素图形的信息，也可纳入智能化的数据依赖采集软件中，以提高数据采集效率。

## 4.1.6　分子特征提取（MFE）

分子特征提取（molecule feature extraction, MFE）是在复杂样品的色谱-质谱数据中，搜索样品中所有已知和未知化合物，直至低丰度成分，并提取所有相关的质谱和色谱信息的自动处理方法。

MFE 是一种非目标算法，在全量程色谱-质谱原始数据中，排除干扰，降低数据的复杂性，由此产生化学上合理的分子特征（features）列表。其处理过程包括：

① 将数据处理为保留时间、$m/z$ 和强度三维矩阵；

② 除去持久的、缓慢变化的背景；

③ 搜索具相同流出曲线（在几乎相同时间流出）的 features；

④ 识别同位素峰并合并为同一 feature；

⑤ 确定离子所带的电荷数，识别加合物离子，将相关质量合并为"化合物"；

⑥ 分离共流出干扰成分（co-eluting interferences）；

⑦ 二维/三维数据可视化；

⑧ 化学鉴别（质量及允差，同位素匹配）；

⑨ feature 列表可存作二进制格式，并储存为文本文件。

笔者在三七总皂苷提取物中检出了 905 个 features，如图 4.5 所示，很多成分埋没在基线中或与其他成分共流出。为了快速鉴别这些 features，可进行数据库或质谱检索。图 4.6 表示为皂苷类化合物的提取化合物色谱图（extracted compound chromatogram, ECC），替代提取离子色谱图（EIC），以便检索。

复杂体系分析，如蛋白质组学、代谢组学等的 LC-MS 数据，经 MFE 后，下一步骤通常是进行统计分析，以比较各研究组的差异，发现标志物。MFE 所得的 feature 列表是这些工作的基础。

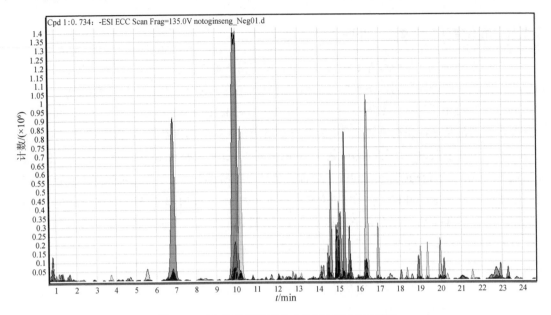

图 4.5　三七总皂苷提取物 LC-MS 的 MFE 结果

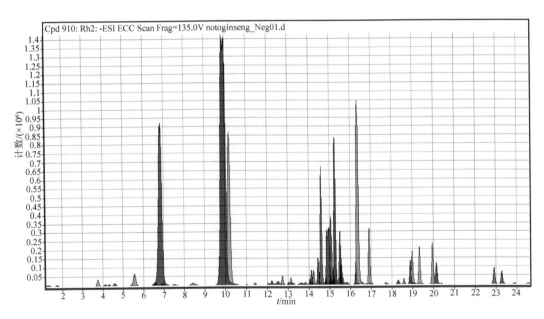

图 4.6　三七总皂苷提取物中皂苷成分

## 4.2　数据库和质谱库检索

　　为了快速成分鉴别，常用的方法是数据库检索。常用的数据库有 ChemSpider，Chemindex，Merck index，NIST 08 library 等；对于代谢组有 Metlin 等；蛋白组有 NCBInr，SW-PORT 等。

　　实验室可自建中药成分的数据库，现有约一万个化合物的分子式、平均分子量和单同位素分子量等信息。可按化合物类别，分解为子库，如皂苷类子库。对三七总皂苷提取物用 LC-MS 分析，MFE 检出了 905 个 features，然后，对皂苷类子库进行检索，鉴别了 78 个皂苷成分（见图 4.6）。图 4.6 中，保留时间约 6.80 min 的主成分为三七皂苷 R1，其中有共流出的微量成分。保留时间 6.83min，*m/z* 1045.5223 的成分，经数据库检索，初步鉴定为(24*S*, 25*R*)-24-hydroxyspirost-5-en-3-beta-yl-*O*-alpha-L-rhamnopyranosyl-(1→2)-*O*-[*O*-beta-D-glucopyran]，质量误差 0.14×10$^{-6}$，匹配得分 99。

质谱库检索是化合物鉴别快速和有效的方法。已经建立的化合物的质谱数据库，如 NBS，EPA/NIH Mass Spectral Data Base 和 Wiley Registry of Mass Spectral Data 等，就是人们常说的"标准质谱库"。这些谱库收集的主要是电子轰击质谱，已有几十万张图谱，涉及几十万个化合物。电子轰击（EI）质谱中除了分子量信息外，富有结构信息，对化合物的鉴定很有帮助。可以随仪器订购"标准质谱库"及其软件，以通过谱库检索鉴别待测化合物。检索程序通常用"概率匹配"（probability-based matching, PBM），匹配率越高（最高为 100），待测物质的鉴定越可靠。还有一些专业质谱库，如药物、药物与代谢物、环境污染等。

"软"离子化方法，尤其是 ESI，主要生成以准分子离子为主的质谱，缺乏结构信息，所以"标准质谱库"的建立并非必要。为了得到结构信息，需用 CID 等离子活化方法和 MS$^n$ 技术，但是，同一化合物，用不同的仪器，所得 CID 产物离子质谱不尽相同，难以标准化，因此，缺乏商品"标准质谱库"。有些实验室建立了自己的 ESI-MS$^n$ 数据库，对鉴定相同及类似化合物有重要价值。

## 参考文献

[1] Zhang H, Yang Y. An algorithm for thorough background subtraction from high-resolution LC/MS data：application for detection of glutathione-trapped reactive metabolites. J Mass Spectrom，2008, 43（9）：1181-1190.

[2] Ren M T, Chen J, Song Y, et al. Identification and quantification of 32 bioactive compounds in Lonicera species by LC/TOF MS. J Pharm Biomed Anal，2008, 48（5）：1351-1360.

[3] Wrona M, Mauriala T, Bateman K P, et al. 'All-in-One' analysis for metabolite identification using liquid chromatography/hybrid quadrupole time-of-flight mass spectrometry with collision energy switching. Rapid Commun. Mass Spectrom，2005, 19（18）：2597-2602.

[4] Zhang H, Zhang D, Ray K, et al. Mass defect filter technique and its applications to drug metabolite identification by high-resolutionmass spectrometry. J Mass Spectrom, 2009, 44: 999-1016.

[5] Xie T, Liang Y, Hao H, et al. Rapid identification of ophiopogonins and ophiopogonones in Ophiopogon japonicus extract with a practical technique of mass defect filtering based on high resolution mass spectrometry. J Chromatogr A，2012, 1227（2）：234-244.

# 5 质谱解析

## 5.1 分子离子和准分子离子

分子离子（molecular ion）是样品分子失去一个电子形成的正离子或得到一个电子形成的负离子。分子离子如为阳离子则以 $M^{+\cdot}$ 表示，"+"代表该离子具有一个正电荷，"·"代表自由基，故此离子为自由基阳离子。如为阴离子则以 $M^{-\cdot}$ 表示，为自由基阴离子。$M^{+\cdot}$、$M^{-\cdot}$ 均含未成对电子，又称奇电子（odd electron）离子。用电子轰击离子化（EI）通常产生分子离子 $M^{+\cdot}$。

大多数有机化合物的电离能在 10eV 以下，但通常有机化合物的 EI 质谱是在 70eV 获得的，因为在此条件下，电子能量稍有变动不致影响离子化过程，质谱的重现性较好。电子的能量远大于有机化合物的电离能，过多的能量使分子离子裂解成众多的碎片离子，提供了丰富的结构信息，但是取决于化合物的性质，分子离子的强度有时较弱，甚至缺失。经长期积累，有机化合物 EI 质谱的解析有一些很好的专著[1,2]，供广大质谱工作者参阅。另外，EI–MS 有庞大的标准质谱库，如 National Institute of Standards and Technology Library（NIST）NIST/EPA/NIH Mass Spectral Library，Wiley Registry of Mass Spectral Data，含有几十万个化合物的质谱，还包括了气相色谱保留指数等重要信息，检索方便，有利于化合物的鉴定和结构分析。

准分子离子（quasi–molecular ion），取决于化合物的性质和质谱离子化方法（常用 API）及条件，可生成质子化或去质子的分子，即$[M+H]^+$、$[M–H]^-$ 及加合物离子，如$[M+Na]^+$、$[M+K]^+$、$[M+NH_4]^+$、$[M+HCOO]^-$、$[M+Cl]^-$、$[M+NO_3]^-$等，这些均为偶电子（even electron）离子。广泛应用的电喷雾离子化（ESI）和基质辅助激光解吸/离子化（MALDI）等软离子化方法主要产生准分子离子。在质谱图中，准分子离子常常为基峰，缺乏碎片离子，因而有利于分子量和分子式的确定。为了取得结构信息，需要用离子活化技术，常用的是碰撞诱导解离（CID）及 $MS^n$，使前体离子裂解，以获取结构信息。本章主要讨论 API MS 和 $MS^n$ 的解析。

## 5.2 基本的裂解反应及机理

有机质谱中，除了烷烃的 $\sigma$ 裂解外，离子的裂解主要为由自由基（奇电子离子）驱动的 $\alpha$ 裂解和由电荷（偶电子离子或奇电子离子）驱动的 $i$ 裂解（诱导裂解）引起的两种基本途径。下述裂解反应中 Y 代表杂原子。

## 5.2.1 α裂解

α裂解为自由基中心驱动的裂解。在奇电子离子中有一未成对电子，形成自由基中心。未成对电子有成对的倾向，构成了 α 裂解反应的推动力。自由基中心诱导了相邻的 α 原子的外侧键裂解。只有奇电子离子才发生 α 裂解反应。

### 5.2.1.1 自由基中心定域于饱和原子

$$R-CR_2-\overset{\cdot}{\underset{}{Y}}R \xrightarrow{\alpha} R\cdot + CR_2=\overset{+}{Y}R$$

$$\overset{\cdot}{C}H_2-CH_2-R-\overset{+}{Y} \xrightarrow{\alpha} CH_2=CH_2 + \overset{\cdot+}{Y}R$$

### 5.2.1.2 自由基中心定域于不饱和原子

$$R-CR=\overset{\cdot+}{Y} \xrightarrow{\alpha} R\cdot + CR\equiv\overset{+}{Y}$$

### 5.2.1.3 烯丙基的 α 裂解

$$R-\overset{3}{C}H_2-\overset{2}{C}H=\overset{1}{C}H_2$$

$$\downarrow -e$$

$$R-CH_2-CH-\overset{\cdot+}{C}H_2 \xrightarrow{\alpha} R\cdot + CH_2=CH-\overset{+}{C}H_2$$
$$m/z\ 41$$

## 5.2.2 i 裂解（电荷中心驱动的裂解）

### 5.2.2.1 奇电子离子的 i 裂解（诱导裂解）

在奇电子离子中，与正电荷中心相连的键的一对电子被正电荷所吸引，造成单键断裂和电荷转移，称为 i 裂解。奇电子离子中既有电荷中心也有自由基中心，因此存在 i 裂解与 α 裂解以及自由基中心诱导的氢重排反应的竞争。

$$R-\overset{\cdot+}{Y}-R' \xrightarrow{i} \overset{+}{R} + \cdot YR'$$

$$\underset{R'}{\overset{R}{>}}C=\overset{\cdot+}{Y} \rightleftharpoons \underset{R'}{\overset{R}{>}}\overset{+}{C}-\overset{\cdot}{Y} \xrightarrow{i} R^+ + R'-\overset{\cdot}{C}=Y$$

### 5.2.2.2 偶电子离子的 i 裂解

偶电子离子只有电荷中心，在正电荷中心的吸引下，与正电荷中心连接的键断裂，该键的一对电子被正电荷中心所吸引，引起电荷中心的迁移。

$$R-\overset{+}{Y}H_2 \xrightarrow{i} \overset{+}{R} + YH_2$$

$$R-\overset{+}{Y}=CH_2 \xrightarrow{i} \overset{+}{R} + Y=CH_2$$

### 5.2.2.3 其他裂解反应

奇电子离子的其他裂解反应，如重排反应、环的开裂、置换反应、消除反应等，详见文献[1]，此处列出一些比较重要的裂解反应。

（1）McLafferty 重排（$\gamma$–H 迁移，$\beta$–键开裂，中性丢失为烯烃）

（2）retro-Diels-Alder（RDA）重排（含环己烯的分子裂解生成共轭二烯及单烯产物）

$$(5.1)$$

$$(5.2)$$

其裂解途径可以认为是协同进行的[式(5.1)]或分步进行的[式(5.2)]。

（3）酚的裂解

（4）饱和杂环的跨环裂解　如：

X 为 NH, O, S。

（5）芳杂环的裂解　如：

#### 5.2.2.4 偶电子离子的裂解反应

如 5.2.2.2 中所示，偶电子离子的裂解，通常丢失一小分子，生成另一个偶电子离子。也有例外，偶电子离子裂解生成奇电子离子，这在含共轭体系的分子的 API 质谱中可以发现。常见的裂解反应如下。

（1）单键裂解伴随电荷的迁移：

$$CH_3-CH_2-OH_2^+ \longrightarrow CH_3-CH_2^+ + H_2O$$

（2）键的裂解伴随环化及电荷的迁移（电荷中心附近有位置适当的杂原子）

① 反式（*trans*）环己二醇易于生成 $[M+H-H_2O]^+$ 离子：

② $\omega$-氨基醇 $H_2N(CH_2)_nOH$ 具线形长链：

③ 氨基醇 $H_2N(CH_2)_nOH$，只有当 $n=4$ 或 5 时才产生 $[M+H-NH_3]^+$ 离子：

下述反应，原理相同：

（3）环状离子断裂两个键，电荷保留：

（4）两个键断裂，伴随着重排：

这些重排称为四中心重排（four-center rearrangement）。如烷链较长，通过六元环的 $\gamma$ 位氢重排为优势过程，这是发生在偶电子离子上的 McLafferty 重排：

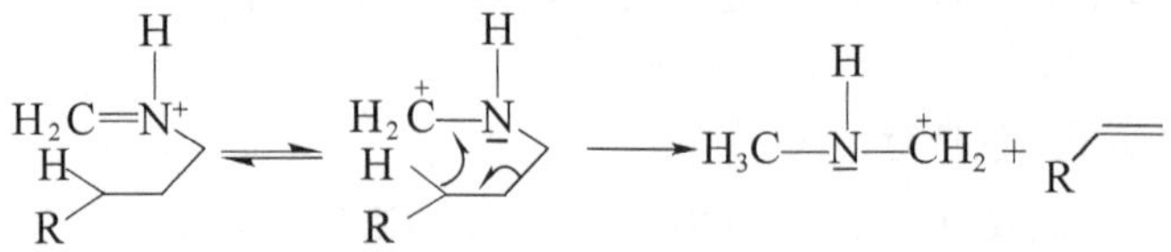

# 5.3 大气压离子化质谱（API MS）的解析

API MS 主要产生准分子离子，质谱图通常只有几个明显的质谱峰，缺乏结构信息。为了进行未知物分析或化合物结构分析，需要采用 MS$^n$ 方法和技术。

## 5.3.1 小分子化合物 API MS 的解析[3]

### 5.3.1.1 分子量的确定

分子量的确定，即分子离子或准分子离子的确定，是质谱解析的第一步，也是非常重要的一步。API 属于软离子化方法，如前所述，与 EI 比较起来，所得质谱缺少碎片离子，主要生成准分子离子，如[M+H]$^+$、[M+Na]$^+$、[M−H]$^-$、[M+Cl]$^-$等，这些离子均为偶电子离子。这个特征，使得从 API 质谱中确定待测化合物的分子量比较容易。

在正离子模式中（见表 5.1），除了质子化的分子[M+H]$^+$外，可能有其他加合物离子可用于确定分子量，如[M+Na]$^+$（常伴随[M+K]$^+$）；[M+NH$_4$]$^+$也常见，取决于流动相中是否有铵盐或进样系统中是否残留了铵盐；其他无机阳离子加合物，如在特殊的应用中，将 Li$^+$或 Ag$^+$加入溶液中以生成相应的加合物离子，用于确定长链脂肪酸双键的位置；加铜离子形成四元配合物用于手性识别等。

表 5.1  正离子 API MS 中的单电荷离子

| 加合离子 | 名义质量位移① （ΔDa） | 准确质量位移① （mDa） |
| --- | --- | --- |
| [M+Li]$^+$ | 6 | +8.2 |
| [M+NH$_4$]$^+$ | 17 | +26.5 |
| [M+H+H$_2$O]$^+$ | 18 | +10.6 |
| [M+Na]$^+$ | 22 | −18.1 |
| [M+H+CH$_3$OH]$^+$ | 32 | +26.2 |
| [M+K]$^+$ | 38 | −44.1 |
| [M+H+CH$_3$CN]$^+$ | 41 | +26.5 |
| [M+H+H$_2$O+CH$_3$OH]$^+$ | 50 | +36.8 |
| [M+Na+CH$_3$CN]$^+$ | 63 | +8.5 |
| [M+Ag]$^+$ | 106 | −102.7 |

① 质量位移相当于[M+H]$^+$与特定的加合物离子之差，如[M+Na]$^+$−[M+H]$^+$=22。

在负离子模式中（表 5.2），[M−H]$^-$常为基峰，在某些情况下，可能伴随着加合物离子或为加合物离子所取代。加合物离子的存在及其相对强度，取决于溶液中这些阴离子的浓度。在

LC-MS 中，常用甲酸或乙酸缓冲溶液，故常见[M+HCOO]⁻和[M+CH₃COO]⁻。

表 5.2　负离子 API MS 中的单电荷离子

| 加合离子 | 名义质量位移① | 准确质量位移① |
|---|---|---|
| [M−H+H₂O]⁻ | 18 | +10.6 |
| [M+F]⁻ | 20 | +6.2 |
| [M−H+CH₃OH]⁻ | 32 | +26.2 |
| [M+Cl]⁻ | 36 | −23.3 |
| [M+HCOO]⁻ | 46 | +5.5 |
| [M+NO₂]⁻ | 47 | +0.7 |
| [M+CH₃COO]⁻ | 60 | +21.1 |
| [M+NO₃]⁻ | 63 | −4.4 |
| [M+Br]⁻ | 80 | −73.8 |
| [M+HSO₄]⁻ | 98 | −32.6 |
| [M+H₂PO₄]⁻ | 98 | −23.1 |
| [M+CF₃COO]⁻ | 114 | −7.1 |
| [M+I]⁻ | 128 | −87.7 |
| [2M−H]⁻ | — | — |

① 质量位移相当于[M−H]⁻与特定的加合物离子之差。

在正离子和负离子 API MS 中，其他较少见的离子有二聚体离子，通常是由于待测物质的浓度较高或化合物有易于形成二聚体或多聚体的性质。最常见的二聚体离子是[2M+H]⁺或[2M−H]⁻。

其他与分子量相关的离子有双电荷和多电荷离子。这些离子可由同位素峰之间的间距识别，对于双电荷离子等于$\frac{1}{2}m/z$，对于带 $n$ 个电荷的多电荷离子为$\frac{1}{n}m/z$。

此外，还有与溶剂分子非共价结合的离子，通常强度较低。常见的有与乙腈、甲醇、水的加合物。

在 API MS 中，还有很少见的与分子量相关的奇电子分子离子。这可在含硝基多环芳烃（尤其是含氮、含硫杂环）的负离子 APCI 中发现，其机制可能是电子捕获形成 M⁻˙。对于正离子 APCI 和 ESI，高度共轭的芳香化合物可生成 M⁺˙。

#### 5.3.1.2　单功能团化合物的裂解

（1）含磷功能团　有机磷化合物在磷酰化蛋白、磷脂和杀虫剂化学中很普遍。

磷酸和膦酸单酯，由于它们有两个酸质子，故离子化方法用 ESI 负离子模式。特征碎片离子：对于磷酸酯为 [H₂PO₄]⁻；对于膦酸酯为[H₂PO₃]⁻、[PO₂]⁻；磷酸酯和膦酸酯共有的为[PO₃]⁻。由[M−H]⁻也会发生中性丢失 HPO₃ 和 H₃PO₄ （图 5.1）。

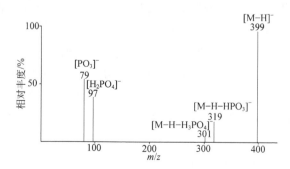

图 5.1　磷酸酯（假定分子量 $M_w$=400）的质谱

其裂解机制，由磷酸酯中性丢失 HPO$_3$[图 5.2(a)]和生成[H$_2$PO$_4$]$^-$[图 5.2(b)]：

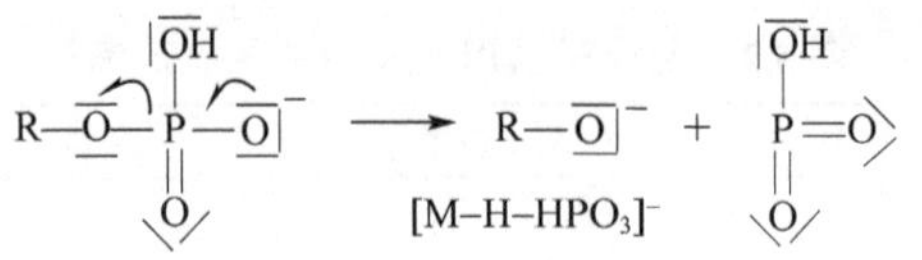

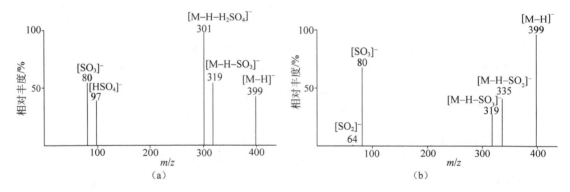

（a）由磷酸酯中性丢失 HPO$_3$

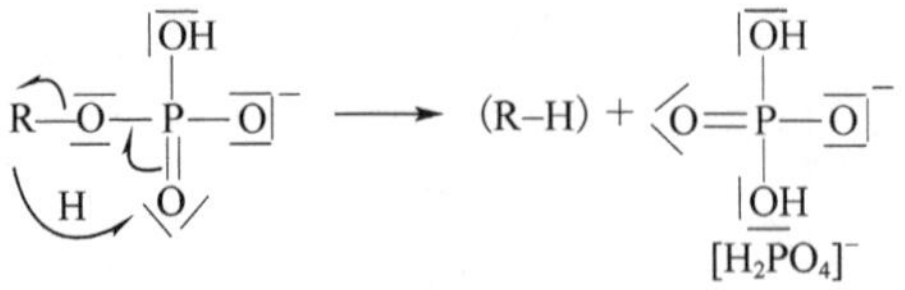

（b）由磷酸酯生成 [H$_2$PO$_4$]$^-$

图 5.2　磷酸酯的质谱裂解

（2）含硫功能团

① 硫酸酯和磺酸，这些基团，尤其是硫酸酯和磺酸，对化合物的裂解行为影响很大。即使化合物含多种功能团，裂解过程也将从中性丢失这两个功能团开始，也即中性丢失：对硫酸酯为 H$_2$SO$_4$；对硫酸酯和磺酸为 SO$_3$；对磺酸为 SO$_2$（图 5.3）。在质谱中常常可见互补离子[HSO$_4$]$^-$ 和 [SO$_3$]$^-$·；对磺酸还可能见低丰度的[SO$_2$]$^-$·。对芳基磺酰酯，也可能中性丢失 SO$_2$。应注意自由基离子[SO$_3$]$^-$· 是特征的，而偶电子离子[HSO$_3$]$^-$在质谱中不常见。

② 砜类化合物可丢失自由基 OH· 和 R·。

③ 硫醇则丢失 H$_2$S。

（左图 a）相对丰度/%；[M−H−H$_2$SO$_4$]$^-$ 301；[M−H−SO$_3$]$^-$ 319；[M−H]$^-$ 399；[SO$_3$]$^-$ 80；[HSO$_4$]$^-$ 97；（a）

（右图 b）相对丰度/%；[M−H]$^-$ 399；[SO$_3$]$^-$ 80；[M−H−SO$_2$]$^-$ 335；[M−H−SO$_3$]$^-$ 319；[SO$_2$]$^-$ 64；（b）

图 5.3　硫酸酯（a）和磺酸（b）（假定分子量 $M_w$=400）的质谱

其裂解机制，由硫酸酯中性丢失 SO$_3$[图 5.4(a)]和生成[HSO$_4$]$^-$[图 5.4(b)]，由磺酸中性丢失 SO$_3$[图 5.4(c)]和生成[SO$_3$]$^-$·[图 5.4(d)]。

（3）含氮功能团　首先，与含氮功能团相关的有一个"氮规律"。如果 API 质谱中均为偶电子（EE）离子而没有例外，则所有离子具偶数 $m/z$ 者均应含奇数氮原子，而具奇数 $m/z$ 的应不含氮或含偶数氮。但是，EE 规则有例外，因为某些含氮化合物，如硝基、亚硝基、$N$-氧化物和含氮杂环化合物的 API MS 中，可能有奇电子（OE）离子。

① 硝酸酯是爆炸物分子中的易分解基团，即使在最软的 ESI 条件下，这个功能团也将分解，可能得不到[M−H]$^-$，在质谱中只有[NO$_3$]$^-$和[NO$_2$]$^-$碎片离子。

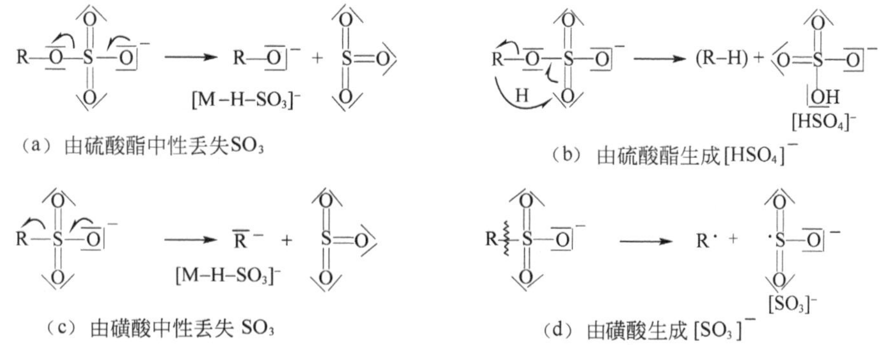

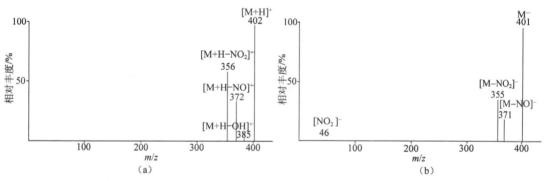

（a）由硫酸酯中性丢失 SO₃        （b）由硫酸酯生成 [HSO₄]⁻

（c）由磺酸中性丢失 SO₃        （d）由磺酸生成 [SO₃]⁻

图 5.4 硫酸酯和磺酸的裂解机制

② 硝基化合物的离子化和裂解行程比较复杂。图 5.5 所示为硝基化合物的正离子质谱和负离子质谱。硝基化合物，尤其是多硝基化合物的负离子 API MS 中，常有自由基离子 M⁻·，但是也可能生成[M−H]⁻，这取决于化合物的特定结构。如无含硫、磷基团存在，在起始的裂解过程中，会丢失 NO·和 NO₂·，这些中性丢失，在以 M⁻·和[M−H]⁻为起始离子时，均可产生。互补的自由基离子[NO₂]⁻·也可能观察到。另一种中性丢失是丢失氧（如有，强度也很低），除了 N-氧化物，这种丢失对所有其他功能团是很少见的。

图 5.5 硝基化合物（假定分子量 $M_w$=401）的正离子质谱（a）和负离子质谱（b）

③ 亚硝基化合物较少见，中性丢失可预期的是 NO。

④ N-氧化物是某些含氮药物的常见氧化代谢物。N-氧化物的去氧特征裂解只发生在全扫描质谱，有人解释为离子源中发生了热降解。在 ESI MS 中，也可能中性丢失 OH·和 H₂O。羟基化代谢物与 N-氧化物是两种分子量相同的氧化代谢物，基于其特征裂解可以区别，羟基化代谢物典型的是脱水，而氮氧化物是脱氧。

⑤ 偶氮基团是广泛使用的有机染料的特征功能团，常与磺酸基等功能团共存，以增加水溶性。偶氮基的裂解有若干可能性，涉及有或没有氢原子的转移，如 N 和邻近的 C 之间或 N 和 N 之间的开裂。图 5.6 表示在负离子 MS/MS 中，有经重排丢失 N₂生成的离子。

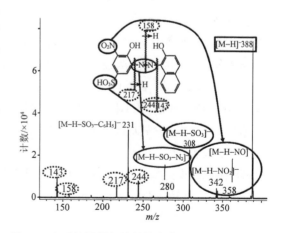

图 5.6 多功能团偶氮染料的负离子 MS/MS 裂解行为

偶氮化合物如无其他功能团存在，则仅在正离子模式下有信号（图 5.7）。

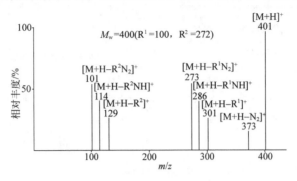

图 5.7　偶氮化合物（假定分子量 $M_w$=400）的正离子质谱

⑥ 酰胺，如无其他电负性功能团存在，适宜于用正离子模式测定，此时，丢失 $NH_3$（$RNH_2$ 对于烷基酰胺，$R^1NHR^2$ 对于二烷基酰胺）生成稳定的酰基离子。这与肽的裂解生成 b 离子和 y 离子类似（图 5.8）。

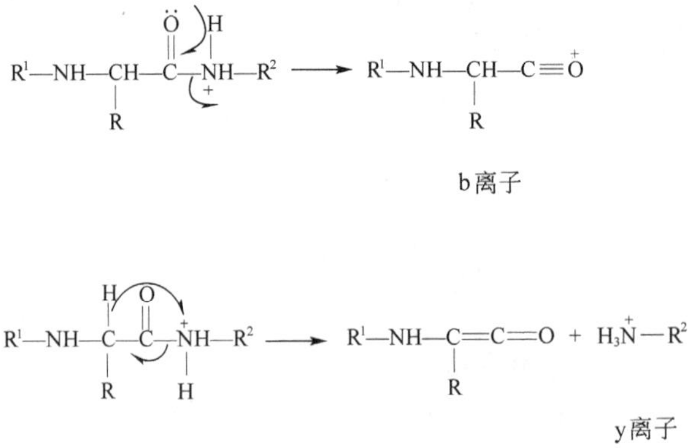

b离子

y离子

图 5.8　酰胺键的裂解

⑦ 脂肪胺，同样可丢失 $NH_3$，取代胺丢失烷基胺或二烷基胺。

⑧ 腈和芳胺，无其他功能团共存时，中性丢失 HCN 是特征的反应。腈化物，如含其他电负性功能团，在负离子模式下，中性丢失 HCN 或生成[CN]⁻。

对于多功能团化合物，酰胺、胺、腈类化合物的这些裂解途径可被其他竞争裂解反应所抑制。

（4）含氧功能团　含氧功能团的 API 裂解与 EI 的有许多相似之处，尽管 API MS 的起始离子是 EE 离子[M+H]⁺或[M−H]⁻，而 EI MS 中为 OE 离子 M⁺·，其产生的碎片离子常常是相同的，至少是部分相同的。含氧功能团常与其他功能团共存，因此，合适的离子化方式取决于各有关功能团。对于羧酸，负离子方式较灵敏，而对于酯、酮和醚，正离子方式较合适。在常见含氧功能团化合物（除较少见的过氧化合物和环氧化合物外）中，对裂解影响最大的是羧酸和醇。

① 羧酸在各种类型质谱中，即正或负模式，全扫描谱或串联质谱中，均有特征的中性丢失 $CO_2$。在正离子模式中，典型的非专属的中性丢失是 $H_2O$，并常常随着丢失 CO。图 5.9 为羧酸的负离子质谱，图 5.10 为羧酸的裂解。

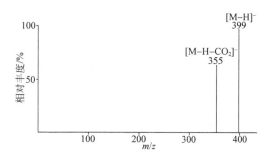

图 5.9　羧酸的负离子质谱（假定分子量 $M_w=400$）

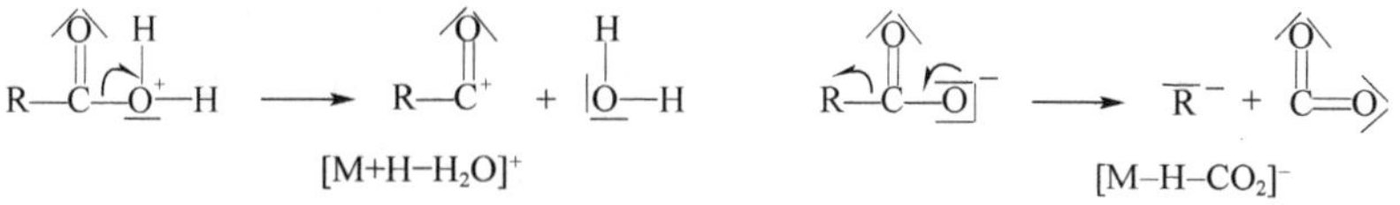

（a）正离子模式　　　　　　　　（b）负离子模式

图 5.10　羧酸的裂解

② 脂肪醇在任何模式中，中性丢失水，但这一中性丢失是非专属的，几乎所有含氧功能团均可发生。然而，失水的离子的相对强度以醇为最高，而且在全扫描谱中早已存在，在串联质谱中常为基峰。图 5.11 为脂肪醇的裂解。

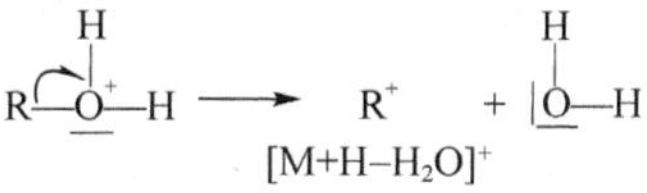

图 5.11　脂肪醇的裂解

③ 酚的情况相对不同，最典型的是经重排丢失 CO，而失水较少见。

④ 醚类化合物中如无其他功能团，通常在负离子模式中无信号。在正离子模式下，有四种可能的中性丢失：$CH_3^{\cdot}$ 和较少见的 $CH_3O^{\cdot}$ 以及中性分子甲醇或甲醛。对于甲氧基，出现 OE 离子是典型的。图 5.12 为醚（甲氧基）的质谱，图 5.13 为醚的裂解。

图 5.12　醚（甲氧基）的质谱（假定分子量 $M_w=400$）

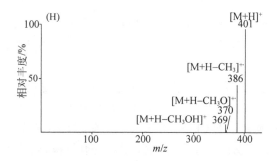

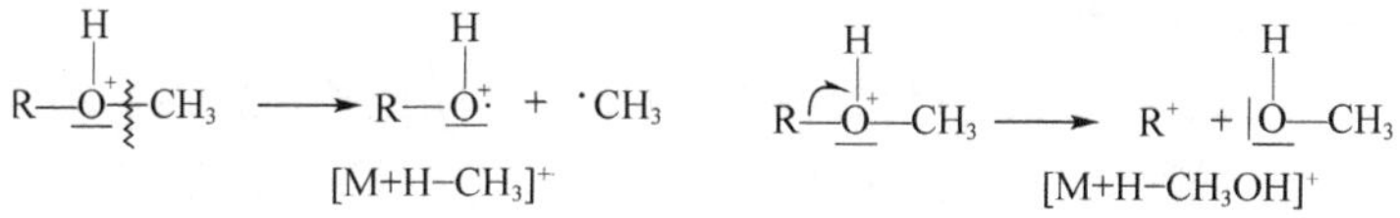

图 5.13　醚的裂解

⑤ 酯功能团相对极性较低，如有其他极性基团存在，对裂解的影响较小。特征的中性丢失是醇并随着丢失 CO。如酯是唯一的功能团，用 APCI（或 APPI）较合适，负离子模式没有信号。

⑥ 酮类的 API MS 中，裂解产物与 EI 相同，即$[R^1CO]^+$和$[R^2CO]^+$。低强度中性丢失水也可发生。

⑦ 醛类的中性丢失，有报道的只有 CO。

⑧ 环氧化物，尤其是过氧化物是氧化反应的中间体，因其不稳定，故在有机分子中很少检测。这两个基团易中性丢失水，而过氧化物极易中性丢失 $H_2O_2$（图 5.14）。

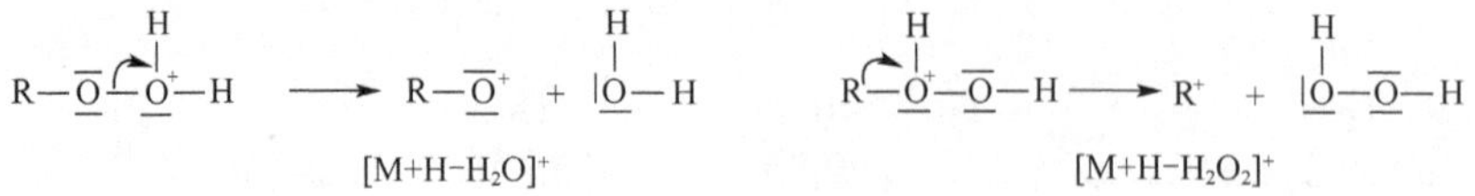

图 5.14　过氧化物的裂解

过氧化物强烈裂解和加合物的形成，使分子量的确定比较困难。在特殊的软实验参数设定下（低温和低流速），用 APCI，基于$[M+H+CH_3OH]^+$测定分子量。在 ESI 条件下，用银离子加合物确定分子量。

（5）卤化物　卤化物可能的裂解途径是易于中性丢失 HX 或自由基 X·（图 5.15）。

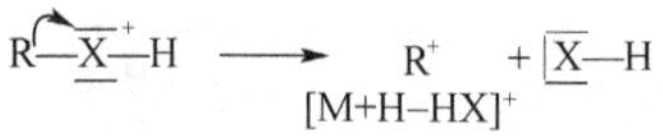

图 5.15　卤化物的裂解

自由基离子生成的可能性 F<Cl<Br<I 以次增加。对多卤化合物，可见重复中性丢失，而使准分子离子的相对丰度明显下降。取决于分子中其他功能团的存在，可用 API 在正或负离子模式下测定。

氯（$^{35}Cl:^{37}Cl≈3:1$）和溴（$^{79}Br:^{81}Br≈1:1$）具高度特征的同位素双峰，在质谱中易于鉴别，而氟（$^{19}F$）和碘（$^{127}I$）是单同位素。如 Cl、Br 同时存在，相差两个质量单位的同位素峰的比例由二项式计算。

在负离子模式，可观测到卤化物负离子。 多溴二苯醚可生成 M⁻·，随后中性丢失 Br·和 $Br_2$，溴代多芳烃也相似。如氟位于其他功能团旁，则中性丢失 HF 常被抑制。

（6）其他结构类型

① 烷基和芳基取代物　对于烷基取代物，典型的中性丢失是烷烯。例如，丁基取代物中性丢失丁烯。如有立体上邻近的 H 存在，中性丢失烷烃也有可能，但是中性丢失烷烯更常见。烷基自由基丢失主要发生在负离子 APCI 中。对于苯或芳基取代，合理的中性丢失为 $C_6H_6$ 或 $C_6H_4$，而 $C_6H_5·$ 较少见。具高度共轭结构的芳香化合物，尤其是含氮或硫杂环体系，具有稳定自由基阳离子 M⁺·中未成对电子的能力，这一离域未成对电子的能力，也存在于某些碎片离子中。在实验中，形成自由基阳离子 M⁺·，还是质子化分子[M+H]⁺，取决于许多因素，如其他功能团、烷链长度、溶剂、API 技术和质谱仪类型等。

② 烯或炔键的存在，对烯烃和炔烃裂解的影响不如含杂原子功能团那么明显。如需确定不饱和键的位置（如不饱和脂肪酸），有一些衍生化的方法，以导致相应的裂解反应，由特征裂解行为确定双键位置[4]。

③ 有机金属化合物含碳–金属键，这个键的裂解，对于烷基取代中性丢失烷烯和烷烃，对于

苯基取代中性丢失 $C_6H_6$。

#### 5.3.1.3 多功能团化合物的裂解

实践中，待测物分子常常比较复杂，具多种功能团，不同的基团对离子化和裂解有不同的影响。作为经验规则，功能团的极性较强，对质谱行为的影响较大。以下列出了一些常见功能团，按其对 API MS 裂解行为影响的大小排列：硝酸酯>磷酸酯≈硫酸酯>磺酸>羧酸>羟基>硝基>卤素>其他功能团。

阴离子基团的存在（例如磷酸、硫酸酯、磺酸、羧酸）使最常用的正离子 ESI 模式改变为负离子 ESI 模式，分子中的其他功能团影响较少，除非有阳离子功能团，如季铵的存在。相似的，有阳离子功能团存在，则应选择最常用的正离子 ESI 模式进行分析。

多功能团的存在，一般不增加新的裂解途径，而是不同的裂解途径发生竞争。解析复杂分子的裂解需参考相似化合物的文献数据。

#### 5.3.1.4 准分子离子 CID 的中性丢失

API MS 通常得到的是偶电子准分子离子，主要是$[M+H]^+$和$[M-H]^-$。为了得到结构信息，最常用的是用碰撞诱导解离（CID），准分子离子裂解，丢失中性碎片（通常是小分子），得到产物离子，用 $MS^n$ 测定。产物离子和中性丢失，在质谱解析中同样重要，用于确定化合物的主要功能团及结构。Levsen 等[5]用 ESI 和 APCI 及离子阱质谱仪，对 121 个模型化合物（主要是芳香化合物）的$[M+H]^+$和$[M-H]^-$进行 CID 和 $MS^n$ 实验，所得结果与文献数据比较，得到了表 5.3 和表 5.4，列出了各类化合物的$[M+H]^+$和$[M-H]^-$低能 CID 的中性丢失。表 5.3 中列出了名义质量（mass）和准确质量（exact mass），以利用高分辨质谱法测定离子的准确质量时应用。

表 5.3　各类化合物$[M+H]^+$和$[M-H]^-$低能 CID 中性丢失汇总

| 名义质量 | 准确质量 | 中性丢失 | 正离子 | 负离子 | 化合物分类①② |
|---|---|---|---|---|---|
| 1 | 1.0078 | ·H | − | − | (aromatic amines)：芳香胺 |
| 2 | 2.0157 | $H_2$ | + | − | (amines)：（胺） |
| 15 | 15.0235 | ·$CH_3$ | + | − | **aromatic, *N*-methylamines**, methoxy derivatives, *tert.* Butyl：芳香化合物，*N*-甲基胺，甲氧基，叔丁基 |
| 16 | 16.0313 | $CH_4$ | − | − | methoxy derivatives：甲氧基 |
| | 16.0187 | ·$NH_2$ | + | − | aromatic amines：芳香胺 |
| | 15.9949 | O | − | − | nitrotoluenes：硝基甲苯 |
| 17 | 17.0027 | ·OH | + | + | **nitroaromatic compounds：硝基芳香族化合物** |
| | 17.0265 | $NH_3$ | + | − | **aliph. amines**，(arom. amines)，oximes：脂肪胺，（芳香胺），肟 |
| 18 | 18.0106 | $H_2O$ | + | − | **carboxylic acids**，aldehydes，ester：羧酸，醛，醚 |
| 20 | 20.0062 | HF | − | − | fluorides：氟化物 |
| 26 | 26.0031 | ·CN | − | − | — |
| 27 | 27.0109 | HCN | + | + | **aliph. amines, arom. amines**，oximes，**aminosulfonic acids, arom. nitriles**：脂肪胺，芳香胺，肟，氨基磺酸，芳香腈 |
| | 27.9949 | CO | + | + | carboxylic acids，arom. methoxy deriv.，hydroxycarboxylic acids，**aldehydes, nitroaromatic compounds, ketones**：羧酸，芳香甲氧基，羟基羧酸，醛，硝基芳香族化合物，酮 |
| 28 | 28.0313 | $C_2H_4$ | − | − | triazines：三嗪 |
| | 28.0187 | ·$H_2CN$ | − | + | arom. amines：芳香胺 |

| 名义质量 | 准确质量 | 中性丢失 | 正离子 | 负离子 | 化合物分类[①②] |
|---|---|---|---|---|---|
| 29 | 29.0391 | $\cdot C_2H_5$ | − | − | (ethyl derivatives)：(乙基衍生物) |
|  | 29.0027 | $\cdot HCO$ | − | − | (nitroaromatics), (anthraquinones)：(芳香胺)，(蒽醌类化合物) |
| 30 | 30.0106 | $CH_2\!=\!O$ | + | + | arom. methoxy derivatives：芳香甲氧基 |
|  | 29.9980 | $\cdot NO$ | + | − | **nitroaromatics：硝基芳香族化合物** |
| 31 | 31.0058 | $HNO$ | − | + | (nitroaromatics)：(硝基芳香族化合物) |
|  | 31.0184 | $\cdot CH_2OH$ | + | − | ethanolaminoanthraquinones：乙醇氨基蒽醌 |
| 32 | 31.9721 | $S$ | − | − | sulfur compounds：硫化物 |
|  | 32.0262 | $CH_3OH$ | + | − | methyl esters：甲基醚 |
| 34 | 33.9877 | $H_2S$ | − | − | sulfur compounds：硫化物 |
| 35 | 34.9689 | $\cdot Cl$ | − | − | chlorides：氯化物 |
| 36 | 35.9767 | $HCl$ | + | − | **chlorides：氯化物** |
|  | 36.0211 | $H_2O+H_2O$ | − | − | dihydroxy compounds：双羟基化合物 |
| 42 | 42.0470 | $C_3H_6$ | + | − | triazines：三嗪 |
|  | 42.0106 | $CH_2C\!=\!O$ | − | − | 1,2-ethanediol, *N*-acetyl derivatives：1,2-乙二醇，*N*-乙酰基衍生物 |
|  | 42.0218 | $CH_2N_2$ | − | − | **triazines：三嗪** |
| 43 | 43.0058 | $HN\!=\!C\!=\!O$ | − | + | (nitroaromatics), hydroxytriazines：(硝基芳香族化合物)，羟基三嗪 |
|  | 43.0548 | $\cdot C_3H_7$ | + | − | (isopropyl derivatives)：(异丙基衍生物) |
| 44 | 44.0374 | $NH_3+HCN$ | − | − | aromatic diamines：芳香二胺 |
|  | 43.9898 | $CO_2$ | + | + | **carboxylic acids, carbamates：羧酸，氨基甲酸酯** |
|  | 44.0500 | $\cdot N(CH_3)_2$ | − | − | (aromatic dimethylamines)：(芳香二甲胺) |
| 45 | 45.0340 | $\cdot CH_2CH_2OH$ | + | − | ethanolaminoanthraquinones：乙醇氨基蒽醌 |
|  | 45.0215 | $NH_3+CO$ | + | − | aminoanthraquinones：氨基蒽醌 |
|  | 45.0215 | $HCN+H_2O$ | + | − | aminoanthraquinones：氨基蒽醌 |
|  | 45.0215 | $CH_3NO$ | − | + | nitroanilines：硝基苯胺 |
| 46 | 46.0055 | $HCOOH$ | + | − | carboxylic acids：羧酸 |
|  | 46.0055 | $H_2O+CO$ | + | − | carboxylic acids, arom. hydroxyaldehydes：羧酸，芳香羟基醛 |
|  | 46.0419 | $CH_3OCH_3$ | − | − | — |
|  | 45.9929 | $\cdot NO_2$ | + | + | **nitroaromatics：硝基芳香族化合物** |
| 47 | 47.0007 | $\cdot NO+\cdot OH\!=\!HNO_2$ | − | + | (nitroaromatics)：(硝基芳香族化合物) |
| 48 | 48.0086 | $H_2O+\cdot NO$ | + | − | nitroaldehydes：硝基醛 |
| 55 | 55.0058 | $HCN+CO$ | + | − | aminoanthrachinones 氨基蒽醌类 |
| 56 | 55.9898 | $CO+CO$ | + | − | methoxycarboxylic acids, anthraquinones, hydroxycarboxylic acids：甲氧基羧酸，蒽醌类化合物，羟基羧酸 |
|  | 56.0626 | $C_4H_8$ | + | − | **triazines：三嗪** |
| 57 | 56.9977 | $CO+CO+\cdot H$ | + | − | (anthraquinones)：(蒽醌类化合物) |
| 58 | 58.0055 | $C_2H_2O_2$ | + | − | naphthoxycarboxylic acid：萘酚羟基羧酸 |
|  | 57.9929 | $\cdot NO+CO$ | + | − | **nitroaromatics, hydroxyaldedydes：硝基芳香族化合物，羟基醛** |
| 60 | 60.0211 | $CH_3COOH$ | − | − | — |
|  | 60.0211 | $HCOOCH_3$ | − | − | — |
|  | 59.9670 | $S\!=\!C\!=\!O$ | − | − | thiocarbamates：硫代氨基甲酸酯 |
|  | 59.9960 | $\cdot NO+\cdot NO$ | − | − | **nitroaromatics：硝基芳香族化合物** |

| 名义质量 | 准确质量 | 中性丢失 | 正离子 | 负离子 | 化合物分类①② |
|---|---|---|---|---|---|
| 61 | 61.0164 | $CO_2+NH_3$ | + | − | aminocarboxylic acids：氨基羧酸 |
| 64 | 63.9619 | $SO_2$ | − | + | **sulfonic acids, sulfonates：磺酸，磺酸酯** |
| | 63.9716 | $HCl+CO$ | − | − | chloroanthraquinones：氯蒽醌 |
| 70 | 70.0531 | $C_3H_6N_2$ | − | − | — |
| 72 | 72.0211 | $C_3H_4O_2$ | − | − | — |
| | 71.9847 | $CO_2+CO$ | + | − | (hydroxycarboxylic acids)：（羟基羧酸） |
| 73 | 73.0038 | $NO_2+HCN$ | − | − | (nitroanilines)：（硝基苯胺） |
| 74 | 73.9878 | $NO_2+CO$ | + | + | nitroaldehydes, **nitroaromatics**：硝基醛，硝基芳香族化合物 |
| | 74.0004 | $H_2O+CO+CO$ | − | − | hydroxyanthraquinones：羟基蒽醌类 |
| 75 | 75.0320 | glycine（甘氨酸） | − | − | **glycine conjugate, CysGly conjugate, glutathione conjugate**：甘氨酸结合物，半胱氨酸甘氨酸结合物，谷胱甘肽结合物 |
| 76 | 75.9909 | $NO+NO_2$ | − | − | **nitroaromatics**：硝基芳香族化合物 |
| 78 | 77.9985 | $CH_2N_2+HCl$ | + | − | **triazines**：三嗪 |
| 79 | 78.9183 | $·Br$ | − | − | **bromides**：溴化物 |
| 80 | 79.9262 | $HBr$ | − | − | **bromides**：溴化物 |
| | 79.9568 | $SO_3$ | + | + | **sulfonic acids**：磺酸 |
| 81 | 80.9646 | $·HSO_3$ | + | − | sulfonic acids：磺酸 |
| 84 | 83.9847 | $CO+CO+CO$ | − | − | anthraquinones：蒽醌类化合物 |
| | 84.0939 | $C_3H_6+C_3H_6$ | − | − | triazines：三嗪 |
| 85 | 85.0276 | $HCNO+CH_2N_2$ | − | + | hydroxytriazines：羟基三嗪 |
| 86 | 85.9878 | $·NO+CO+CO$ | − | − | nitroaromatics：硝基芳香族化合物 |
| 88 | 87.9909 | $·NO+·NO+CO$ | + | − | **nitroaromatics**：硝基芳香族化合物 |
| 92 | 91.9665 | $CO+CO+HCl$ | − | − | chloroanthraquinones：氯蒽醌 |
| | 91.9858 | $·NO_2+·NO_2$ | − | − | **nitroaromatics**：硝基芳香族化合物 |
| 94 | 93.9599 | $SO_2+·NO$ | − | + | **nitrosulfonic acids**：硝基磺酸 |
| 100 | 99.9797 | $CO_2+CO+CO$ | + | − | anthraquinone carboxylic acids：蒽醌羧酸 |
| 104 | 103.9858 | $·NO+·NO_2+CO$ | + | − | **nitroaromatics**：硝基芳香族化合物 |
| 112 | 111.9797 | $4×CO$ | + | − | hydroxyanthraquinones：羟基蒽醌 |
| 120 | 119.9807 | $·NO_2+·NO_2+CO$ | − | − | nitroaromatics：硝基芳香族化合物 |
| 121 | 121.0197 | cysteinyl（半胱氨酰） | + | + | **cysteine conjugates**：半胱氨酸结合物 |
| 124 | 123.9579 | $SO_2+·NO+·NO$ | − | + | nitrosulfonic acids：硝基磺酸 |
| 129 | 129.0426 | anhydroglutaminic acids（脱水谷酰胺酸） | − | − | **N-acetylcysteine conjugates, γ-GluCys conjugates, glutathione conjugates**：N-乙酰半胱氨酸结合物，γ-谷氨酸半胱氨酸结合物，谷胱甘肽结合物 |
| 134 | 133.9838 | $·NO_2+·NO+·NO+CO$ | − | + | nitroaromatics, (trinitrocarboxylic acids)：硝基芳香族化合物，（三硝基羧酸） |
| 146 | 146.0691 | glutamine（谷氨酰胺） | + | − | **conjugate with γ-GluCys or glutathione**：γ-谷氨酸半胱氨酸结合物或谷胱甘肽结合物 |
| 162 | 162.0528 | anhydroglucose（脱水葡萄糖） | − | − | glucosides：葡萄糖苷 |
| 163 | 163.0303 | NAcCys | + | − | N-acetylcysteine conjugate：N-乙酰半胱氨酸结合物 |
| 176 | 176.0256 | CysGly | − | + | **glycylcysteinyl conjugates**：甘氨酸半胱氨酸结合物 |
| | 176.0321 | anhydroglucuronic acid（脱水葡萄糖醛酸） | + | + | **glucuronides**：葡萄糖醛酸苷 |

| 名义质量 | 准确质量 | 中性丢失 | 正离子 | 负离子 | 化合物分类[①②] |
|---|---|---|---|---|---|
| 178 | 178.0412 | CysGly | + | − | **glycylcysteinyl conjugates**：甘氨酸半胱氨酸结合物 |
| 194 | 194.0427 | glucuronic acid（葡萄糖醛酸） | + | − | glucuronide（benzylic）：葡萄糖醛酸苷（苄基） |
| 203 | 203.0794 | anhydro-*N*-acetylg-lucosamine（脱水 *N*-乙酰葡萄糖胺） | + | + | **conjugate with *N*-acetylglucosamine（benzylic）：*N*-乙酰葡萄糖胺（苄基）结合物** |
| 216 | 216.0746 | γ-GluCys（γ-谷氨酸半胱氨酸） | + | + | **conjugate with γ-GluCys：γ-谷氨酸半胱氨酸结合物** |
| 221 | 221.0899 | *N*-acetylglucosamine（*N*-乙酰葡萄糖胺） | + | − | **conjugate with *N*-acetylglucosamine：*N*-乙酰葡萄糖胺结合物** |
| 248 | 248.0532 | anhydromalonylGlc（丙二酸单酰葡萄糖脱水） | + | − | **malonylglucuronides：丙二酸单酰葡萄糖醛酸** |
| 266 | 266.0638 | malonylGlc（丙二酸单酰葡萄糖） | + | − | **malonylglucuronides（benzylic）：丙二酸单酰葡萄糖醛酸（苄基）** |
| 273 | 273.0961 | | + | + | glutathione conjugates：谷胱甘肽结合物 |
| 306 | 306.0760 | glutathione（谷胱甘肽） | − | − | glutathione conjugates：谷胱甘肽结合物 |
| 307 | 307.0838 | glutathione（谷胱甘肽） | + | − | glutathione conjugates：谷胱甘肽结合物 |

① 黑体为特征和/或专属的中性丢失。

② 括号中为偶见的中性丢失。

**表 5.4　各类有机化合物的[M+H]⁺和[M−H]⁻，经低能 CID 的中性丢失，按功能团排列**

| 功能基团 | | 化合物分类 | 中性丢失[①②] | |
|---|---|---|---|---|
| | | | $[M+H]^+$ | $[M-H]^-$ |
| −COOH | 羧酸 | 芳香族 | $H_2O$ | $CO_2$ |
| | | 脂肪族 | — | — |
| −CH=O | 醛 | 芳香族 | CO | — |
| −C=O | 酮 | 芳香族 | CO | — |
| −COOCH₃ | 甲基酯 | 脂肪族/芳香族 | **$CH_3OH$** | — |
| −CONH₂ | 酰胺 | 脂肪族/芳香族 | **$NH_3$** | — |
| −SO₃H | 磺酸 | 芳香族 | — | $SO_2$（$SO_3$） |
| −CN | 腈 | 脂肪族/芳香族 | **HCN** | — |
| −F | 氟 | 脂肪族 | **HF** | — |
| −Cl | 氯 | 脂肪族/芳香族 | **HCl（·Cl）** | **HCl（·Cl）** |
| −Br | 溴 | 脂肪族/芳香族 | **·Br** | — |
| −NO₂ | 硝基芳香族化合物 | 芳香族 | **·NO/·NO₂（·OH）** | **·NO/·NO₂** |
| −OH | 醇 | 脂肪族 | $H_2O$ | — |
| | 酚 | 芳香族 | — | — |
| −NH₂ | 胺 | 脂肪族 | **$NH_3$** | — |
| | | 芳香族 | HCN | — |
| | | | — | |
| −CH₃ | 烷基衍生物 | 芳香族 | — | — |
| −C₂H₅ | | | | |
| −NHCH₃ | 甲基胺 | 芳香族 | **·CH₃** | |

① 黑体为特征和/或专属的中性丢失。

② 括号中为偶见的中性丢失。

### 5.3.1.5　API MS 中的奇电子离子

　　API 技术产生偶电子准分子离子。如这个规则没有例外，则在 API MS 中不应有奇电子离子。实际上，多数情况下是遵守这个规则的。在正离子 ESI MS 中，约 93% 为偶电子离子，而奇电子离子仅 7%。在负离子 ESI MS 中，奇电子离子比例略高，约为 14%。

用 APCI 时，对许多不同类型的小分子，情况与 ESI 相似，生成自由基离子的机会可能略高。

对于 APPI，奇电子离子相对比较普遍，这是因为该离子化方法的机制有利于自由基离子的生成。APPI 是介于软离子化方法和 EI 之间的离子化方法，在正极或负极模式和一定条件下，由于电荷交换机制，可观测到自由基分子离子，而在负离子模式下，自由基分子离子由电子捕获机制产生。

形成奇电子离子最典型的功能团是硝基，由电子捕获机制生成自由基分子离子 M$^{-\cdot}$，随后发生三种常见的自由基中性丢失，NO$_2^\cdot$、NO$^\cdot$ 和 OH$^\cdot$。类似的丢失也发生在硝酸酯。亚硝基也有相同的中性丢失（NO$^\cdot$）。

甲基取代的芳环或其他环状结构、*N*-甲基取代、甲氧基化的黄酮、含甲氧基药物等，有自由基 CH$_3^\cdot$中性丢失。对于烷烃或芳基取代物，中性丢失偶电子烷烯、烷烃或芳烯是特征的，但也观察到自由基烷基丢失，尤其是在负离子 APCI MS 和杂环化合物中。甲氧基有时也可能有 CH$_3$O$^\cdot$丢失，但通常丢失甲基自由基。类似的自由基丢失为 CH$_3$S$^\cdot$。

多卤代和全卤代化合物也发生自由基 X$^\cdot$丢失，但是，如有立体上可提供的氢，通常丢失 HX。

硝基、*N*-氧化物、亚砜有 OH$^\cdot$自由基中性丢失，而醇未见有这种丢失。分子（如杀虫剂）中如有 CH$_3$SO$_2$基团，自由基中性丢失导致生成奇电子离子，相对强度高至 100%。

### 5.3.1.6 质量-结构关联

质谱法测得的主要数据是离子的质量。准确测定分子离子或准分子离子的质量（*m/z*）可以确定化合物的元素组成（分子式）。同样，用适当的离子活化方法及 MS$^n$ 技术，可得到碎片离子的质量及其元素组成，由此提供了化合物的结构信息。因此，可以说质谱解析的主要任务之一是将质量与结构关联起来。

为了加速化合物的鉴别和结构分析，一些质谱仪器供应商提供了相似的数据分析及检索的软件。这些软件包括：待测化合物分子式确定；候选化合物数据库检索（包括化合物名称、结构等）；碎片离子元素组成及结构等。图 5.16 是金银花中的一个成分，用分子-结构关联软件 Molecular Structure Correlator （MSC）快速鉴定的结果，确定为断氧化马钱子苷（secoxyloganin），并根据碎片离子的结构，推导出可能的 MS/MS 裂解途径（图 5.17）。

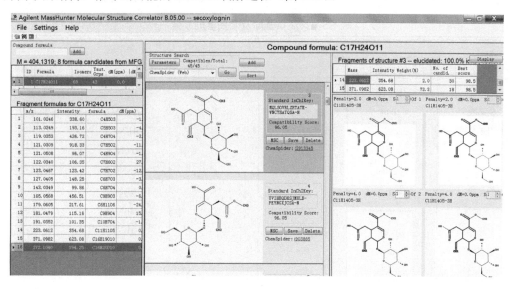

图 5.16 断氧化马钱子苷的快速鉴定

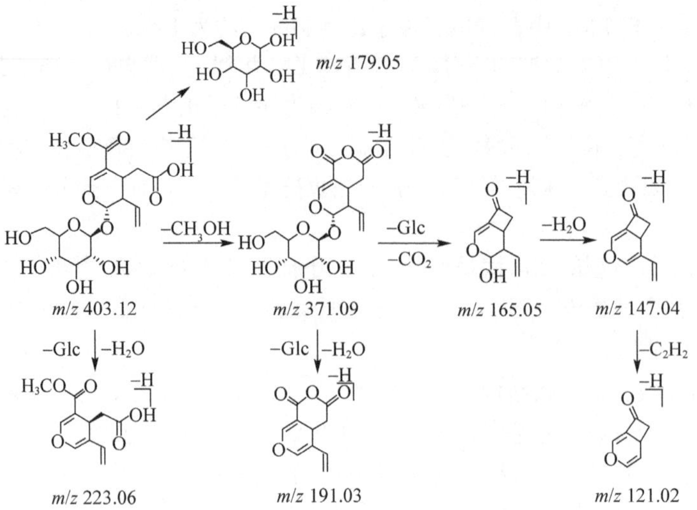

图 5.17　断氧化马钱子苷 MS/MS 可能的裂解途径

## 5.3.2　生物聚合物的 MS

### 5.3.2.1　肽和蛋白质 MS 的解析

肽是低聚物（oligomeric compounds），其结构单元为氨基酸。由 20 个天然氨基酸可排列成大量可能的肽（10 个氨基酸即可排列成 $6.7\times10^3$ 个肽）。肽是蛋白质的亚单元。肽和蛋白质的现代质谱分析法在生命科学研究中发挥了重大作用。常用的离子化方法为 ESI 和 MALDI。蛋白质的质谱法鉴别，通常先用蛋白酶水解，然后用 MS/MS 分析水解所得各肽段的氨基酸序列，最后确定蛋白质的序列等。

20 个天然氨基酸的英文名称、缩写、中性分子元素组成及残基质量见表 5.5。肽链中，各个氨基酸残基（—NH—CHR—CO—）为相应的氨基酸减去水分子，R 为氨基酸侧链。

表 5.5　天然氨基酸及其残基的质量

| 名　称 | | | | 元素组成 | 残基质量 |
|---|---|---|---|---|---|
| 中文名 | 英文名 | 三字母代码 | 单字母代码 | 中性分子 | （单同位素） |
| 丙氨酸 | alanine | Ala | A | $C_3H_7NO_2$ | 71.0372 |
| 精氨酸 | arginine | Arg | R | $C_6H_{14}N_4O_2$ | 156.1011 |
| 天门冬酰胺 | asparagine | Asn | N | $C_4H_8N_2O_3$ | 114.0429 |
| 天门冬酰胺酸 | aspartic acid | Asp | D | $C_4H_8NO_4$ | 115.0269 |
| 半胱氨酸 | cysteine | Cys | C | $C_3H_7NO_2S$ | 103.0092 |
| 谷氨酸 | glutamic acid | Glu | E | $C_5H_9NO_4$ | 129.0426 |
| 谷氨酰胺 | glutamine | Gln | Q | $C_5H_{10}N_2O_3$ | 128.0586 |
| 甘氨酸 | glycine | Gly | G | $C_2H_5NO_2$ | 57.0215 |
| 组氨酸 | histidine | His | H | $C_6H_9N_3O_2$ | 137.0589 |
| 异亮氨酸 | isoleucine | Ile | I | $C_6H_{13}NO_2$ | 113.0841 |
| 亮氨酸 | leucine | Leu | L | $C_6H_{13}NO_2$ | 113.0841 |

续表

| 名 称 | | | | 元素组成 | 残基质量 |
|---|---|---|---|---|---|
| 中文名 | 英文名 | 三字母代码 | 单字母代码 | 中性分子 | （单同位素） |
| 赖氨酸 | lysine | Lys | K | $C_6H_{14}N_2O_2$ | 128.0949 |
| 蛋氨酸 | methionine | Met | M | $C_5H_{11}NO_2S$ | 131.0405 |
| 苯丙氨酸 | phenylalanine | Phe | F | $C_9H_{11}NO_2$ | 147.0684 |
| 脯氨酸 | proline | Pro | P | $C_5H_9NO_2$ | 97.0528 |
| 丝氨酸 | serine | Ser | S | $C_3H_7NO_3$ | 87.0320 |
| 苏氨酸 | threonine | Thr | T | $C_4H_9NO_3$ | 101.0477 |
| 色氨酸 | tryptophan | Trp | W | $C_{11}H_{12}N_2O_2$ | 186.0793 |
| 酪氨酸 | tyrosine | Tyr | Y | $C_9H_{11}NO_3$ | 163.0633 |
| 缬氨酸 | valine | Val | V | $C_5H_{11}NO_2$ | 99.0684 |

肽产生的离子的命名和 b 离子、y 离子的生成如图 5.18 所示。

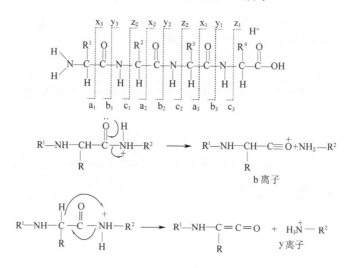

图 5.18 肽离子的命名

在低能 CID 中，最常见的碎片离子是 b 离子和 y 离子。a、b、c 离子称为氨基端离子（也称 N 端离子），而 x、y、z 称为羧基端离子（也称 C 端离子）。a 离子常用作 b 的诊断离子，a-b 对相隔 28，即羰基 C=O 的质量。

通常，肽的裂解并非是连续地断裂（即由氨基端开始，沿肽链一个一个氨基酸残基连续地裂解）。裂解看上去有一定的随机性，某些断裂较另一些断裂优先，其峰强度也较强，如图 5.19 所示。

图 5.19 中，由质谱峰间的差值，可发现氨基酸残基的中性丢失。肽的序列可由这些中性丢失所确定。由于 y 离子和 b 离子等相互混杂，加之其他离子，包括多电荷离子及背景噪声的存在，质谱图看起来比较复杂。

图 5.20 是用 Institute of Systems Biology 提供的免费在线计算器，输入这个肽的序列后，输出的预期的 b 离子和 y 离子。

链接为：http://db.systemsbiology.net:8080/proteomicsToolkit/index.html

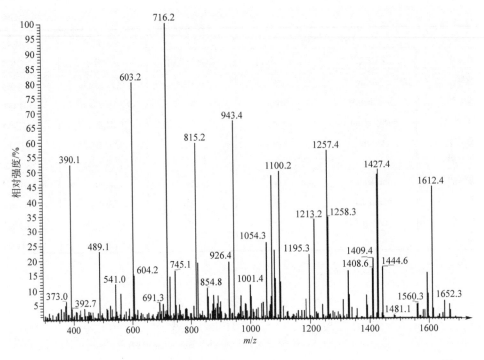

图 5.19　蛋白质用胰蛋白酶水解所得肽段 GLSDGEWQQVLNVWGK 的 MS/MS 谱[6]

Sequence：GLSDGEWQQVLNVWGK, pI: 4.37029

**Fragment Ion Table, monoisotopic masses**

| Seq | # | B | Y | # (+1) |
|---|---|---|---|---|
| G | 1 | 58.02933 | 1815.90301 | 16 |
| L | 2 | 171.11340 | 1758.88155 | 15 |
| S | 3 | 258.14543 | 1645.79749 | 14 |
| D | 4 | 373.17237 | 1558.76546 | 13 |
| G | 5 | 430.19383 | 1443.73851 | 12 |
| E | 6 | 559.23642 | 1386.71705 | 11 |
| W | 7 | 745.31574 | 1257.67446 | 10 |
| Q | 8 | 873.37431 | 1071.59515 | 9 |
| Q | 9 | 1001.43289 | 943.53657 | 8 |
| V | 10 | 1100.50131 | 815.47799 | 7 |
| L | 11 | 1213.58537 | 716.40958 | 6 |
| N | 12 | 1327.62830 | 603.32551 | 5 |
| V | 13 | 1426.69671 | 489.28259 | 4 |
| W | 14 | 1612.77602 | 390.21417 | 3 |
| G | 15 | 1669.79749 | 204.13486 | 2 |
| K | 16 | 1797.89245 | 147.11340 | 1 |

图 5.20　肽 GLSDGEWQQVLNVWGK 的 b 离子和 y 离子

　　在肽的 MS/MS 图谱中，除了 a、b、c 和 x、y、z 离子外，在低质量端还可能观察到亚胺离子（immonium ions），其通式为 $H_2N^+{=}CRH$。亚胺离子及相关离子的质量见表 5.6。亚胺离子是肽的氨基酸组成的一个线索，但是，未见某一亚胺离子不等于在序列中没有这个氨基酸。另外，y 离子和 b 离子还可能有丢失氨和水的质谱峰。含 R、K、Q 和 N 残基的 y 离子和 b 离子可能丢失氨（17u）；含 S、T 和 E 残基的 y 离子和 b 离子可能丢失水（18u）。

表 5.6 亚胺离子和相关离子质量

| 氨基酸 | 亚胺离子及相关离子质量/u |
|---|---|
| Ala | 44 |
| Arg | 129，59, 70, 73, 87, 100, 112 |
| Asn | 87，70 |
| Asp | 88 |
| Cys | 76 |
| Gly | 30 |
| Gln | 101，84, 129 |
| Glu | 102 |
| His | 110，82, 121, 123, 138, 166 |
| Ile/Leu | 86 |
| Lys | 101，84, 112, 129 |
| Met | 104，61 |
| Phe | 120，91 |
| Pro | 70 |
| Ser | 60 |
| Thr | 74 |
| Trp | 159，130, 170, 171 |
| Tyr | 136，91, 107 |
| Val | 72 |

现在，对图 5.21 进行解析。为了清楚起见，将图 5.21 按高、中、低质量区分成三张图。

通过对质谱图中各主要质谱峰的标注，确定了该胰蛋白水解肽段的序列为 GLSDGEWQQVLNVWGK。读者如需了解肽和蛋白质序列分析的有关规则和技术及对序列分析进行练习，请阅读文献[6]。

Medzihradszky 等最近的综述 "Lessons in De Novo Peptide Sequencing by Tandem Mass Spectrometry" [7]提供了肽和蛋白质序列分析的知识、技术，包括自动序列分析、应用实例，可供读者进一步参考。

#### 5.3.2.2 核酸 MS 的解析

ESI 和 MALDI 是核酸质谱分析的两种主要的离子化方法，扩大了核酸 MS 测定的质量范围并提高了灵敏度。

（1）核酸的结构　核糖核酸（RNA）和脱氧核糖核酸（DNA）是核苷酸的共聚物。它们含 5 种杂环碱（核碱基），可分为两类：一类是嘌呤碱，包括腺嘌呤（adenine, A）和鸟嘌呤（guanine, G）；另一类是嘧啶碱，包括胞核嘧啶（cytosine, C）、胸腺嘧啶（thymine, T）和尿嘧啶（uracil, U）。A、C 和 G 存在于 RNA 和 DNA 中，而 U 只存在于 RNA 中，T 只存在于 DNA 中。

核碱基通过嘌呤碱的 N-9 或嘧啶碱的 N-1，以 N-糖苷键连接于 D-核糖的 C-1'(RNA)或 D-2'-脱氧核糖 C-1'（DNA）上。DNA 和 RNA 的基本结构见图 5.22。

核苷酸与核苷的不同在于在 C-5'或 C-3'上连接了磷酸酯基。在大多数情况下，DNA 和 RNA 共聚物是通过交互的 3'-磷酸酯和 5'-磷酸酯连接形成的，见图 5.22（a），其序列以 5'-3'方向书写，如 5'-ACGT-3'。为了区别 RNA 和 DNA，后者在前面加了 "d"，5'-d(ACGT)-3'。如在一端或两端

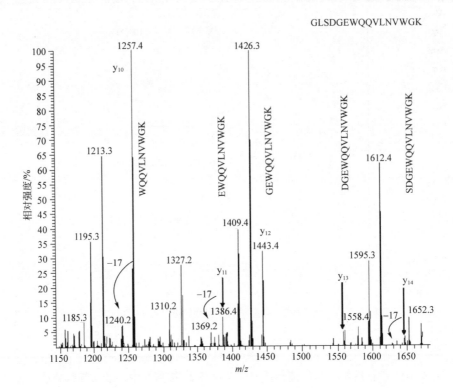

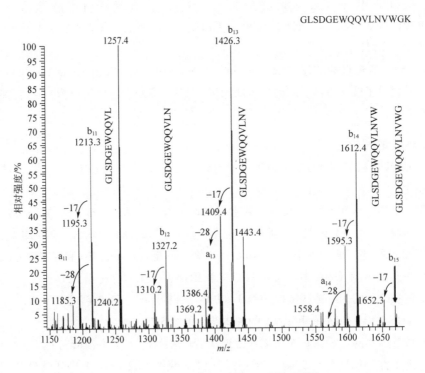

(a) 高质量区，y 离子（上图），b 离子（下图）

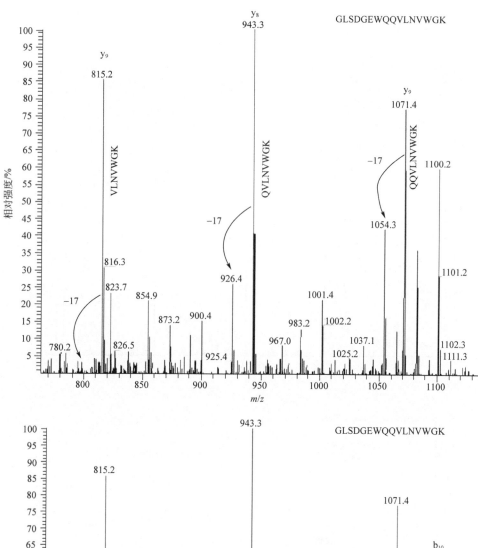

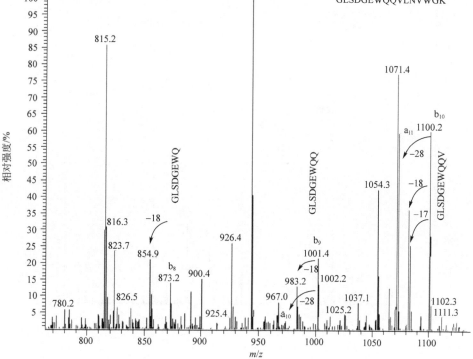

（b）中质量区，y 离子（上图），b 离子（下图）

图 5.21

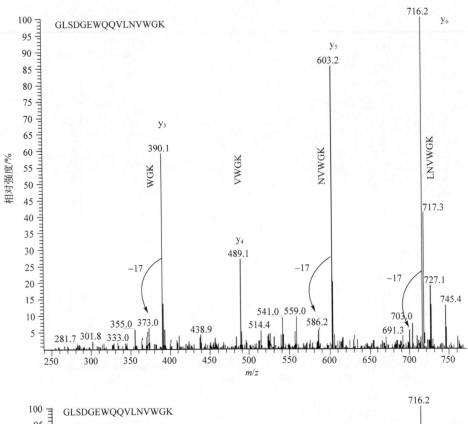

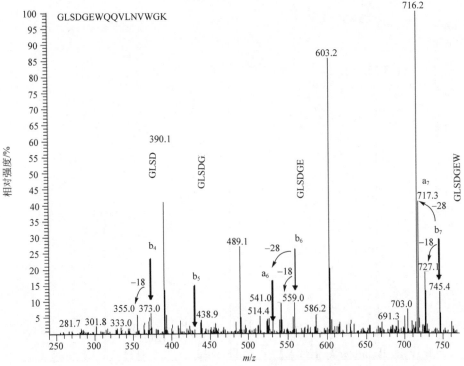

（c）低质量区，y 离子（上图），b 离子（下图）

图 5.21 GLSDGEWQQVLNVWGK 的 MS/MS 谱

有外加的磷酸酯基则用"p"表示，如 5'-pd(ACGT)-3'/5'-pAGCUp-3'和 5'-pppAGCU-3'。如部分的
序列未知，而碱基组成已知，则该未知部分用括号表示，如 5'-AG(CT)GGT-3'。为表示核酸寡聚
物或聚合物的大小，常用 *n*-mer 说明核苷酸的数目，如 DNA 20-mer, RNA 161-mer。

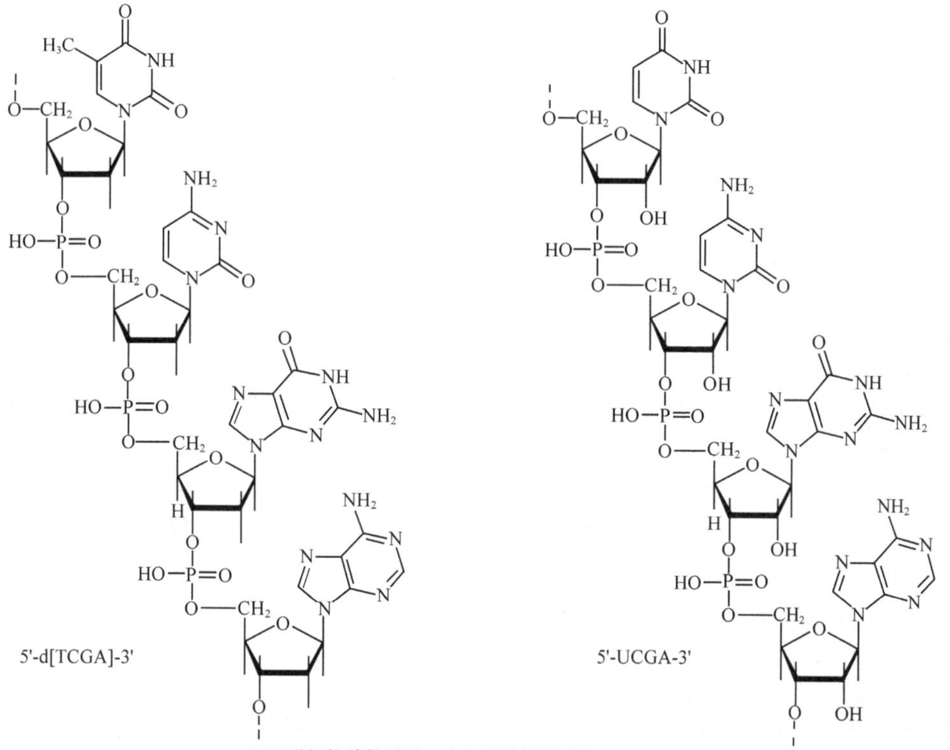

（a）脱氧核糖核酸链（左）和核糖核酸链（右）

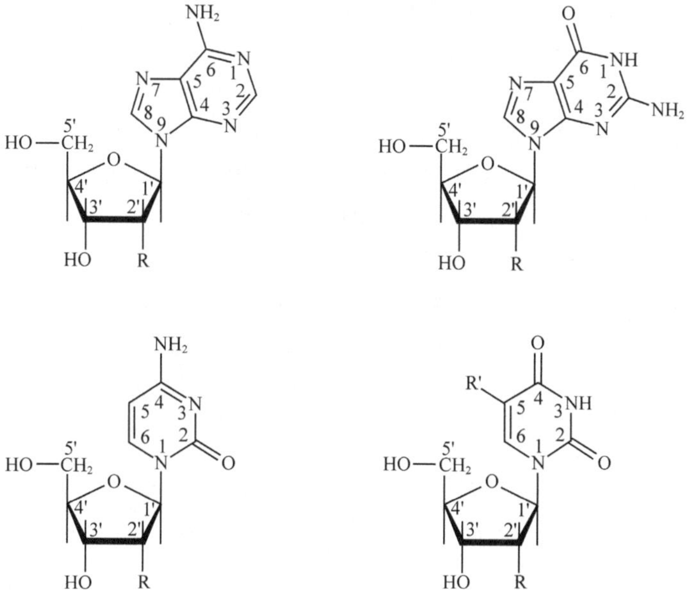

（b）DNA和RNA中的核苷单元

图 5.22  DNA 和 RNA 的基本结构[8]

在 RNA 中，R=OH 和 R'=H（尿嘧啶碱）；在 DNA 中，R=H 和 R'=CH$_3$（胸腺嘧啶碱）

特殊的互补碱基对（Watson-Crick 碱基对），如 A·T 和 G·C，使核酸具有重要性质，即能形成分子间和分子内双链 DNA 和 RNA，以及杂交 DNA-RNA。氢键（特殊的相互作用力）、碱基堆积（碱基 π-电子系统的相互作用）、色散力和邻近碱基对的疏水相互作用力稳定了核酸在水溶液中形成的螺旋形结构。

（2）核酸的性质　核酸是强酸，末端和内部磷酸酯的 p$K_a$ 值约为 1。另外，脱氧核糖核酸在酸性环境下不稳定。脱嘌呤（$N$-糖苷键的水解）是易发生的降解反应，且可能发生随后（时间滞后）的脱氧核糖磷酸酯骨架在脱嘌呤位置处的断裂。与 DNA 相比，RNA 在酸性溶液中较稳定，而在碱性溶液中较不稳定。

通常，寡聚核苷酸是以盐的形式存在的，单价金属离子，如 Na$^+$ 和 K$^+$，或铵离子，如 NH$_4^+$、(CH$_3$)$_3$NH$^+$ 和(C$_2$H$_5$)$_3$NH$^+$，是带负电荷的磷酸二酯基的常见反离子。核酸易溶于水，难溶或不溶于有机溶剂，阳离子及离子强度影响核酸的最大样品浓度。在 2~2.5mol/L 醋酸铵时，70%乙醇可定量沉淀寡聚核苷酸。沉淀法是最常用、简便、有效的核酸纯化方法。残留或共沉淀的醋酸铵可真空除去。

在碱性和中性溶液中，核苷酸寡聚物以多电荷阴离子存在。酸性溶液导致复杂的兼性离子(去质子磷酸酯基和质子化核碱)和负电荷的核酸单元混合物。pH 4.5~2，碱基 C、A 和 G 依次取得质子。pH 2 以下，无兼性离子存在，电荷态主要取决于胸腺嘧啶（和尿嘧啶）的数目，因其缺乏碱性。约 pH 1.3 以下，磷酸酯基质子化开始影响质谱图，如只有少数胸腺嘧啶（和尿嘧啶）存在，可能成为正多电荷态。

（3）分子量测定　ESI 和 MALDI 产生的是质子化或去质子的准分子离子，[M+$n$H]$^{n+}$或[M−$n$H]$^{n−}$，此外，还有阳离子化的离子[M+$n$Na]$^{n+}$、[M+$n$K]$^{n+}$，以及多聚体，如[2M+$n$H]$^{n+}$。用 ESI，通常形成较高的电荷态 （平均约每 1000u 带 1 个电荷）。在 MALDI-MS 中，质谱中主要是单电荷准分子离子，取决于所用的基质，有时有双电荷、三电荷离子，尤其在高质量时（>20000u）。核酸的强离子化性质及准分子离子易于裂解的倾向对 ESI-MS、MALDI-MS 造成困难。核酸样品常产生带不同种类和数目的反离子的准分子离子的分布，如 [M−$n$H]$^{n−}$、[M−($n$+1)H+Na/K]$^{n−}$，…[M−($n$+$m$)H+$m$Na/K]$^{n−}$。除了随着样品分子中核酸数的增加信噪比下降之外，这样的信号分布需要仪器具有很高的分辨率。对于混合物分析，则更加困难。一种解决这些问题的方法是用铵离子作为反离子，以排除游离酸的形成及减少金属离子加合物。

（4）寡核苷酸产生的离子　如图 5.23 所示，磷酸二酯键的 4 种可能的裂解产生 8 种离子，含 5'-OH 的离子称为 $a_n$、$b_n$、$c_n$ 和 $d_n$，而含 3'-OH 的离子称为 $w_n$、$x_n$、$y_n$ 和 $z_n$。下标 $n$ 指示其裂解位置。碱基的进一步丢失用括号表示，如 $a_3$-B$_3$（A）表示键的开裂发生在 3 位的磷酸二酯基的核糖碳原子和氧原子之间并在同一位置进一步丢失了腺苷碱基。

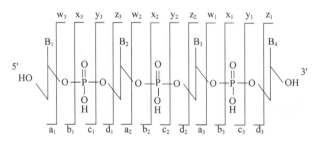

图 5.23　寡核苷酸系列碎片离子

其裂解途径如图 5.24 所示。

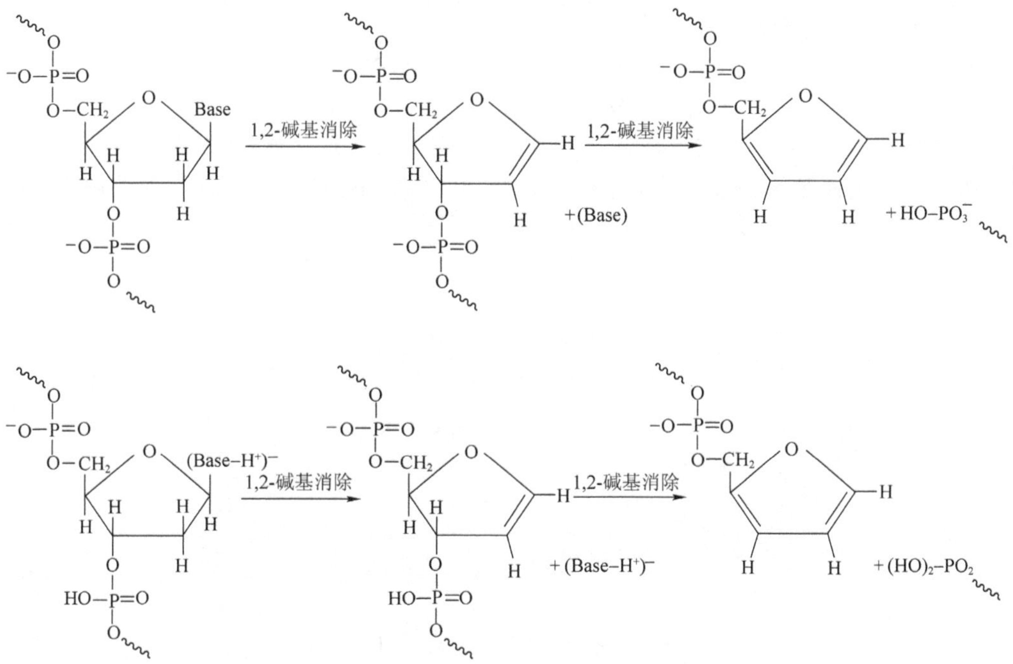

图 5.24 寡核苷酸的裂解反应

上述裂解途径中首先通过 1,2-消除丢失碱基，随后，由这一中间体通过磷酸二酯基的 3'C—O 键的开裂，产生互补的 $a_n$-$B_n$ 和 $w_n$ 碎片。图 5.24 中，说明了丢失的碱基可以是中性分子，也可以是碱基离子。通常，丢失中性碱基发生在低电荷态的前体离子[9]。

（5）寡核苷酸的序列分析　为了进行结构解析，准确测定多电荷准分子离子及其带不同电荷数目的碎片离子的电荷态是基本的要求。因此，仪器的分辨率必须足以分离同位素，并由相邻质谱峰的 $m/z$ 差确定电荷态。

多电荷准分子离子的裂解从碱基的丢失开始，丢失碱基离子还是中性分子的倾向取决于前体离子上的总电荷和核苷酸单元的数目。对于低电荷态，丢失中性碱基优先；在高电荷态，丢失核碱阴离子优先。

重要的系列裂解步骤是核苷酸单元的 3'-磷酸酯键断裂，由此产生互补的 w-离子和（$a_n$-$B_n$）-离子。由于优先丢失 A⁻ 和 T⁻，因此邻近的 C 和 G 碱基的序列难以确定。

按照上述裂解途径，另外的碱基丢失启动了二次骨架开裂，导致形成内部碎片离子。内部碎片离子的多少，随着激发能、电荷态的增加而增加。

磷酰化离子丢失末端 $PO_3^-$ 基团可能与核碱的丢失竞争。磷酰化前体离子和生成的 w-离子均可发生这种竞争。

寡核苷酸也有序列自动分析的计算程序，较简便的称为 Simple Oligonucleotide Sequencer（SOS）[10]。

### 5.3.2.3 寡糖 MS 的解析

（1）寡糖的性质及其离子化　常规 ESI 对天然寡糖产生较弱的信号，而 nano ESI 产生的信号较强，这是因为寡糖的亲水性较强，使之在 ESI 雾滴中表面活性不足，而 nano ESI 产生很小的雾滴，因而灵敏度显著增加。这与将寡糖经衍生化，降低其亲水性，增加表面活性，因而灵敏度增加的结果一致。我们常用 1-苯基-3-甲基-5-吡唑啉酮（1-phenyl-3-methyl-5-pyrazolone, PMP）

将寡糖衍生化,以提高检测灵敏度[11]。

寡糖 MALDI-TOF 的离子化效率随其分子量的增加而增加,而 ESI-MS 结果相反。但是,MALDI 产生的离子因内能较高易于裂解,使图谱复杂化。

(2)寡糖产生的离子的命名 如图 5.25 所示,寡糖产生的碎片离子电荷保留在非还原端的称 A、B、C,而电荷保留在还原端的称 X、Y、Z。下标表示裂解的位置,A 和 X 为由跨环裂解形成并标明开裂的键号。由连续的残基裂解生成的离子标明为 $A_m$、$B_m$、$C_m$($m=1$ 为非还原端)或 $X_n$、$Y_n$、$Z_n$($n=1$ 为还原端)。$Y_0$ 和 $Z_0$ 是指连接至苷元的键的裂解。

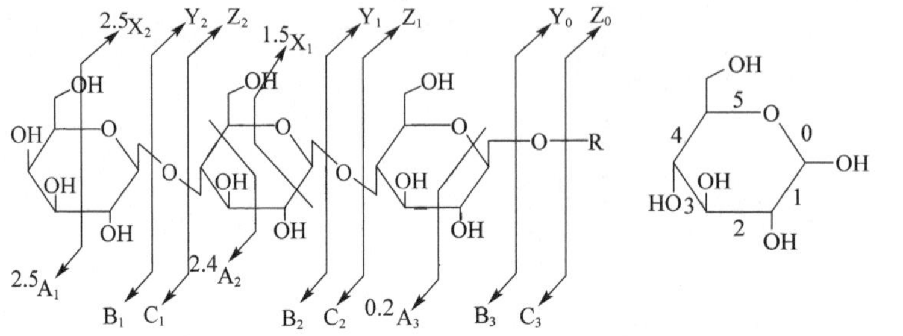

图 5.25 寡糖产生的碎片离子的命名

形成 B、Y 和 A、X 离子的机制如下。

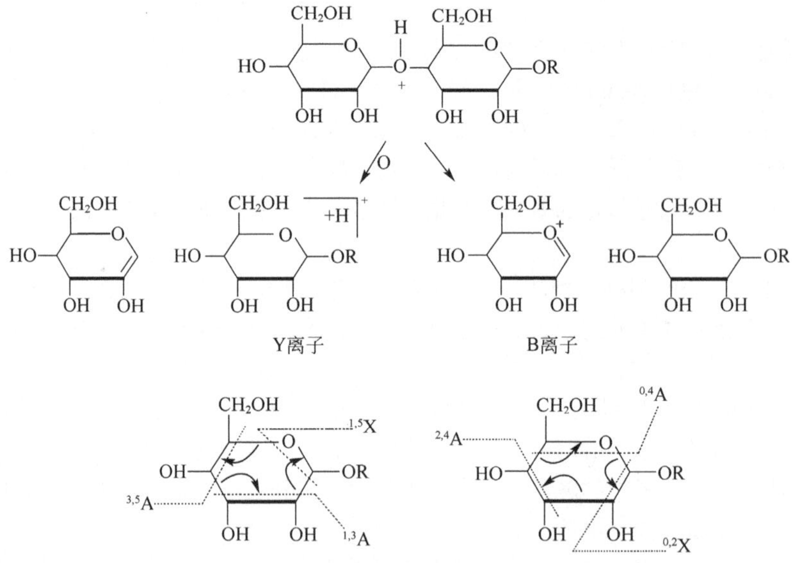

Y离子  B离子

(3)N-连接和 O-连接聚糖[12] 糖基化是蛋白质最常见的后转译修饰之一。在细胞-细胞识别过程,包括免疫、传染和提供各种疾病的重要生物标志物等方面发生着重要作用。过去,由于缺乏寡糖结构分析的工具,造成了研究寡糖结构-功能关系的壁垒。与肽和寡聚核苷酸不同,寡糖的结构,由于存在许多异构体、连接方式和支链,难以测定。现代质谱法的发展,尤其是新技术的发展提供了高灵敏度的寡糖结构分析工具。

O-连接聚糖连接在多肽骨架的丝氨酸(Ser)和苏氨酸(Thr)上。O-连接聚糖没有确定的序列,通常比较小,含 3~10 单糖残基。O-连接聚糖的生物合成途径及八种糖核(core)结构见图 5.26,GlcNAc 为乙酰氨基葡萄糖,GalNAc 为乙酰氨基半乳糖。

N-连接聚糖连接在由三个氨基酸组成一定序列的天门冬酰胺上。这三个氨基酸的序列为

NXS/T，X 是除了脯氨酸外任何氨基酸，且第三个氨基酸可以是丝氨酸（S）或苏氨酸（T）。所有 N-连接聚糖是从前体 $Glc_3Man_9GlcNAc_2$ 衍生的，$Glc_3Man_9GlcNAc_2$ 是在转译过程中连接在蛋白质上的。N-连接聚糖比较大，通常含 10～20 个单糖残基，含一个共同的五糖核[图 5.27(a)]和三种 N-连接聚糖结构类型[图 5.27(b)]：高甘露糖型（high mannose）、复杂型（complex）、杂交型（hybrid）。结构中 GlcNAc 为 $N$-乙酰基氨基葡萄糖，Man 为甘露糖，Gal 为半乳糖，Sialic acid（NeuAc）为唾液酸。

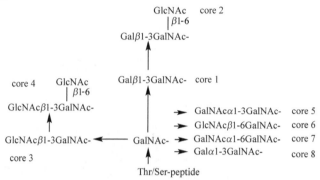

图 5.26　O-连接聚糖的生物合成途径及八种糖核

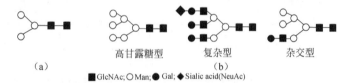

■ GlcNAc; ○ Man; ● Gal; ◆ Sialic acid(NeuAc)

图 5.27　N-连接聚糖含的五糖核（a）和三种 N-连接聚糖的结构（b）

表 5.7 列出了常见的寡糖碎片。

表 5.7　常见的寡糖碎片

| 项　目 | $m/z$ | 碎片离子 | 注　释 | |
|---|---|---|---|---|
| O-连接糖苷，还原端为醛醇 | 246 | [GalNAc-ol+Na]$^+$ | reducing end | 还原端 |
| | 347 | [2Hex−H$_2$O+Na]$^+$ | internal fragment | 内部断裂 |
| | 388 | [Hex: HexNAc−H$_2$O+Na]$^+$ | internal fragment | 内部断裂 |
| | 408 | [Hex: GalNac-ol+Na]$^+$ | core 1[①] | 糖核 |
| | 429 | [2HexNAc+Na]$^+$ | internal fragment | 内部断裂 |
| | 449 | [HexNAc: GalNAc-ol+Na]$^+$ | core 2[①] | 糖核 |
| | 611 | [Hex: HexNAc: GalNAc-ol+Na]$^+$ | core 2[①] | 糖核 |
| N-连接糖苷，还原端为醛基 | 347 | [2Hex−H$_2$O+Na]$^+$ | internal fragment | 内部断裂 |
| | 388 | [Hex: HexNAc−H$_2$O+Na]$^+$ | internal fragment | 内部断裂 |
| | 509 | [3Man−H$_2$O+Na]$^+$ | trimannosyl core | 三甘露糖核 |
| | 712 | [3Man: 1HexNAc−H$_2$O+Na]$^+$ | all type | 所有类型 |
| | 874 | [3Man: 1Hex: 1HexNAc−H$_2$O+Na]$^+$ | all type | 所有类型 |
| | 915 | [3Man: 2HexNAc−H$_2$O+Na]$^+$ | complex/hybrid | 复杂/杂交型 |
| | 1077 | [3Man: 1Hex: 2HexNAc−H$_2$O+Na]$^+$ | complex/hybrid | 复杂/杂交型 |
| | 772 | [3Man: 2GlcNAc−$^{2,4}$A+Na]$^+$ | all type | 所有类型 |
| | 975 | [3Man: 1HexNAc: 2GlcNAc−$^{2,4}$A+Na]$^+$ | complex/hybrid | 复杂/杂交型 |
| | 1137 | [3Man: 1HexNAc: 1Hex: 2GlcNAc−$^{2,4}$A+Na]$^+$ | complex/hybrid | 复杂/杂交型 |

① 见图 5.26。

注：Man 为甘露糖，Hex 为己糖，HexNAc 为 $N$-乙酰基氨基己糖，GlcNAc 为 $N$-乙酰基氨基葡萄糖，GalNAc 为 $N$-乙酰基氨基半乳糖，$^{2,4}$A 为还原端 GlcNAc 跨环开裂。

彭建和等[13]用 Glu-C 酶将重组人促红细胞生成素（rHuEPO）酶解，收集 N-连接聚糖的肽段，以 3,5-二羟基苯甲酸（DHB）为基质，用 MALDI-TOF MS 测定了 N-连接寡聚糖的结构。图 5.28 为部分寡糖的测定结果，表明寡糖的类型为复杂型，并且含唾液酸。

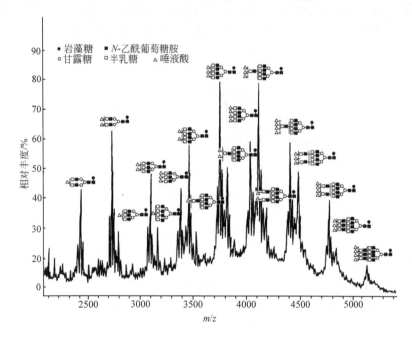

图 5.28　rHuEPO N-连接寡糖的 MALDI-TOF MS 图

（4）寡糖质谱的自动解析软件　一些寡糖的串联质谱自动解析软件已经开发[14]，如 Glyco-Peakfinder，用 EuroCarb 数据库对质谱峰标注，可用 www.ncbi.nlm.nih.gov/pmc/articles/PMC3055595/下载。

近来，Woodin 等综述了自动解析聚糖和糖肽质谱的软件[15]，提供了最新的 N-连接和 O-连接聚糖的自动 MS 和 MS/MS 解析工具，并对若干网站进行了汇编和讨论，以供有兴趣的读者进一步探索。

## 参考文献

[1] 王光辉，熊少祥. 有机质谱解析. 北京：化学工业出版社，2005.

[2] McLafferty F W. Interpretayion of Mass Spectra. 3nd ed. California：University Science Book, 1980.

[3] Holčapek M, Jirásko R, Lísa R. Basic rules for the interpretation of atmospheric pressure ionization mass spectra of small molecules. J Chromatogr A，2010, 1217（25）：3908-3921.

[4] Yang W C, Adamec J, Regnier F E. Enhancement of the LC/MS analysis of fatty acids through derivatization and stable isotope coding. Anal Chem，2007, 79（14）：5150-5157.

[5] Levsen K, Schiebel H M, Terlouw J K. Even-Electron Ions：a systematic study of the neutral species lost in the dissociation of quasi-molecular ions. J Mass Spectrom，2007, 42（8）：1024-1044.

[6] De novo peptide sequencing tutorial. http://ionsource.com/tutorial/DeNovo/introduction.htm.

[7] Medzihradszky K F, Chalkley R J. Lessons in De novo peptide sequencing by tandem mass spectrometry. Mass Spectrometry Reviews，2013, 34（1）：43-63.

[8] Nordhoff E, Kirpekar F, Roepstorff P. Mass spectrometry of nucleic acids. Mass Spectrom Rev，1996, 15（2）：67-138.

[9] Scott A. McLuckey S A, Habibi-Goudarzi S. Decompositions of multiply charged oligonucleotide anions. J Am Chem Soc，

1993, 115（25）：12085-12095.

[10] Rozenski J, McCloskey J A. SOS：A simple interactive program for ab initio oligonucleotide sequencing by mass spectrometry. J Am Soc Mass Spectrom，2002, 13（3）：200-203.

[11] 彭建和，凌振莲，盛龙生等. 衍生化寡糖的 HPLC/ESI MS 分离和序列分析. 中国药科大学学报, 1997,（6）：446-449.

[12] An H J, Lebrilla C B. Structure elucidation of native-N and O-linked glycans by mass spectrometry(tutorial). Mass Spectrometry Reviews, 2011, 30（4）：560-578.

[13] 彭建和，盛龙生，相秉仁等. HPLC/ESI MS 及 MALDI/TOF MS 分析重组人促红细胞生成素的 3 个氮连接寡糖位点的微不均一性. 药学学报, 2000, 35（10）：764-769.

[14] Maass K, Ranzinger R, Geyer H, et al. "Glycopeakfinder"-de novo composition analysis of glycoconjugates. Glycobiology，2007，7：4435-4444.

[15] Woodin C L, Maxona M, Desaire H. Software for automated interpretation of mass spectrometry data from glycans and glycopeptides. Analyst，2013, 138（10）：2793-2803.

下 篇

有机质谱法的应用

# 6

# 有机质谱法在药物分析中的应用

药物分析是有机质谱法应用的一个重要领域，涉及化学药物、中药与天然药物、生物药物，以及药物研究、开发等各个方面。

## 6.1 化学药物分析

化学药物的质谱分析主要工作有：结构确证、杂质分析、药物代谢和药物动力学研究等，根据样品和待测成分的性质以及研究目的的不同，需选择不同的样品处理、仪器、方法和技术。

### 6.1.1 合成药物质谱分析

合成原料药通常纯度较高，取决于样品性质及离子化方法，通常可用固体、液体或溶液直接进样分析。

#### 6.1.1.1 药物合成的确认

别嘌呤醇可由3-氨基-4-酰胺基吡唑与甲酸钠缩合而成。反应式如下：

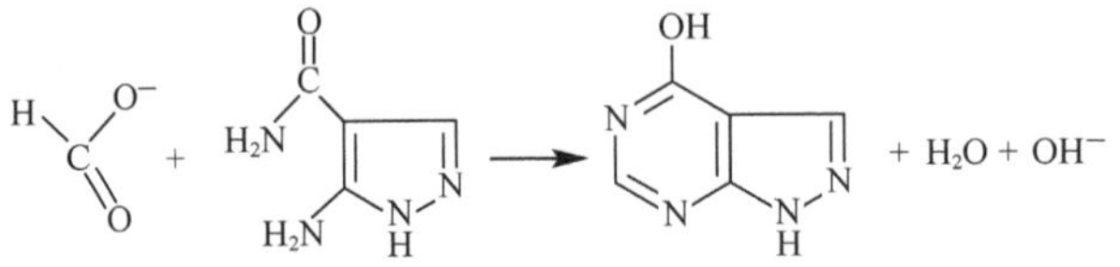

为了确定合成是否成功，取约 1μg 样品（取样量宜足够少），置于样品毛细管底部，插在直接进样杆顶端，送入 EI-MS 内。采用这种进样方法是因为本品为结晶性固体（熔点高于300℃），已经重结晶纯化。如样品不纯，用这样的方法得到的是混合物的质谱，可能会导致错误的解析。

为了进行质谱分析，将进样杆加热至 80℃，此时样品不至于会分解，在离子化室中的蒸气压已足以产生常规 EI（70eV）质谱。根据样品的分子量，质谱扫描范围取 $m/z$ 30~300。也可使进样杆程序升温。在程序升温使样品气化的过程中，同时重复进行质谱扫描，所得数据由计算机采集并储存，以便下一步进行数据处理。在计算机系统的监视器上可实时（real time）显示样品的总离子流（TIC）。如样品是纯的，TIC 呈单一峰形；如样品不纯，或在加热过程中发生变化，则峰形不规则。进行数据处理时，可取 TIC 上的任一扫描点，显示谱图。如 TIC 为单一峰形，强度适当，一般取其最高点显示该样品的质谱图。图 6.1 为别嘌呤醇的 EI 质谱图。

因为这是已知化合物，预期可能会出现质谱峰。图 6.1 中 $m/z$ 136 处的峰应为分子离子峰，这与该化合物的分子量一致。根据嘌呤碱和有关化合物的质谱研究，分子离子常失去 HCN，这在本品的质谱中也可观测到。如样品为未知物，则不能确定本品为别嘌呤醇或其异构体 6-羟基嘌呤，因为这两个化合物的质谱很相似。当然，根据所采取的合成反应及其试剂，可排除后者的可能。

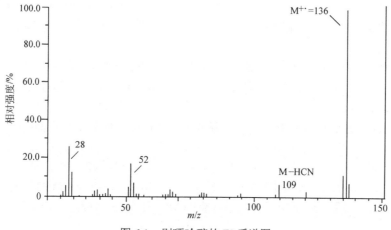

图 6.1　别嘌呤醇的 EI 质谱图

本例还可说明，EI 质谱的形状可提示有关化合物类型的一般信息。如分子离子峰是强峰，说明其较稳定。本品的分子离子峰为基峰，因为该化合物为环状共轭体系。此外，其低质量系列为低强度的 $m/z$ 38~39、50~52、63~65、75~78（相隔 CH 和 C），说明是芳香化合物。如为含氮杂环，也与此相似，还有 $m/z$ 40、53、66 和 79 的峰，因为 CH 为 N 所取代。在高质量端，应注意小的中性碎片的丢失，可说明结构特征，如本例中的[M−HCN]⁺峰。

上述测定用的是直接进样，低分辨率 EI-MS，因为简便、快速，可以达到分析的目的。如用高分辨率 MS，则可得到化合物的元素组成，有利于结构确证。

### 6.1.1.2　合成反应产物的鉴别

在有机合成反应中，常常有副反应发生。因此，有时所得产物不是预期的化合物，而是副反应产物。在合成产物鉴定的工作中，自身化学离子化（self-CI）是一种很有用的质谱技术。例如，用 FTICR MS 法鉴定 MX-2 副产物 N-(4-氯苯甲酰)二环己基脲[1]。

在合成抗高血压新药研究中，制备了一系列化合物。$R^1=R^2=R^3=CH_3$，$R^4=R^5=OCH_3$，且 $R^1$、$R^2$ 在 2、6 位；$R^4$、$R^5$ 在 3、4 位时，该化合物代号为 MX-2（候选药物）。为进一步研究其生理活性，又设计并合成了 MX-2 的前体化合物。选用对氯苯甲酸（Ⅰ）作酰化剂，二环己基碳二亚胺（Ⅱ）作缩合剂与 MX-2 反应，设想按下列反应经中间化合物（Ⅲ）得预期产物（Ⅴ）：

仪器：傅里叶变换质谱仪为 Nicolet FTMS2000 型，超导磁体，磁场强度 3T，EI（70eV）。质谱测定取样品约 100ng，置玻璃小皿底部。将样品皿插入质谱仪直接进样杆顶端，送入仪器内。进样杆顶端温度 170℃。

样品经 FTICR MS 测定，确定未发现预期产物 Ⅴ，实际产物为化合物Ⅲ的重排产物Ⅳ。

图 6.2 表示反应产物的 EI 和 self-CI 质谱。图 6.2（a）为 EI 谱。质量最高的峰位于 $m/z$ 362 处，由于强度较低且结果与预期的化合物 Ⅴ 分子量不符，不能确定为分子离子峰。为此，采用 self-CI 技术，设定适当的离子激发前的延滞时间，使样品中性分子与样品的碎片离子发生分子-离子反应。图 6.2（b）谱的条件为延滞时间为 1s。图 6.2（b）中 $m/z$ 362 处的峰消失，代之为 363 的质谱峰，强度约 20% 并由 $m/z$ 365 的同位素峰及其强度提示含一个氯原子。图 6.2（c）谱的延滞时间为 3.5s，$m/z$ 363 等高质量区的峰强度进一步增大，说明 $m/z$ 363 的峰可能为准分子离子峰[M+H]⁺。其测定质量为 363.1799u，最可能的 $[M+H]^+$ 元素组成为 $C_{20}H_{28}O_2N_2Cl$。由此推断样品的分子式（M）为 $C_{20}H_{27}O_2N_2Cl$，从而推论该样品不是预期的化合物 Ⅴ 而为其副反应产物Ⅳ。

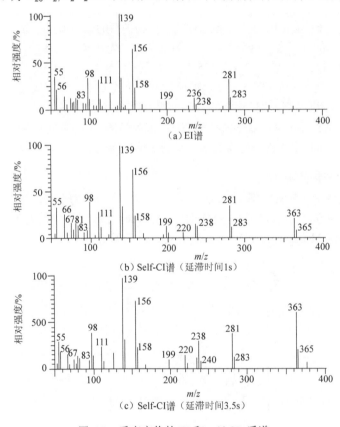

图 6.2　反应产物的 EI 和 self-CI 质谱

FTICR MS 的离子储存、多级质谱功能及高分辨率、高准确度、高质量范围等特点，使这种方法不断发展，成为一种强有力的分析工具。笔者的实验室用这种仪器，鉴定了许多合成及天然化合物。

#### 6.1.1.3　药物的结构确证

药物的结构确证通常需要用高分辨率质谱进行 MS 和 $MS^n$（$n \geq 2$）分析，以取得其（准）分子离子和产物离子的准确质量和元素组成，并进行质谱解析。

舒他西林（Sultamicillin）是由 $\beta$-内酰胺类抗生素氨苄西林（AMP）和 $\beta$-内酰胺酶抑制剂舒巴坦（SBT）以亚甲基相连的双酯，是一个口服有效的抗生素结合药物。它在肠道上被酶水解，释放出等摩尔比的 AMP 和 SBT，使两者同时到达感染部位，能最大限度地保护抗生素免受酶的降解，从而产生抗菌活性。为了确证其结构，用 ESI-QTOF 对舒他西林的[M+H]$^+$进行 MS/MS 分析[2]。舒他西林[M+H]$^+$选择 13eV 的碰撞能进行裂解，其可能的裂解途径见图 6.3。主要为 $\beta$-内酰胺环断裂产生 $m/z$ 405 的产物离子，进而脱去 $CO_2$、$H_2SO_2$、$CH_2O$ 中性分子，分别产生 $m/z$ 361、$m/z$ 339、$m/z$ 331 的碎片离子；进一步裂解包括 SBT 处的酯基断裂产生 $m/z$ 216，SBT 亚甲基连接处的 C—O 键断裂产生 $m/z$ 172 的离子，AMP 与亚甲基相连处 C—O 键断裂并经 H 重排产生的碎片离子 $m/z$ 160；而 $\beta$-内酰胺环断裂产生的碎片离子 $m/z$ 191，可进一步断裂形成 $m/z$ 106 和 $m/z$ 174。此外，[M+H]$^+$中 AMP 处的酯基 C—C 键断裂得到 $m/z$ 304 离子，主要数据列于表 6.1。

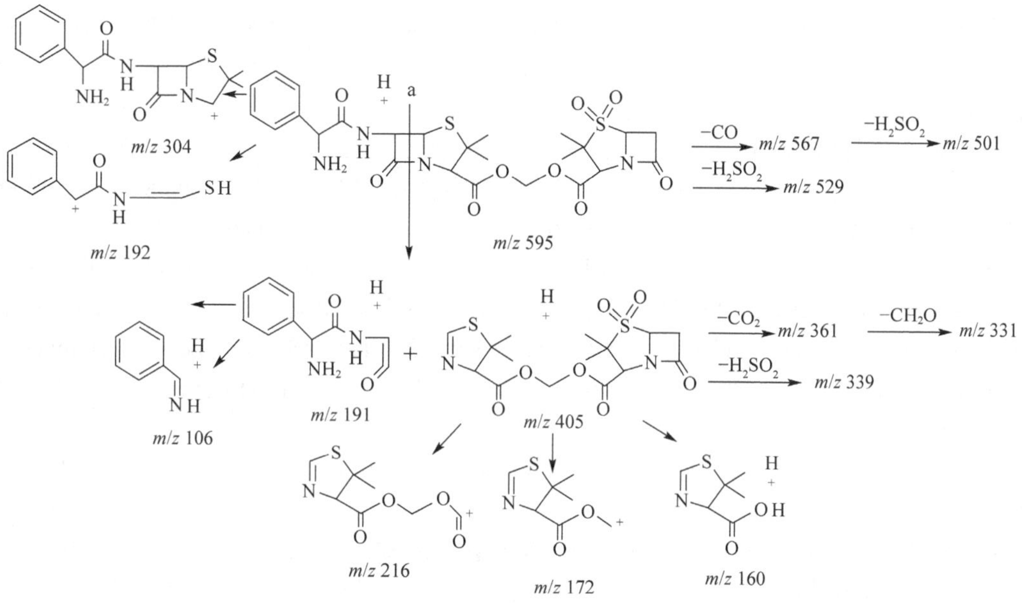

图 6.3　舒他西林[M+H]$^+$的裂解途径

表 6.1　舒他西林[M+H]$^+$主要碎片离子（碰撞能 13eV）

| 碎片离子 | 分子式 | 理论值 | 观测值 | 误差/$\times 10^{-6}$ |
|---|---|---|---|---|
| [M+H]$^+$ | $C_{25}H_{31}N_4O_2S_2$ | 595.1527 | 595.1531 | −0.7 |
| [M+H−190]$^+$ | $C_{15}H_{21}N_2O_7S_2$ | 405.0785 | 405.0782 | 0.6 |
| [M+H−190−CO$_2$]$^+$ | $C_{14}H_{21}N_2O_5S_2$ | 361.0886 | 361.0880 | 1.8 |
| [M+H−190−H$_2$SO$_2$]$^+$ | $C_{15}H_{19}N_2O_5S$ | 339.1009 | 339.1005 | 1.3 |
| [M+H−190−CO$_2$−CH$_2$O]$^+$ | $C_{13}H_{19}N_2O_4S_2$ | 331.0747 | 331.0775 | 1.7 |
| [M+H−245−HCOOH]$^+$ | $C_{15}H_{18}N_3O_2S$ | 304.1114 | 304.1115 | −0.2 |
| [M+H−190−189]$^+$ | $C_8H_{10}NO_4S$ | 216.0325 | 216.0324 | 0.6 |

续表

| 碎片离子 | 分子式 | 理论值 | 观测值 | 误差/×10^{-6} |
|---|---|---|---|---|
| [191+H]$^+$ | $C_{10}H_{19}NO_4S$ | 192.0478 | 192.0463 | 7.7 |
| [190+H]$^+$ | $C_{10}H_{11}N_2O_2$ | 191.0815 | 191.0807 | 4.4 |
| [190+H−NH$_3$]$^+$ | $C_{10}H_8NO_2$ | 174.0550 | 174.0548 | 1.1 |
| [M+H−190−233]$^+$ | $C_7H_{10}NO_2S$ | 172.0427 | 172.0426 | 0.2 |
| [159+H]$^+$ | $C_6H_{10}NO_2S$ | 160.0427 | 160.0424 | 1.5 |

## 6.1.2 药物的杂质分析

药物中的杂质会影响药物的安全性和有效性，因此，国际和国内的各种规范对杂质研究的要求日益严格，是药品研发的一项重要内容。杂质研究包括选择合适的分析方法，对杂质进行检测、鉴别、结构分析和含量测定，并综合药学、毒理及临床研究的结果确定杂质的合理限度。药物中的杂质包括有机杂质、无机杂质、残留溶剂。此处，主要讨论有机杂质的分析，因为无机杂质和残留溶剂的检测方法通用性较强，在各个药物中对其限度的控制也比较相近。

有机杂质按照其来源，可以分为：工艺杂质（包括合成中未反应完全的反应物及试剂、中间体、副产物等），常称为有关物质；降解产物；及从反应物或试剂中混入的杂质等。近来，对有机杂质的基因毒性日益重视，需要关注。

基因毒性杂质是指能直接或间接损伤细胞 DNA，产生致突变和致癌作用的物质。常用的缩写：PGIs（potentially genotoxic impurities，有潜在基因毒性的杂质），GTIs（genotoxic impurities，基因毒性杂质）。美国食品药品管理局 FDA，在 EMEA（The European Agency for the Evaluation of Medicinal Products）和 ICH（The International Conference on Harmonisation of Technical Requirements for Registration of Pharmaceuticals for Human Use）之后，于 2008 年 12 月正式签发了指南：Guidance for Industry-Genotoxic and Carcinogenic Impurities in Drug Substances and Products：Recommended Approaches[3]。部分基因毒性的警示结构可参考文献[4]。有关基因毒性杂质的数据库可从 http://potency.berkeley.edu 下载。

LC-MS 是鉴定和测定杂质的有力工具。检测限很容易达 10$^{-6}$ 级，确保可以检测含量大于 0.1%的所有杂质。方法具高选择性和耐用性。

单四极质谱仪对于已知杂质组分的确认和未知有关物质的分析是一个很好的、易于普及的分析工具；三重四极质谱仪（QqQ）具更高的灵敏度、选择性，是定量分析的首选仪器，可用于基因（遗传）毒性杂质的定量；而四极-飞行时间质谱仪（Q-TOF）等高分辨质谱仪具有更高的质量分辨率和质量准确度，有利于对痕量未知杂质的定性、定量分析，也可用于基因（遗传）毒性杂质的检测。

LC-ESI-MS 是广为应用的分离分析工具。LC-ESI-MS 的流动相常用甲醇/水和乙腈/水，并常用乙酸、甲酸和氨调节溶液的 pH 值，以改善成分的色谱保留行为和质谱响应。这样的流动相既可用于正离子检测，也可用于负离子方式。取决于待测成分的性质及流动相组成和 pH，正离子 ESI 主要生成[M+H]$^+$、[M+Na]$^+$、[M+NH$_4$]$^+$；负离子 ESI 主要生成[M−H]$^-$，[M+Ac]$^-$或 [M+HCOO]$^-$。

### 6.1.2.1 药物有关物质及降解产物的 LC-MS 分析

下面以枸橼酸莫沙必利为例来讨论此问题。

经 LC-MS 分析，枸橼酸莫沙必利的主要有关物质位于主成分峰前。枸橼酸莫沙必利对热不稳定，80℃加热后主成分含量下降，产生一些热破坏产物，同样，对其加热破坏后的主要产物用

LC-MS 进行了分析。

　　（1）主要有关物质的分析　仪器：Agilent 1100 LC-MSD，双泵，恒温自动进样，单级四极质谱检测器系统（Agilent，美国）。

　　① 液相色谱条件　色谱柱：Zorbax XDB-C8，4.6mm×150mm，5 μm，柱温 30℃。流动相 A：水（含 0.5% HAc）；流动相 B：甲醇（含 0.5% HAc）。梯度：0～10min，25%B～50%B；保持 10min。流速：1.0mL/min，柱后分流 0.8mL/min 至废液。

　　② 质谱条件　正离子模式；扫描范围：$m/z$ 200～500。喷雾电压：4000V；传输电压：$m/z$ 200，70V；$m/z$ 500，120 V。雾化气压力：172 kPa（25psi）。干燥气流速：10 L/min。干燥气温度：350℃。

　　取枸橼酸莫沙必利 10mg，溶于流动相中，制成 1mg/mL 的溶液作为供试液，取 25μL，注入 LC-MS 系统，记录紫外（UV）光谱、质谱（MS）、色谱数据。在流动相中，枸橼酸莫沙必利将解离，ESI 测定的正离子是质子化的莫沙必利及有关物质等。

　　图 6.4 为用 MS 检测器所得的总离子流色谱图（TICC）。

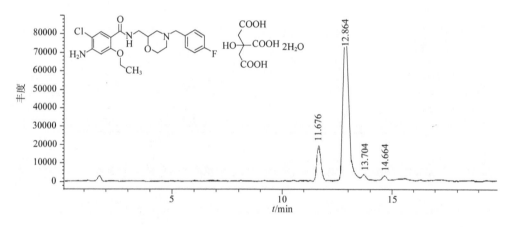

图 6.4　枸橼酸莫沙必利的总离子流色谱图（TICC）

　　主成分莫沙必利的保留时间 $t_R$ 为 12.864min，质谱见图 6.5，其中 $m/z$ 422 和 $m/z$ 444 分别为 [M+H]$^+$ 及 [M+Na]$^+$ 的信号。

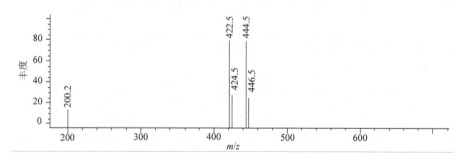

图 6.5　枸橼酸莫沙必利的 MS 图

　　主要有关物质的 $t_R$ 为 11.676min，其 MS 见图 6.6，其中 $m/z$ 404.5 的峰应为该物质 [M+H]$^+$ 的信号，$m/z$ 426.5 为 [M+Na]$^+$ 信号，故确定该化合物的分子量为 403u。其在线 UV 光谱与主成分的 UV 光谱相似，提示它们的基本结构相似。推测该物质为莫沙必利游离碱去 F 的降解产物。然后，对该物质测定了 IR 光谱、$^1$H NMR 谱、$^{13}$C NMR 谱、DEPT 谱、$^1$H-$^1$H 相关谱和 $^{13}$C-$^1$H 相关谱，予以确证。

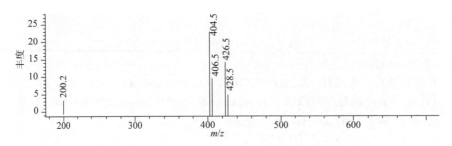

图 6.6　枸橼酸莫沙必利主要有关物质的 MS 图

（2）热分解产物的分析　枸橼酸莫沙必利在 80℃ 加热 24h 后，在相同条件下进行 LC-MS 分析得到的 TICC 见图 6.7，除主成分及已鉴定的主要有关物质外，加热后新增加的杂质峰在 $t_R$ 9.179 min、$t_R$ 10.392 min、$t_R$ 10.859 min 及 $t_R$ 17.756 min 处。

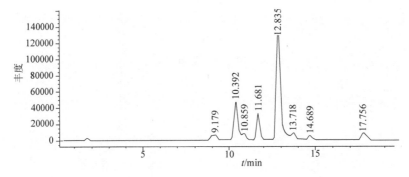

图 6.7　枸橼酸莫沙必利 80℃ 加热 24h 后的总离子流色谱图（TICC）

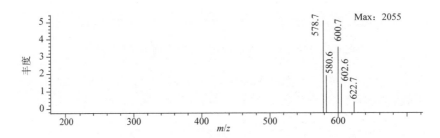

图 6.8　枸橼酸莫沙必利加热降解产物（$t_R$ 9.179min）的 MS 图

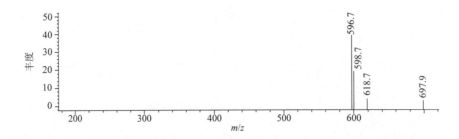

图 6.9　枸橼酸莫沙必利加热降解产物（$t_R$ 10.392min）的 MS 图

图 6.8 是 $t_R$ 9.179 min 色谱峰的质谱图，其中，$m/z$ 578 和 $m/z$ 600 分别为[M+H]$^+$和[M+Na]$^+$ 的信号，故该杂质的分子量应为 577，推断为上述主要有关物质与枸橼酸的缩合产物：

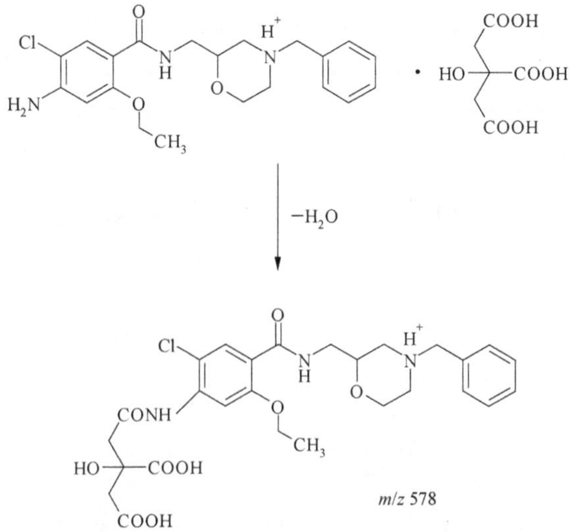

m/z 578

图 6.9 为 $t_R$ 10.392 min 色谱峰的质谱图，其中，m/z 596 和 m/z 618 分别为[M+H]⁺和[M+Na]⁺ 的信号，故该杂质的分子量应为 595，推断为枸橼酸与莫沙必利游离碱的缩合产物。

这两个降解产物的保留时间分别与主要有关物质和主成分的保留时间相差均为约 2.5min （11.68~9.18, 12.84~10.39），可作为佐证。

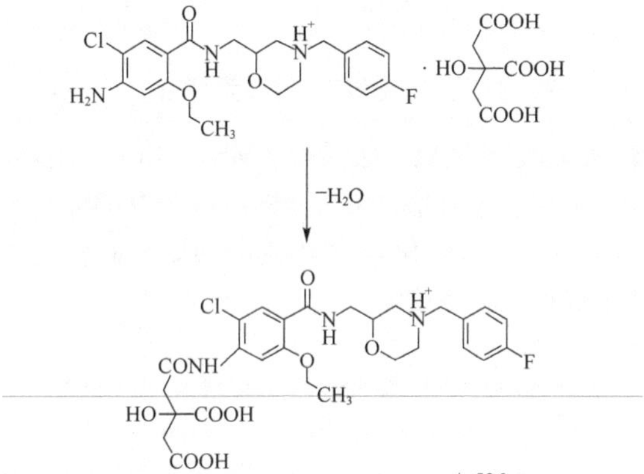

m/z 596

### 6.1.2.2 微量未知杂质的 LC-Q-TOF MS/MS 分析[5]

本节以替莫普利的分析为例进行说明。

（1）仪器与条件 Agilent 1100 LC，双泵，恒温自动进样，单四极质谱系统（Agilent）。

① 液相色谱条件 色谱柱：Zorbax XDB-C8，2.1mm×100mm，1.8μm，柱温 40℃。溶剂 A： 水（含 0.1% HCOOH）；溶剂 B：乙腈：溶剂 A（90：10，体积分数）。梯度：0~2min，30%B；2~15min， 30%B~60%B，保持 8min，停止时间 23min，起始流动相平衡时间 10min。流速：0.40mL/min。

② Q-TOF MS 条件 正离子模式；质量范围：m/z 50~1000（MS），m/z 25~600（MS/MS）， 采样速率 5 张质谱图/s（MS），2 张质谱图/s（MS/MS）。喷雾毛细管电压：4000V。传输电压： 180V，CID 碰撞电压 5V + 0.03V ×前体离子的 m/z。雾化气压力：310kPa（45psi）。干燥气流速： 12L/min。干燥气温度：325℃。

（2）样品制备 取替莫普利（Temocapril）溶于起始流动相中，制成 1mg/mL 的溶液，用 0.2μm 滤膜过滤，作为供试液。

（3）LC 分离 用常规的 5μm 粒度的 HPLC 柱，在本品的粗制品中，仅分离出 4 个杂质。为 提高色谱分离度和检测灵敏度，用 1.8 μm 颗粒填充的色谱柱，成功地分出了 10 个以上杂质。

（4）质谱分析　由于色谱分离度的提高，减少了离子抑制效应，因而提高了微量成分的检测灵敏度。图 6.10 为可能的杂质的提取离子色谱图。主峰替莫普利的流出时间（$t_R$）7.45～8.0min，用切换阀切除至废液，以便紧接其后的微量成分不会被主成分抑制，得以检测。同时，也降低了主成分的记忆（残留）效应。

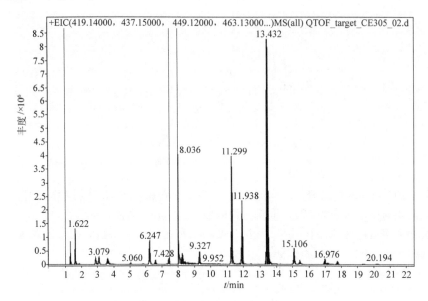

图 6.10　合并的杂质 EIC，进样量相当 1μg 于柱上

质谱仪首先以 5 张谱图/s 的速度采集一级质谱（MS），随后，用可能的杂质的 $m/z$ 触发有目标的 MS/MS（2 张谱图/s），采用动态碰撞能 CE(volts)=5V + 0.03V × 前体离子的 $m/z$，以使不同 $m/z$ 的前体离子适当裂解。这有利于未知化合物的鉴定，这是因为无法用对照品优化有关参数。图 6.11 为替莫普利的一级质谱和二级质谱图。

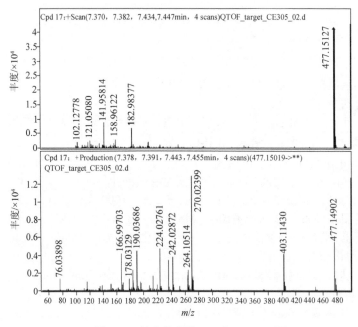

图 6.11　替莫普利的 MS 和 MS/MS 图

图 6.12 是主成分替莫普利的裂解途径和各个离子的准确质量。通常，有关物质结构与主成分的相似，因而基于主成分的裂解行为可推测杂质的结构。

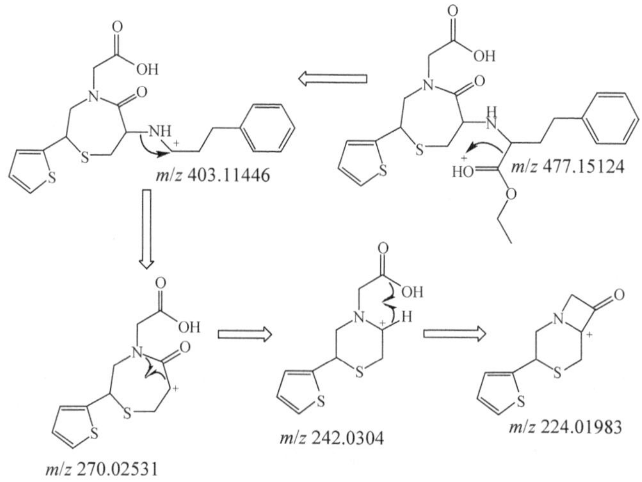

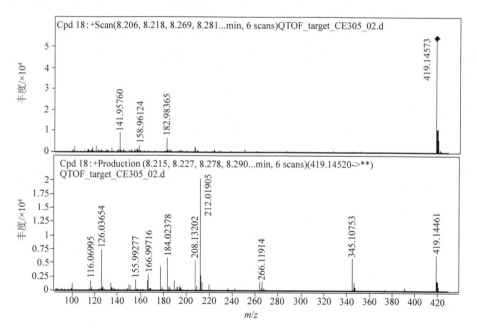

图 6.12　主成分替莫普利的裂解途径

图 6.13 是 $t_R$=8.2min 紧靠主成分的杂质的 MS 和 MS/MS，具相同于替莫普利的一些产物离子，因此结构相似。表 6.2 为根据该杂质的准确质量计算的结果。图 6.14 是 $t_R$=8.2 min 的杂质基于准确质量测定、分子式和 MS/MS 推定的结构。

图 6.13　$t_R$=8.2 min 的杂质的 MS 和 MS/MS 图

表 6.2　准确质量测定和确认的杂质的分子式

| 分子式 | 测定质量 | 理论质量 | 误差 | 一级质谱评分 | 二级质谱评分 | 不饱和度 |
|---|---|---|---|---|---|---|
| $C_{21}H_{26}N_2O_3S_2$ | 418.13845 | 418.13846 | $0.07\times10^{-6}$ | 100 | 99.84 | 10 |

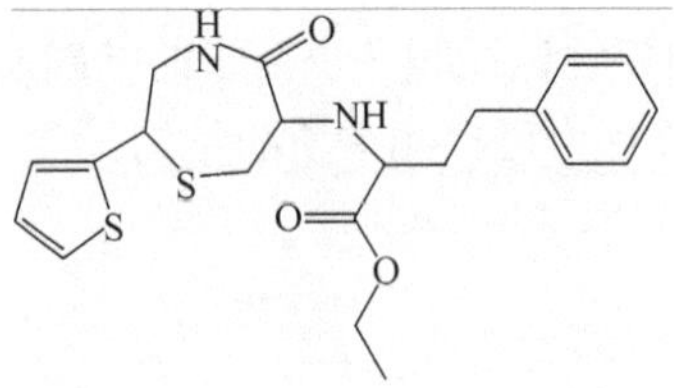

图 6.14　推定的 $t_R$=8.2 min 的杂质结构

　　用上述方法检测了 10 个以上杂质，其 MS 和 MS/MS 数据得分大于 90。基于主成分的已知结构，杂质可以推定。保留时间 1.6min 和 8.2min 的微量杂质，分别较主成分少一个羧甲基和乙基。保留时间 13.4min 的杂质较主成分多一个乙基。

### 6.1.2.3　基因毒性杂质的定量

　　分析基因毒性杂质由于控制限度约 0.01%～0.03%，对分析方法是个挑战，如检测限宜在 0.0001%～0.0005%（质量分数）范围；要求高选择性，因为其他有机杂质可能共存；高含量的活性成分也可能对低含量的基因毒性杂质产生干扰；难以用单一方法分析所有基因毒性杂质，因其来源不同，所含的功能团各异；基因毒性杂质具反应活性，取样、保存、提取、样品制备及分析过程应注意保证待测成分不发生变化，否则将导致不准确及变异的结果。另外，对低分子量基因毒性杂质，可能具挥发性，也需注意。

　　杂质-D 是阿替洛尔（Atenolol）（氨酰心安）中 8 个有机杂质之一，为芳基氯化物，已报道为基因毒性杂质。对这样的杂质的定量分析，三重四极质谱采用多反应监测（MRM），具很高的选择性和灵敏度，是优先采用的方法。用填料粒度小于 2μm 的色谱柱，增加了色谱分离度和缩短了分析时间，称为快速高分离度 LC 方法（RRLC）[6]。

　　（1）仪器与条件　　Agilent 6410B QqQ 质谱仪，1200 液相色谱仪（Agilent，美国）。

　　① 液相色谱条件　　色谱柱：Zorbax Eclipse Plus C18, 4.6mm×50 mm, 1.8μm，柱温 25℃。流动相：0.1%三氟乙酸水溶液（A）和 0.05%三氟乙酸甲醇溶液（B），流速 1.5 mL/min。梯度如下：0 min 5% B, 0.1 min 20% B, 2.5 min 20% B, 5.0 min 30% B, 6.5 min 40% B, 7.0 min 40% B, 7.1 min 5% B。

　　② 质谱条件　　ESI，正离子模式；多反应监测（MRM），所有离子监测的驻留时间（dwell time）均为 200ms；阿替洛尔及其杂质的 MRM 的优化参数见表 6.3。

表 6.3　阿替洛尔及其杂质的 MRM 优化参数

| 化合物 | 前体离子 m/z | 产物离子 m/z | 裂解电压/V | 碰撞能/V |
|---|---|---|---|---|
| 杂质 A | 152.1 | 107 | 97 | 15 |
| 杂质 B | 226.1 | 145 | 107 | 14 |
| 阿替洛尔 | 267.2 | 145 | 129 | 28 |
| 杂质 C | 208.1 | 133 | 82 | 10 |
| 杂质 D | 244.1 | 145 | 120 | 10 |
| 杂质 H | 249.1 | 172 | 124 | 12 |
| 杂质 G | 258.1 | 145.1 | 128 | 22 |
| 杂质 F | 474.3 | 281.1 | 178 | 34 |
| 杂质 E | 359.1 | 107 | 125 | 47 |

　　（2）样品分析　　将不同浓度的 8 个杂质加至药物中制成样品，供定量分析。阿替洛尔中的 8 个杂质命名为 A 至 H，杂质 F 有 2 个异构体。

　　欧洲药典 EP、美国药典 USP 及本例方法 RRLC 的分析结果见图 6.15，RRLC 方法快速，且有较高的分离度及灵敏度。

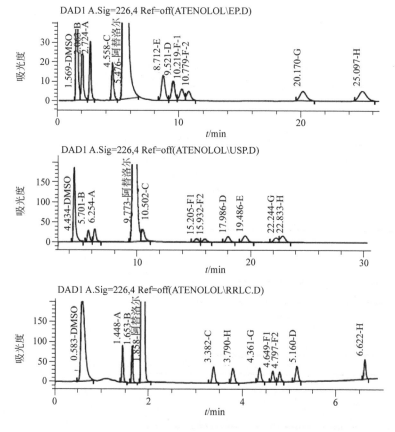

图 6.15　欧洲药典 EP、美国药典 USP 及 RRLC 的方法比较

阿替洛尔及其杂质的 MRM 分析提取离子色谱见图 6.16。所有杂质的产物离子质谱见图 6.17。

图 6.16　阿替洛尔及其杂质的 MRM 分析提取离子色谱

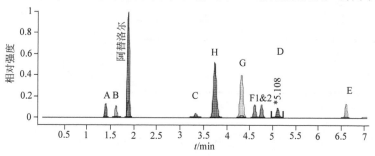

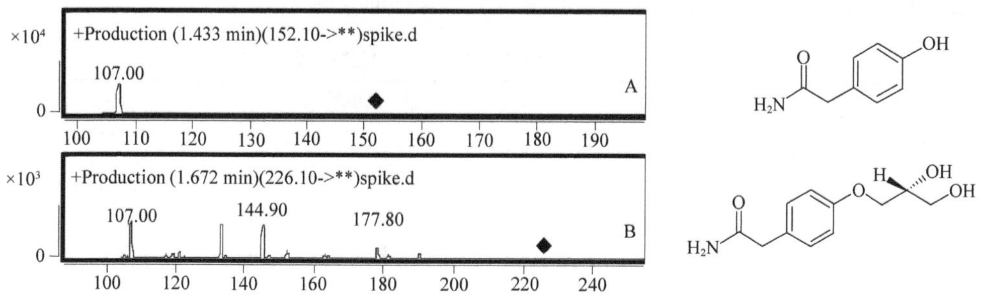

图 6.17

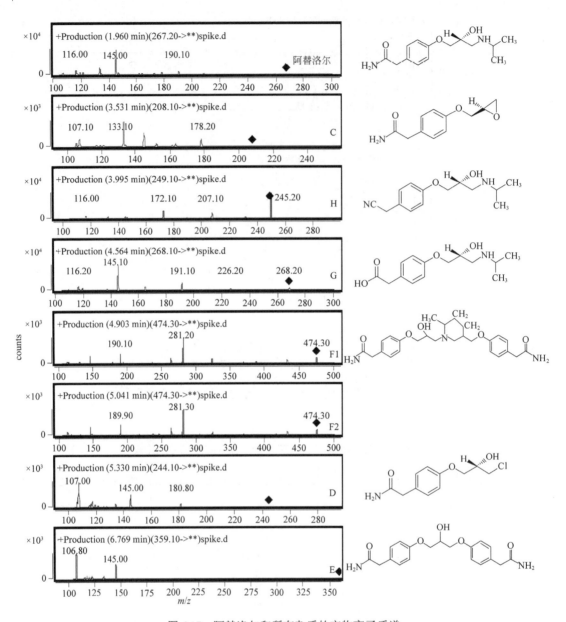

图 6.17　阿替洛尔和所有杂质的产物离子质谱

杂质-D 的线性曲线见图 6.18，所有杂质的线性曲线从最低定量限至 $500×10^{-9}$。检测限（LOD）、定量限（LOQ）、线性系数见表 6.4，说明所有杂质均有良好的线性（$R^2 > 0.99$）。

表 6.4　所有杂质的检测限、定量限、线性系数

| 化合物 | 检测限/×10⁻⁹ | 定量限/×10⁻⁹ | 线性系数 |
|---|---|---|---|
| 杂质 A | <1 | 1 | >0.991 |
| 杂质 B | 2 | 4 | >0.999 |
| 杂质 C | 2 | 3 | >0.999 |
| 杂质 D | 3 | 5 | >0.999 |
| 杂质 E | 2 | 3 | >0.994 |
| 杂质 F | 2 | 4 | >0.999 |
| 杂质 G | <1 | 1 | >0.995 |
| 杂质 H | 1 | 2 | >0.992 |

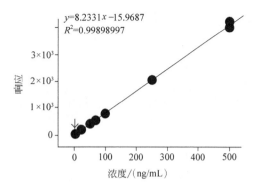

$y=8.2331x-15.9687$
$R^2=0.99898997$

图 6.18　杂质-D 的线性曲线

#### 6.1.2.4　抗生素混合降解杂质对照品[7]

在中国、美国、英国及欧洲药典中，阿莫西林和氨苄西林（均为 $\beta$-内酰胺类抗生素），都采用 HPLC 法控制多个特定杂质。阿莫西林、氨苄西林及其有关物质的英文名和结构见图 6.19，中、英文名对照见图 6.20 的图注。在实际应用中，常常遇到无法进行色谱峰的准确归属等问题，因此，依据阿莫西林和氨苄西林的降解反应途径，制备了阿莫西林和氨苄西林混合降解杂质对照品（即中国药典中阿莫西林和氨苄西林项下所述的"系统适用性对照品"），用于对药典中原料、制剂的多个主要特定杂质实现快速定位，并可用于评价色谱系统对诸杂质的分离效能。

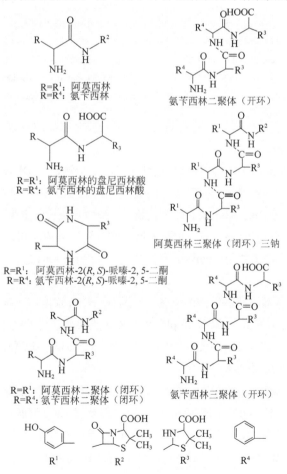

图 6.19　阿莫西林、氨苄西林及其有关物质的结构

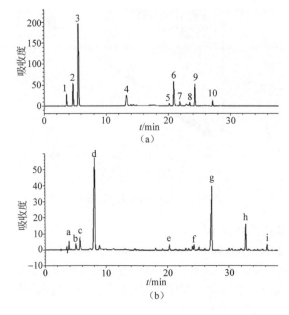

图 6.20　混合杂质对照品的色谱图：阿莫西林降解产物（a）和氨苄西林降解产物（b）

1, 4, 7, 8—未知物（unknown impurities）；2—阿莫西林的盘尼西林酸（Penicilloic acid of Amoxicillin）；3—阿莫西林（Amoxicillin）；5—阿莫西林-2(R)-哌嗪-2,5-二酮[Amoxicillin-2(R)-piperazine-2,5-dion]；6—阿莫西林-2(S)-哌嗪-2,5-二酮[Amoxicillin-2(S)-piperazine- 2,5-dion]；9—阿莫西林二聚体（闭环）三钠[Amoxicillin-dimer(closed)-trisodium]；10—阿莫西林三聚体（闭环）三钠[Amoxicillin-trimer(closed)-trisodium]; a, b, i—未知物（unknown impurities）；c—氨苄西林的盘尼西林酸（Penicilloic acid of Ampicillin）；d—氨苄西林（Ampicillin）；e—氨苄西林-2(R)-哌嗪-2,5-二酮[Ampicillin-2(R)-piperazine-2,5-dion]; f—氨苄西林二聚体（开环）三钠[Ampicillin-dimer(open)-trisodum]; g—氨苄西林二聚体（闭环）二钠[Ampicillin-dimer(closed)-disodium]; h—氨苄西林三聚体（开环）三钠[Ampicillin-trimer(open)-trisodium]

　　对制备的对照品的各成分需进行结构确证，确定杂质对照品的组成并建立混合杂质对照图谱，对各杂质峰进行归属，用于样品质控分析。

　　（1）仪器与条件　Agilent 1260 高效液相色谱仪，DAD 检测器，ABI 3200 Q-TRAP LC-MS/MS 系统。HPLC 方法按《中国药典》（2010 版）阿莫西林和氨苄西林有关物质项下方法进行试验。采用 Agilent HCC18（250mm×4.6mm, 5μm）色谱柱；DAD 波长设定为 190～400nm；UV 检测波长为 254nm。LC-MS 分析方法：0.1%甲酸-乙腈（50：50）为流动相，流速 0.3 mL/min，正离子检测模式，DP、EP 电压等参数用 Analysis 软件中 Q1 Multiple Ions 进行手动优化和 MRM Ramp Parameter 进行自动优化。

　　（2）阿莫西林和氨苄西林降解溶液的制备　将两种原料分别溶解在水、不同浓度氢氧化钠溶液与盐酸溶液和 pH4.6、pH6.0、pH7.0 和 pH7.8 醋酸盐或磷酸盐缓冲液中，制成 0.15g/mL 的溶液，分别置室温、光照（7500 lx）、水浴（温度 60～90℃）环境中强制降解 24h，每小时取样，注入 HPLC 分析，观测杂质产生情况。

　　（3）阿莫西林和氨苄西林混合杂质对照品的制备工艺　取阿莫西林钠原料 120g，用 0.01 mol/L 氢氧化钠溶液 800mL 溶解，60℃水浴 30 min, 加入甘露糖醇 120g 溶解，冻干。取氨苄西林原料 160g，用 0.1mol/L 盐酸溶液 1L 溶解，20℃放置 16h, 过滤，作为溶液Ⅰ；取氨苄西林原料 6g，用 1mol/L 盐酸溶液 40mL 溶解，20℃放置 14h 作为溶液Ⅱ；混合溶液Ⅰ和溶液Ⅱ，加入甘露糖醇 100g, 溶解后冻干。研细，30℃条件下减压干燥后分装。

表 6.6 尿中椒苯酮胺及主要代谢产物的 HPLC-MS² 分析

| 色谱峰编号 | 生物转化（biotransformation） | 质量变化<br>（mass shift） | 预测质荷比<br>（expected m/z） | Q1/Q3<br>（m/z） | $t_R$/min |
|---|---|---|---|---|---|
| 原药 | | 0 | 354 | 354.0/149.0 | 18.07 |
| M1 | 加氢（hydrogenation） | 2 | 356 | 356.0/149.0 | 17.72 |
| M1a | 加氢（hydrogenation） | 2 | 356 | 356.0/149.0 | 10.54 |
| M1 | 加氢（hydrogenation） | 2 | 356 | 356.0/149.0 | 13.74 |
| M2 | 氧化+牛磺酸结合（oxidation+taurine） | 123 | 477 | 477.0/149.0 | 10.48 |
| M6 | 加氢还原反应（hydrogenation reduction） | 4 | 358 | 358.0/149.0 | 16.31 |
| M6a | 加氢还原反应（hydrogenation reduction） | 4 | 358 | 358.0/151.0 | 13.45 |
| M6b | 加氢还原反应（hydrogenation reduction） | 4 | 358 | 358.0/149.0 | 14.44 |
| M7 | 葡萄糖醛酸结合（glucuronidation） | 176 | 530 | 530.0/354.0 | 13.67 |
| M9 | 双氧化+葡萄糖醛酸结合<br>（di-oxidation+glucuronidation） | 208 | 562 | 562.0/386.0 | 13.89 |
| M10 | 双氧化（di-oxidation） | 32 | 386 | 386.0/149.0 | 14.02 |
| M11 | 三氧化+葡萄糖醛酸结合<br>（tri-oxidation+glucuronidation） | 224 | 578 | 578.0/402.0 | 14.02 |
| M12 | 还原+氧化（hydrogenation+oxidation） | 18 | 372 | 372.0/149.0 | 14.5 |
| M14 | 还原+双氧化<br>（hydrogenation+di-oxidation） | 34 | 388 | 388.0/149.0 | 16.17 |
| M17 | 双乙酰化（di-acetylation） | 84 | 438 | 438.0/149.0 | 17.06 |
| M22 | 硫酸化反应（sulfation） | 80 | 434 | 434.0/149.0 | 17.93 |
| M8 | 加氢+葡萄糖醛酸结合<br>（hydrogenation+ glucuronidation） | 178 | 532 | 532.0/356.0 | |
| M13 | 还原+葡萄糖醛酸结合<br>（hydrogenation+ glucuronidation） | 180 | 534 | 534.0/358.0 | 15.71 |

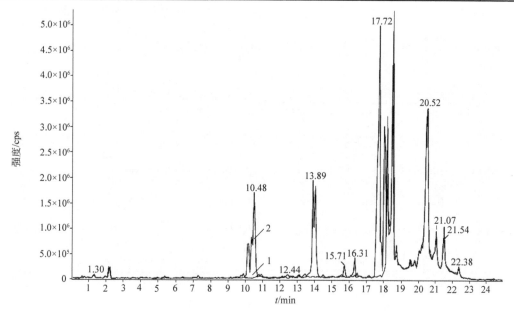

图 6.22 受试者尿样与空白尿样的总离子流色谱（TICC）对比图

1—空白尿样；2—给药后尿样

由表 6.5 可见，椒苯酮胺在人体内的代谢产物主要是氧化产物、还原产物和葡萄糖醛酸结合产物。代谢物 M1：在 $m/z$ 356.0 的提取离子流色谱图中，可以检测到 1 个色谱峰，保留时间为 17.72min，用 M1 的对照品对照可确认 M1 为椒苯酮胺的双键还原代谢产物。M6：在 $m/z$ 358.0 的提取离子色谱图中，可以检测到 1 个色谱峰，保留时间为 16.31min，用 M6 的对照品对照可确认 M6 为 M1 的羰基还原产物。根据各主要代谢产物的二级质谱图，推测尿样中主要 I 相代谢物主要为氧化、还原产物，其 II 相代谢物主要为原型药物及 I 相代谢物与葡萄糖醛酸、牛磺酸、硫酸的结合产物，初步推测其中 $m/z$ 356、358、360、370、372、386、388 主要为氧化或还原产物，$m/z$ 438、440、468 为硫酸结合物，$m/z$ 522、532、534、548、550、562、564 为葡萄糖醛酸结合物，$m/z$ 477 代谢物可能为 M1 的牛磺酸结合物，$m/z$ 493 为半胱氨酸结合物，$m/z$ 643、645、647、675、677 为谷胱甘肽或者是与多个氨基酸的结合物。其中双键还原产物的葡萄糖醛酸结合物（M8）的峰面积所占比例达 34.4%，为尿样中最主要的代谢产物。另外，代谢产物 M7：分子量为 531，较原型成分多 176，为原型药物椒苯酮胺的葡萄糖醛酸的结合物。M8、M13 的 $m/z$ 分别为 532.0 和 534.1，判断可能为 M1 及 M6 的葡萄糖醛酸结合产物，M9 可能为原型药物的双氧化产物与葡萄糖醛酸的结合物，M2 可能为代谢物 M1 与牛磺酸的结合物，M7 可能为原型药物的葡萄糖醛酸结合产物，M22 为原型药物硫酸化产物。

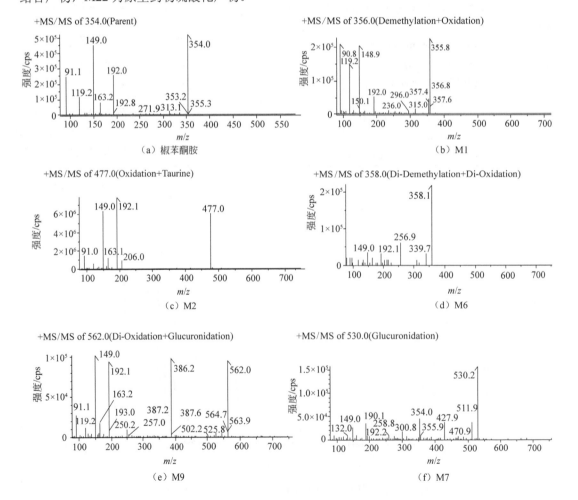

（a）椒苯酮胺　　（b）M1　　（c）M2　　（d）M6　　（e）M9　　（f）M7

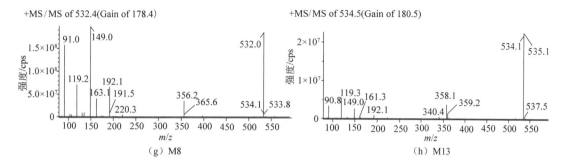

图 6.23　椒苯酮胺及其人体内代谢产物二级质谱图

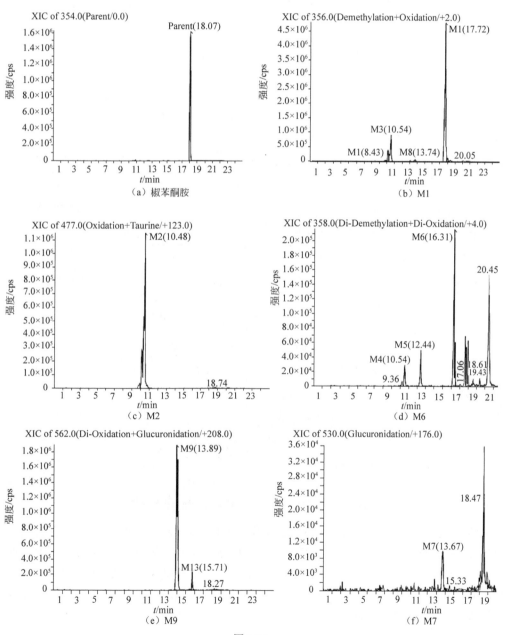

图 6.24

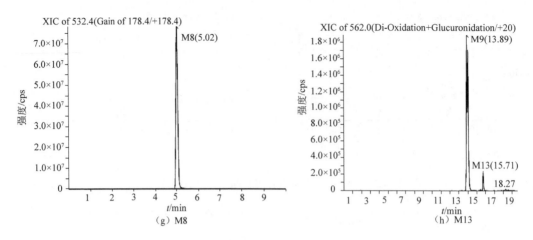

图 6.24　椒苯酮胺及各代谢物的 EIC 图

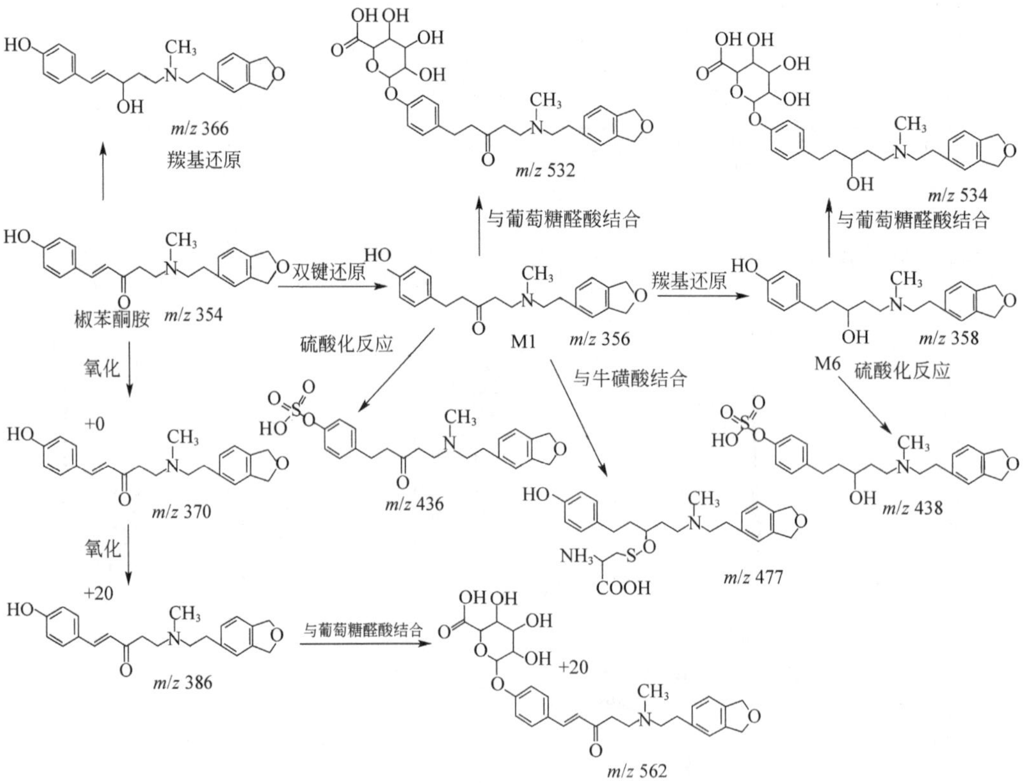

图 6.25　推测的人尿中椒苯酮胺的代谢转化方式

　　实验结果显示，椒苯酮胺在人体内被广泛代谢，Ⅰ相代谢产物主要有氧化、还原产物，Ⅱ相代谢产物以结合反应为主，表现为含有较高浓度的Ⅰ相多位点羟基化氧化产物的葡萄糖醛酸、硫酸、半胱氨酸等结合物，说明椒苯酮胺在体内广泛代谢后主要以代谢物的形式从体内消除。初步推测，椒苯酮胺在体内主要先代谢为双键还原产物（M1），M1 还原成 M6，M1、M6 均会与葡萄糖醛酸结合（图 6.25），最后主要以 M1、M6 及其与葡萄糖醛酸、硫酸结合物形式从尿液中排出体外。

#### 6.1.3.2 人胆汁中的药物代谢物分析

胆汁是一种复杂的生物基质，主要组成是胆酸类化合物，分子量约 400，与大多数药物的分子量接近，胆酸种类和结构的多样性给胆汁中药物代谢物的鉴定带来了巨大挑战。UPLC-Q-TOF MS 结合了质量差值过滤（MDF）和 Generic Dealkylation 技术[9]，能有效去除内源性物质的干扰，高低碰撞能质谱法（$MS^E$）利用碰撞能量梯度，可同时完成对前体离子和产物离子的采集，显著缩短了分析时间。采用 T 管引流技术收集患者服用奋乃静片后的胆汁，采用 UPLC-Q-TOF MS 法快速表征奋乃静在胆汁中的代谢物，以推测奋乃静在人体内的代谢途径[10]。

（1）仪器与条件　Acquity Ultra，超高效液相色谱系统及 Synapt Q-TOF 质谱仪（美国 Waters 公司），Masslynx V4.1，MetaboLynx 及 MassFragment 数据处理系统。

① 色谱条件　Acquity UPLC HSS T3 色谱柱（2.1mm×100mm，1.8μm），柱温 40℃。流动相：A（5mmol/L 醋酸铵水溶液），B（0.05%甲酸-乙腈溶液）。流速 0.4mL/min。梯度程序洗脱：0~3min，5% B；3~16min，5%~45% B；16~18min 45%B；18~20min45%~100%B；20~25min，100%~5%B。

② 质谱条件　ESI，正离子方式检测，雾化气（氮气）流量 700L/h，去溶剂温度 350℃，离子源温度 120℃，毛细管电压 3.0kV。低碰撞能量时，传输碰撞能量 3eV，阱碰撞能量 5eV；高碰撞能量时，传输碰撞能量 15eV，阱碰撞能量 15~35eV。质量扫描范围 $m/z$ 80~1000，质谱分辨率约为 10000。选取 400μg/L 亮氨酸-脑啡肽（$m/z$ 556.2771）作为质荷比的外标校正（Lock Spray，5μL/min）。

（2）样品预处理　向 300μL 胆汁样品中加入 600μL 乙腈，涡流混合 1min，以 11000r/min 离心 5min，取出全部上清液置于 10mL 试管中，40℃氮气流下吹干，残留物以 100μL 5mmol/L 醋酸铵水溶液：0.05%甲酸-乙腈溶液＝9：1（体积比）的溶液溶解，取 10μL 进行 UPLC-Q-TOF MS 分析。

向 300μL 胆汁样品中加入 200μL 2000U/mL 的 $\beta$-葡萄糖苷酸酶（由 pH 5 枸橼酸钠缓冲液配制），37℃下水浴温孵 16h 后，迅速冷却，按样品预处理项下处理后，进行 UPLC-Q-TOF MS 分析。

（3）结果与讨论

① 奋乃静对照品色谱和质谱分析　对奋乃静对照品溶液进行 UPLC-Q-TOF MS 分析，利用 $MS^E$ 功能获得低、高碰撞能量下的质谱信息。低碰撞能量下获得前体离子质谱图，高碰撞能量下获得产物离子信息。奋乃静的色谱保留时间为 15.33min，由于其分子中含有 1 个氯原子，也可以通过同位素峰簇辅助解析其裂解途径。

在低碰撞能量质谱图中，奋乃静的[M+H]$^+$离子为 $m/z$ 404/406（$C_{21}H_{27}ClN_3OS^+$）。

在高碰撞能量质谱图中，主要碎片离子为 $m/z$ 274/276、246/248、171、143、100、98，见图 6.26。$m/z$ 171（$C_9H_{19}N_2O^+$）为前体离子经 $i$-断裂丢失 2-氯吩噻嗪（$C_{12}H_8ClNS$）分子后生成的碎离子，相对丰度为 100%；$m/z$ 274/276（$C_{15}H_{13}ClNS^+$）及 $m/z$ 246/248（$C_{13}H_9ClNS^+$）两对离子的丰度比均为 3：1，证明碎片离子中均含有一个氯原子，前者为前体离子经 $i$-断裂丢失 1-哌嗪乙醇（$C_6H_{14}N_2O$）分子生成的碎片离子，后者为前体离子经氢重排后丢失 4-乙基-1-哌嗪乙醇（$C_8H_{18}N_2O$）分子后生成的碎片离子。$m/z$ 143（$C_7H_{15}N_2O^+$）为前体离子经氢重排后丢失 10-乙基-2-氯吩噻嗪（$C_{14}H_{12}ClNS$）分子后生成的碎片离子。$m/z$ 100（$C_5H_{10}NO^+$）为前体离子经 $i$-断裂和多步氢重排后生成的碎片离子。$m/z$ 98（$C_5H_{10}N_2^+$）为前体离子经多步重排后生成的碎片离子。

根据奋乃静的裂解特点，可将其结构分为 A（1-哌嗪乙醇）、B（2-氯吩噻嗪）两个片段。代谢物是原形药物在体内经酶催化产生的生物转化产物，与原形药物具有相似的母核结构，因此根据原形药物的质谱裂解规律，可以推测代谢物的结构。

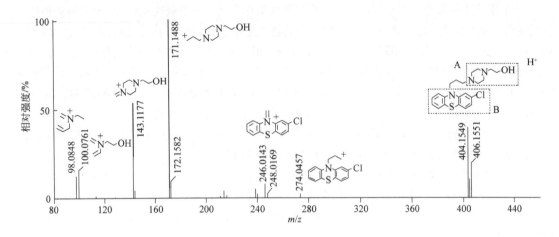

图 6.26　奋乃静对照品在高碰撞能量下的质谱图

②　人胆汁中的代谢产物鉴定　采用 MDF 和 Generic Dealkylation 等软件对 MS$^E$ 数据进行处理，获得胆汁样品中代谢物的色谱图见图 6.27。与空白胆汁样品的色谱图比较，在服药后的人胆汁中主要发现 16 对相关离子，分别为 $m/z$ 404/406、376/378、392/394、394/396、418/420、420/422、434/436、436/438、500/502、530/532、552/554、580/582、596/598、610/612、612/614、626/628，每对离子的丰度比均为 3∶1，说明分子中均含一个氯原子，分别命名为 M0~M15。奋乃静原形药物及其代谢物的准确分子量、可能元素组成和代谢途径等列于表 6.7。下面以奋乃静的主要代谢产物 M5、M12 和 M15 为例，阐述代谢物的结构鉴定过程。

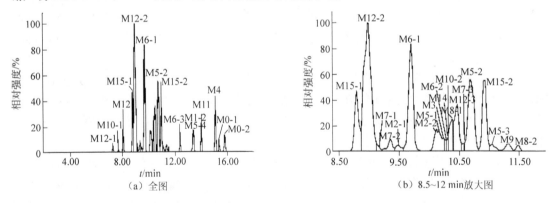

（a）全图　　　　　　　　　　　　　　（b）8.5~12 min放大图

图 6.27　服药后人胆汁中奋乃静代谢物的色谱图

表 6.7　人胆汁中奋乃静代谢物的信息

| 编号 | 代谢物 | 测定值 [M+H] | 计算值 [M+H] | 分子式 | 质量偏差 | 质量相对偏差/10$^{-6}$ | 保留时间 /min |
|---|---|---|---|---|---|---|---|
| M0-1 | 原形药物 | 404.1578 | 404.1563 | $C_{21}H_{26}ClN_3OS$ | 1.5 | 3.7 | 15.33 |
| M1-1 | N-去烷基+羟基化 | 376.1251 | 376.1250 | $C_{19}H_{22}ClN_3OS$ | 0.1 | 0.3 | 11.77 |
| M1-2 | N-去烷基+羟基化 | 376.1281 | 376.1250 | $C_{19}H_{22}ClN_3OS$ | 3.1 | 8.2 | 13.54 |

续表

| 编号 | 代谢物 | 测定值 [M+H] | 计算值 [M+H] | 分子式 | 质量偏差 | 质量相对偏差/10<sup>-6</sup> | 保留时间 /min |
|---|---|---|---|---|---|---|---|
| M2-1 | N-去烷基+双羟基化 | 392.1229 | 392.1200 | $C_{19}H_{22}ClN_3O_2S$ | 2.9 | 7.4 | 9.46 |
| M2-2 | N-去烷基+双羟基化 | 392.1223 | 392.1200 | $C_{19}H_{22}ClN_3O_2S$ | 2.3 | 5.8 | 10.09 |
| M3 | N-去烷基+双羟基化+还原 | 394.1323 | 394.1356 | $C_{19}H_{24}ClN_3O_2S$ | -3.3 | -8.4 | 10.21 |
| M4 | 羟基化+脱氢 | 418.1331 | 418.1356 | $C_{21}H_{24}ClN_3O_2S$ | -2.5 | -6.0 | 15.03 |
| M5-1 | 羟基化 | 420.1491 | 420.1513 | $C_{21}H_{26}ClN_3O_2S$ | -2.2 | -5.2 | 10.16 |
| M5-2 | 羟基化 | 420.1525 | 420.1513 | $C_{21}H_{26}ClN_3O_2S$ | 1.2 | 2.9 | 10.67 |
| M5-3 | 羟基化 | 420.1521 | 420.1513 | $C_{21}H_{26}ClN_3O_2S$ | 0.8 | 1.9 | 11.02 |
| M5-4 | 羟基化 | 420.1510 | 420.1513 | $C_{21}H_{26}ClN_3O_2S$ | -0.3 | -0.7 | 13.54 |
| M6-1 | 双羟基化+脱氢 | 434.1295 | 434.1305 | $C_{21}H_{24}ClN_3O_3S$ | -1.0 | -2.3 | 9.7 |
| M6-2 | 双羟基化+脱氢 | 434.1306 | 434.1305 | $C_{21}H_{24}ClN_3O_3S$ | 0.1 | 0.2 | 10.26 |
| M6-3 | 双羟基化+脱氢 | 434.1291 | 434.1305 | $C_{21}H_{24}ClN_3O_3S$ | -1.4 | -3.2 | 12.38 |
| M7-1 | 双羟基化 | 436.1454 | 436.1462 | $C_{21}H_{26}ClN_3O_3S$ | -0.8 | -1.8 | 9.16 |
| M7-2 | 双羟基化 | 436.1443 | 436.1462 | $C_{21}H_{26}ClN_3O_3S$ | -1.9 | -4.4 | 9.35 |
| M7-3 | 双羟基化 | 436.1468 | 436.1462 | $C_{21}H_{26}ClN_3O_3S$ | 0.6 | 1.4 | 10.56 |
| M8-1 | 羟基化+硫酸 | 500.1058 | 500.1081 | $C_{21}H_{26}ClN_3O_5S$ | -2.3 | -4.6 | 10.35 |
| M8-2 | 羟基化+硫酸 | 500.1094 | 500.1081 | $C_{21}H_{26}ClN_3O_5S$ | 1.3 | 2.6 | 11.49 |
| M9 | 双羟基化+甲基化+硫酸 | 530.1182 | 530.1186 | $C_{22}H_{28}ClN_3O_6S_2$ | -0.4 | -0.8 | 11.30 |
| M10-1 | N-去烷基+羟基化+葡萄糖醛酸 | 552.1604 | 552.1571 | $C_{25}H_{30}ClN_3O_7S$ | 3.3 | 6.0 | 7.74 |
| M10-2 | N-去烷基+羟基化+葡萄糖醛酸 | 552.1569 | 552.1571 | $C_{25}H_{30}ClN_3O_7S$ | -0.2 | -0.4 | 10.39 |
| M11 | 葡萄糖醛酸化 | 580.1914 | 580.1884 | $C_{27}H_{34}ClN_3O_7S$ | 3.0 | 5.2 | 14.03 |
| M12-1 | 羟基化+葡萄糖醛酸 | 596.1802 | 596.1833 | $C_{27}H_{34}ClN_3O_8S$ | -3.1 | -5.2 | 7.25 |
| M12-2 | 羟基化+葡萄糖醛酸 | 596.1810 | 596.1833 | $C_{27}H_{34}ClN_3O_8S$ | -2.3 | -3.9 | 9.02 |
| M12-3 | 羟基化+葡萄糖醛酸 | 596.1817 | 596.1833 | $C_{27}H_{34}ClN_3O_8S$ | -1.6 | -2.7 | 10.46 |
| M13 | 双羟基化+脱氢+葡萄糖醛酸 | 610.1620 | 610.1620 | $C_{27}H_{32}ClN_3O_9S$ | 0 | 0 | 8.06 |
| M14 | 双羟基化+葡萄糖醛酸 | 612.1829 | 612.1783 | $C_{27}H_{34}ClN_3O_9S$ | 4.6 | 7.5 | 10.30 |
| M15-1 | 双羟基化+甲基化+葡萄糖醛酸 | 626.1932 | 626.1939 | $C_{28}H_{36}ClN_3O_9S$ | -0.7 | -1.1 | 8.88 |
| M15-2 | 双羟基化+甲基化+葡萄糖醛酸 | 626.1961 | 626.1939 | $C_{28}H_{36}ClN_3O_9S$ | 2.2 | 3.5 | 10.92 |

　　a. M0（[M+H]<sup>+</sup>，m/z 404/406）的鉴定　从 MDF 色谱图中提取 m/z 404/406，在保留时间为 15.33min、15.77min 出现 2 个色谱峰，命名为 M0-1 和 M0-2，根据准确分子量，它们的分子式均为 $C_{21}H_{26}ClN_3OS$，M0-1 的色谱保留时间及高能量下的主要碎片离子均与奋乃静对照品相同，从而确定 M0-1 是未被代谢的原形药物奋乃静。M0-2 的结构有待进一步考察。

　　b. M5（[M+H]<sup>+</sup>，m/z 420/422）的鉴定　从 MDF 色谱图中提取 m/z 420/422，在保留时间为 10.16 min、10.67 min、11.02 min、13.54 min 出现 4 个色谱峰，分别命名为 M5-1、M5-2、M5-3 和 M5-4。根据准确分子量，它们的分子式均为 $C_{21}H_{26}ClN_3O_2S$（原形药物分子式为 $C_{21}H_{26}ClN_3OS$），比原形药物多了 1 个 O。在高碰撞能量下，M5-1 和 M5-3 均产生 m/z 274/276、246/248、187、159 碎片离子，其中 m/z 274/276 和 m/z 246/248 的碎片离子与原形药物的 B 片段相同，而 m/z 187 和

*m/z* 159 的碎片离子均比原形药物的 A 片段多 16u，推测 M5-1 和 M5-3 为 M0 的 A 片段羟基化代谢物。而 M5-2 和 M5-4 产生了 *m/z* 290/292、262/264、171、143、100、98 碎片离子，其中 *m/z* 171、143、100、98 的碎片离子与原形药物的 A 片段相同，而 *m/z* 290/292、262/264 的碎片离子均比原形药物的 B 片段多 16u，推测 M5-2 和 M5-4 为 M0 的 B 片段羟基化代谢物。

c. M12（[M+H]⁺，*m/z* 596/598）的鉴定　从 MDF 色谱图中提取 *m/z* 596/598，在保留时间为 7.25 min、9.02 min、10.46 min 出现 3 个色谱峰，分别命名为 M12-1、M12-2 和 M12-3。根据准确分子量，它们的分子式均为 $C_{27}H_{34}ClN_3O_8S$（原形药分子式为 $C_{21}H_{26}ClN_3OS$），比原形药多了 $C_6H_8O_7$。进行高碰撞能量下的产物离子质谱分析，M12-1、M12-2 和 M12-3 产生 *m/z* 420/422、290/292、262/264、171、143、100、98 碎片离子。*m/z* 596/598→*m/z* 420/422 为中性丢失葡萄糖醛酸分子（176 u）；*m/z* 290/292、262/264 的碎片离子比原形药物的 B 片段多 16 u，而 *m/z* 171、143、100、98 的碎片离子与原形药物的 A 片段相同，推测 M12 为 M0 的 B 部分羟基化后的葡萄糖醛酸结合物。胆汁样品经 *β*-葡萄糖苷酸酶水解后，*m/z* 596/598 色谱峰消失，M5-2 和 M5-4 的色谱峰明显增强，故推测 M12 为 M5-2 和 M5-4 的葡萄糖醛酸结合物，其提取离子色谱图见图 6.28。

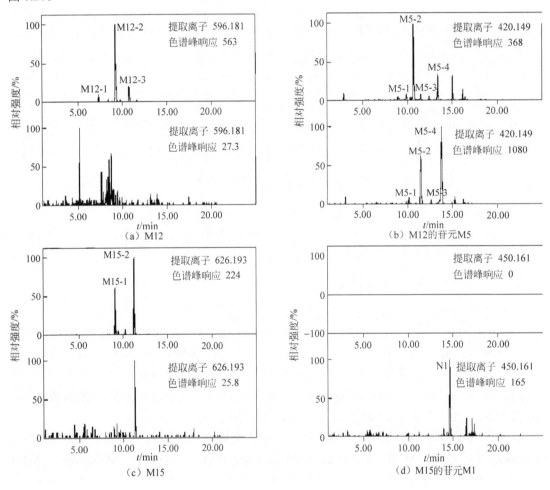

图 6.28　人胆汁中奋乃静代谢物经 *β*-葡萄糖苷酸酶水解前后的提取离子色谱图

d. M15（[M+H]⁺，*m/z* 626/628）的鉴定　从 MDF 色谱图中提取 *m/z* 626/628，在保留时间

为 8.88min、10.92min 出现 2 个色谱峰，分别命名为 M15-1 和 M15-2，根据准确分子量，它们的分子式均为 $C_{28}H_{36}ClN_3O_9S$（原形药分子式为 $C_{21}H_{26}ClN_3OS$），比原形药多了 $C_7H_{10}O_8$。进行高碰撞能量下的产物离子质谱分析，M15-1 和 M15-2 产生 $m/z$ 450/452、292/294、171、143、100、98 的碎片离子。$m/z$ 626/628→$m/z$ 450/452 为中性丢失葡萄糖醛酸分子（176 u）；$m/z$ 450/452 的碎片离子比 $m/z$ 404/406 的原形药物多 46u，通过准确分子量分析，其分子式为 $C_{22}H_{28}ClN_3O_3S$，比原形多 $CH_2O_2$；$m/z$ 171、143、100、98 的碎片离子与原形药物的 A 片段相同；$m/z$ 292/294 的碎片离子比原形药物的 B 片段多 46u，推测 $m/z$ 450/452 碎片离子结构可能为 M0 的 B 部分发生双羟基化和甲基化，M15-1 和 M15-2 为其葡萄糖醛酸分子结合代谢物（图 6.28）。胆汁样品经 β-葡萄糖苷酸酶水解后，色谱峰消失，出现 1 个 $m/z$ 450/452 色谱峰，保留时间为 14.10 min，命名为 N1（图 6.28），通过准确分子量分析，推测其分子式为 $C_{22}H_{28}ClN_3O_3S$，且在高能量质谱图中观察到了 $m/z$ 292/294、171、143、100、98 的碎片离子，佐证了上述推断。

综合分析色谱及质谱数据，推测奋乃静在人体内的主要代谢途径见图 6.29。用上述方法和技术，在人胆汁中共检测到 29 种代谢物，包括 16 种 I 相代谢物及 13 种 II 相代谢物，代谢途径包括羟基化、脱氢、N-去烷基化、甲基化、硫酸及葡萄糖醛酸结合等。其中，原形药物和 N-去烷基后双羟基化代谢物及其 II 相结合物、原形药物羟基化或双羟基化后脱氢及其 II 相结合物、原形药物双羟基化并甲基化后的 II 相结合物等 16 种代谢物均为人体内新发现的奋乃静代谢物。

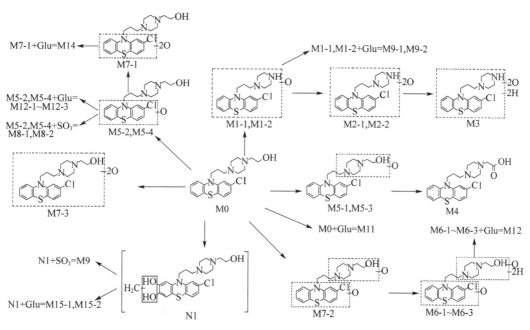

图 6.29 推测的奋乃静在人体内的主要代谢途径

### 6.1.3.3 药物及其活性代谢产物的药物动力学研究

替卡格雷（Ticagrelor）（1）是 P2Y12 受体的强效拮抗剂，它对二磷酸腺苷（ADP）诱导的血小板聚集反应能产生可逆的、呈剂量依赖性的抑制作用，在人体内的主要活性代谢产物 AR-C124910XX（2）同样对 ADP 诱导的血小板聚集反应能产生强效抑制作用。用 LC-MS/MS 法，以地西泮（3）为内标，同时测定了 Beagle 犬血浆中的 1 和 2，用于药物代谢动力学研究[11]。

（1）仪器 XEVO-TQ 型三重四极串联质谱仪[配有电喷雾离子化源（ESI 源）]、UPLC Xevo

TQ 超高效液相色谱串联质谱系统（含二元泵管理器、自动进样器和柱温箱）和 MassLnyx V14.1 软件（美国 Waters 公司）。

（2）色谱条件　色谱柱：Restek Allure C18 柱（4.6mm×50mm，5μm）。流动相：乙腈：2 mmol/L 乙酸铵溶液（70：30）。流速：0.5mL/min。进样量：10μL。

（3）质谱条件　离子源 ESI；喷雾电压 3000V；去溶剂气温度 500℃；去溶剂气流速 1000 L/h；锥孔气流速 50 L/h；检测方式为正离子多反应监测（MRM）；监测离子对 $m/z\ 523.3→m/z\ 127.1$（1），$m/z\ 479.3→m/z\ 153.1$（2），$m/z\ 284.9→m/z\ 193.0$（3）；锥孔电压 32 V（1）、36 V（2）和 46 V（3）；碰撞诱导解离（CID）电压 60 V（1）、34 V（2）和 28 V（3）；驻留时间 0.025 s。

（4）溶液配制　精密称取 1 对照品 10 mg，置 10 mL 容量瓶中，用甲醇溶解并定容，配成浓度为 1mg/mL 的 1 对照品储备液；同法配制同浓度的 2 对照品储备液和 3 地西泮内标储备液。精密量取 1、2 对照品储备液适量，用空白血浆稀释成浓度分别为 50ng/mL、100ng/mL、300ng/mL、1000ng/mL、3000ng/mL 和 10000ng/mL 的系列浓度混合溶液。3 内标储备液用甲醇进一步稀释得 200ng/mL 的内标溶液。

（5）血样处理　精密吸取血样 100μL，置 2mL 离心管中，加入内标溶液 100μL 和甲醇 200μL，涡旋混合 0.5min，离心（11000g）5min，取上清液 100μL，加入 50%甲醇 900μL，涡旋混合 0.5min，进样分析。

（6）专属性试验　分别取空白血浆、空白血浆加入 1、2 对照品和犬给药 2h 后血样，按血样处理项下方法处理后进样，记录色谱图（图 6.30）。血浆中的内源性物质不干扰测定。

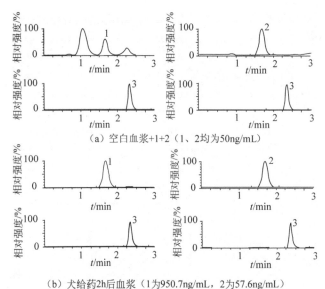

（a）空白血浆+1+2（1、2均为50ng/mL）

（b）犬给药2h后血浆（1为950.7ng/mL，2为57.6ng/mL）

图 6.30　MRM 色谱图

（7）线性试验　精密量取溶液配制项下系列浓度混合溶液各 100μL，按血样处理项下方法操作，进样测定。以浓度 $c$ 为横坐标，待测物与内标峰面积之比 $R$ 为纵坐标，用加权最小二乘法（$W=1/X^2$）进行回归计算，得回归方程。1：$R=1.45×10^{-3}c+9.88×10^{-3}$（$r=0.9974$）；2：$R=1.08×10^{-3}c-2.86×10^{-3}$（$r=0.9986$）。1、2 均在 50～10000 ng/mL 浓度范围内线性关系良好，最低定量限为 50ng/mL。

（8）精密度与准确度试验　按溶液配制项下方法制备低、中、高浓度（1、2 浓度均 100ng/mL、1000ng/mL 和 8000ng/mL，下同）质控样品，各 6 份，重复 3 批，并作随行标准曲线。方法的精密度和准确度（$n=6$）结果见表 6.8。1、2 的日内 $RSD≤6.8\%$（$n=6$），日间 $RSD≤14.2\%$（$n=18$）。

表 6.8  精密度与准确度试验结果

| 浓度/(ng/mL) | 1 | | | 2 | | |
|---|---|---|---|---|---|---|
| | 日内 RSD (n=6) | 日间 RSD (n=18) | 准确度 (n=6) | 日内 RSD (n=6) | 日间 RSD (n=18) | 准确度 (n=6) |
| 100 | 6.8 | 5.6 | 105.2 | 5.8 | 14.2 | 102.5 |
| 1000 | 5.7 | 4.5 | 100.7 | 6.6 | 8.1 | 97.3 |
| 8000 | 5.4 | 13.2 | 94.7 | 5.6 | 11 | 96.3 |

（9）提取回收率试验及基质效应  按精密度与准确度试验项下方法，分别制备低、中、高浓度血样，以及血浆基质溶液和流动相，各 6 份，按血样处理项下方法处理，进样并记录峰面积，计算得低、中、高浓度血样中 1、2 的提取回收率（n=6）分别为 115.1%、114.2%、109.8% 和 110.7%、114.5%、109.3%，基质效应（n=6）为 84.0%、82.9%、93.4% 和 95.2%、84.5%、95.7%。内标溶液经同法处理，计算得提取回收率（n=6）为 107.1%，基质效应（n=6）为 104.4%。表明本法基质效应符合要求。

（10）稳定性考察  按精密度与准确度试验项下方法分别制备低和高浓度样品，分别考察在室温放置 4h（a），预处理后室温放置 4h（b），预处理后室温放置 24h（c），－70℃冻融 3 次（d）及－70℃冷冻储存 16d（e）条件下的稳定性，结果见表 6.9。可见 1、2 在上述条件下稳定。

表 6.9  稳定性试验结果

| 组分 | 浓度/(ng/mL) | 考察条件 | | | | |
|---|---|---|---|---|---|---|
| | | a | b | c | d | e |
| 1 | 100 | −2.1/12.0 | 9.6/3.8 | −7.0/4.1 | −5.5/9.8 | −2.3/5.6 |
| | 8000 | 4.6/3.3 | 2.6/4.1 | −0.1/4.4 | −0.03/5.2 | 3.2/4.9 |
| 2 | 100 | 2.3/12.7 | 3.1/3.9 | −3.2/9.7 | 3.4/1.6 | 2.4/4.6 |
| | 8000 | 5.7/4.4 | 3.3/4.6 | −11.4/4.1 | 3.8/5.0 | 5.4/9.0 |

注："/"前后分别为相对误差和 RSD 结果。

（11）药物动力学测定  Beagle 犬 12 只，雌雄各半，单剂量经口 1 片（1 片/只）。分别于给药前和给药后 0.5h、1h、1.5h、2h、2.5h、3h、4h、6h、8h、10h 和 24h 从 Beagle 犬前肢头静脉采集全血 3mL，置肝素钠抗凝管中，离心（3000g）5min 分离血浆，置−70℃冰箱保存待测。采用 WinNonlin 6.2（Phoenix）软件计算 Beagle 犬体内 1、2 的药物动力学参数，结果见表 6.10，药-时曲线见图 6.31。

表 6.10  主要药物动力学参数（$\bar{x} \pm s$, n=12）

| 参数 | 1 | 2 |
|---|---|---|
| $t_{1/2}$/h | 2.43±0.21 | 3.50±0.91 |
| $c_{max}$/(ng/mL) | 1982.5±799.3 | 163.7±107.7 |
| $t_{max}$/h | 1.58±0.56 | 2.25±0.54 |
| $AUC_{0\to t}$/(h·ng/mL) | 8954.95±4045.10 | 918.03±567.07 |
| $AUC_{0\to\infty}$/(h·ng/mL) | 9553.41±4166.36 | 1099.61±684.05 |
| $c_L$/(L/h) | 11.12±4.95 | 123.49±81.14 |
| $V_2$/L | 38.58±16.08 | 607.41±494.28 |
| $MRT_{0\to t}$/h | 4.42±1.35 | 5.40±2.02 |

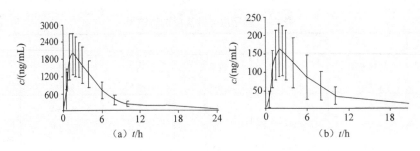

图 6.31　1（a）和 2（b）药-时曲线（$n=12$）

# 6.2　单克隆抗体药物分析

近来，单克隆抗体（monoclonal antibody, mAb）药物的研发正在我国兴起。在研发过程中的每个阶段均需对目标 mAb 进行严格的控制和评价。质谱法在 mAb 的发现、临床前和临床发展的各个阶段均发挥了重要作用。

## 6.2.1　抗体药物的质谱分析法

与小分子药物（分子量 150～600）不同，对于大分子复杂的糖蛋白抗体药物，不可能复制出完全相同的分子。因而，会有糖基化的差别和其他微小的变异，这可能对质量、安全性和药效产生影响。原创的抗体药物（originator mAb）的仿制品，即新一代抗体（next generation mAb）药物已在一些国家上市，法规要求生物相似指标（biosimilar specifications）与原创药高度一致。为了保证新一代抗体药物的安全有效，现代质谱法是主要分析方法之一。

### 6.2.1.1　单克隆抗体的 LC-MS 分析

LC-MS 是测定 mAb 分子量的最常用的方法，还可用于比较产品的批间差异。

用 LC-ESI-TOF MS 及"自上而下"（top-down）的方法可快速提供准确的完整 mAb 和轻链、重链的质量色谱图形。

mAb 的精细结构需用"自下而上"（bottom-up）的方法，即先将 mAb 和轻链、重链用蛋白酶水解为肽和糖肽，然后进行 ESI-Q-TOFMS 分析。或用"自上而下"的方法，用电子捕获解离（ECD）或电子转移解离（ETD）等前体离子活化技术及 LC-MS$^n$ 取得结构信息。

关于蛋白质的分子量测定、"自上而下"和"自下而上"的研究方法，请参阅上篇中的有关内容和第 9 章 9.1 蛋白质组学中的应用实例。

mAb 及其与抗原复合物的构型和高级结构分析，需用基于 nanoESI-MS 的原环境质谱法（native mass spectrometry），以提供分子水平的作用机制，进行质量控制，发现高级结构，如二聚体、三聚体和四聚体的存在。

图 6.32（a）与图 6.32（c）表示在（非变性）原环境条件和变性条件下曲妥单抗（trastuzumab）的 ESI-TOF MS。测定了曲妥单抗的分子量，分辨了不同的糖型（glycoforms）。

离子淌度谱（IMS）是基于质量、形状和电荷的分离方法，与 LC 和 MS 组合（LC-ESI-IM-MS），是强大的分离分析工具，可用于检测氨基酸组成、序列、双硫键、糖基化等后转译修饰等的变异。图 6.32（b）、（d）是曲妥单抗的离子淌度质谱，在原环境条件中显示有少量二聚体[12]。

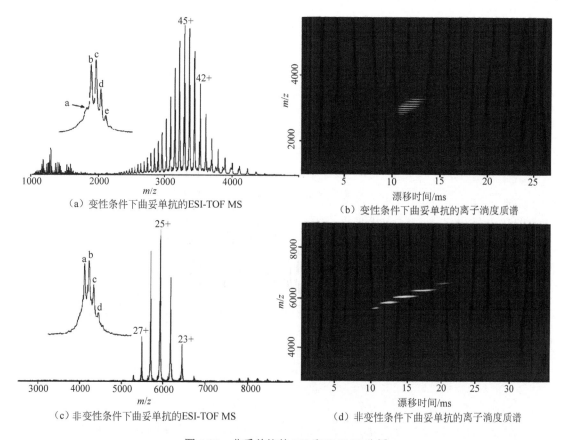

（a）变性条件下曲妥单抗的ESI-TOF MS

（b）变性条件下曲妥单抗的离子淌度质谱

（c）非变性条件下曲妥单抗的ESI-TOF MS

（d）非变性条件下曲妥单抗的离子淌度质谱

图 6.32　曲妥单抗的 MS 和 IM-MS 分析

（a）和（c）中插图为电荷态 45+的放大图和 25+的放大图，分辨了不同的糖型（glycoforms）：
a—147917.1 u±1.1u（G0/G0F）；b—148061.7u±0.8u（G0F/G0F）；c—148222.4u±0.9u（G0F/G1F）；
d—148383.8u±0.8u（G1F/G1F）；e—148544.3u±1.0u（G1F/G2F）。（b）和（d）为曲妥单抗的 IM-MS
分析，曲妥单抗的三维（3D）离子淌度谱，纵坐标为离子的 $m/z$，横坐标为漂移时间，
第三维为强度，以明暗表示，白、浅灰为强峰，灰为弱峰

mAb 上主要的糖型有：

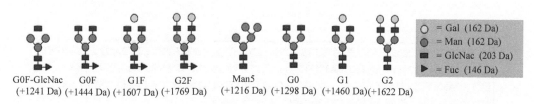

| G0F-GlcNac | G0F | G1F | G2F | Man5 | G0 | G1 | G2 |
| (+1241 Da) | (+1444 Da) | (+1607 Da) | (+1769 Da) | (+1216 Da) | (+1298 Da) | (+1460 Da) | (+1622 Da) |

○ = Gal（162 Da）
● = Man（162 Da）
■ = GlcNac（203 Da）
▶ = Fuc（146 Da）

"自下而上"的序列分析可用 LC-MS/MS 或 CE-MS/MS 方法。

### 6.2.1.2　曲妥单抗的 CE-MS 分析

曲妥单抗经胰蛋白酶水解后用 CE-ESI-TOF MS 分析。

CE-MS/MS 分析条件：Beckman Coulter CESI 8000 高分辨分离-ESI 组件（参见 "3.8.5 毛细管电泳-质谱联用技术"），30μm ID×90cm 熔融二氧化硅毛化细管，恒温 25℃，背景电解质 10%醋酸，电压 20kV；AB SCIEX TripleTOF 5600+质谱仪，用信息依赖采集（IDA），TOF MS 搜索采集，接着进行 MS/MS 数据采集。

酶水解后的 CE-MS/MS 数据的轻、重链序列的覆盖率。

2.2×10⁶
2.0×10⁶
1.8×10⁶
1.6×10⁶
1.4×10⁶
1.2×10⁶
1.0×10⁶
8.0×10⁵
6.0×10⁵
4.0×10⁵
2.0×10⁵
0
强度/cps
20 21 22 23 24 25 26 27 28 29 30 31 32 33 34 35 36 37 38 39 40 41 42 43 44 45 46 47 48 49 50
t/min

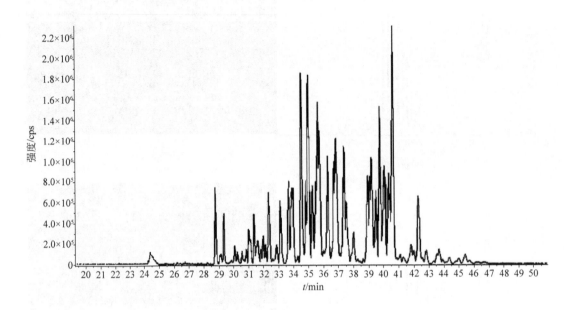

图 6.33 曲妥单抗经胰蛋白酶水解后的 CESI-MS 基峰电泳图

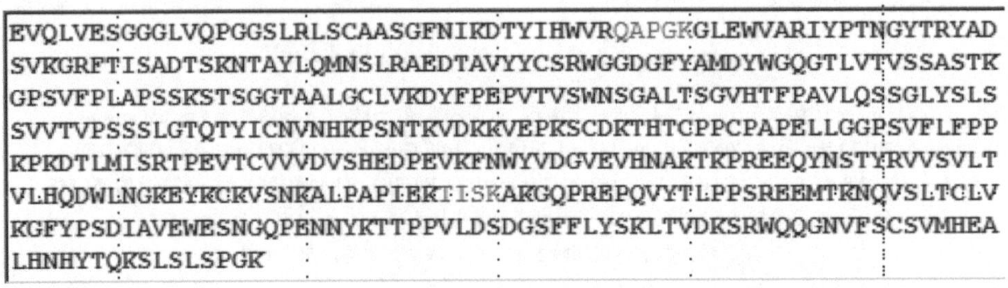

EVQLVESGGGLVQPGGSLRLSCAASGFNIKDTYIHWVRQAPGKGLEWVARIYPTNGYTRYAD
SVKGRFTISADTSKNTAYLQMNSLRAEDTAVYYCSRWGGDGFYAMDYWGQGTLVTVSSASTK
GPSVFPLAPSSKSTSGGTAALGCLVKDYFPEPVTVSWNSGALTSGVHTFPAVLQSSGLYSLS
SVVTVPSSSLGTQTYICNVNHKPSNTKVDKKVEPKSCDKTHTCPPCPAPELLGGPSVFLFPP
KPKDTLMISRTPEVTCVVVDVSHEDPEVKFNWYVDGVEVHNAKTKPREEQYNSTYRVVSVLT
VLHQDWLNGKEYKCKVSNKALPAPIEKTISKAKGQPREPQVYTLPPSREEMTKNQVSLTCLV
KGFYPSDIAVEWESNGQPENNYKTTPPVLDSDGSFFLYSKLTVDKSRWQQGNVFSCSVMHEA
LHNHYTQKSLSLSPGK

（a）蛋白质序列覆盖率——重链

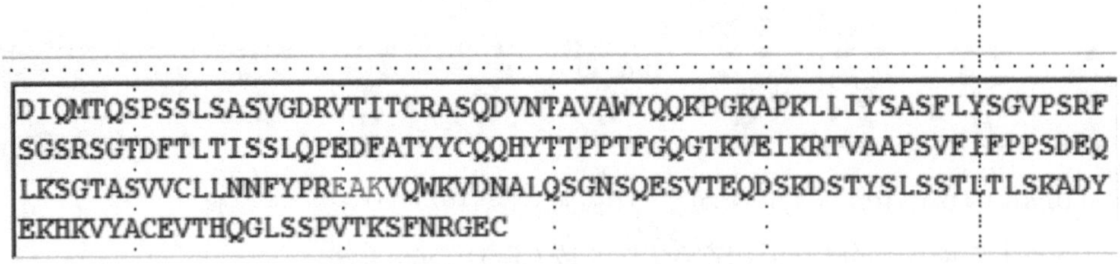

DIQMTQSPSSLSASVGDRVTITCRASQDVNTAVAWYQQKPGKAPKLLIYSASFLYSGVPSRF
SGSRSGTDFTLTISSLQPEDFATYYCQQHYTTPPTFGQGTKVEIKRTVAAPSVFIFPPSDEQ
LKSGTASVVCLLNNFYPREAKVQWKVDNALQSGNSQESVTEQDSKDSTYSLSSTLTLSKADY
EKHKVYACEVTHQGLSSPVTKSFNRGEC

（b）蛋白质序列覆盖率——轻链

图 6.34 曲妥单抗经胰蛋白酶水解后的 CE-MS/MS 数据用 ProteinPilot™软件数据库检索结果，外加手动解析，轻、重链序列覆盖率 100%

上述方法，除了得到了 100%序列覆盖率外，还发现和鉴别了曲妥单抗的降解热点（degradation hotspots），详见文献[13]。

## 6.2.2 糖苷的 CE-MS 分析

在蛋白质的后转译修饰中，糖基化在一系列生物过程中起着关键的作用。因此，需要有可靠、灵敏的分析方法分析连接在目标蛋白上的糖苷，常用 LC-ESI-MS 或 CE-ESI-MS。基本方法为：用 PNGase F 酶从 mAb 上将 N-糖苷水解下来；然后，用 1-苯基-3-甲基-5-吡咯唑酮（l-phenyl-3-methyl-5-pyrazolone, PMP）或 8-氨基芘-1,3, 6-三磺酸钠盐（8-aminopyrene-1,3, 6-trisulfonic acid trisodium salt, APTS）对糖基进行衍生化，以提高质谱检测的灵敏度，同时，还可用紫外线或荧光检测；然后用 LC-ESI-MS 或 CE-ESI-MS 进行分析。请参阅上篇中 5.3.2.3 寡糖 MS 的解析。

### 6.2.2.1 糖基的酶解、提取和 APTS 衍生化[14]

单克隆抗体样品用 0.25mol/L PNGase F 酶在 Tris 缓冲溶液中（pH 7.6），37℃过夜，再将寡糖水解下来。然后，加热使蛋白质沉淀，离心，取上清液，冻干或真空干燥。干燥后的糖苷中，加 2.5μL 的 50mmol/L APTS（1.2mol/L 醋酸和 2.5μL 的 1mol/L 氰硼氢钠的四氢呋喃溶液），37℃过夜衍生化，反应混合物加 50μL 水以终止反应。取 PhyNexus 正相聚酰胺小柱，先用 95%乙腈老化，然后，将衍生化的糖苷混合液加在小柱中，用 95%乙腈洗涤除去过量未反应的 APTS 等，最后，用 20%乙腈洗脱衍生化的糖苷。

### 6.2.2.2 CE-MS 仪器与条件

CE-ESI-MS 分析用 7100 CE 系统与 Agilent 6520 Q-TOF 用正交夹套液接口连接。用缓冲液空白和标准溶液优化喷雾条件，夹套液流速 5μL/min。Q-TOF 仪器参数由调谐程序自动优化。

CE 条件：毛细管 PVA，60cm 长，50μm 内径；缓冲液 40mmol/L 氨基己酸，pH 4.5；电压：-25kV；外加压力 1kPa；温度20℃；于 3kPa 进样 40 s。

MS 条件：ESI，质量范围 m/z 400～3200；夹套液为异丙醇∶水=1∶1（体积比），含 0.2% NH₃，流速 5μL/min；干燥气流速 5L/min,温度 250℃；雾化器压力 8 psi(55Pa)；喷雾毛细管电压 3200V；裂解器电压 175V；质谱采集速率 980.3ms/spectrum。

图 6.35 表示从重组 mAb 上水解所得的 N-连接寡糖的总化合物电泳图形。用 PVA 涂层的毛细管，所有 mAb 糖型在 15 min 内流出并得到分离，基于准确质量测定，检出了 G0、G0F、G1、G1F、G2 和 G2F，还发现了单唾液酸（NANA）酰化的糖苷 G2F+1NANA。表 6.11 为用分子特征提取、鉴别的糖苷。各个糖苷的质谱见图 6.36。

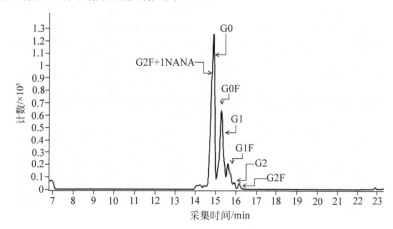

图 6.35　mAb（APTS 衍生化）N-糖苷的 CE-MS

表 6.11 CE-MS 鉴别的糖苷

| 糖基缩写 | 单同位素质量测定值 | 单同位素质量理论值 | 最高丰度离子（电荷数） | 相对含量/% |
|---|---|---|---|---|
| G0 | 1757.4575 | 1757.4512 | 877.7212（−2） | 20.8 |
| G0F | 1903.5121 | 1903.5091 | 950.7484（−2） | 34.0 |
| G1 | 1919.5071 | 1919.5040 | 958.7389（−2） | 2.3 |
| G1F | 2065.5649 | 2065.5619 | 1031.7756（−2） | 4.2 |
| G2 | 2081.5666 | 2081.5568 | 1039.7751（−2） | 3.1 |
| G2F | 2227.6228 | 2227.6147 | 1112.8041（−2） | 1.2 |
| G2+1NANA | 2518.7191 | 2518.7101 | 838.5664（−3） | 34.4 |

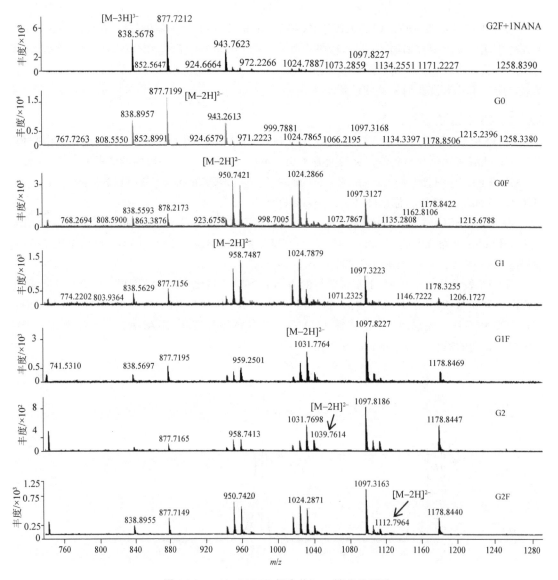

图 6.36 mAb（APTS 衍生化）N-糖苷的质谱

# 6.3 中药与天然药物分析

中药与天然药物广泛应用于各种疾病的预防和治疗，已经有上千年的历史。然而，中药成分的复杂性却成为其现代化进程中的瓶颈。色谱-质谱联用及数据处理技术在中药的质量控制、成分定性定量、活性成分筛选、药物代谢动力学及代谢组学研究等各个方面均发挥了重要作用。关天野等[15]曾对仪器、技术和应用以及中药研究的一些热点问题进行了综述。

## 6.3.1 指纹图谱测定

指纹图谱是中药注射剂质量标准的一个重要项目。生脉注射液系根据我国古验方"生脉散"研制而成的中药注射剂，由红参、麦冬、五味子三味药组成。采用超高效液相色谱（UPLC）建立了生脉注射液指纹图谱，在 25min 内对生脉注射液中大部分成分实现了分离；同时，采用液相色谱-离子阱质谱联用技术，对其主要化学成分进行了指认，为控制产品质量提供依据[16]。

### 6.3.1.1 仪器与条件

（1）仪器　Waters Acquity Ultra Performance LC 色谱仪；Agilent 6320 Ion Trap LC-MS 液相色谱-离子阱质谱联用仪。

（2）色谱条件　色谱柱：Acquity UPLC HSS（2.1mm×100mm, 1.8μm）。流动相：乙腈（A），10mmol/L 醋酸铵水溶液（B），梯度洗脱（0～4.17min, 20%A→22%A; 4.17～4.79min, 22% A→23%A; 4.79～9.38min, 23% A→28% A; 9.38～12.50min, 28%A→40%A; 12.5～19.8min, 40% A→77% A; 19.8～23min, 77% A→70% A; 23～23.97min, 70%A→20% A）。流速：0.4mL/min。检测波长：203nm。柱温：30℃。进样量：1μL。

（3）质谱条件　雾化器压力：207kPa。干燥气流速：12 mL/min。干燥气温度：350℃。传输电压：1.0V。正负离子扫描模式。

### 6.3.1.2 供试品溶液制备

取生脉注射液 20mL，通过 AB-8 大孔树脂柱（大孔树脂 10g, 直径 1.5cm），用 25%乙醇 150mL 洗脱，弃去洗脱液，继用 95%乙醇 150mL 洗脱，收集洗脱液，蒸干，残渣加甲醇 2mL 使溶解，即得。

### 6.3.1.3 对照品溶液制备

取对照品人参皂苷 Rg1、Re、Rf、Rb1、Rc、Rb2、Rd 及原人参三醇、五味子醇甲、五味子甲素、五味子乙素/五味子酯甲适量，以甲醇制成浓度均为 0.3mg/mL 的混合对照品溶液，即得。

### 6.3.1.4 精密度试验

取同 1 份供试品溶液，按连续进样 6 次，测得其各共有峰相对保留时间和相对峰面积的 *RSD* 均小于 3.0%。

### 6.3.1.5 重复性试验

取同一批样品的供试品溶液 6 份，分别进样，测得其各共有峰相对保留时间、相对峰面积的 *RSD* 均小于 3.0%。

### 6.3.1.6 稳定性试验

取同一份供试品溶液，在 0h、2h、4h、6h、8h、12h、24h 进样测定，其共有峰相对保留时间、相对峰面积的 *RSD* 均小于 3.0%，表明供试品溶液在 24 h 内稳定。

#### 6.3.1.7　实验结果

（1）生脉注射液 UPLC 指纹图谱　取 8 个生产企业的生脉注射液的供试品溶液，分别进样，采用国家药典委员会颁布的指纹图谱 2.0 软件进行分析，结果见图 6.37、表 6.12。实验结果表明，采用 mark 峰匹配计算生脉注射液指纹图谱相似度，8 个生产企业的相似度除 2 个企业外均高于 0.9，且 8 个企业的样品 S1、S2、S3、S4、S5、S6、S7、S8 的非共有峰峰面积占总峰面积的 4.95%、0.31%、3.78%、0.33%、6.50%、9.09%、3.97%、3.68%，均小于 10%。

（2）生脉注射液 UPLC 色谱图主要色谱峰确认　采用离子阱 Auto 正负离子扫描模式，对生脉注射液 UPLC 特征指纹图谱所标示的主要色谱峰进行质谱确认，主要成分的准分子离子及碎片离子如表 6.13 所示，将主要成分的色谱行为、结构信息结合对照品及文献推测鉴别了 18 个成分。见表 6.13、图 6.38。

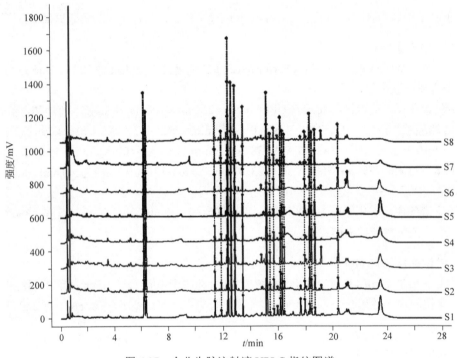

图 6.37　企业生脉注射液 UPLC 指纹图谱

表 6.12　企业生脉注射液 UPLC 指纹图谱相似度比较

| 样品编号 | S1 | S2 | S3 | S4 | S5 | S6 | S7 | S8 | 对照图谱 |
|---|---|---|---|---|---|---|---|---|---|
| S1 | 1 | | | | | | | | |
| S2 | 0.804 | 1 | | | | | | | |
| S3 | 0.67 | 0.924 | 1 | | | | | | |
| S4 | 0.869 | 0.964 | 0.897 | 1 | | | | | |
| S5 | 0.744 | 0.967 | 0.904 | 0.912 | 1 | | | | |
| S6 | 0.557 | 0.894 | 0.942 | 0.794 | 0.873 | 1 | | | |
| S7 | 0.833 | 0.985 | 0.891 | 0.96 | 0.925 | 0.857 | 1 | | |
| S8 | 0.779 | 0.986 | 0.956 | 0.96 | 0.946 | 0.923 | 0.966 | 1 | |
| 对照图谱 | 0.842 | 0.99 | 0.947 | 0.976 | 0.954 | 0.893 | 0.977 | 0.99 | 1 |

表 6.13　生脉注射液质谱信息

| 编号 | 化学成分 | MS m/z | MS² m/z |
|---|---|---|---|
| 1 | 人参皂苷 Rg1（ginsenoside Rg1）* | 799.6 [M−H]⁻ | 637.6[M−H−glc]⁻, |
| | | | 475.4[M−H−2glc]⁻ |
| 2 | 人参皂苷 Re（ginsenoside Re）* | 945.7 [M−H]⁻ | 799[M−H−rha]⁻, |
| | | | 783[M−H−glc]⁻, |
| | | | 637.6[M−H−glc−rha]⁻, |
| | | | 475.6[M−H−2glc−rha]⁻ |
| 3 | 人参皂苷 Rf（ginsenoside Rf）* | 799.7 [M−H]⁻ | 637.5[M−H−glc]⁻, |
| | | | 475.5[M−H−2glc]⁻ |
| 4 | 人参皂苷 Rb1（ginsenoside Rb1）* | 1107 [M−H]⁻ | 945.7[M−H−glc]⁻, |
| | | | 783.7[M−H−2glc]⁻, |
| | | | 621[M−H−3glc]⁻, |
| | | | 459.7[M−H−4glc]⁻ |
| 5 | 人参皂苷 Rc（ginsenoside Rb1）* | 1077.8 [M−H]⁻ | 945.7[M−H−glc]⁻, |
| | | | 783.7[M−H−2glc]⁻, |
| | | | 621[M−H−3glc]⁻, |
| | | | 459.8[M−H−4glc]⁻ |
| 6 | 人参皂苷 Rb2（ginsenoside Rb2）* | 1077.8 [M−H]⁻ | 945.6[M−H−arap]⁻ |
| 7 | 人参皂苷 Rd（ginsenoside Rd）* | 945.8 [M−H]⁻ | 783.5[M−H−glc]⁻, |
| | | | 621[M−H−2glc]⁻, |
| | | | 459.6[M−H−3glc]⁻ |
| 8 | 五味子醇甲（schizandrol）* | 433 [M+H]⁺ | 415[M+H−H₂O]⁺, |
| | | | 384[M−H₂O−OCH₃]⁺ |
| 9 | 人参皂苷 F4/Rg6（ginsenoside F4/Rg6） | 765 [M−H]⁻ | 619[M−H−rha]⁻ |
| 10 | 人参皂苷 F4/Rg6（ginsenoside F4/Rg6） | 765 [M−H]⁻ | 619[M−H−rha]⁻ |
| 11 | 人参皂苷 Rh4/Rk3（ginsenoside Rh4/Rk3） | 619 [M−H]⁻ | 601[M−H−H₂O]⁻ |
| 12 | 人参皂苷 Rg3（ginsenoside Rg3） | 783 [M−H]⁻ | 621[M−H−glc]⁻ |
| 13 | 人参皂苷 Rs3（ginsenoside Rs3） | 825 [M−H]⁻ | 783[M−H−Ac]⁻, |
| | | | 621[M−H−Ac−glc]⁻, |
| 14 | 原人参三醇（protopanaxatriol）* | 476 [M−H]⁻ | — |
| 15 | 人参皂苷 Rs4/Rs5（ginsenoside Rs4/Rs5） | 807 M−H]⁻ | 765.4[M−H−Ac]⁻ |
| 16 | 人参皂苷 Rk1/Rg5（ginsenoside Rk1/Rg5） | 765.7 [M−H]⁻ | 603[M−H−glc]⁻ |
| 17 | 五味子酯甲（schisantherin A）* | 554 [M+NH₄]⁺ | 415[M+H−C₆H₅COOH]⁺, |
| | | | 371[M+H−C₆H₅COOH−C₂H₄O]⁺ |
| 18 | 人参皂苷 Rh3（ginsenoside Rh3） | 603 [M−H]⁻ | — |

注：“*”表示经由对照品比对确认的成分；“/”表示“或”。

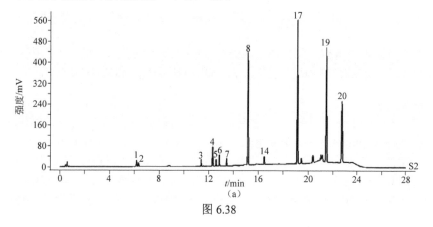

图 6.38

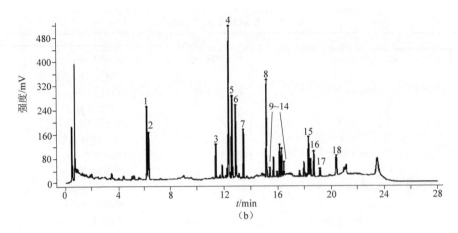

图 6.38　混合对照品色谱图（a）及生脉注射液对照指纹图谱（b）

1—人参皂苷 Rg1（ginsenoside Rg1）；2—人参皂苷 Re（ginsenoside Re）；3—人参皂苷 Rf（ginsenoside Rf）；4—人参皂苷 Rb1（ginsenoside Rb1）；5—人参皂苷 Rc（ginsenoside Rc）；6—人参皂苷 Rb$_2$（ginsenoside Rb2）；7—人参皂苷 Rd（ginsenoside Rd）；8—五味子醇甲（schizandrol）；9—人参皂苷 F4/Rg6（ginsenoside F4/Rg6）；10—人参皂苷 F4/Rg6（ginsenoside F4/Rg6）；11—人参皂苷 Rh4/Rk3（ginsenoside Rh4/Rk3）；12—人参皂苷 Rg3（ginsenoside Rg3）；13—人参皂苷 Rs3（ginsenoside Rs3）；14—原人参三醇（protopanaxatriol）；15—人参皂苷 Rs4/Rs5（ginsenoside Rs4 /Rs5）；16—五味子酯甲（schisantherin A）；17—人参皂苷 Rk1/Rg5（ginsenoside Rk1/Rg5）；18—人参皂苷 Rh3（ginsenoside Rh3）；19—五味子甲素（schizandrin）；20—五味子乙素（γ-schisandrin）

## 6.3.2　药材中生物碱和黄酮成分的分析

药材中主要成分的分析通常用 LC-MS$^n$ 方法，经色谱、质谱数据解析，结合文献数据，对化合物进行鉴别，用对照品确证。苦参中的生物碱和黄酮成分采用高效液相色谱-多级质谱联用技术，根据正、负离子模式下的准分子离子峰及其多级碎片信息，与文献数据或对照品对照，同时鉴别了 42 个化合物，包含 16 个生物碱和 26 个黄酮[17]。

黄酮苷 CID 产物离子的命名如下：

另外，需要注意的是黄酮，包括异黄酮类化合物的准分子离子，如[M+H]$^+$或[M-H]$^-$裂解时常常会丢失自由基，如•CH$_3$，生成奇电子离子，如[M+H-CH$_3$]$^{+•}$或[M-H-CH$_3$]$^{-•}$。

### 6.3.2.1　仪器与条件

（1）仪器　Agilent 1100 高效液相色谱系统（美国安捷伦公司），二极管阵列检测器，质谱为 Finnigan LCQ Deca XPplus 离子阱，配有电喷雾离子源（ESI）（美国 Thermo Finnigan 质谱公司）。

（2）色谱条件　Zorbax Extend C$_{18}$色谱柱（4.6mm×250mm, 5.0μm）。流动相：A 为 0.025% 二乙胺水溶液，B 为乙腈。梯度洗脱：0min, 7.3% B; 23min, 7.6% B; 28min, 15% B; 40min, 22% B; 50min, 24.5% B; 70min, 26% B；平衡时间为 13min。流速 0.7 mL/min，柱温 35℃，进样量 10μL。

二极管阵列检测器（DAD）记录 190~400nm 紫外光谱，检测波长为 225nm，280nm 和 335nm。

（3）质谱条件　正、负离子切换，高纯氦为碰撞气。离子喷雾电压分别为+4.5kV(+)，−4.5kV(−)；毛细管温度 350℃；毛细管电压分别为+19V(+)，−15 V(−)；管状透镜补偿电压分别为+ 25 V(+)，−25 V(−)；N₂ 作为鞘气和辅助气，鞘气流速 60L/min；辅助气流速 20L/min。全扫描范围 $m/z$ 120~1200。直接进样质谱条件：正离子模式，喷雾电压 4.5kV；毛细管温度 275℃，毛细管电压 12V；管状透镜补偿电压 30V；鞘气流速 5L/min；辅助气流流速 0。对照品溶液以 10μL/min 的流速注入离子源，碰撞能量范围为 20%~50%。

### 6.3.2.2　供试品溶液制备

称取苦参药材粉末（40 目）0.1g，用 50%甲醇水定容于 5mL 容量瓶中，称重，室温超声提取 30min。静置冷却，用 50%甲醇水补足损失的重量。溶液离心后取上清液作为苦参供试品溶液进行 LC-MS$^n$ 分析。另外，2 种类型的苦参生物碱（金雀花碱型：金雀花碱；无叶豆碱型：臭豆碱）的对照品配制成 0.2g/L 的甲醇溶液，用注射泵直接进样，进行 MS$^n$ 分析。

### 6.3.2.3　分析结果

从苦参供试品的正、负总离子色谱图（图 6.39）可以看出，所有的生物碱在正离子模式下被检测到，而黄酮成分多数在负离子模式下离子化，少数也可在正离子模型下离子化。在正离子模式下，除了准分子离子峰[M+H]⁺外，大多数化合物显示出丰度很高的[M+H+73]⁺，为准分子离子与流动相中二乙胺（DEA）结合，生成 [M+H+DEA]⁺的结果。

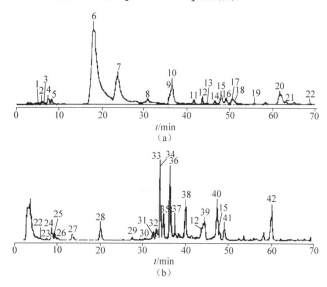

图 6.39　苦参提取物的正（a）、负（b）总离子色谱图

对正、负离子扫描下的准分子离子峰进行了二级质谱及三级质谱的分析。根据对照品及文献信息，共鉴定了 42 个化合物，相关的光谱和质谱数据见表 6.14。

表 6.14　经鉴定的苦参提取物中的化合物

| 编号 | $t_R$ | 紫外线波长/nm | 准分子离子峰（$m/z$） | 多级质谱（基峰）/% | 化合物名称 |
|---|---|---|---|---|---|
| 正离子模式 | | | | | |
| 1 | 5.11 | 214,322 | 285 | MS²[285]: 270（100），253（62），229（7），225（18），137（7） | 毛蕊异黄酮 |

续表

| 编号 | $t_R$ | 紫外线波长/nm | 准分子离子峰（$m/z$） | 多级质谱（基峰）/% | 化合物名称 |
|---|---|---|---|---|---|
| 正离子模式 | | | | | |
| 2 | 5.85 | 210，328，376 | 371 | MS$^2$[371]：315（38），297（13），235（100），179（4） | 2'-羟基异黄腐醇 |
| 3 | 6.32 | 214 | 281 | MS$^2$[281]：264（74），263（100），246（9），245（6），222（20），221（44），218（20），193（21），150（14），148（26），137（8），136（17） | 5α,9α-二羟基苦参碱 |
| 4 | 7.31 | 204 | 281 | MS$^2$[281]：263（100），246（6），245（15），180（12），150（3），148（3） | 氧化槐醇 |
| 5 | 8.23 | 204 | 265 | MS$^2$[265]：248（73），247（100），220（7），205（29），150（3），148（2），137（4） | 氧化槐定碱 |
| 6 | 17.99 | 206 | 265 | MS$^2$[265]：248（83），247（100），223（4），220（13），219（4），206（16），205（53），177（5），176（7），150（9），148（49），137（12），136（15），98（5） | 氧化苦参碱[①] |
| 7 | 23.53 | 206 | 263 | MS$^2$[263]：245（100），227（4），203（6），195（7），150（25），148（2），138（12），137（4），136（5） | 氧化槐果碱[①] |
| 8 | 30.78 | 206 | 263 | MS$^2$[263]：246（88），245（89），166（6），164（100），150（16），148（20），146（9） | 9α-羟基槐果碱 |
| 9 | 35.86 | 208 | 261 | MS$^2$[261]：243（90），164（24），146（30），114（100），96（33） | 赝靛叶碱 |
| 10 | 36.56 | 208 | 205 | MS$^2$[205]：162（20），146（100），108（80），97（15），58（11） | N-甲基金雀花碱 |
| 11 | 41.61 | 206 | 265 | MS$^2$[265]：247（49），205（7），168（8），150（11），148（17），98（2） | 槐醇 |
| 12 | 43.56 | 206，332 | 453 | MS$^2$[453]：329（100），303（61），197（4），179（17），177（20） | 2'-甲氧基苦参酮[①] |
| 13 | 44.64 | 206 | 303 | MS$^2$[303]：243（100），206（1），179（1），148（1），122（1），94（1） | 乙酰赝靛叶碱 |
| 14 | 46.51 | 206 | 577 | MS$^2$[577]：445（100），283（60），MS$^3$[577→283]：265（2），255（3），253（100），227（4），225（37） | 7-羟基-3-甲基-4'-甲氧基黄酮-7-樱草糖苷 |
| 15 | 47.95 | 206，250，308 | 563 | MS$^2$[563]：489（6），431（100），269（60）；MS$^3$[563→269]：254（100），241（30），237（63），213（18），137（27），107（10） | 苦醇 O/7-羟基-3'-甲氧基大豆异黄酮-7-樱草糖苷 |

续表

| 编号 | $t_R$ | 紫外线波长/nm | 准分子离子峰（m/z） | 多级质谱（基峰）/% | 化合物名称 |
|---|---|---|---|---|---|
| 正离子模式 | | | | | |
| 16 | 49.09 | 206，248，328 | 563 | MS²[563]：431（100），269（50）；MS³[563→269]：254（87），241（21），237（59），213（100），181（35），137（38），118（16），107（9） | 同化合物15 |
| 17 | 50.29 | 206 | 245 | MS²[245]：227（100），174（22），162（9），150（15），148（17），134（7） | 槐胺碱 |
| 18 | 50.50 | 206 | 249 | MS²[249]：247（80），231（99），218（30），150（100），148（44），134（32），112（46） | 槐定碱① |
| 19 | 55.56 | 204 | 245 | MS²[245]：148（22），98（100） | 臭豆碱① |
| 20 | 61.49 | 206 | 249 | MS²[249]：247（45），231（100），150（31），148（94），136（22），114（26） | 苦参碱① |
| 21 | 63.06 | 204 | 247 | MS²[247]：245（100），229（20），227（9），179（32），150（65），148（51），138（12） | 槐果碱① |
| 22 | 68.91 | 204 | 247 | MS²[247]：246（2），245（2），229（2），176（4），150（4），148（100） | 莱曼碱 |
| 负离子模式 | | | | | |
| 2 | 5.93 | 210，324，386 | 369 | MS²[369]：351（3），341（2），207（12），161（100） | 2'-羟基异黄腐醇 |
| 23 | 7.41 | 210，320，386 | 579 | MS²[579]：327（2），285（100），257（3），213（2），MS³[579→285]：257（100），241（27），213（20），153（5），135（15） | 苦醇J |
| 24 | 8.51 | 210，326，386 | 369 | MS²[369]：341（100），337（3），325（28），262（4），207（5），161（2） | 5-甲氧基-3,7,2'-三-8-（3,3-二甲基烯丙基）黄酮/7-甲氧基-3,5,2'-三-8（3,3-二甲基烯丙基）黄酮 |
| 25 | 9.28 | 210，288，386 | 565 | MS²[565]：271（100），243（3）；MS³[565→271]：265（5），243（100），227（21），212（7），199（17），135（12） | 3,7,4'-三黄酮-7-樱草糖苷/3,7,4'-三黄酮-4'-樱草糖苷 |
| 26 | 10.11 | 228，270，386 | 565 | MS²[565]：271（100），243（5）；MS³[565→271]：265（4），243（100），227（25），212（12），199（22），135（11） | 同化合物25 |

续表

| 编号 | $t_R$ | 紫外线波长/nm | 准分子离子峰（$m/z$） | 多级质谱（基峰）/% | 化合物名称 |
|------|------|------|------|------|------|
| 负离子模式 | | | | | |
| 27 | 13.45 | 210，324，386 | 369 | MS²[369]：341（100），337（3），325（28），263（2），262（3），207（4），161（1） | 同化合物24 |
| 28 | 20.03 | 210，324，386 | 353 | MS²[353]：251（5），247（4），233（100），119（11） | 黄腐醇[①] |
| 29 | 27.47 | 210，268，368 | 577 | MS²[577]：504（2），283（100），268（3）；MS³[577→283]：268（100），255（9），251（46），223（22） | 毛蕊异黄酮-7-樱草糖苷，3'-甲氧基黄酮-7-樱草糖苷 |
| 30 | 30.49 | 210，310，368 | 577 | MS²[577]：293（5），283（100），268（5）；MS³[577→283]：268（100），255（7），251（39），223（15） | 同化合物29 |
| 31 | 32.28 | 210，324，386 | 339 | MS²[339]：245（15），237（6），219（100），193（5） | 槐属黄烷酮B[①] |
| 32 | 33.12 | 210，322，386 | 267 | MS²[267]：252（100），234（5） | 芒柄花黄素 |
| 33 | 33.93 | 210，330 | 437 | MS²[437]：419（10），409（100），393（45），368（52），365（35），314（52），313（50），287（82），261（70），149（5） | 苦醇C |
| 34 | 34.08 | 210，332 | 453 | MS²[453]：425（13），421（21），303（4），275（22），177（100），149（15） | 苦醇1[①] |
| 35 | 34.83 | 210，330 | 439 | MS²[439]：421（24），411（59），395（10），261（100），217（5），177（18） | 苦醇1[①] |
| 36 | 36.30 | 212，328 | 437 | MS²[437]：419（3），275（18），361（100） | 苦参酮[①] |
| 37 | 37.51 | 210，312，386 | 283 | MS²[283]：268（10），265（1），255（100），254（30），239（7） | 高丽槐素 |
| 38 | 39.93 | 210，330 | 423 | MS²[423]：405（1），395（1），313（1），261（100），161（18） | 降苦参酮[①] |
| 12 | 43.61 | 212，328 | 451 | MS²[451]：419（9），319（13），301（100），175（5） | 2'-甲氧基苦参酮[①] |
| 39 | 44.30 | 212，316，388 | 437 | MS²[437]：419（4），275（22），161（100） | 苦参啶[①] |
| 40 | 47.29 | 212，316，386 | 423 | MS²[423]：261（100），161（14） | 去甲苦参啶[①] |
| 15 | 47.9 | 212，260，304 | 561 | MS²[561]：261（100）；MS³[561→267]：252（100） | 苦醇 O/7-羟基-3'-甲氧基大豆异黄酮-7-樱草糖苷 |
| 41 | 48.98 | 212，328，386 | 437 | MS²[437]：405（12），313（80），287（100），261（15） | 异苦参酮[①] |
| 16 | 49.01 | 212，260，304 | 561 | MS²[561]：267（100）；MS³[561→267]：252（100） | 同化合物15 |
| 42 | 59.91 | 210，310，386 | 445 | MS²[445]：283（100）；MS³[283]：268（10），255（100），254（35），239（4），211（4），245（4），137（4） | 三叶豆紫檀苷 |

① 经对照品对照鉴定。

#### 6.3.2.4　生物碱类化合物的鉴定

苦参中的生物碱主要为喹诺西啶类生物碱,且主要包括 4 类,分别为苦参碱型、金雀花碱型、无叶豆碱型和羽扇豆碱型生物碱。根据苦参生物碱在正离子模式下的裂解特征,共鉴定 12 个苦参碱型、1 个金雀花碱型和 3 个无叶豆碱型生物碱。

苦参生物碱类化合物的最大紫外吸收在 206 nm 左右,而苦参黄酮类化合物除了在 210 nm 左右有紫外吸收外,320 nm 或 386 nm 左右也存在不同程度的吸收。由此判断化合物 3～11、13、17～22 为生物碱类化合物。其中化合物 6、7、18、19、20、21 根据对照品对照确定为氧化苦参碱(6)、氧化槐果碱(7)、槐定碱(18)、臭豆碱(19)、苦参碱(20)、槐果碱(21)。根据对上述几个对照品和文献中苦参生物碱类化合物裂解碎片的总结,可以发现苦参碱型生物碱的二级碎片同时具有不同丰度的 $m/z$ 150、148 离子以及[M+H-H$_2$O]$^+$,其中苦参碱型生物碱的氮氧化物的一级质谱具有丰度很高的二聚体加合离子[2M+H]$^+$,并且其准分子离子峰的二级碎片具有高丰度的特征离子[M+H-H$_2$O]$^+$和[M+H-17]$^+$,羟基氧化物的[2M+H]$^+$离子丰度相对较低,但具有丰度很高的脱水峰。根据上述总结,推断化合物 3～8、11、17、18、20、21、22 为苦参碱型生物碱,其中化合物 4～7 为苦参碱型生物碱的氮氧化物。

化合物 5 的一级质谱具有高丰度的[2M+H]$^+$,二级质谱具有基峰 $m/z$ 247[M+H-H$_2$O]$^+$和强峰 $m/z$ 248 [M+H-17]$^+$,同时还有 $m/z$ 150、$m/z$ 148 离子,为苦参碱型的氮氧化物,再根据文献推断其为氧化槐定碱(5);化合物 4 的一级质谱也具有很强的[2M+H]$^+$,二级质谱具有脱水峰 $m/z$ 263 [M+H-H$_2$O]$^+$,在脱水峰的基础上,还具有 $m/z$ 246 [M+H-H$_2$O-17]$^+$和 $m/z$ 245[M+H-H$_2$O-H$_2$O]$^+$,故推测其为苦参碱型的氮氧化物,同时含有羟基,进一步推测其为氧化槐醇(4)。

化合物 17、22 准分子离子峰的二级质谱都具有 $m/z$ 150、$m/z$ 148 和[M+H-H$_2$O]$^+$,且其在反相柱上比氮氧化物和羟基氧化物保留(6～30min)更长,与化合物 18、20、21 等非氧化物的保留时间较为接近(50～63min),故推断它们是苦参碱型中的非氧化物。结合文献信息,推断它们分别为槐胺碱(17)和莱曼碱(22)。

化合物 3、8、11 保留时间靠前,并且一级质谱[2M+H]$^+$丰度相对较低,二级质谱具有丰度很高的脱水峰,可判断其为苦参碱型生物碱的羟基化物,再结合文献可推测它们为 $5\alpha,9\alpha$-二羟基苦参碱(3)/$9\alpha$-羟基槐果碱(8)和槐醇(11)。

化合物 10 准分子离子峰 $m/z$ 205 的二级碎片具有基峰 $m/z$ 146 离子,与文献报道一致,碎片 $m/z$ 146 可能是 C$_7$—C$_{13}$ 和 C$_9$—C$_{11}$ 断裂产生的,由此推断其为 $N$-甲基金雀花碱(10),属于金雀花碱型生物碱。

化合物 9 的准分子离子峰为 $m/z$ 261 ,其二级质谱具有基峰 $m/z$ 243 [M+H-H$_2$O]$^+$;化合物 13 的准分子离子峰为 $m/z$ 303,其二级质谱同样产生了基峰 $m/z$ 243[M+H-C$_2$H$_4$O$_2$]$^+$,故推测两者在分别脱水和脱乙酰基后产生了相同的母核。进一步与臭豆碱(19)的裂解碎片对比,最终推断它们为赝靛叶碱(9)、乙酰赝靛叶碱(13)。化合物 9、13、19 属于无叶豆碱型生物碱。

#### 6.3.2.5　黄酮类化合物的鉴定

本例中共鉴定出 26 个黄酮类化合物,包括 6 个二氢黄酮,3 个查耳酮,7 个二氢黄酮醇,1 个黄酮醇,6 个异黄酮,2 个紫檀素类黄酮和 1 个双苯吡酮。其中有 8 个双糖苷和 1 个单糖苷。双糖苷为含有二糖樱草糖苷基团($\beta$-D-葡萄糖+$\beta$-D-木糖)的化合物,表现在质谱上的特征碎片为产生丰度很高的[M-H-294]$^-$离子。单糖苷为葡萄糖苷,能产生高丰度的[M-H-162]$^-$离子。黄酮类化合物的鉴定是根据正、负离子模式下的裂解来推测的。

根据紫外吸收光谱,黄酮类化合物在 210 nm、320 nm 或 386 nm 左右存在不同程度的吸收,故推断化合物 1~2、12、14~16、23~42 为黄酮类化合物。

　　根据文献，二氢黄酮和其相应的查耳酮会产生一定的构型转化，故质谱特征一致。主要表现为 C 环容易裂解，产生丰度极高的 A 环或 B 环碎片离子。在正离子模式下，当 B 环上的 2'位是 H 或 OCH$_3$ 时，二级质谱中 S$^+$（准分子离子峰失去异戊烯基）的丰度将高于 $^{1,3}$A$^+$；反之，当 B 环上的 2'位是 OH 时，二级质谱中 $^{1,3}$A$^+$ 的丰度高于 S$^+$。在负离子模式下，当 B 环上的 2'位是 OH 时，二级质谱主要产生 $^{1,4}$A$^-$ 或 $^{1,4}$B$^-$，在此基础上，若 A 环 5 位连接的也是 OH 时，则 $^{1,4}$A$^-$ 丰度高于 $^{1,4}$B$^-$，若 A 环 5 位没有连接 OH，则 $^{1,4}$B$^-$ 丰度高于 $^{1,4}$A$^-$；当 B 环上的 2'位连接的是 H 或 OCH$_3$ 时，二级质谱主要产生 $^{1,3}$A$^-$，而其相应的 $^{1,3}$B$^-$ 丰度很低。根据上述信息，推测化合物 2、12、28、31、36、38、39、40、41 为二氢黄酮和查耳酮。其中化合物 12、31、36、38、41 通过标准品对照确定为 2'-甲氧基苦参酮（12）、槐属黄烷酮 B（31）、苦参酮（36）、降苦参酮（38）和异苦参酮（41），均为二氢黄酮，其 UV 的最高吸收峰在 280nm 左右。化合物 28、39、40 经过标准品对照确定为黄腐醇（28）、苦参啶（39）和去甲苦参啶（40），为查耳酮，UV 最高吸收峰在 360~390 nm。化合物 2 在正离子模式下，基峰为 m/z 235 $^{1,3}$A$^+$，而 m/z 315 S$^+$ 丰度其次，推测 B 环上的 2'位是 OH；在负离子模式下，基峰为 m/z 161 $^{1,4}$B$^-$，m/z 207 $^{1,4}$A$^-$ 丰度其次，故 B 环上的 2'位是 OH 的同时，A 环 5 位连接的是 H 或者 OCH$_3$，进一步根据文献可推测其为二氢黄酮，即 2'-羟基异黄腐醇（2）。

　　二氢黄酮醇和黄酮醇在负离子模式下的二级碎片，除了产生相应的 $^{1,3}$A$^-$、$^{1,4}$A$^-$、$^{1,4}$B$^-$ 外，还具有特征的[M-H-28]$^-$ 和[M-H-44]$^-$，分别为准分子离子峰丢失 C 环上的 CO 和 CO$_2$ 所得，故此推断化合物 23~27、33~35 为二氢黄酮醇和黄酮醇。化合物 34、35 经标准品对照确定为二氢黄酮醇苦醇 I（34），苦醇 L（35）。化合物 24 和 27 一级质谱和二级质谱一致，推断它们为同分异构体。二级质谱中具有高丰度的典型的[M-H-294-28]$^-$ 和[M-H-44]$^-$，再根据分子量可推测二氢黄酮醇的母环上连有一个异戊烯基、两个羟基和一个甲氧基。A 环的 8 位 C 上连接异戊烯基，并且 5 位和 7 位 C 上连接一个甲氧基或一个羟基，同时 B 环上的 2'位 C 上连接一个羟基，才有可能产生 m/z 207 $^{1,4}$A$^-$ 和 m/z 161 $^{1,4}$B$^-$，故可推知它们为 5-甲氧基-3,7,2'-三-8-(3,3-二甲基烯丙基)黄酮(24/27)或 7-甲氧基-3,5,2'-三-8-(3,3-二甲基烯丙基)-黄酮(27/24)。化合物 25、26 具有典型的基峰离子[M-H-294]$^-$，应为二糖樱草糖苷。苷元进行三级质谱分析，得到典型的[M-H-294-28]$^-$ 和[M-H-29-44]$^-$，为二氢黄酮醇或黄酮醇。再根据分子量信息，应为连有 2 个羟基的二氢黄酮醇，只有 2 个羟基分别在 A 环和 B 环上，才有可能产 m/z 135 $^{1,3}$A$^-$，并且 B 环上的羟基不能在 2'位 C 上出现，故推测它们为 3,7,4'-三黄酮-7-樱草糖苷或者 3,7,4'-三黄酮-4'-樱草糖苷(25/26)，属于二氢黄酮醇。

　　化合物 23 与化合物 25、26 相似，二级质谱具有典型的基峰离子[M-H-294]$^-$，含有二糖樱草糖苷基团，苷元的三级质谱具有典型的[M-H-294-28]$^-$ 和[M-H-294-44]$^-$。二氢黄酮醇的母核在 A 环连有羟基，在 B 环连有甲氧基，才有可能产生 m/z 135 $^{1,3}$A$^-$，再结合文献推测其为二氢黄酮醇苦醇 J（23）。化合物 33 二级质谱具有典型的[M-H-28]$^-$ 和[M-H-44]$^-$，根据分子量信息，黄酮醇的母核上应连有 4 个羟基，当 5、7、2'、4'位分别连接一个羟基时，符合具有 m/z 261 $^{1,4}$A$^-$ 和 m/z 149 $^{1,4}$B$^-$，且 $^{1,4}$A$^-$ 丰度大于 $^{1,4}$B$^-$，故推测其为黄酮醇苦醇 C（33）。

　　异黄酮跟上述几种黄酮在质谱行为上存在显著的差别，表现为在负离子模式下，C 环很难裂解，而正离子模式下，C 环相对于负离子模式下容易裂解。在本实验鉴定的含有甲氧基取代基团的异黄酮中，在负离子模式下具有典型的[M-H-15]$^-$ 和[M-H-33]$^-$，分别为丢失·CH$_3$ 和·CH$_3$ + H$_2$O 的产物。在正离子模式下，除了典型的[M+H-15]$^+$ 和[M+H-32]$^+$ 外，还存在 C 环裂解产生的碎片离子，比如 $^{1,3}A^+$。据此，判断化合物 1、15、16、29、30、32 为异黄酮。化合物 1 在正离子模式下具有高丰度的 m/z 270 $[M+H-15]^{+\cdot}$和 m/z 253$[M+H-32]^+$碎片离子，并具有低丰度的 m/z 137 $^{1,3}A^+$，与文献报道一致，推断为毛蕊异黄酮（1）。化合物 32 在负离子模式下，只有$[M-H-15]^{-\cdot}$和$[M-H-33]^{-\cdot}$，表现出典型的异黄酮特征，再结合文献推测为芒柄花黄素（32）。化合物 15、16 在正、负离子模式下的一、二、三级质谱表现一致，判断它们为同分异构体，在正、负离子模式下都表现出了高丰度的丢失 294 碎片离子，表明含有 1 个二糖樱草糖苷基团。对苷元做三级质谱分析，发现正离子模式具有高丰度的$[M+H-294-15]^{+\cdot}$、$[M+H-294-32]^+$和低丰度的 m/z 137 $^{1,3}A^{+\cdot}$ 负离子模式下只有基峰$[M-H-294-15]^{-\cdot}$，为典型的异黄酮，结合文献可推知为苦醇 O 及其异构体 7-羟基-3'-甲氧基大豆异黄酮-7-樱草糖苷（15/16），异构位置可能为苦醇 O 的 4'位的甲氧基异构至 3'位。化合物 29、30 在负离子模式下具有典型的$[M-H-294-294]^-$，含有樱草糖苷基团，苷元的三级质谱具有高丰度的$[M-H-294-15]^{-\cdot}$和$[M-H-294-33]^{-\cdot}$，为异黄酮的二糖苷，苷元进一步可推断为毛蕊异黄酮及其异构体，异构位置可能是 3'位的羟基和 4'位的甲氧基互换。故化合物 29 和 30 推测为毛蕊异黄酮-7-樱草糖苷（29/30）或 3'-甲氧基黄酮-7-樱草糖苷（29 /30）。

化合物 42 的准分子离子峰为 m/z 445，二级质谱生成 m/z 283 $[M-H-162]^-$，为准分子离子失去 1 分子葡萄糖的产物，此碎片 m/z 283 也是化合物 37 的准分子离子峰，进一步对比 m/z 283，发现两者裂解碎片一致，故推测两者母核一致。对母核进行分析，m/z 268 为 m/z 283 脱$\cdot CH_3$所致，m/z 255 为 A 环开裂产生，m/z 239 是在 m/z 255 基础上脱氧所得。再根据文献故推测化合物 37 为高丽槐素，它的葡萄糖苷，即化合物 42 为三叶豆紫檀苷，属于紫檀素类黄酮。

化合物 14 在正离子模式下也具有典型的$[M+H-294]^+$，含有樱草糖苷基团，对苷元的三级质谱分析，具有脱水碎片 m/z 265 离子，脱 $CH_3OH$ 碎片 m/z 253 离子以及 m/z 253 脱羰基碎片 m/z 225 离子，再根据文献推测苷元 7-羟基-3-甲基-4'-甲氧基黄酮，故推测为 7-羟基-3-甲基-4'-甲氧基黄酮-7-樱草糖苷（14），属于双苯吡酮类黄酮。此类化合物与异黄酮相似，由于 C 环上 2 位和 3 位碳的双键的存在，使得 C 环较难裂解，故产生的碎片多为母核脱去一个或几个基团的离子。

#### 6.3.2.6 金雀花碱型和无叶豆碱型生物碱的质谱裂解规律分析

苦参中的黄酮类成分的质谱裂解规律已有详细的归纳及总结，多限于苦参碱型生物碱。本例对苦参碱型以外的金雀花型和无叶豆碱型生物碱正离子下的裂解规律进行了归纳总结，以完善苦参生物碱的质谱裂解规律。为了探讨金雀花型生物碱的裂解，用标准品金雀花碱进行直接进样电喷雾质谱分析，同时对 *N*-甲基金雀花碱（10）质谱裂解进行了推导，见图 6.40。两者裂解一致，$C_7$—$C_{13}$ 和 $C_9$—$C_{11}$ 都容易发生断裂，金雀花碱的二级质谱只有 AB 环碎片离子 m/z 148，而 *N*-甲基金雀花碱（10）二级质谱除了 AB 环碎片离子 m/z 146 外，还有 A 环碎片离子 m/z 108 等。两者产生的 AB 环碎片到底是 m/z 146 还是 m/z 148 离子，可能与 12 位的取代基有关。对金雀花碱的 m/z 148 离子做三级质谱，产生 m/z 120 脱羰基离子。

无叶豆碱型和金雀花碱型生物碱的结构相似，故裂解规律基本一致，$C_7$—$C_{13}$ 和 $C_9$—$C_{11}$ 的断裂是它们典型的裂解特征，见图 6.41。与金雀花碱型生物碱裂解不同的是，无叶豆碱型生物碱由于 D 环的存在，还能形成 D 环系列碎片离子，如赝靛叶碱（9）的 m/z 114 离子，臭豆碱（19）的 m/z 98 离子。当然由于取代基的影响，各个化合物间的裂解会存在一定的差异，比如由于羟基的影响，赝靛叶碱（9）具有丰度很高的脱水峰 m/z 243 $[M+H-H_2O]^+$，该碎片发生 C 环裂解则产生 D 环碎片离子 m/z 96。对臭豆碱（19）的 D 环碎片离子进一步做三级质谱分析，可发现典型的 RDA 裂解，产生 m/z 70 离子。

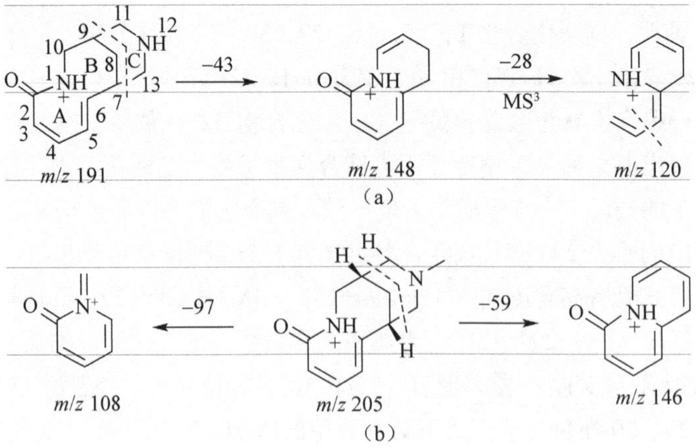

图 6.40　金雀花碱（a）和 N-甲基金雀花碱（b）质谱裂解推导

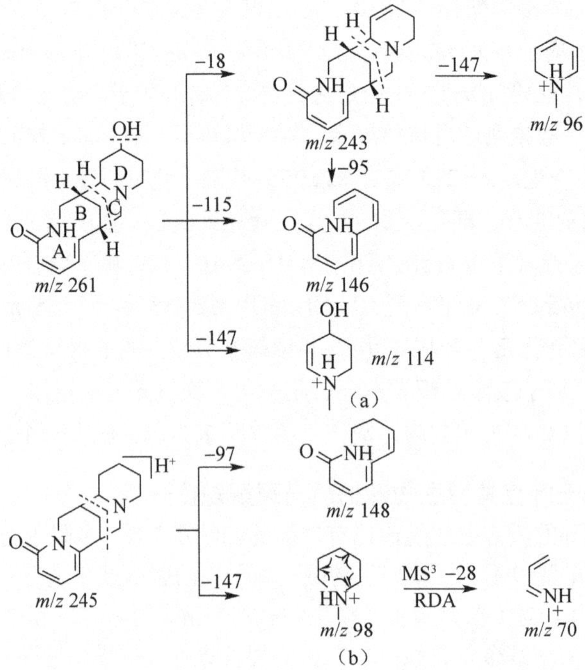

图 6.41　赝靛叶碱（a）和臭豆碱（b）质谱裂解推导

　　金雀花型和无叶豆碱型生物碱的 $C_7$—$C_{13}$ 和 $C_9$—$C_{11}$ 的断裂是其典型的裂解特征，特征的碎片有 $m/z$ 148 或 $m/z$ 146 等 AB 环碎片离子，无叶豆碱型生物碱还具有其特征的 D 环裂解碎片，12 位碳上的取代基会对两类具体化合物的裂解产生一定的影响。

## 6.3.3　中药挥发性成分分析

　　GC-Q-TOF MS 集气相色谱的高分离能力和质谱的高分辨力于一体，是用于挥发性成分分离分析的强有力的工具。盐益智仁采用顶空-气相色谱-四级质谱和顶空-气相色谱-四级杆-飞行时间质谱分析，以谱图检索，保留指数及准确质量相结合的方法，共鉴定出 119 种化合物[18]。

#### 6.3.3.1 仪器与条件

（1）仪器　日本岛津（Shimadzu）公司 GCMS-QP2010 气相色谱质谱联用分析仪，配岛津 AOC 5000 顶空自动进样器。美国安捷伦（Agilent Technologies）公司 7890A GC-7200 Q-TOF MS 气相色谱-四级杆-飞行时间质谱联用仪，配 Agilent GC Sampler 80 顶空自动进样器。

（2）气相色谱条件　色谱柱：DB-5MS 毛细管色谱柱（30m×0.25mm，0.25μm）。载气：高纯氦气。载气流速：1.0mL/min（恒流模式）。分流比：1∶20。进样口温度：250℃。程序升温条件：初始温度 50℃，以 4℃/min 升至 150℃，再以 6℃/min 升至 250℃，保持 10min。进样量 800 μL。

（3）GC-Q MS 条件　电子轰击离子源（EI）70eV；离子源温度 230℃；传输线温度 250℃；扫描方式为全扫描，质量扫描范围 $m/z$ 40～550，溶剂延迟 3 min；质谱数据运用 NIST08 和 NIST 08s 质谱数据库进行谱图检索。

（4）GC-Q-TOF MS 条件　电子轰击离子源（EI）70eV；离子源温度 230℃；传输线温度 250℃；一级质谱范围 $m/z$ 45～450；二级质谱范围 $m/z$ 50～450；$N_2$ 为碰撞气，碰撞能量 10eV；倍增器电压 1200V；溶剂延迟 3min。

#### 6.3.3.2 样品处理

称取 5.0g 盐益智仁样品置于 20mL 顶空瓶中，120℃条件下加热 30min，同时以 250r/min 的转速振荡，自动进样系统取顶空气体 800μL 进行 GC-Q MS 检测。称取 5.0g 盐益智仁样品置于 20mL 顶空瓶中，120℃条件下加热 30min，同时以 300r/min 转速震荡，自动进样系统取顶空气体 800μL 进行 GC-Q-TOF MS 检测。

#### 6.3.3.3 结果与讨论

经顶空-气相色谱-四级质谱分析检测，得盐益智仁挥发性成分总离子流色谱图如图 6.42 所示。

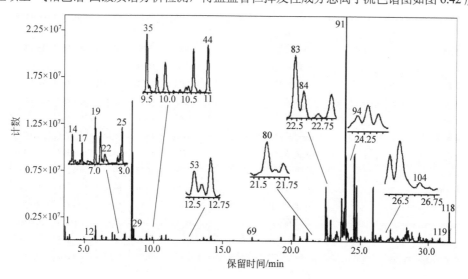

图 6.42　盐益智仁挥发性成分总离子流色谱图

图谱检索佐以保留指数、Q-TOF MS 准确质量测定，共鉴定出 119 个化合物，结果如表 6.15 所示，其中包含醛、酮、醇、单萜、单萜烯含氧衍生物及倍半萜等多类化合物。雅槛蓝树油烯（eremophilene，$C_{15}H_{24}$）的峰高最高，对伞花烃（$p$-cymene，$C_{10}H_{14}$）、香橙烯（aromadendrene，$C_{15}H_{24}$）、诺卡酮（nootkatone，$C_{15}H_{22}O$）和 $\delta$-荜澄茄烯（$\delta$-cadinene，$C_{15}H_{24}$）等为盐益智仁的主

要成分，诺卡酮为盐益智仁的主要活性成分。

### 表 6.15 盐益智仁挥发性成分分析结果

| 编号 | 化合物 | | 分子式 | 保留指数 | | 准确质量/amu | | |
|---|---|---|---|---|---|---|---|---|
| | 英文名 | 中文名 | | $I_{lit}$ | $I_{exp}$ | 测定值 | 理论值 | 误差/$10^{-6}$ |
| 1 | furfural | 糠醛 | $C_5H_4O_2$ | 827 | 829 | 96.0196 | 96.0206 | −1.0 |
| 2 | 2-methyl-cyclopentanone | 2-甲基环戊酮 | $C_6H_{10}O$ | 837 | — | 98.0718 | 98.0726 | −0.8 |
| 3 | 3-methyl-cyclopentanone | 3-甲基环戊酮 | $C_6H_{10}O$ | 845 | 848 | 98.0718 | 98.0726 | −0.7 |
| 4 | 1-hexanol | 1-己醇 | $C_6H_{14}O$ | 863 | 963 | — | 102.1039 | — |
| 5 | 1,3-dimethylbenzene | 1,3-二甲基苯 | $C_8H_{10}$ | 866 | 866 | 106.0769 | 106.0777 | −0.8 |
| 6 | 1-butanol-3-methyl-acetate | 1-丁醇-3-甲基乙酸酯 | $C_7H_{14}O$ | 872 | 874 | — | 103.0988 | — |
| 7 | 1-butanol-2-methyl-acetate | 1-丁醇-2-甲基乙酸酯 | $C_7H_{14}O$ | 874 | 877 | — | 103.0988 | — |
| 8 | 2-heptanone | 2-庚酮 | $C_7H_{14}O$ | 887 | 889 | 114.1062 | 114.1039 | 2.3 |
| 9 | butyric acid-2-hydroxy-3-methyl methyl ester | 2-羟基-3-甲基-丁酸甲酯 | $C_6H_{12}O_3$ | 888 | 889 | — | 132.0781 | — |
| 10 | heptanal | 庚醛 | $C_7H_{12}O$ | 902 | 902 | — | 112.0883 | — |
| 11 | ethanone-1-(2-furanyl) | 1-(2-呋喃基)乙酮 | $C_6H_6O_2$ | 908 | 908 | 110.0362 | 110.0362 | 0 |
| 12 | $\alpha$-thujene | $\alpha$-侧柏烯 | $C_{10}H_{16}$ | 924 | 924 | 136.1248 | 136.1247 | 0.2 |
| 13 | $\alpha$-pinene | $\alpha$-蒎烯 | $C_{10}H_{16}$ | 924 | 924 | 136.1248 | 136.1247 | 0.1 |
| 14 | camphene | 莰烯 | $C_{10}H_{16}$ | 948 | 947 | 136.1248 | 136.1247 | 0.1 |
| 15 | dehydrosabinene | 脱氢香桧烯 | $C_{10}H_{14}$ | 951 | 953 | 134.1090 | 134.1096 | 0.6 |
| 16 | 2-furancarboxaldehyde-5-methyl | 5-甲基-2-呋喃羧基醛 | $C_6H_6O_2$ | 957 | 957 | 110.0365 | 110.0362 | 0.3 |
| 17 | benzaldehyde | 苯甲醛 | $C_7H_6O$ | 960 | 960 | 106.0420 | 106.0413 | 0.7 |
| 18 | $\beta$-sabinene | $\beta$-香桧烯 | $C_{10}H_{16}$ | 971 | 974 | — | 136.1247 | — |
| 19 | $\beta$-pinene | $\beta$-蒎烯 | $C_{10}H_{16}$ | 976 | 978 | 136.1245 | 136.1247 | −0.2 |
| 20 | 6-methyl-5-heptenone | 6-甲基-5-庚烯酮 | $C_8H_{14}O$ | 983 | 082 | 126.1039 | 126.1039 | 0 |
| 21 | 1,5-dimethyl-7-oxabicyclo[4,1,0]heptane | 1,5-二甲基-7-氧杂双环[4,1,0]庚烷 | $C_8H_{14}O$ | 986 | — | 126.1037 | 126.1039 | −0.2 |
| 22 | $\beta$-myrcene | $\beta$-月桂烯 | $C_{10}H_{16}$ | 988 | 988 | 136.1246 | 136.1247 | −0.1 |
| 23 | octanal | 辛醛 | $C_8H_{14}O$ | 1004 | 1004 | — | 118.0413 | — |
| 24 | $\alpha$-phellandrene | $\alpha$-水芹烯 | $C_{10}H_{16}$ | 1006 | 1003 | 136.1246 | 136.1247 | −0.1 |
| 25 | 3-carene | 3-蒈烯 | $C_{10}H_{16}$ | 1008 | 1010 | 136.1245 | 136.1247 | −0.2 |
| 26 | $\alpha$-terpinene | $\alpha$-萜烯 | $C_{10}H_{16}$ | 1016 | 1016 | 136.1244 | 136.1247 | −0.3 |
| 27 | $o$-cymene | $o$-甲基异丙苯 | $C_{10}H_{14}$ | 1019 | 1018 | 134.1091 | 134.1090 | 0.1 |
| 28 | $p$-cymene | $p$-甲基异丙苯 | $C_{10}H_{14}$ | 1024 | 1022 | 134.1085 | 134.1090 | −0.5 |
| 29 | D-limonene | D-柠檬烯 | $C_{10}H_{16}$ | 1028 | 1027 | 136.1246 | 136.1247 | −0.1 |
| 30 | $\beta$-phellandrene | $\beta$-水芹烯 | $C_{10}H_{16}$ | 1030 | 1030 | 136.1241 | 136.1247 | −0.6 |
| 31 | eucalyptol | 桉油精 | $C_{10}H_{18}O$ | 1031 | 1031 | 154.1352 | 154.1352 | 0 |
| 32 | benzeneacetaldehyde | 苯乙醛 | $C_8H_8O$ | 1042 | 1043 | 120.0569 | 120.0570 | −0.1 |
| 33 | $\beta$-ocimene | $\beta$-罗勒烯 | $C_{10}H_{16}$ | 1045 | 1045 | 136.1245 | 136.1247 | −0.2 |
| 34 | 2,6-dimethyl-5-heptenal | 2,6-二甲基-5-庚烯醛 | $C_9H_{16}O$ | 1052 | 1053 | 140.1197 | 140.1196 | 0.1 |
| 35 | $\gamma$-terpinene | $\gamma$-萜烯 | $C_{10}H_{16}$ | 1057 | 1057 | 136.1247 | 136.1247 | 0 |
| 36 | $\alpha$-methyl-benzenemethanol | $\alpha$-甲基苯甲醇 | $C_8H_{10}O$ | 1059 | 1057 | 122.0730 | 122.0726 | 0.4 |
| 37 | acetophenone | 苯乙酮 | | 1064 | 1064 | 120.0574 | 120.0570 | 0.4 |
| 38 | 2-heptanone-1-ethoxy | 1-乙氧基-2-庚酮 | $C_9H_{18}O_2$ | 1070 | 1068 | — | 158.1301 | — |
| 39 | 1-methyl-4-(1-methylethenyl)benzene | 1-甲基-4-(1-甲基乙烯基)苯 | $C_{10}H_{12}$ | 1080 | 1080 | 132.0931 | 132.0934 | −0.3 |
| 40 | terpinolene | 异松油烯 | $C_{10}H_{16}$ | 1084 | 1084 | 136.1246 | 136.1247 | −0.1 |

续表

| 编号 | 化合物 | | 分子式 | 保留指数 | | 准确质量/amu | | |
|---|---|---|---|---|---|---|---|---|
| | 英文名 | 中文名 | | $I_{lit}$ | $I_{exp}$ | 测定值 | 理论值 | 误差/$10^{-6}$ |
| 41 | *trans*-linalool oxide | 反式氧化芳樟醇 | $C_{10}H_{18}O_2$ | 1086 | 1086 | — | 170.1301 | — |
| 42 | benzene（2-methyl-1-propenyl） | 2-甲基-1-丙烯基苯 | $C_{10}H_{12}$ | 1089 | — | 132.0929 | 132.0934 | -0.5 |
| 43 | benzoic acid methyl ester | 苯甲酸甲基酯 | $C_8H_8O_2$ | 1094 | 1094 | 136.0519 | 136.0519 | 0 |
| 44 | *β*-linalool | *β*-芳樟醇 | $C_{10}H_{18}O$ | 1099 | 1100 | | 154.1352 | |
| 45 | 6-methyl-3,5-heptadiene-2-one | 6-甲基-3,5-庚二烯-2-酮 | $C_8H_{12}O$ | 1103 | 1106 | 140.0826 | 140.0832 | -0.6 |
| 46 | nonanal | 壬醛 | $C_9H_{18}O$ | 1105 | 1105 | | 142.1352 | |
| 47 | *cis*-*p*-mentha-2,8-dien-1-ol | 顺式-*p*-薄荷-2,8-烯-1-醇 | $C_{10}H_{16}O$ | 1112 | 1122 | 152.1197 | 152.1196 | 0.1 |
| 48 | *β*-fenchol | *β*-葑醇 | $C_{10}H_{18}O$ | 1119 | 1119 | — | 154.1352 | — |
| 49 | 2,6-dimethyl-1,3,5,7-octatetraene | 2,6-二甲基-1,3,5,7-辛四烯 | $C_{10}H_{14}$ | 1133 | 1134 | 134.1090 | 134.1090 | 0 |
| 50 | (+)-(E)-limonene oxide | (+)-(*E*)-氧化柠檬烯 | $C_{10}H_{16}O$ | 1136 | 1139 | | 152.1196 | |
| 51 | (+)-nopinone | (+)-诺浪酮 | $C_9H_{14}O$ | 1138 | 1142 | 138.1032 | 138.1039 | -0.7 |
| 52 | L-pinocarveol | 松香芹醇 | $C_{10}H_{16}O$ | 1140 | 1140 | | 152.1196 | |
| 53 | (+)-2-bornanone | 莰酮 | $C_{10}H_{16}O$ | 1147 | 1144 | 152.1191 | 152.1196 | -0.5 |
| 54 | borneol | 冰片 | $C_{10}H_{18}O$ | 1171 | 1172 | — | 154.1352 | — |
| 55 | 4-ethyl-3,4-dimethyl-2-cyclohexen-1-one | 4-乙基-3,4-二甲基-2-环己烯-1-酮 | $C_{10}H_{16}O$ | 1173 | — | 152.1195 | 152.1196 | -0.1 |
| 56 | L-terpinen-4-ol | L-松油烯-4-醇 | $C_{10}H_{18}O$ | 1180 | 1182 | 154.1350 | 154.1352 | -0.2 |
| 57 | *m*-methylacetophenone | *m*-甲基苯乙酮 | $C_9H_{10}O$ | 1184 | 1176 | 134.0724 | 134.0726 | -0.2 |
| 58 | *p*-cymen-8-ol | 香荆芥酚 | $C_{10}H_{14}O$ | 1186 | 1186 | 154.1350 | 154.1352 | -0.2 |
| 59 | decanal | 癸醛 | $C_{10}H_{20}O$ | 1207 | 1203 | — | 156.1509 | — |
| 60 | *cis*-carveol | 香芹醇 | $C_{10}H_{16}O$ | 1218 | 1226 | 152.1192 | 152.1196 | -0.4 |
| 61 | citronellol | 香茅醇 | $C_{10}H_{20}O$ | 1226 | 1226 | — | 156.1509 | — |
| 62 | (3,3-dimethylbutyl)benzene | 3,3-二丁基苯 | $C_{12}H_{18}$ | 1234 | — | 162.1402 | 162.1403 | -0.1 |
| 63 | *β*-citral | *β*-柠檬醛 | $C_{10}H_{16}O$ | 1237 | 1241 | 152.1196 | 152.1196 | 0 |
| 64 | 4-(1- methylethyl)-benzaldehyde | 4-(1-甲基乙基)苯甲醛 | $C_{10}H_{12}O$ | 1242 | 1243 | 148.0886 | 148.0883 | 0.3 |
| 65 | carvotanaceton | 香芹鞣酮 | $C_{10}H_{16}O$ | 1248 | 1247 | 152.1167 | 152.1196 | -2.9 |
| 66 | phellandral | 水芹醛 | $C_{10}H_{16}O$ | 1277 | 1276 | 152.1194 | 152.1196 | -0.2 |
| 67 | thymol | 麝香草酚 | $C_{10}H_{14}O$ | 1280 | 1280 | 150.1038 | 150.1539 | -0.1 |
| 68 | bornyl acetate | 乙酸龙脑酯 | $C_{12}H_{20}O_2$ | 1283 | 1283 | — | 196.1458 | — |
| 69 | anethole | 茴香脑 | $C_{10}H_{12}O$ | 1285 | 1286 | 148.0879 | 148.0883 | -0.4 |
| 70 | *p*-cymen-7-ol | 香荆芥酚 | $C_{10}H_{14}O$ | 1289 | 1288 | 150.1038 | 150.1039 | -0.1 |
| 71 | carvacrol | 香芹酚 | $C_{10}H_{14}O$ | 1296 | 1297 | 150.1938 | 150.1039 | -0.1 |
| 72 | *δ*-elemene | 榄香烯 | $C_{15}H_{24}$ | 1333 | 1334 | — | 204.1873 | — |
| 73 | *α*-cubebene | 荜澄茄油萜 | $C_{15}H_{24}$ | 1345 | 1346 | 204.1873 | 204.1873 | 0 |
| 74 | isocaryophyllene | 异石竹烯 | $C_{15}H_{24}$ | 1358 | 1387 | 204.1871 | 204.1873 | -0.2 |
| 75 | ylangene | 衣兰烯 | $C_{15}H_{24}$ | 1367 | 1367 | 204.1869 | 204.1873 | -0.4 |
| 76 | *α*-copaene | 玷理烯 | $C_{15}H_{24}$ | 1374 | 1375 | 204.1868 | 204.1873 | -0.5 |
| 77 | *β*-elemene | 榄香烯 | $C_{15}H_{24}$ | 1387 | 1388 | 204.1872 | 204.1873 | -0.1 |
| 78 | longifolene | 长叶烯 | $C_{15}H_{24}$ | 1392 | 1402 | 204.1880 | 204.1873 | 0.7 |
| 79 | *α*-gurjunene | *α*-古芸烯 | $C_{15}H_{24}$ | 1400 | 1409 | 204.1876 | 204.1873 | 0.3 |
| 80 | *β*-caryophyllene | 石竹烯 | $C_{15}H_{24}$ | 1417 | 1418 | 204.1872 | 204.1873 | -0.1 |
| 81 | *β*-gurjunene | *β*-古芸烯 | $C_{15}H_{24}$ | 1428 | 1428 | 204.1872 | 204.1873 | -0.1 |
| 82 | *α*-bergamotene | 香柠檬烯 | $C_{15}H_{24}$ | 1431 | 1433 | 204.1886 | 204.1873 | 1.3 |
| 83 | aromadendrene | 香橙烯 | $C_{15}H_{24}$ | 1441 | 1442 | 204.1870 | 204.1873 | -0.3 |
| 84 | *α*-guaiene | *α*-愈创木烯 | $C_{15}H_{24}$ | 1449 | 1440 | 204.1871 | 204.1873 | -0.2 |
| 85 | humulene | 蛇麻烯 | $C_{15}H_{24}$ | 1453 | 1453 | 204.1872 | 204.1873 | -0.1 |
| 86 | alloaeromanderdrene | 别香橙烯 | $C_{15}H_{24}$ | 1453 | 1447 | 204.1872 | 204.1873 | -0.1 |
| 87 | *α*-curcumene | *α*-姜黄烯 | $C_{15}H_{22}$ | 1471 | 1475 | 204.1870 | 204.1873 | -0.3 |
| 88 | *γ*-muurolene | *γ*-衣兰油烯 | $C_{15}H_{24}$ | 1474 | 1474 | 204.1873 | 204.1873 | 0 |
| 89 | chamigrene | 恰米烯 | $C_{15}H_{24}$ | 1482 | 1484 | 204.1872 | 204.1873 | -0.1 |
| 90 | *β*-selinene | 芹子烯 | $C_{15}H_{24}$ | 1487 | 1484 | 204.1867 | 204.1873 | -0.6 |

| 编号 | 化合物 | | 分子式 | 保留指数 | | 准确质量/amu | | |
|---|---|---|---|---|---|---|---|---|
| | 英文名 | 中文名 | | $I_{lit}$ | $I_{exp}$ | 测定值 | 理论值 | 误差/$10^{-6}$ |
| 91 | eremophilene | 旱麦草烯 | $C_{15}H_{24}$ | 1490 | 1489 | 204.1874 | 204.1873 | 0.1 |
| 92 | 6-isopropyl-4,8$\alpha$-dimethyl-1,2,3,7,8,8$\alpha$-hexa hydronaphthalene | 6-异丙基-4,8$\alpha$-二甲基-1,2,3,7,8,8$\alpha$-六氢萘 | $C_{15}H_{24}$ | 1494 | — | 204.1871 | 204.1873 | −0.2 |
| 93 | $\alpha$-muurolene | $\alpha$-衣兰油烯 | $C_{15}H_{24}$ | 1496 | 1499 | 204.1871 | 204.1873 | −0.2 |
| 94 | $\delta$-guaiene | $\delta$-愈创木烯 | $C_{15}H_{24}$ | 1501 | 1505 | 204.1872 | 204.1873 | −0.1 |
| 95 | $\beta$-bisabolene | $\beta$-红没药醇 | $C_{15}H_{24}$ | 1507 | 1506 | 204.1875 | 204.1873 | 0.2 |
| 96 | $\delta$-cadinene | $\delta$-荜澄茄烯 | $C_{15}H_{24}$ | 1512 | 1524 | 204.1879 | 204.1873 | 0.6 |
| 97 | selina-3,7(11)-diene | 3,7(11)-芹子二烯 | $C_{15}H_{24}$ | 1517 | 1519 | 204.1873 | 204.1873 | 0 |
| 98 | L-calamenene | 去氢白菖烯 | $C_{15}H_{22}$ | 1520 | 1520 | 202.1717 | 202.1716 | 0.1 |
| 99 | 1,4-cadinadiene | 1,4-荜澄茄二烯 | $C_{15}H_{24}$ | 1532 | 1528 | 204.1873 | 204.1873 | −0.2 |
| 100 | $\alpha$-calacorene | 白菖考烯 | $C_{15}H_{20}$ | 1541 | 1542 | 200.1555 | 200.1560 | −0.5 |
| 101 | (6E)-nerolidol | 橙花叔醇 | $C_{15}H_{26}O$ | 1562 | 1563 | — | 222.1978 | — |
| 102 | (−)-spathulenol | 斯巴醇 | $C_{15}H_{24}O$ | 1568 | 1572 | 220.1825 | 220.1822 | 0.3 |
| 103 | isoaromadendrene epoxide | 环氧化异香橙烯 | $C_{15}H_{24}O$ | 1580 | 1579 | 220.1824 | 220.1822 | 0.2 |
| 104 | cedrenol | 雪松烯醇 | $C_{15}H_{24}O$ | 1586 | 1604 | — | | |
| 105 | ledol | 喇叭花醇 | $C_{15}H_{26}O$ | 1602 | 1580 | 220.1824 | 220.1822 | 0.2 |
| 106 | caryophyllene oxide | 氧化石竹烯 | $C_{15}H_{24}O$ | 1608 | 1594 | 220.1819 | 220.1822 | −0.3 |
| 107 | viridiflorol | 绿花白千层醇 | $C_{15}H_{26}O$ | 1615 | 1612 | — | 222.1978 | — |
| 108 | agarospirol | 沉香螺醇 | $C_{15}H_{26}O$ | 1653 | 1646 | — | 222.1978 | — |
| 109 | juniper camphor | 杜松实 | $C_{15}H_{26}O$ | 1664 | 1689 | 222.1974 | 222.1978 | −0.4 |
| 110 | $\tau$-cadinol | 荜澄茄醇 | $C_{15}H_{26}O$ | 1668 | 1648 | 222.1976 | 222.1978 | −0.2 |
| 111 | longiverbenone | 长叶马鞭草烯酮 | $C_{15}H_{22}O$ | 1673 | 1670 | 218.1662 | 218.1665 | −0.3 |
| 112 | 6-isopropenyl-4,8-$\alpha$-dimethyl-1,2,3,5,6,7,8,8$\alpha$-octahydronaphthalene-2-ol | 6-异丙烯基-4,8-$\alpha$-二甲基-1,2,3,5,6,7,8,8-$\alpha$-八氢化萘-2-醇 | $C_{15}H_{24}O$ | 1675 | 1714 | — | 220.1822 | — |
| 113 | 8-cedren-13-ol | 8-柏木烯-13-醇 | $C_{15}H_{24}O$ | 1689 | 1688 | 220.1821 | 220.1822 | −0.1 |
| 114 | aromadendrene oxide Ⅱ | 香橙烯氧化物Ⅱ | $C_{15}H_{24}O$ | 1694 | 1706 | — | 220.1822 | — |
| 115 | 6-isopropenyl-4,8$\alpha$-dimethyl-1,2,3,5,6,7,8,8$\alpha$-octahydronaphthalene-2-ol | 6-异丙烯基-4,8$\alpha$-二甲基-1,2,3,5,6,7,8,8$\alpha$-八氢化萘-2-醇 | $C_{15}H_{24}O$ | 1698 | 1714 | 220.1823 | 220.1822 | 0.1 |
| 116 | nerolidyl acetate | 橙花叔醇乙酸酯 | $C_{17}H_{28}O_2$ | 1721 | 1715 | 264.2084 | 264.2084 | 0 |
| 117 | 7-isopropenyl-1,4$\alpha$-dimethyl-4,4 hexahydro-3H-naphthalene-2-one | 7-异丙烯基-1,4$\alpha$-二甲基-4,4$\alpha$,5,6,7,8-六氢-3H-萘-2-酮 | $C_{15}H_{22}O$ | 1769 | — | 218.1664 | 218.1665 | −0.1 |
| 118 | nootkatone | 圆柚酮 | $C_{15}H_{22}O$ | 1801 | 1781 | 218.1663 | 218.1665 | −0.2 |
| 119 | iso-longifolol acetate | 异长叶醇乙酸酯 | $C_{15}H_{22}O$ | 1815 | 1822 | — | 264.2084 | — |

注：—表示无数据，$I_{lit}$为文献保留指数，$I_{exp}$为实验保留指数。

已知某化合物的保留指数，根据保留指数计算公式，可推算目标化合物在该实验条件下的保留时间。保留时间结合目标化合物特征离子准确质量及特征离子窄窗口-提取离子色谱（nw-EIC），即为对目标化合物定性的后目标分析法。

诺卡醇（nootkatol，$C_{15}H_{24}O$）的保留指数为1715，计算得诺卡醇的理论保留时间为29.69 min。采用窄窗口提取离子流（nw-EIC，质量窗口0.02）提取诺卡醇特征离子：220.1822、119.0855、105.0699、91.0542，结果如图6.43所示。依据保留时间、nw-EIC色谱峰的色谱行为及特征离子准确质量确定该化合物为诺卡醇。$\alpha$-香附酮（$\alpha$-cyperone，$C_{15}H_{22}O$）（图6.44）和紫苏醛（perillaldehyde，$C_{10}H_{14}O$）（图6.45）也用同样的方法鉴定，各化合物特征离子准确质量见表6.15。

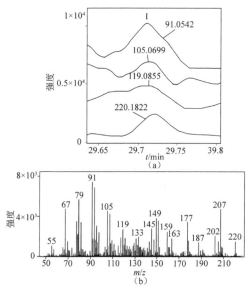

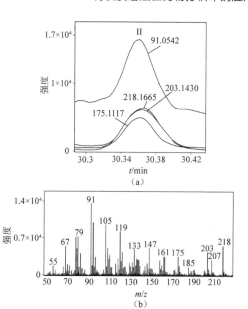

图 6.43 4 个诺卡醇离子的 EIC 色谱图（a）
（质量窗口 0.02）和峰 I 的 EI 质谱图（b）

图 6.44 4 个 α-香附酮离子的 EIC 色谱图（a）和
峰 II 的 EI 质谱图（b）

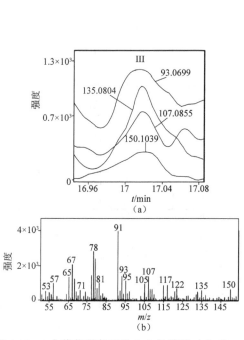

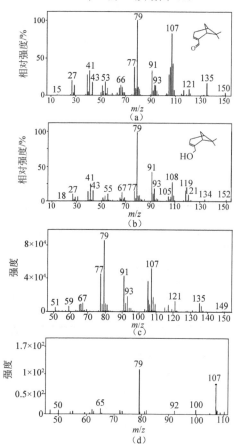

图 6.45 4 个紫苏醛离子的 EIC 色谱图（a）和
峰 III 的 EI 质谱图（b）

图 6.46 桃金娘烯醛 NIST 标准图谱（a），
桃金娘烯醇 NIST 标准图谱（b），对保留时间为
14.15min 的色谱峰的 MS（c）和 m/z 107 的 MS²（d）

经 Q-TOF MS 分析，得一级质谱图（MS）和二级质谱图（MS$^2$），且同时获得前体离子和产物离子（碎片离子）准确质量。对 MS$^2$ 进行 nw-EIC 后能迅速查找碎片离子准确质量，推测碎片离子元素组成，解释化合物裂解规律。以桃金娘烯醛（myrtenal, C$_{10}$H$_{14}$O）为例：对保留时间为14.15min 的色谱峰谱图检索时出现了桃金娘烯醛和桃金娘烯醇（myrtenol, C$_{10}$H$_{16}$O）两个备选化合物，其保留指数依次为 1196 和 1198，十分相近，且 NIST 标准图谱（图 6.46）也相近，难以定性。选择 m/z 107 的前体离子进行 MS$^2$ 研究，如图 6.46（d）所示。峰 IV 的 MS 如图 6.46（c）所示。推测化合物裂解规律如图 6.47 所示，因此该化合物为桃金娘烯醛。又如 68 号化合物，在MS 中无法找到分子离子峰（图 6.48），为了进一步确认该化合物为乙酸龙脑酯（bornyl acetate, C$_{12}$H$_{20}$O$_2$），对该峰进行 MS$^2$ 研究。分别以 m/z 154、m/z 136、m/z 121、m/z 95 为前体离子，得到对应的 MS$^2$ 图，分别如图 6.48（c）～图 6.48（f）所示。通过解释化合物裂解规律（图 6.49）定性该化合物为乙酸龙脑酯。

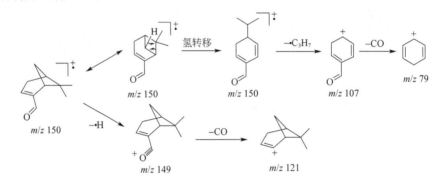

图 6.47　桃金娘烯醛（myrtenal）可能的裂解途径

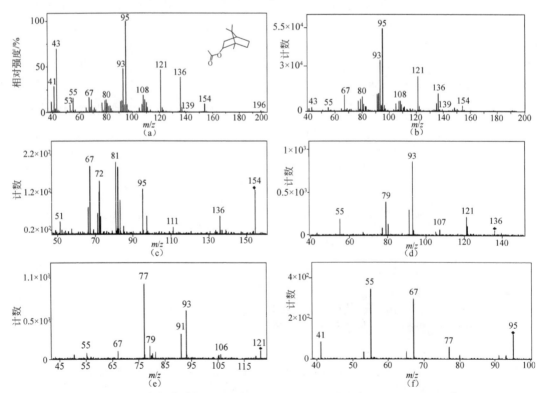

图 6.48　乙酸龙脑酯 NIST 库标准谱图（a），峰 68 的 MS（b），前体离子 m/z 154 的 MS$^2$（c），前体离子 m/z 136 的 MS$^2$（d），前体离子 m/z 121 的 MS$^2$（e）和前体离子 m/z 95 的 MS$^2$（f）

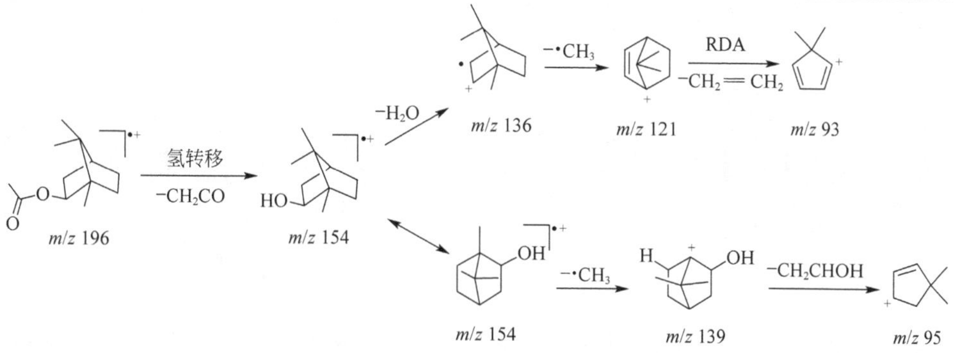

图 6.49　乙酸龙脑酯（bornyl acetate）可能的裂解规律

## 6.3.4　中药复方活性部位分析

抑肝散（YGS, yokukansan in Japanese）在中国和日本已用于神经机能症、失眠和应激性疾病。YGS 由苍术、青黛、川芎、勾藤、当归、柴胡和甘草以 4：4：3：3：3：2：1.5 组成。经分离和神经细胞活力测定，其中的一个活性部位 YGS40 有神经保护作用。为此，对该部位用 LC 和 LC-Q-TOF MS 对其中的化学成分进行了定性定量分析[19]。

### 6.3.4.1　标准溶液制备

分别取 7 个对照品（化合物 12、16、23、34、37、54、60），精密称定，分别溶于甲醇制成 1.5mg/mL、4.3mg/mL、2.2mg/mL、2.0mg/mL、0.5mg/mL、1.3mg/mL、0.2 mg/mL 的储备液。供制备校正曲线的系列标准工作溶液由混合储备液稀释而成，于 4℃ 保存，使用时放置至室温。

YGS40 中鉴别的化合物名称和结构，包括对照品化合物 12、16、23、34、37、54、60，见图 6.50。化合物的中文名称见表 6.15。

### 6.3.4.2　样品溶液制备

取 YGS 处方的混合药材 5kg 依次用水（100℃，2h）、50%乙醇（80℃，2h）、70%乙醇（80℃，2h）回流提取。合并各提取液，于 40℃ 减压除去溶剂，得粗提物。粗提物用 D-101 大孔树脂梯度洗脱分离，收集流分，其中，由乙醇-水（40：60）流分，得到 YGS40（51g）。

为了对 YGS40 中的主要成分进行定性、定量分析，取 YGS40 干燥粉末 1g，精密称定，加 40%（体积分数）甲醇 10mL，在 40℃水浴中超声 45min 使之溶解。

为研究 YGS 和单味药水煎液中主要成分溶出量的变化，分取各种药材的粉末（4.0g 苍术、4.0g 青黛、3.0g 川芎、3.0g 勾藤、3.0g 当归、2.0g 柴胡和 1.5g 甘草）及其混合物，分别用水煮沸 30min。分取水煎液，抽滤，干燥的残渣置 20mL 容量瓶中，溶于 40%（体积分数）甲醇并稀释至刻度。分取各上清液，以 16000r/min 离心 5min，经 0.45μm 滤膜过滤，供分析。

### 6.3.4.3　仪器和条件

定量分析用 Shimadzu LC-2010 系列（Shimadzu Corp，日本），配四元泵、脱气机、自动进样器、柱温箱、紫外检测器、LC-Solution 软件。色谱柱 Megres C18 Column（4.6mm × 250mm，5μm）（汉邦科技公司）。流动相由溶剂 A（乙腈）和溶剂 B（10mmol/L 乙酸铵水溶液，用甲酸调节至 pH 4.6）组成。梯度程序为：0～40min，12%～14% A；40～50min，14%～16% A；50～82min，16%～24% A；82～100min，保持 24% A；100～115min，24%～35% A；115～130min，35%～100% A。柱温 35℃，流速 1.0mL/min。检测波长 245nm，进样 10μL。

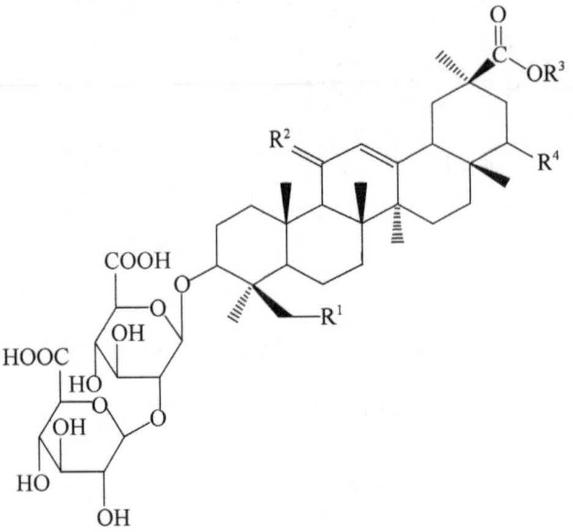

28.22-羟基甘草皂苷G₂(R¹=OH,R²=O,R³=H,R⁴=OH)
31.甘草皂苷J₂(R¹=OH,R²=2H,R³=R⁴=H)
36.22β-乙酰氧基甘草皂苷G₂(R¹=OH,R²=O,R³=H, R⁴=OCOCH₃)
44.22β-乙酰氧基甘草酸(R¹=R³=H,R²=O, R⁴=OCOCH₃)
45.甘草皂苷A₃(R¹=R⁴=H,R²=O, R³=glu)
48.甘草皂苷G₂(R¹=OH,R²=O,R³=R⁴=H)
54.甘草酸(R¹=R³=R⁴=H, R²=O)
57.甘草皂苷B₂(R¹=R³=R⁴=H, R²=2H)

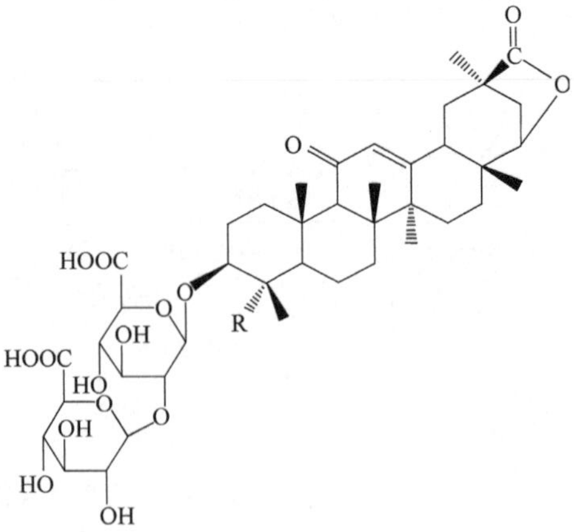

38.23-羟基甘草皂苷E₂(R=OH)
46.甘草皂苷E₂(R=H)

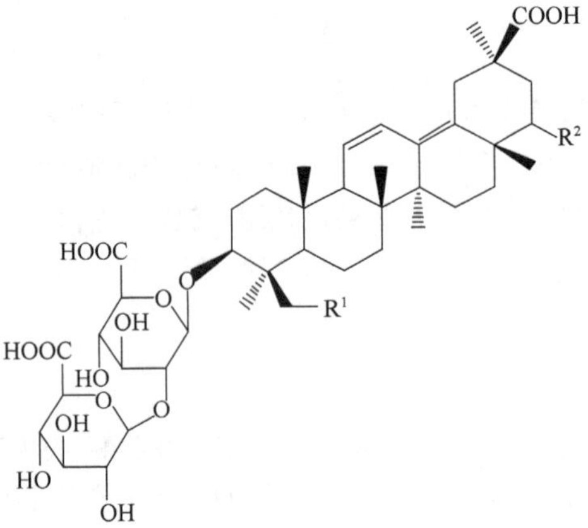

25.22β-甲酰基甘草皂苷C₂(R¹=H,R²=OCHO)
50.22β-乙酰氧基甘草皂苷C₂(R¹=H,R²=OCOCH₃)
53.甘草皂苷K₂(R¹=OH,R²=H)

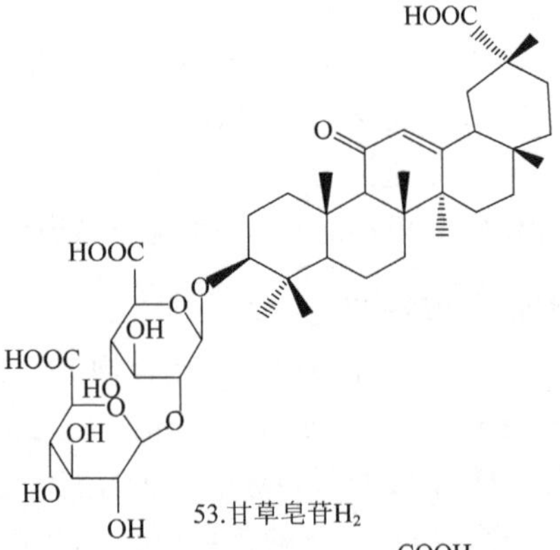

53.甘草皂苷H₂

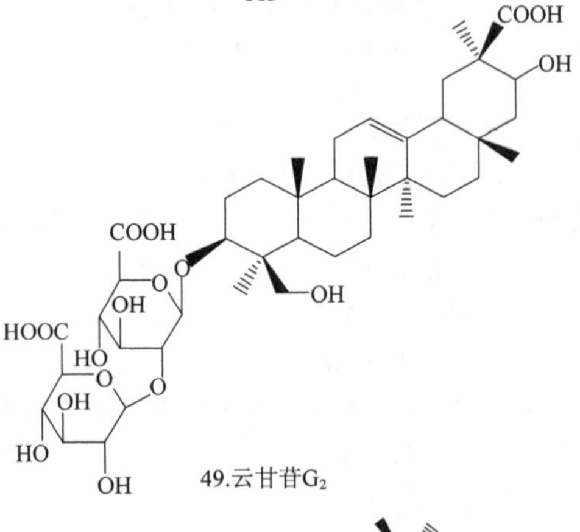

49.云甘苷G₂

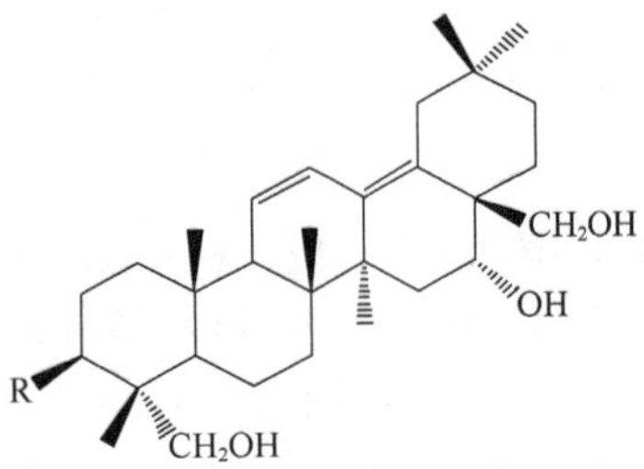

60.柴胡皂苷b₂, R=β-D-Glu-(1→3)β-D-Fuc

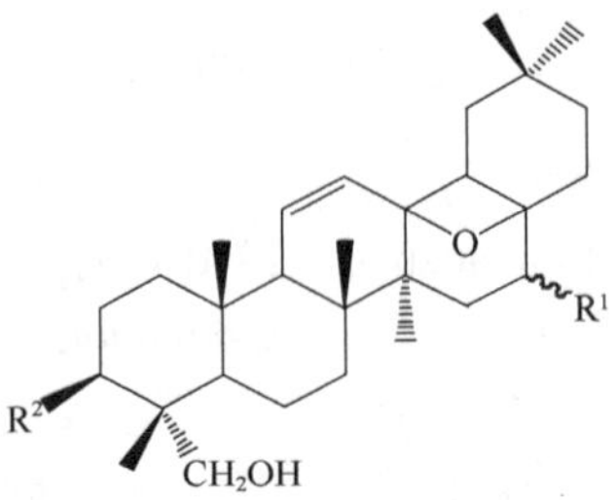

61.柴胡皂苷a(R¹=β-OH,R²=β-D-Glu(1→3)-β-D-Fuc)
62.柴胡皂苷d(R¹=α-OH,R²=β-D-Glu(1→3)-β-D-Fuc)

图 6.50

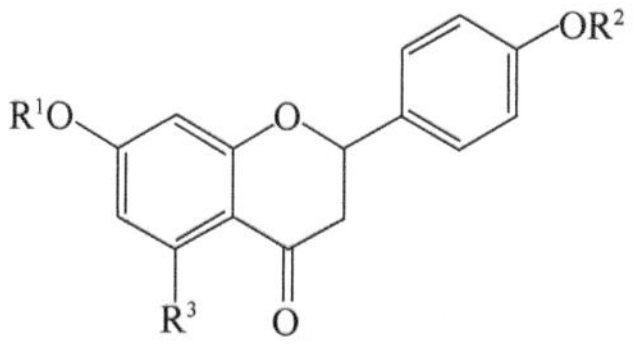

7.葡萄糖基甘草苷(R¹=R²=glu,R³=H)
14.新甘草苷(R¹=glu, R²=R³=H)
15.甘草素-7-O-β-D-芹菜糖-4'-O-β-D-葡萄糖苷
　(R¹=api,R²=glu,R³=H)
16.甘草苷(R¹=R³=H,R²=glu)
17.甘草素(R¹=R²=R³=H)
24.柚皮素-7-O-葡萄糖苷(R¹=R²=H,R³=OH)

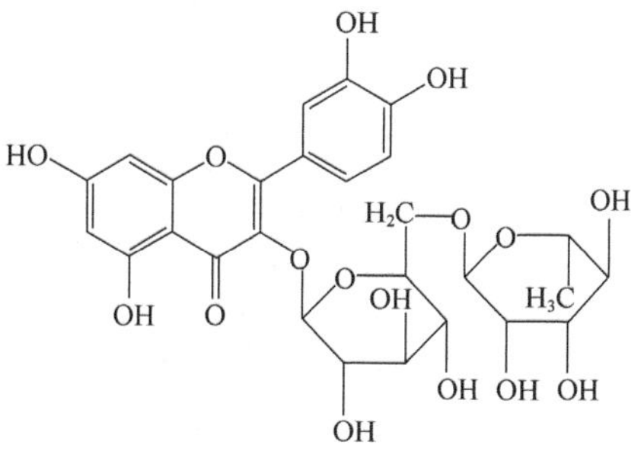

21.芦丁

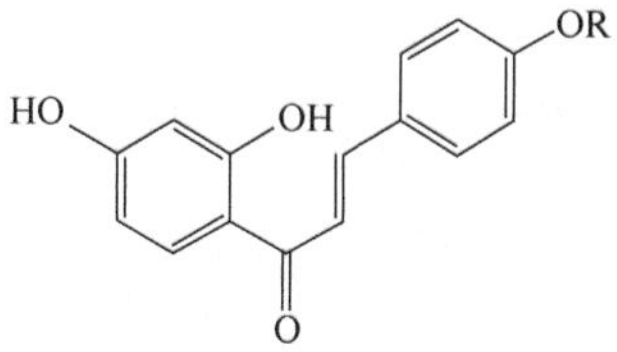

19.异甘草素(R=H)
34.异甘草苷(R=glu)

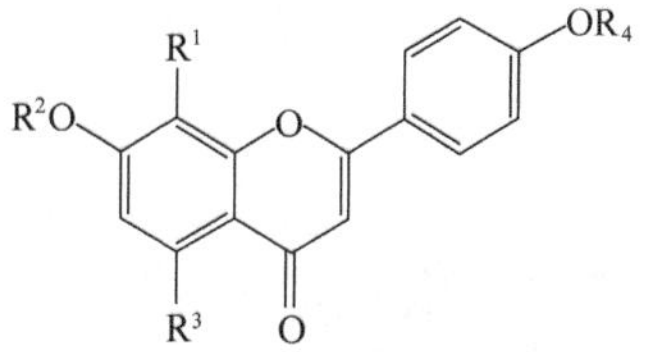

22.芹菜素-7-O-葡萄糖醛酸苷(R¹=R⁴=H,R²=gluA,R³=OH)
27.汉黄芩素-7-O-葡萄糖醛酸苷(R¹=OCH₃,R²=gluA,R³=R⁴=H)
30.芒柄花苷(R¹=R³=H,R²=glu,R⁴=CH₃)

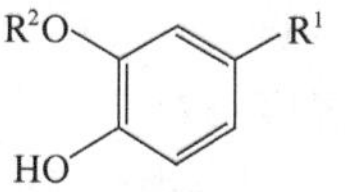

1.原儿茶酸(R¹=COOH,R²=H)
6.原儿茶醛(R¹=CHO,R²=H)
8.香草醛(R¹=CHO,R²=CH₃)

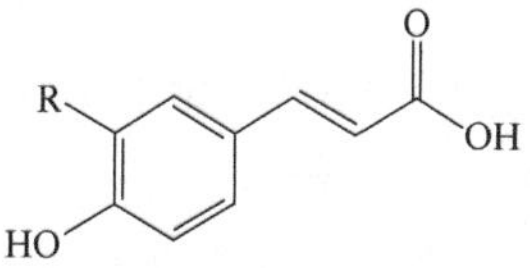

4.咖啡酸(R=OH)
9.对羟基苯甲酸(R=H)
12.阿魏酸(R=OCH₃)

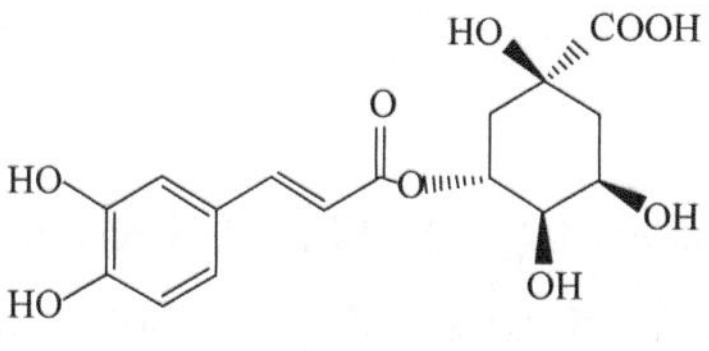

2.绿原酸

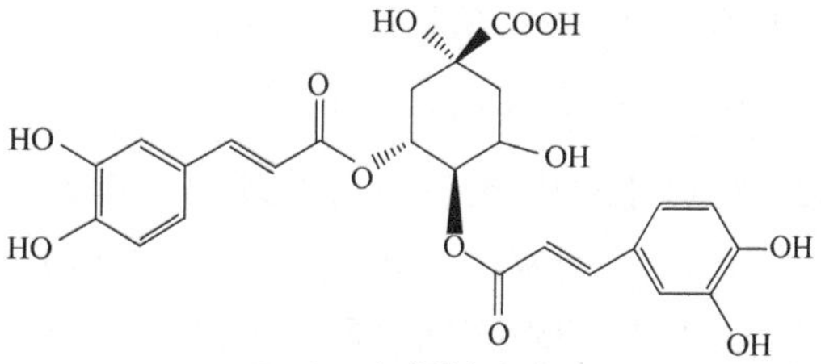

10.4,5-二咖啡酰奎宁酸

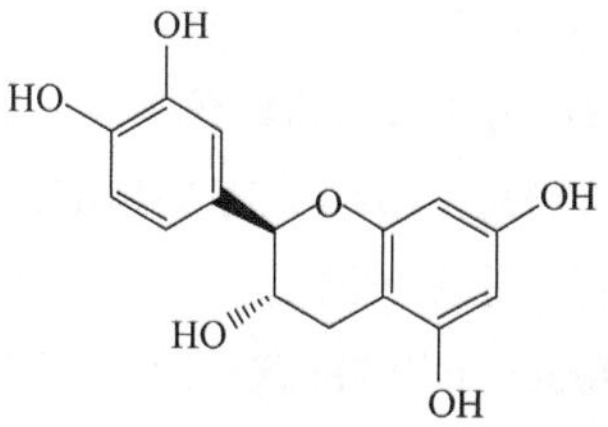

5.儿茶素

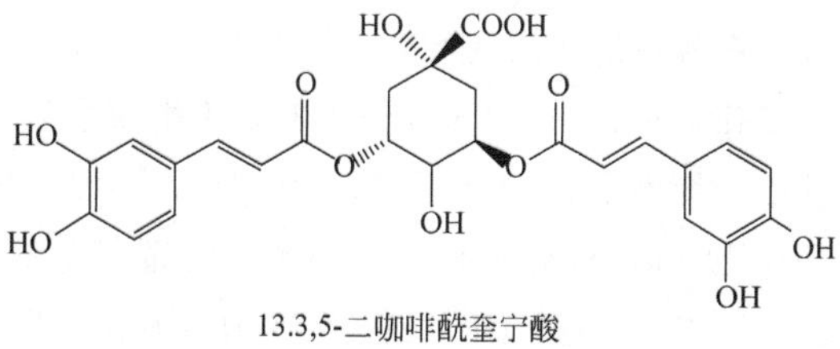

13.3,5-二咖啡酰奎宁酸

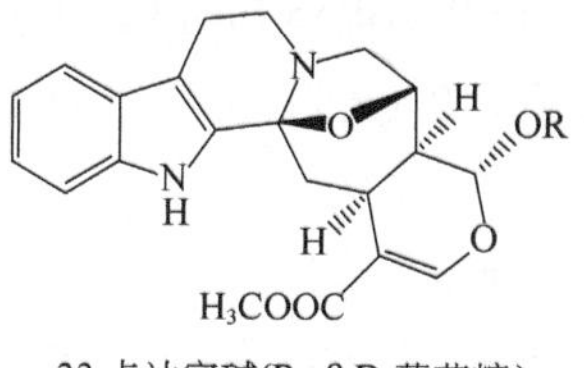

33.卡达宾碱(R=β-D-葡萄糖)

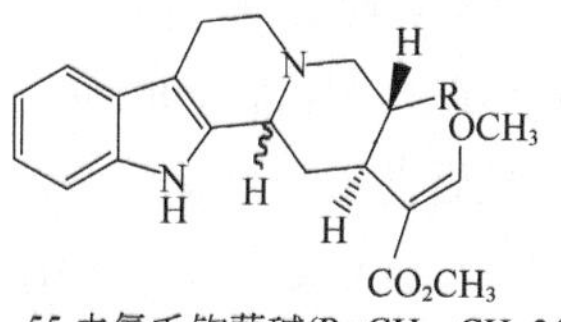

55.去氢毛钩藤碱(R=CH=CH₂,3β-H)
58.柯楠因碱(R=CH=CH₂,3α-H)
59.毛钩藤碱(R=C₂H₅, 3β-H)

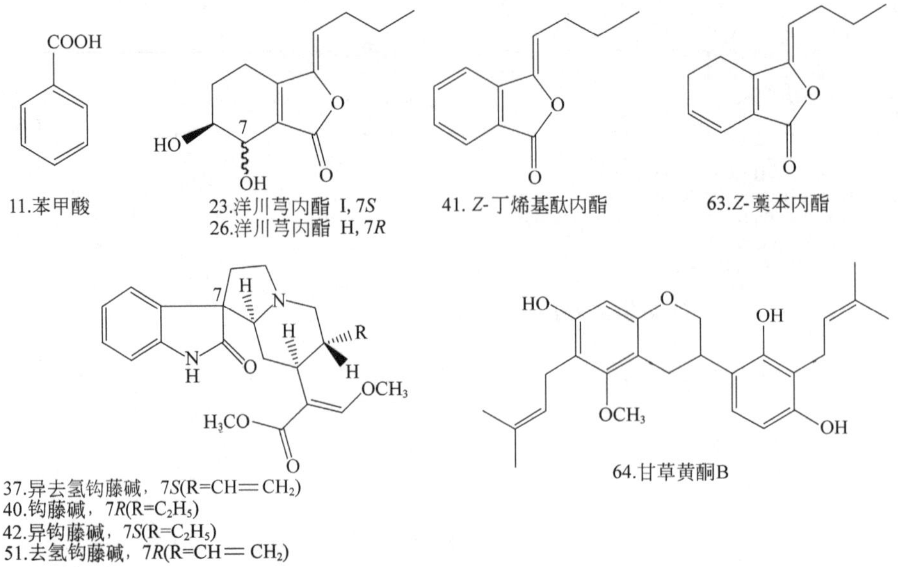
COOH
HO
7
OH
O
O
11.苯甲酸
23.洋川芎内酯 I, 7S
26.洋川芎内酯 H, 7R
41. Z-丁烯基酞内酯
63.Z-藁本内酯
7
H
N
H
R
N
H
O
H
OCH₃
H₃CO
O
37.异去氢钩藤碱，7S(R=CH=CH₂)
40.钩藤碱，7R(R=C₂H₅)
42.异钩藤碱，7S(R=C₂H₅)
51.去氢钩藤碱，7R(R=CH=CH₂)
HO
OH
OCH₃
OH
64.甘草黄酮B

图 6.50　YGS40 中鉴别的化合物名称和结构

成分鉴别用 6520 Q-TOF 系统，ESI 接口（Agilent Corp., Santa Clara, CA, USA）。HPLC 同上。Q-TOF MS 操作参数如下：干燥气 $N_2$，流速 8.0L/min；干燥气温度 325℃；雾化气压力 40psi（276kPa）；夹套气温度 400℃；夹套气流速, 10 L/min；毛细管电压，3500V；裂解器电压 120V；碰撞池设定在 35V。每个样品均经正、负离子模式分析，质量范围 *m/z* 100～1700，以获取所有信息。仪器操作、数据采集和分析由 Agilent Mass Hunter Acquisition Software Ver. A.01.00（Agilent Technologies, Santa Clara, CA, USA）完成。

#### 6.3.4.4　细胞活力测定和统计分析

PC12 神经细胞由中国药科大学生理教研室提供，在高葡萄糖 DMEM（dulbecco's modified Eagle's medium）辅以青霉素（60U/mL）、链霉素（100μg/mL）和 10% NBCS（newborn calf-Serum）中，于 37℃在加湿的 95%空气和 5% $CO_2$ 环境生长。细胞的指数生长用 0.125%胰蛋白酶分离，然后播种于 96-孔培养板，密度为每孔 5000 细胞于 200μL 介质中，培养 24h。然后，用 YGS 及其 6 个流分，在各种最终浓度下处理细胞，培养 24h。此后，将 15mmol/L 谷氨酸盐加至介质中，细胞再培养 24h。然后，在 96-孔板中的细胞用四甲基偶氮唑盐（MTT）方法测定。用药物处理后，每一孔中的细胞用 MTT（20μL, 5 mg/mL）处理。4h 后，除去上清液，加二甲亚砜（150μL）以溶解紫色甲臜（formazan）结晶。各个孔的光密度在 490nm 下用微孔板读数器测定（BioTek® Dower Wave XS, Winooski, VT, USA）。细胞活力表示为未经处理的对照组的百分率。

所有数据表示为平均值±标准误差（$x \pm s$），并用 SPSS 17.0（SPSS Inc., IL, USA）分析。细胞培养实验组间统计显著差异由 Student's t-test 或单因素方差分析评价，随后用 Dunnett's post hoc test。统计分析的显著性水平为 $p < 0.05$。

YGS40 对谷氨酸盐诱导的 PC12 细胞毒保护作用的定量结果见图 6.51。YGS40 在 50μg/mL 可使细胞成活 32.3%±1.2%，在 100μg/mL, YGS40 可使细胞成活 80%。因此，YGS40 是 YGS 保护神经细胞的活性部位。

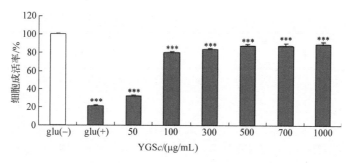

图 6.51  YGS40 对谷氨酸盐诱导的 PC12 细胞毒的作用

***表示：试验组数据 $P < 0.001$，说明柱状图中该组数据与对照组数据相比，显著性差异的可信度较高

### 6.3.4.5  YGS40 化学成分分析

用 HPLC-Q-TOF MS，正、负离子模式，ESI（+）、ESI（-）分析 YGS40 所得总离子的色谱图见图 6.52。用准确质量、相应的元素组成、保留时间、文献数据和对照品，在 YGS40 中鉴别了 64 个化合物（见表 6.16），包括 23 个三萜皂苷，16 个黄酮，11 个酚类化合物，8 个生物碱和 6 个其他化合物，化学结构见图 6.50。

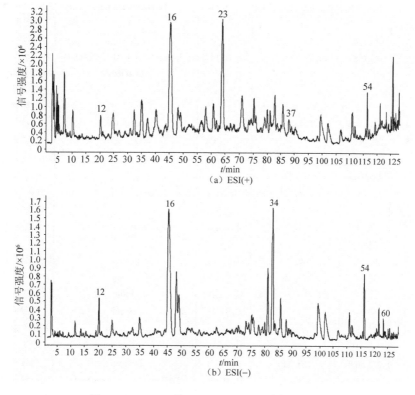

图 6.52  YGS40 的 ESI(+)、ESI(-)总离子色谱图

表 6.16  YGS40 中鉴别的 64 个化合物

| 色谱峰编号 | 保留时间 $t_R$/min | 分子离子（$m/z$） | 产物离子（$m/z$） | 分子式 | 鉴定结果 | 中文名 | 来源 |
|---|---|---|---|---|---|---|---|
| 1 | 4.03 | 153.0174 | 109 | $C_7H_6O_4$ | protocatechuic acid | 原儿茶酸 | I |
| 2 | 5.15 | 353.0849 | 191, 127 | $C_{16}H_{18}O_9$ | chlorogenic acid | 绿原酸 | II |

续表

| 色谱峰编号 | 保留时间 $t_R$/min | 分子离子（m/z） | 产物离子（m/z） | 分子式 | 鉴定结果 | 中文名 | 来源 |
|---|---|---|---|---|---|---|---|
| 3 | 5.79 | 515.1146 | 191, 179, 173, 135 | $C_{32}H_{20}O_7$ | gluco cryptochlorogenic acid | 葡萄糖隐绿原酸 | II |
| 4 | 9.14 | 179.0325 | 135, 134 | $C_9H_8O_4$ | caffeic acid | 咖啡酸 | I |
| 5 | 10.92 | 289.072 | 245, 161 | $C_{15}H_{14}O_6$ | （＋）-catechin | 儿茶素 | II |
| 6 | 11.65 | 137.0223 | 136, 109, 108 | $C_7H_6O_3$ | protocatechuic aldehyde | 原儿茶醛 | I |
| 7 | 13.57 | 579.1662 | 417, 255, 135, 119 | $C_{27}H_{32}O_{14}$ | glucoliquiritin | 葡萄糖基甘草苷 | III |
| 8 | 14.45 | 151.0376 | 108 | $C_8H_8O_3$ | vanillin | 香草醛 | I |
| 9 | 15.87 | 163.0374 | 119 | $C_9H_8O_3$ | p-Hydroxybenzoic acid | 对羟基苯甲酸 | I |
| 10 | 17.68 | 515.1145 | 191, 179, 173, 135 | $C_{25}H_{24}O_{12}$ | 4,5-Di-O-caffeoylquinic acid | 4,5-二咖啡酰奎宁酸 | I |
| 11 | 19.18 | 121.0273 | | $C_7H_6O_2$ | benzoic acid | 苯甲酸 | IV |
| 12 | 20.15 | 195.0650 [M+H]$^+$ | 149, 134 | $C_{10}H_{10}O_4$ | ferulic acid | 阿魏酸 | I |
| 13 | 40.53 | 515.1150 | 353, 191, 179, 173, 135 | $C_{25}H_{24}O_{12}$ | 3,5-Di-O-caffeoylquinic acid | 3,5-二咖啡酰奎宁酸 | I |
| 14 | 41.65 | 417.1146 | 255, 135, 119 | $C_{21}H_{22}O_9$ | neoliquiritin | 新甘草苷 | III |
| 15 | 44.09 | 549.1561 | 417, 255, 135, 119 | $C_{26}H_{30}O_{13}$ | liquiritigenin-7-O-β-D-apyosyl-4'-O-β-D-glucoside | 甘草素-7-氧-β-D-芹菜糖-4'-氧-β-D-葡萄糖苷 | III |
| 16 | 45.14 | 417.1146 | 255, 135, 119 | $C_{21}H_{22}O_9$ | liquiritin | 甘草苷 | III |
| 17 | 47.78 | 257.0805 [M+H]$^+$ 255.0629 | 137 135, 119 | $C_{15}H_{12}O_4$ | liquiritigenin | 甘草素 | III |
| 18 | 48.12 | 549.1571 | 417, 255, 135, 119 | $C_{26}H_{30}O_{13}$ | liquiritin apioside | 芹菜糖甘草苷 | III |
| 19 | 48.76 | 257.0805 [M+H]$^+$ | 137 | $C_{15}H_{12}O_4$ | isoliquiritigenin | 异甘草素 | III |
| 20 | 51.16 | 609.1432 | 343, 300, 271, 255, 179, 151 | $C_{27}H_{30}O_{16}$ | isomer of rutin | 芦丁异构体 | V |
| 21 | 53.96 | 609.1457 | 301, 300, 271, 255 | $C_{27}H_{30}O_{16}$ | rutin | 芦丁 | V |
| 22 | 56.67 | 269.0479 | 151 | $C_{15}H_{10}O_5$ | apigenin | 芹菜素 | V |
| 23 | 63.86 | 225.1121 [M+H]$^+$ | 207, 161 | $C_{12}H_{16}O_4$ | senkyunolide I | 洋川芎内酯 I | I |
| 24 | 66.34 | 271.0620 | 151, 119 | $C_{15}H_{12}O_5$ | naringenin | 柚皮素 | VI |
| 25 | 67.97 | 849.3514 | 351, 193 | $C_{44}H_{66}O_{16}$ | 22β-Formyl licorice saponin C$_2$ | 22β-甲酰基甘草皂苷 C$_2$ | III |
| 26 | 70.93 | 225.1118 [M+H]$^+$ | 207, 161 | $C_{12}H_{16}O_4$ | senkyunolide H | 洋川芎内酯H | I |
| 27 | 75.83 | 283.0585 | 268 | $C_{16}H_{12}O_5$ | wogonin | 汉黄芩素 | IV |
| 28 | 77.566 | 855.3973 [M+H]$^+$ | 485, 467, 455, 449, 421 | $C_{42}H_{62}O_{18}$ | 22-Hydroxyl licorice saponin G$_2$ | 22-羟基甘草皂苷 G$_2$ | III |

| 色谱峰编号 | 保留时间 $t_R$/min | 分子离子 ($m/z$) | 产物离子 ($m/z$) | 分子式 | 鉴定结果 | 中文名 | 来源 |
|---|---|---|---|---|---|---|---|
| 29 | 78.67 | 823.4045 | 351, 193 | $C_{42}H_{64}O_{16}$ | isomer of licorice saponin J$_2$ | 甘草皂苷 J$_2$ 异构体 | III |
| 30 | 79.19 | 431.1334 [M+H]$^+$ | 269 | $C_{22}H_{22}O_9$ | ononin | 芒柄花苷 | III |
| 31 | 79.96 | 825.4245 [M+H]$^+$ 823.4072 | 455 351, 193 | $C_{42}H_{64}O_{16}$ | licorice saponin J$_2$ | 甘草皂苷 J$_2$ | III |
| 32 | 80.87 | 549.1517 | 417, 255, 135, 119 | $C_{26}H_{30}O_{13}$ | isoliquiritin apioside | 异芹菜糖甘草苷 | III |
| 33 | 81.99 | 545.2117 [M+H]$^+$ | 383, 365, 351, 281, 227 | $C_{27}H_{32}N_2O_{10}$ | cadambine | 卡达宾碱 | II |
| 34 | 82.95 | 417.1170 | 255, 135, 119 | $C_{21}H_{22}O_9$ | isoliquiritin | 异甘草苷 | III |
| 35 | 83.63 | 549.1571 | 417, 255, 135, 119 | $C_{26}H_{30}O_{13}$ | isomer of isoliquiritin apioside | 异芹菜糖甘草苷异构体 | III |
| 36 | 85.68 | 895.3908 | 351, 193 | $C_{44}H_{64}O_{19}$ | 22$\beta$-Acetoxyl licorice saponin G$_2$ | 22$\beta$-乙酰氧基-甘草皂苷 G$_2$ | III |
| 37 | 88.18 | 383.1955 [M+H]$^+$ | 267, 160, 144, 142, 132, 118, 108 | $C_{22}H_{26}N_2O_4$ | isocorynoxeine | 异去氢钩藤碱 | II |
| 38 | 88.99 | 835.3697 | 351, 193 | $C_{42}H_{60}O_{17}$ | 23-Hydroxyl licorice saponin E$_2$ | 23-羟基甘草皂苷 E$_2$ | III |
| 39 | 89.54 | 837.3845 | 351, 193 | $C_{42}H_{60}O_{17}$ | isomer of licorice saponin G$_2$ | 甘草皂苷 G$_2$ 异构体 | III |
| 40 | 90.15 | 385.2112 [M+H]$^+$ | 269, 267, 215, 160, 144, 142, 132, 110, 108 | $C_{22}H_{28}N_2O_4$ | rhynchophylline | 钩藤碱 | II |
| 41 | 94.06 | 189.0904 [M+H]$^+$ | 128, 115 | $C_{12}H_{12}O_2$ | Z-Butylidenephthalide | Z-丁烯基酞内酯 | VII |
| 42 | 97.82 | 385.2112 [M+H]$^+$ | 353, 269, 267, 242, 241, 187, 161, 160, 158, 144, 142, 132, 129, 110, 108 | $C_{22}H_{28}N_2O_4$ | isorhynchophylline | 异钩藤碱 | II |
| 43 | 98.19 | 879.3947 | 351, 193 | $C_{44}H_{64}O_{18}$ | isomer of 22$\beta$-Acetoxylglycyrrhizic acid | 22$\beta$-乙酰氧基甘草酸异构体 | III |
| 44 | 99.38 | 879.3956 | 351, 193 | $C_{44}H_{64}O_{18}$ | 22$\beta$-Acetoxylglycyrrhizic acid | 22$\beta$-乙酰氧基甘草酸 | III |
| 45 | 101.96 | 983.4402 | 821, 351 | $C_{48}H_{72}O_{21}$ | licorice saponin A$_3$ | 甘草皂苷 A$_3$ | III |
| 46 | 106.64 | 819.3745 | 351, 193 | $C_{42}H_{60}O_{16}$ | licorice saponin E$_2$ | 甘草皂苷 E$_2$ | III |
| 47 | 110.58 | 879.3947 | 351, 193 | $C_{44}H_{64}O_{18}$ | isomer of 22$\beta$-Acetoxylglycyrrhizic acid | 22$\beta$-乙酰氧基甘草酸异构体 | III |
| 48 | 110.84 | 837.3855 839.4054 [M+H]$^+$ | 351, 193 487, 469 | $C_{42}H_{62}O_{17}$ | licorice saponin G$_2$ | 甘草皂苷 G$_2$ | III |

续表

| 色谱峰编号 | 保留时间 $t_R$/min | 分子离子（$m/z$） | 产物离子（$m/z$） | 分子式 | 鉴定结果 | 中文名 | 来源 |
|---|---|---|---|---|---|---|---|
| 49 | 110.91 | 839.3916 | 351, 193 | $C_{42}H_{62}O_{17}$ | yunganoside $G_2$ | 云甘苷 $G_2$ | III |
| 50 | 111.79 | 863.4009 | 351, 193 | $C_{44}H_{64}O_{17}$ | 22$\beta$-Acetoxyl licorice saponin $C_2$ | 22$\beta$-乙酰氧基-甘草皂苷 $C_2$ | III |
| 51 | 112.24 | 383.1956 [M+H]$^+$ | 267, 201, 187, 160, 158, 144, 142, 132, 118, 108 | $C_{22}H_{26}N_2O_4$ | corynoxeine | 去氢钩藤碱 | III |
| 52 | 112.75 | 837.3849 | 351, 193 | $C_{42}H_{62}O_{17}$ | isomer of Licorice saponin $G_2$ | 甘草皂苷 $G_2$ 异构体 | III |
| 53 | 115.75 | 821.3895 | 351, 193 | $C_{42}H_{62}O_{16}$ | licorice saponin $H_2$ or $K_2$ | 甘草皂苷 $H_2$ 或 $K_2$ | III |
| 54 | 116.27 | 823.4081 [M+H]$^+$ | 453 | | | | |
| | | 821.3906 | 469, 351, 193 | $C_{42}H_{62}O_{16}$ | glycyrrhizic acid | 甘草酸 | III |
| | | 823.4097 [M+H]$^+$ | 647, 471, 453 | | | | |
| 55 | 117.23 | 367.2010 [M+H]$^+$ | 234, 225, 192, 180, 170, 156, 144, 130, 117, 108 | $C_{22}H_{26}N_2O_3$ | hirsuteine | 去氢毛钩藤碱 | II |
| 56 | 118.28 | 821.3885 | 351, 193 | $C_{42}H_{62}O_{16}$ | isomer of glycyrrhizic acid | 甘草酸异构体 | III |
| 57 | 118.86 | 807.4094 | 351, 193 | $C_{42}H_{64}O_{15}$ | licorice saponin $B_2$ | 甘草皂苷 $B_2$ | III |
| 58 | 119.12 | 367.1961 [M+H]$^+$ | 182, 170, 158, 156, 145, 144, 130, 108 | $C_{22}H_{26}N_2O_3$ | corynantheine | 柯楠因碱 | II |
| 59 | 121.04 | 369.2167 [M+H]$^+$ | 238, 226, 170, 158, 144, 130, 129, 117, 110 | $C_{22}H_{28}N_2O_3$ | hirsutine | 毛钩藤碱 | II |
| 60 | 123.43 | 825.4576 [M+HCOO]$^-$ | 779, 617, 471 | $C_{42}H_{68}O_{13}$ | saikosaponin $b_2$ | 柴胡皂苷 $b_2$ | V |
| 61 | 124.13 | 825.4572 [M+HCOO]$^-$ | 779, 617, 471 | $C_{42}H_{68}O_{13}$ | saikosaponin a | 柴胡皂苷 a | V |
| 62 | 125.26 | 779.4507 | 761, 617, 471 | $C_{42}H_{68}O_{13}$ | saikosaponin d | 柴胡皂苷 d | V |
| 63 | 126.27 | 191.1077 [M+H]$^+$ | 145, 117, 105 | $C_{12}H_{14}O_2$ | Z-Ligustilide | Z-川芎内酯 | I |
| 64 | 128.90 | 425.2325 [M+H]$^+$ | 135 | $C_{26}H_{32}O_5$ | licorisoflavan B | 甘草黄酮 B | III |

注：正离子模式已标注"[M+H]$^+$"，未标注者为负离子"[M−H]$^-$"。

三萜皂苷是 YGS40 的主要成分。23 个三萜皂苷已鉴定来源于甘草和柴胡。化合物 54 已用对照品的保留时间和质谱确证为甘草酸（glycyrrhizic acid）。化合物 25、28、29、31、36、38、39、43~50、52、53、56 和 57 由它们的准分子离子及相应的产物离子鉴别为甘草酸类似物，它们丢失了一个或两个葡萄糖醛酸。

化合物 60~62 为来源于柴胡的皂苷。在负离子质谱中，于 $m/z$ 779、$m/z$ 617 和 $m/z$ 471，相应于准分子离子和分别丢失葡萄糖基和岩藻糖基的产物离子。根据文献数据它们分别为柴胡皂苷 $b_2$、柴胡皂苷 a 和柴胡皂苷 d。

化合物 7、14~22、24、27、30、32、34、35 来源于甘草、苍术、柴胡和青黛。化合物 15、

18、32、35 产生同样的准分子离子 *m/z* 549 [M-H]⁻、碎片离子 *m/z* 41 [M-H-132]⁻和 *m/z* 255 [M-H-132-162]⁻，它们连续丢失五糖基（132u）和六糖基（162u）。这些离子由苷元产生产物离子 *m/z* 255、135、119。因此，化合物 15、18、32、35 可分别鉴别为甘草素-7-*O*-β-D-芹菜糖-4'-*O*-β-D-葡萄糖苷、甘草苷芹菜糖苷、异甘草苷芹菜糖苷及异甘草苷芹菜糖苷异构体。

酚类化合物包括 1~6、8~10、12、13，来源于川芎和勾藤。酚类化合物的特征离子是由准分子离子丢失 $CO_2$、CO、$H_2O$ 形式的产物离子。化合物 3 的[M-H]⁻位于 *m/z* 515，较隐绿原酸（cryptochlorogenic acid）高 162u，两者均产生相同的产物离子 *m/z* 191、179、173、135，因此，化合物 3 鉴别为葡萄糖隐绿原酸（gluco cryptochlorogenic acid）。

化合物 33、37、40、42、51、55、58、59 是来源于钩藤的生物碱。经过与对照品比较，生物碱 37、40、42、51 分别鉴别为异去氢钩藤碱、钩藤碱、异钩藤碱和去氢钩藤碱。化合物 33 的质谱显示其[M+H]⁺为 *m/z* 545，产物离子 *m/z* 383 为[M+H-162]⁺，为丢失葡萄糖基。此化合物鉴别为卡达宾碱。化合物 55、58、59 与文献一致，分别鉴别为去氢毛钩藤碱、柯楠因碱、毛钩藤碱。

化合物 23 和 26 均生成[M+H]⁺*m/z* 225, [M+H-$H_2O$]⁺ *m/z* 207 和[M+H-2$H_2O$-CO]⁺ *m/z* 161，化合物 23 与对照品洋川芎内酯 I（senkyunolide I）保留时间比较得以确证，而化合物 26 初步鉴别为其异构体洋川芎内酯 H（senkyunolide H）。化合物 11、41、63、64 与已发表的数据比较，分别鉴别为苯甲酸、*Z*-丁烯基酞内酯、*Z*-川芎内酯和甘草黄酮 B。

### 6.3.4.6 定量分析方法验证

基于活性研究，7 个主要化合物 12、16、23、34、37、54 和 60 作为标志物，以评价 YGS40。制备含 7 个对照品的 6 种不同浓度的工作溶液，重复测定 3 次以构建校正曲线。逐步稀释工作溶液以确定检测限（*LOD*, S/N=3）和定量限（*LOQ*, S/N=10）。精密度试验在同一天和连续 3d 对同一样品测定 6 次。重复性试验中，溶解和分析每个样品，重复 6 次。稳定性试验，在 24h 内重复进样同一样品溶液。方法的准确度用回收率试验评价，用对照品的 3 个浓度水平（约为目标化合物浓度的 80%、100%、120%），加入样品中，每一浓度重复测定两次。

目标化合物的 *LODs* 范围为 0.014~0.467μg/mL，*LOQs* 在 0.035~1.400μg/mL 范围内。在测定的范围内，所有化合物线性良好（$r_2$>0.9991）。重复性（*RSD*）≤1.39%和精密度（*RSD*）≤2.37%。7 个化合物的平均回收率为 95.98%~104.28%。样品溶液在 24 h 内稳定。

YGS 和单味药水煎液中主要化合物溶出量的变化结果见表 6.17。水煎液中，7 个标志物中，54 是主要成分，平均浓度 13.27mg/g。化合物 16、34、23、12、60 和 37 的浓度依次为 8.32mg/g、4.39mg/g、3.43mg/g、3.00mg/g、0.60mg/g 和 0.37mg/g。相对于单味药水煎液，混合药材水煎液中的标志物的量显示增加。例如，阿魏酸（ferulic acid）在川芎和当归的单煎液中浓度分别为 0.76mg/g 和 0.50mg/g。而在 YGS 混合水煎液中，阿魏酸的总浓度是 3.0mg/g。

表 6.17　标志物在 YGS 和单味药水煎液中的溶出量（x±s, n=3）

| 样品 | 溶出量/(mg/g) | | | | | | |
| --- | --- | --- | --- | --- | --- | --- | --- |
| | 阿魏酸 | 甘草苷 | 川芎内酯 I | 异甘草苷 | 异去氢钩藤碱 | 甘草酸 | 柴胡皂苷 |
| YGS | 3.00±0.11 | 8.32±0.27 | 3.43±0.09 | 4.39±0.11 | 0.37±0.01 | 13.27±0.36 | 0.60±0.02 |
| 甘草 | | 5.26±0.14 | | 1.11±0.04 | | 7.20±0.29 | |
| 钩藤 | | | | | 0.06±0.0009 | | |
| 川芎 | 0.76±0.02 | | 1.54±0.02 | | | | |
| 柴胡 | | | | | | | 0.05±0.0009 |
| 当归 | 0.50±0.01 | | 0.13±0.006 | | | | |

### 6.3.5　复方制剂的药物代谢动力学

杜仲丸是主要由杜仲与川续断（1∶1）组成的复方制剂。为了同时测定杜仲丸中的6个主要化学成分的药物代谢动力学，研究和建立了一种灵敏、快速的LC-MS/MS方法[20]。

#### 6.3.5.1　仪器和条件

Agilent 6430 LC-MS/MS系统（QqQ）配备ESI源（Agilent, Santa Clara, CA, USA），Agilent MassHunter采集软件B.03.01和分析工作站软件B.03.02/Build 3.2.170.25；Agilent 1200 HPLC（Agilent，Santa Clara，CA，USA）。色谱柱Agilent Eclipse plus C18（2.1mm×150mm，5μm；Agilent Co，Santa Clara，CA，USA）。流动相溶剂A（CH$_3$CN），溶剂B（H$_2$O，含体积分数0.01%的CH$_3$COOH）。梯度洗脱程序：0～3min 95%～50% B；3～7min 50%～20% B；7～9min 20%～5% B；9～14min，5%～5% B；14～15min，5%～30% B；15～18min，30%～95% B；18～20min，95% B，此后，色谱柱再平衡3min。流速0.3mL/min。柱温20℃。MS/MS采用多反应监测（MRM），负离子模式,对于杜仲和川续断的主要成分桃叶珊瑚苷（AU）、京尼平苷（GP）、京尼平苷酸（GPA）、松脂醇二葡萄糖苷（PDG）、次番木鳖苷（SLG）和马钱子苷（LG）的中英文名和结构见图6.53，选择反应监测的离子对分别为 $m/z$ 405.0→183.1, $m/z$ 447.0→225.0, $m/z$ 373.0→122.8, $m/z$ 681.3→357.2, $m/z$ 417.1→195.0 和 $m/z$ 449.2→227.1。ESI源干燥气流速9.0L/min，温度350℃，毛细管电压4000V。血浆药物动力学参数用非房室法，药物和统计软件（DAS v. 1.0）建立。

#### 6.3.5.2　药材提取物制备

（1）杜仲提取物　将杜仲树皮切碎，用十倍量70%乙醇回流提取两次，每次两小时。提取液合并，浓缩至相对密度1.2～1.3（90℃），−15℃保存待用。提取率为13.5%。提取物中四个主要成分AU、GP、GPA和PDG的含量用上述条件测定，分别为19.45ng/mg、2786.68ng/mg、7535.55ng/mg和9025.44ng/mg。

（2）川续断提取物　川续断提取方法同杜仲，提取率为30.8%。提取物中两个主要成分SLG和LG的含量分别为13032.49ng/mg和2725.18ng/mg。

#### 6.3.5.3　标准溶液制备

取6个对照品用甲醇制成混合标准储备溶液，各成分的含量均为20μg/mL，−20℃保存备用。

#### 6.3.5.4　分析方法验证

（1）校正曲线和定量低限　储备液用甲醇稀释制成含6个对照品的系列标准溶液，浓度分别为10ng/mg、40ng/mg、100ng/mg、200ng/mg、400ng/mg、1000ng/mg、2000ng/mg和4000ng/mg。移取稀释液置1mL离心管中与血浆混合，制成8个浓度的标准血浆样品（1ng/mg、4ng/mg、10ng/mg、20ng/mg、40ng/mg、200ng/mg、400ng/mg和1000ng/mg。加4倍量甲醇至混合物以沉淀蛋白，旋摇2min，放置10min。以14000r/min离心,15min。上清液（100μL）移置玻璃进样瓶中，取10μL注入LC-MS/MS系统进行分析。工作曲线的最低浓度确定为定量低限（$LLOQ$）。

（2）精密度和准确度　在空白血浆中加入3个不同浓度的混合标准溶液（1000ng/mg、200ng/mg、2ng/mg）。每个浓度平行制备5个样品。同日和连续3d测定，以进行日内和日间试验。试验结果的平均浓度与真值之差异为准确度，而变异系数（$CV$, %）为精密度。

（3）稳定性　空白血浆加入混合标准溶液制成的3个浓度（1000ng/mg、200ng/mg和2ng/mg）

样品，立即测定（0h），然后室温（20℃）放置 3h，10h，在三天内冻/融三次。比较 6 个成分的测定浓度与加入量（*n*=5）。

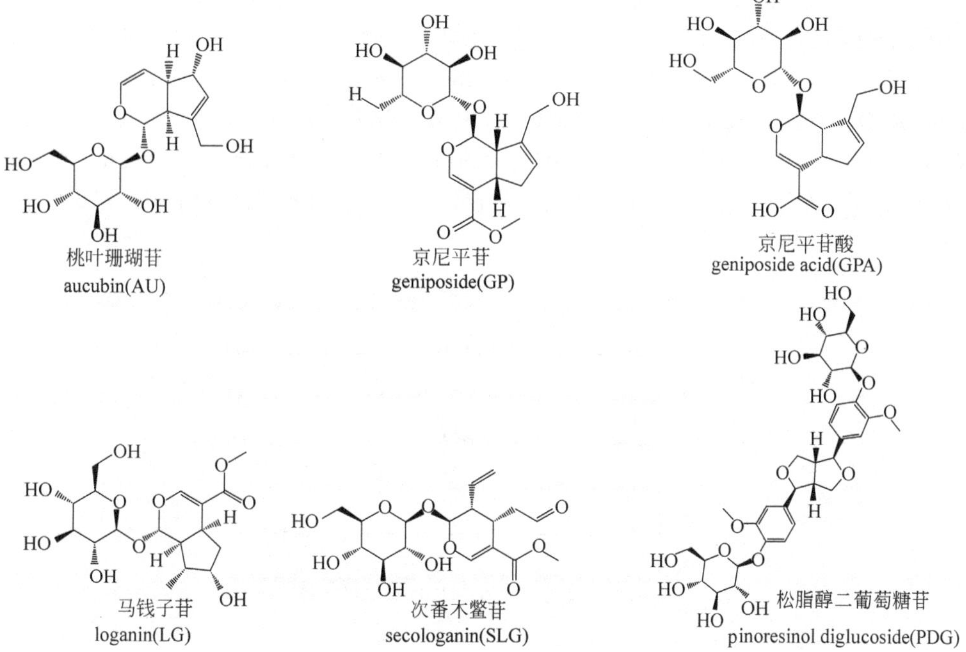

图 6.53　6 个化合物的结构、名称

（4）回收率和基质效应　比较下述三套样品的峰面积以测定提取回收率和基质效应。第一套中，3 个浓度的混合标准溶液溶于甲醇。第二套中，3 个浓度的混合标准溶液加在经过甲醇沉淀的空白血浆中。第三套中，3 个浓度的混合标准溶液加在空白血浆中，然后用甲醇沉淀蛋白（*n*=5）。

样品的回收率（RE）计算为：

$$RE=第三套平均峰面积/第二套平均峰面积×100\%$$

绝对基质效应（a-ME）计算为：

$$a\text{-}ME =第二套平均峰面积/第一套平均峰面积×100\%$$

（5）动物和实验　Sprague-Dawley 雌性大鼠（250±20）g（证件号 SCXk2009-0001，天津，中国）。大鼠除了在实验前 12h 外，喂以食物和水。动物在室环境温、湿度下，维持每日 12 h 光照-黑暗循环。动物实验严格按照实验动物饲养和使用指导原则和有关规定进行。

（6）大鼠血浆药物动力学研究　大鼠随机分成三组，每组 6 个，灌胃给药。第一组（G1）杜仲提取物（500mg/kg），第二组（G2）川续断提取物（1140mg/kg），第三组（G3）杜仲提取物（500mg/kg）和川续断提取物（1140mg/kg）与 CMC-Na（0.4%）研磨混合。系列血样从眼脉络膜静脉抽取（约 0.3mL），置肝素抗凝管中，抽取血样时间 0min、5min、15min、30min、1h、1.5h、2h、3.5h、5h、8h、10h 和 24h。离心（14000r/min, 15min）分离血浆，储存于−70℃备用。

（7）统计分析　三组的测定数值表示为平均值±标准误差（*x*±*s*）。同时，单独给杜仲提取物（G1）、川续断提取物（G2）和合并提取物给药（G3）用 *t*-test 评价。*P*<0.05 的数值为统计学有显著意义。

（8）结果和讨论

① 方法验证　校正曲线和定量低限：血浆中 6 个化合物校正曲线在 1～1000ng/mL 范围内呈线性。AU、GP、GPA、PDG、SLG 和 LG 的 LLOQ 为 1ng/mL，其准确度分别为 113.82%、97.18%、105.59%、103.55%、103.94%和105.78%（$n=5$）。

6 个化合物得到较好分离，空白样品中无内源性干扰物。AU、GP、GPA、PDG、SLG 和 LG 的保留时间分别为：3.039min（$RSD=0.07\%$）、6.128min（$RSD=0.04\%$）、5.771min（$RSD=0.08\%$）、6.040min（$RSD=0.04\%$）、6.186min（$RSD=0.01\%$）和 6.052min（$RSD=0.03\%$）（$n=6$）（见图 6.54）。

精密度和准确度：含三个浓度混合标准溶液的血浆样品（1000ng/mL、200ng/mL 和 2ng/mL）用上述方法分析，结果见表 6.18（$n=5$）。所有化合物的日内或日间精密度均小于 9.70 %，而准确度在 85.11%～106.32%之间。

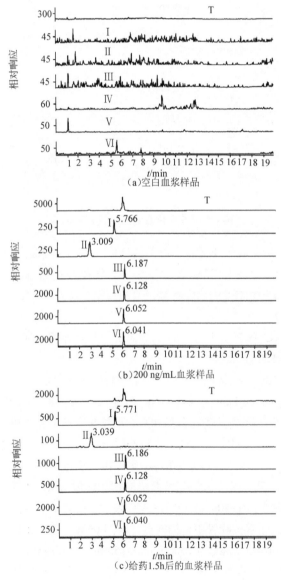

图 6.54　空白血浆（a）、200ng/mL 血浆样品（b）和给药 1.5h 后的血浆样品 $G_3$（c）的 MRM 图谱

Ⅰ、Ⅱ、Ⅲ、Ⅳ、Ⅴ、Ⅵ分别为 GPA、AU、SLG、GP、LG、PDG 的 MRM 图谱；
T 表示 6 个化合物的 MRM 总离子流色谱

表6.18 大鼠血浆中6个化合物的精密度和准确度

| 化合物 | 校正曲线 | 相关系数（$R^2$） | 准确度（$n=5$） | 保留时间及精密度（$RSD$，$n=6$） |
|---|---|---|---|---|
| AU | $y = 25.9980x + 28.0620$ | 0.9932 | 113.82% | 3.039（0.07%） |
| GP | $y = 81.3267x + 422.8380$ | 0.9935 | 97.18% | 6.128（0.04%） |
| GPA | $y = 11.6905x + 31.6339$ | 0.9941 | 105.59% | 5.771（0.08%） |
| PDG | $y = 81.7124x + 946.4522$ | 0.9943 | 103.55% | 6.040（0.04%） |
| SLG | $y = 13.2111x + 129.9109$ | 0.9931 | 103.94% | 6.186（0.01%） |
| LG | $y = 89.2666x + 328.6291$ | 0.9927 | 105.78% | 6.052（0.03%） |

稳定性：稳定性试验表示，除 SLG 之外，化合物在室温下和经两次冻/融循环后稳定，但三次冻/融循环后，对低浓度样品（2ng/mL）明显降解，结果见表6.19。

表6.19 大鼠血浆中6个化合物的稳定性（$n=3$）

| 化合物 | 浓度/(ng/mL) | 日内差 | | 日间差 | | 冻/融后 1h | | 冻/融后 10h | | 三次冻/融循环后 | | 回收率/% | 基质效应/% |
|---|---|---|---|---|---|---|---|---|---|---|---|---|---|
| | | 准确度/% | RSD/% | 准确度/% | RSD/% | 准确度/% | RSD/% | 准确度/% | RSD/% | 准确度/% | RSD/% | | |
| AU | 2 | 85.11 | 3.01 | 96.01 | 4.34 | 95.01 | 0.08 | 98.54 | 0.04 | 87.54 | 0.06 | 50.12 | 1.40 |
| | 200 | 102.77 | 1.49 | 103.11 | 4.88 | 95.25 | 0.03 | 105.18 | 0.05 | 92.12 | 0.04 | 67.09 | 1.10 |
| | 1000 | 97.15 | 4.70 | 103.58 | 9.70 | 99.07 | 0.02 | 100.75 | 0.06 | 98.04 | 0.01 | 70.23 | 1.00 |
| GP | 2 | 95.65 | 4.50 | 93.11 | 7.52 | 106.38 | 0.08 | 101.55 | 0.07 | 89.77 | 0.05 | 56.12 | 1.33 |
| | 200 | 103.01 | 5.41 | 105.86 | 2.91 | 97.29 | 0.05 | 103.89 | 0.03 | 93.75 | 0.03 | 66.01 | 1.15 |
| | 1000 | 102.23 | 1.71 | 106.32 | 6.81 | 98.94 | 0.01 | 99.78 | 0.04 | 96.85 | 0.01 | 73.97 | 1.07 |
| GPA | 2 | 100.33 | 5.21 | 95.88 | 4.45 | 89.86 | 0.04 | 117.51 | 0.16 | 93.31 | 0.38 | 51.73 | 1.42 |
| | 200 | 99.16 | 3.99 | 98.10 | 2.98 | 95.79 | 0.04 | 100.42 | 0.04 | 93.80 | 0.01 | 64.57 | 1.14 |
| | 1000 | 96.04 | 5.24 | 100.49 | 6.42 | 93.61 | 0.01 | 97.19 | 0.01 | 94.32 | 0.01 | 72.81 | 1.03 |
| PDG | 2 | 97.82 | 5.74 | 99.26 | 4.89 | 101.57 | 0.07 | 99.58 | 0.04 | 101.22 | 0.04 | 63.14 | 1.66 |
| | 200 | 99.49 | 4.05 | 98.47 | 1.32 | 94.37 | 0.03 | 97.06 | 0.03 | 92.98 | 0.01 | 65.75 | 1.15 |
| | 1000 | 97.93 | 4.50 | 97.37 | 2.50 | 94.34 | 0.01 | 96.66 | 0.03 | 98.42 | 0.03 | 66.88 | 1.09 |
| SLG | 2 | 103.33 | 9.01 | 96.43 | 7.31 | 95.32 | 0.03 | 98.66 | 0.09 | 87.33[①] | 0.05[①] | 45.33 | 1.55 |
| | 200 | 104.05 | 4.12 | 103.59 | 2.92 | 94.37 | 0.03 | 97.06 | 0.03 | 92.98 | 0.01 | 64.60 | 1.10 |
| | 1000 | 100.07 | 1.74 | 99.63 | 1.36 | 94.98 | 0.01 | 97.91 | 0.03 | 95.41 | 0.01 | 72.70 | 1.02 |
| LG | 2 | 101.13 | 3.65 | 99.01 | 4.01 | 99.81 | 0.03 | 100.31 | 0.04 | 85.36 | 0.05 | 60.77 | 1.61 |
| | 200 | 102.52 | 5.28 | 103.33 | 0.81 | 100.06 | 0.04 | 103.30 | 0.03 | 96.63 | 0.03 | 59.95 | 1.14 |
| | 1000 | 98.80 | 4.11 | 99.78 | 1.22 | 97.77 | 0.01 | 96.97 | 0.02 | 99.62 | 0.02 | 77.59 | 1.06 |

① 代表两次冻/融循环后的结果。

回收率和基质效应：在三个浓度（1000ng/mL、200ng/mL 和 2ng/mL），6 个化合物的回收率在 45.33%～77.59%，基质效应检验结果，没有明显的抑制或增强作用（见表6.18）。

② 血浆药物动力学研究　动力学参数见表6.20。对三个实验组，每个化合物灌胃给药后呈开放单室模型。浓度-时间图形见图6.55。

表 6.20  在三组中，给药后大鼠血浆中 6 个化合物的主要药物动力学参数，以 $\bar{x}\pm s$（$n=6$）表示

| 化合物 | 方法 | $AUC_{0\sim24}$/[ng/(mL·h)] | $AUC_{0\rightarrow\infty}$/[ng/(mL·h)] | $t_{max}$/h | $c_{max}$/(ng/mL) | $t_{1/2}$/h |
|---|---|---|---|---|---|---|
| AU | G2 | 116.18±49.39 | 149.37±93.21 | 0.88±0.31 | 80.09±23.96 | 2.68±1.17 |
|  | G3 | 127.14±29.81 | 133.69±31.12 | 2.50±1.10 | 36.93±17.45 | 2.26±2.12 |
| GP | G2 | 147.13±74.24 | 147.41±74.50 | 0.96±0.60 | 113.44±63.67 | 2.13±0.79 |
|  | G3 | 132.56±62.01 | 137.77±60.66 | 1.92±0.86 | 46.69±23.43 | 1.50±0.81 |
| GPA | G2 | 2874.66±1861.48 | 2875.16±1861.80 | 2.08±0.74 | 1020.42±720.75 | 1.58±0.37 |
|  | G3 | 1764.86±1874.28 | 1770.03±1878.75 | 2.58±1.02 | 404.61±429.47 | 2.73±1.77 |
| PDG | G2 | 48.73±36.57 | 48.74±36.58 | 1.75±0.35 | 25.90±20.90 | — |
|  | G3 | 23.27±10.08 | 24.62±9.66 | 0.75±0.88 | 11.48±0.94 | — |
| SLG | G1 | 2889.25±2209.66 | 2903.69±2211.62 | 2.58±1.07 | 733.83±433.85 | 2.12±0.93 |
|  | G3 | 3907.59±2329.07 | 3957.13±2313.64 | 2.83±1.03 | 631.48±274.06 | 3.40±1.76 |
| LG | G1 | 539.61±386.53 | 544.01±392.50 | 1.92±0.92 | 156.65±108.70 | 1.26±0.43 |
|  | G3 | 569.39±196.00 | 592.09±207.05 | 1.94±0.89 | 153.60±49.38 | 1.36±0.27 |

注：AVC 表面曲线下面积。

虽然在三组中测定的各个化合物具相同的剂量，由于药材对的配伍，某些化合物的药动力学性质发生了变化。比较单一提取物给药组（G1、G2）与合并提取物的给药组（G3）中待测化合物的药物动力学，AU 和 GP 的 $t_{max}$ 值显著增加（$p<0.05$），而 AU 和 GP 的 $c_{max}$ 则显著下降（$p<0.05$）。当杜仲提取物单独给药时，PDG 的分布呈单室模型，而混合提取物给药时为二室模型，说明两种药材的配伍可能影响 PDG 的药物动力学性质（吸收、胆汁排泄和/或肠再吸收），从而导致肝肠循环。

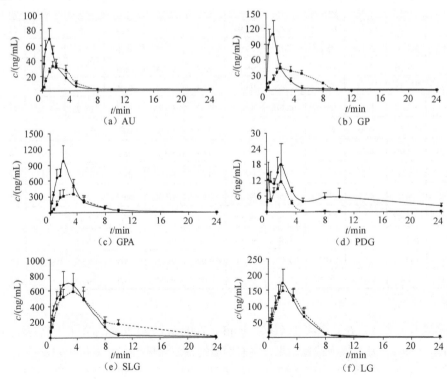

图 6.55  给药后大鼠血浆中 6 个化合物的浓度-时间图形（$n=6$）

实线表示单一提取物给药（G1，G2），虚线表示合并给药（G3）

# 参考文献

[1] 盛龙生，夏霖. 傅利叶变换质谱鉴定 MX-2 副产物 N-(4-氯苯甲酰)二环己基脲. 中国药科大学学报, 1989, 20（6）：367-369.

[2] 霍佳丽，王建华，吴志军. 舒它西林的电喷雾-四极杆-飞行时间串联质谱裂解规律研究.质谱学报, 2012, 33(3)：155-160.

[3] FDA. Guidance for industry-genotoxic and carcinogenic impurities in drug substances and products：recommended approaches. http://www.fda.gov/cder/guidance/index.htm.

[4] Müller L, Mauthe R J, Riley C M, et al. A rationale for determining, testing, and controlling specific impurities in pharmaceuticals that possess potential for genotoxicity. Regulatory Toxicology and Pharmacology，2006, 44(3)：198-211.

[5] Wang Y. Analysis of impurities in temocapril using liquid chromatography/quadrupole time-of- flight mass spectrometry. Agilent Publication Part Number：Poster ASMS，2009.

[6] Joseph S. Analysis of genotoxic impurities in drug substances using fast liquid chromatography coupled to a triple quadrupole mass spectrometer. Agilent Publication Part Number：Poster ASMS 2009 ThPI 226.

[7] 李玮，张伟清，李翔等. 阿莫西林、氨苄西林混合降解杂质对照品的研究与应用. 药学学报, 2014, 49（9）：1310-1314.

[8] 史爱欣，李可欣，胡欣等. 液相色谱-电喷雾离子阱质谱法分析人尿中椒苯酮胺及其代谢产物. 药物分析杂志, 2013, 34（10）：1763-1770.

[9] Mortishire-Smith R J, Castro-Perez J M, Kate Yu K, et al. Generic dealkylation: a tool for increasing the hit-rate of metabolite rationalization, and automatic customization of mass defect filters. Rapid Commun. Mass Spectrom，2009, 23（7）：939-948.

[10] 尤天庚，谢岑，杜江波等. 奋乃静在人胆汁中的代谢物分析. 质谱学报, 2014, 35（6）：516-523.

[11] 王曼曼，高娜，李清娟等. 犬血浆中替格瑞洛及其活性代谢产物的LC-MS/MS 法测定. 中国医药工业杂志, 2014, 45（11）：1050-1052.

[12] Alain Beck A, Sanglier-Cianférani S, Van Dorsselaer A. Biosimilar, biobetter, and next generation antibody characterization by mass spectrometry. Anal Chem，2012, 84（11）：4637-4646.

[13] Lies M, Lew C, Gallegos-Perez JL, et al. Rapid characterization of biologics using a CESI 8000-AB SCIEX TripleTOF 5600+ system. AB SCIEX Publication number：10440114-01.

[14] Babu C V, Gudihal R. Analysis of N-glycans from a monoclonal antibody by capillary electrophoresis and mass spectrometry. Agilent publication number：5991-1020EN, 2012.

[15] Guan T Y, Liang Y, Li C Z, Xie L, et al. Recent development in liquid chromatography/mass spectrometry and allied topics for traditional chinese medicine research. Chinese J Natural Med，2011, 9（5）：0385-0400.

[16] 汪祺，郑笑为，于健东等. 生脉注射液超高效液相色谱指纹图谱的建立及特征成分分析. 药物分析杂志, 2012,32(10)：1813-1917.

[17] 赵琴琴，张玉峰，范骁辉. 高效液相色谱多级质谱联用法同时鉴定苦参中的两大类活性成分. 中国中药杂志, 2011, 36（6）：762-768.

[18] 陈房姣，苏越，郭寅龙. 后目标分析法用于盐益智仁挥发性成分的顶空-气相色谱-四级杆/飞行时间质谱分析. 化学学报, 2014, 72：95-104.

[19] Chen H, Shi Y Y, Wei M L, et al. Chemical profile of the active fraction of Yi-Gan San by HPLC-DAD-Q-TOF-MS and its neuroprotective effect against glutamate-induced cytotoxicity. Chinese J Natural Med, 2014, 12（11）：0869-0880.

[20] Huag Y X, Liu E W, Wang L, et al. LC/MS/MS determination and pharmacokinetic studies of six compounds in rat plasma following oral administration of the single and combined extracts of Eucommia ulmoides and Dipsacus asperoides. Chinese J Natural Med，2014, 12（6）：0469-0476.

# 7

# 有机质谱法在食品安全分析中的应用

　　食品安全分析已有一系列国家标准，随着标准的不断提高，色谱-质谱法已成为最常用的方法之一。根据待测成分的性质，可选择 GC-MS 或 LC-MS。采用串联质谱法，如 GC-MS/MS 或 LC-MS/MS 可提高灵敏度和选择性，故最为常用，现有的法规主要采用这种方法。尽管采用串联质谱法可能简化样品处理，但是，由于食品的基质复杂，为了得到准确的结果，样品的处理是必要的。食品分析中，样品处理的优化十分重要，由于篇幅限制，不能详细说明其方法和过程。在下述应用实例中，请读者必要时参阅原文。最近，《食品安全分析检测技术》已经出版，涉及样品处理、仪器基本原理和测试方案设计等，是一本实用的参考书[1]。

　　近来，杂交高分辨质谱法，如 GC-Q-TOF MS、LC-Q-TOF MS 和 LC-Q-Orbitrap MS 等，在食品安全分析中得到了重视，因为它们具 MS/MS 功能、高分辨率，可提供待测成分的准确质量、分子式和同位素丰度比，从而提高了抗干扰和化合物鉴别能力，尤其适合于未知物分析。

## 7.1　乳制品中非法添加和农药、兽药残留分析

### 7.1.1　乳制品中的双氰胺和三聚氰胺分析

　　乳制品中同时测定双氰胺（dicyandiamide，DCD）和三聚氰胺（melamine，MEL）主要用三重四极质谱仪(QqQ)的 LC-MS/MS 方法。用高效液相色谱-四极-静电场轨道阱高分辨质谱法（HPLC-Q-Orbitrap MS）测定乳制品（牛奶、奶粉和奶酪）中双氰胺和三聚氰胺方法是为了试验高分辨质谱法的抗基质干扰能力，以简化样品处理[2]。

#### 7.1.1.1　仪器与条件

　　（1）仪器　高效液相色谱-四极-静电场轨道阱质谱仪 Q-Exactive(ThermoFisher Scientific)，配置有 ESI 源，液相色谱系统为 Dionex 3000 高压液相色谱仪，带自动进样器。

　　（2）色谱条件　色谱柱：Phenomenex Kinetex $C_{18}$ 色谱柱（100mm×4.6mm，2.6μm）。流速：0.4mL/min。柱温：室温。进样量：10μL。流动相 A 为 0.1%甲酸的 0.5mmol/L 乙酸铵溶液；流动相 B 为乙腈。梯度洗脱程序：0～4min，95%A；4～6min，95%～10%A；6～8min，10%A；8～8.1min，10%～95%A；8.1～10min，95%A。

　　（3）质谱条件　加热源温度：300℃。金属毛细管温度：350℃。喷雾电压：3000 V（正离子模式）。扫描范围：$m/z$ 50～750。一级质谱分辨率：$R=70000$。C-trap 最大容量（target AGC）：$5×10^5$。C-trap 最长等待时间：250ms。数据依赖二级质谱（ddms$^2$）分辨率：$R=17500$。C-trap

最大容量（target AGC）：$5 \times 10^4$。C-trap 最长等待时间：50ms。动态排除：5s。待测化合物的信息和质谱参数见表 7.1。

表 7.1 双氰胺（DCD）、三聚氰胺（MEL）的信息和质谱参数

| 项目 | DCD（$C_2H_4N_4$） | DCD-$^{15}N_4$（$C_2H_4$-$^{15}N_4$） | MEL（$C_3H_6N_6$） | MEL-$^{15}N_3$（$C_3H_6$-$^{15}N_6$） |
|---|---|---|---|---|
| 前体离子 $m/z$ | [M＋H]$^+$ 85.05142 | [M＋H]$^+$ 89.03956 | [M＋H]$^+$ 127.07322 | [M＋H]$^+$ 130.06432 |
| 归一化碰撞能/% | 50 | 50 | 55 | 55 |

### 7.1.1.2 标准溶液的配制

分别准确称取双氰胺、三聚氰胺标准品 10mg 于 10mL 容量瓶中，加入乙腈-水（3∶7，体积比），配制成 1g/L 的标准储备液。两种标准储备液混合配制并逐级稀释为 1mg/L 的混合标准工作液，置 4～6℃储存。

分别准确称取双氰胺-$^{15}N_4$、三聚氰胺-$^{15}N_3$ 同位素标记物 10mg 于 10mL 容量瓶中，加入乙腈-水（3∶7，体积比），配制成 1g/L 的双氰胺同位素标记物储备液和三聚氰胺同位素标记物储备液。两种同位素标记物储备液混合配制并逐级稀释为 1mg/L 的混合同位素标记物工作液，置 4～6℃储存。进样前用乙腈配制成 1g/L、2g/L、5g/L、10g/L、50g/L、100g/L、500μg/L 的系列标准工作溶液，每种浓度的系列标准溶液中含有 10μg/L 的同位素标记物。

### 7.1.1.3 样品处理

准确称取 1g（±0.01g）样品于 50mL 塑料离心管中，加入 1mg/L 混合同位素标记物工作液 100μL，涡旋混匀，加入 2mL 水（牛奶样品无需加水），涡旋 30s 以上至混匀，40℃水浴 5min。加入 1.5g 氯化钠，8mL 乙腈，加盖涡旋 1min，超声 15min，8000r/min 离心 3min，取约 2mL 上层清液转移至双氰胺净化管（含 C18＋SAX 混合填料）中，涡旋 30s 以上，过 0.45μm 滤膜，进样测定结果见图 7.1。

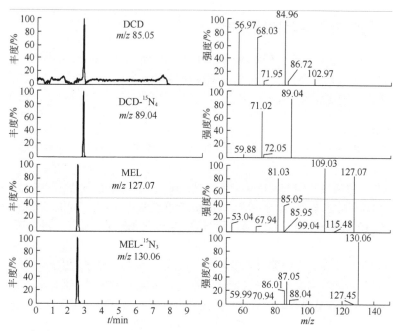

图 7.1 双氰胺（DCD）、三聚氰胺（MEL）2μg/L 和其同位素标记物标准溶液（10μg/L）<br>的一级质谱提取离子色谱图和二级质谱图

#### 7.1.1.4 线性范围和定量限

采用内标法能有效校正由于基质效应、提取效率和仪器误差对结果造成的影响。用 DCD、MEL 及其同位素标记物标准混合溶液配制工作液进样，以 DCD、MEL 和各自同位素标记物的峰面积比为纵坐标，DCD、MEL 的质量浓度为横坐标进行线性回归，结果表明本方法在浓度为 1~500μg/L 时，相关系数为 0.9992，线性关系良好。在空白奶粉、牛奶和奶酪基质中添加 DCD、MEL 标准溶液，在浓度为 20μg/kg 时，能够满足信噪比≥10。

#### 7.1.1.5 回收率和精密度

在空白奶粉、牛奶和奶酪样品中添加 DCD 和 MEL 标准溶液，添加的水平分别为 20μg/kg、50μg/kg 和 200μg/kg，依法进行前处理后进样，计算其回收率和精密度，结果见表 7.2。

表 7.2 牛奶、奶粉和奶酪中 DCD 和 MEL 的加标回收率和相对标准偏差（$n$=7）

| 项目 | 添加量/(μg/kg) | 牛奶 | | 奶粉 | | 奶酪 | |
|---|---|---|---|---|---|---|---|
| | | 回收率/% | *RSD*/% | 回收率/% | *RSD*/% | 回收率/% | *RSD*/% |
| DCD | 20 | 102.6 | 4.9 | 103.9 | 6.1 | 85.3 | 6.6 |
| | 50 | 101.5 | 3.6 | 96.3 | 4.3 | 89.8 | 5.1 |
| | 200 | 97.6 | 2.8 | 98.4 | 2.9 | 91.3 | 3.2 |
| MEL | 20 | 108.6 | 7.6 | 107.5 | 7.1 | 105.7 | 8.3 |
| | 50 | 105.9 | 2.8 | 102.3 | 4.6 | 104.4 | 3.5 |
| | 200 | 96.7 | 3.6 | 103.8 | 3.1 | 100.6 | 4.2 |

#### 7.1.1.6 实际样品检测

对来自产地包括新西兰、澳大利亚、美国和荷兰等国家的 70 余份原料奶粉和配方奶粉样品进行分析，共检出双氰胺阳性样品 5 个，检出值分别为：103.8μg/kg、56.3μg/kg、138.0μg/kg、145.8μg/kg 和 61.0μg/kg。

### 7.1.2 牛奶中的农药和兽药残留分析

将 QuEChERS（Quick，Easy，Cheap，Effective，Rugged and Safe）的样品处理方法结合高分辨率 LC-Q-TOF MS 和高低碰撞能 "全信息串联质谱扫描" 技术（MS$^E$），建立了牛奶中 42 种农药和兽药残留的同时快速检测方法[3]。

#### 7.1.2.1 仪器与条件

（1）仪器 ACQUITY$^{TM}$ 超高效液相色谱仪；SYNAPT$^{TM}$ 四极杆-飞行时间质谱仪（Q-TOF，美国 Waters 公司）。

（2）色谱条件 色谱柱：BEH C18（100mm×2.1mm，1.7μm）。柱温：40℃。流动相：A 相为乙腈，B 相为 0.1%甲酸水溶液。流速：0.4mL/min。梯度洗脱程序：0~2min，3%A；2.0~14.0min，由 3%A 线性升至 100%A，保持 1min，然后回到初始流动相保持 2.5min，准备下一次进样。进样体积 5μL。

（3）质谱条件 离子源：电喷雾离子源正离子模式（ESI$^+$）。离子源温度：110℃。毛细管电压：3.1kV。去溶剂气温度：400℃。去溶剂气（氮气）流速：700L/h。锥孔电压：35V。锥孔吹扫气：50L/h。采用全信息串联质谱（MS$^E$）模式采集范围：$m/z$ 50~1000。为保证质量准确度，以亮氨酸脑啡肽（浓度 50μg/L，$m/z$ 556.2771）进行实时校准。

#### 7.1.2.2 标准溶液配制

分别称取 10.0mg 标准品，置于 10mL 棕色容量瓶中，用甲醇溶解并定容配制成 1.0g/L 的标准储备液，转入棕色样品瓶中，−20℃保存。实验中用甲醇稀释上述标准储备液，配制成不同浓度的混合标准工作液，于4℃保存。

### 7.1.2.3 样品预处理

称取 2.0g 牛奶样品于 50mL 塑料离心管内，加入 10mL 含 1.0%甲酸的乙腈溶液和 0.1g Na₂EDTA，振荡 1min，再加入 4.0g 无水硫酸钠和 1.0g 氯化钾，涡旋混匀 15s，超声 15min，以 9000r/min 离心 5min，取上清液备用。另取一 15mL 离心管，加入 900mg 无水硫酸钠、150mg Discovery DSC-18 吸附剂，移入前述上清液 6mL，振荡 1min，9000r/min 离心 5min，取上清液 1mL 用于测定。

称取 2.0g 牛奶空白样品，每份样品按上述萃取过程进行处理，所得基质提取液用于稀释标准储备溶液及样品溶液。

### 7.1.2.4 结果与讨论

根据国内外农药、兽药使用和残留限量的相关标准，选取禁用的或有残留限量规定的药物或其同系物进行测定。最终确定了 42 种常用药物（包括 13 种农药和 29 种兽药），这些化合物的分子量和理化性质均有所差异。将 42 种目标化合物配制成浓度为 2mg/L 的混合标准溶液。应用超高效液相色谱仪进行色谱分离，Q-TOF 进行质谱信息采集，设 3 个通道（Function）。Function 1 和 Function 2 分别为低碰撞能和高碰撞能通道。Function 3 为校正通道，以亮氨酸脑啡肽实时进样以校正外界环境对测定质量的偏移。图 7.2 给出了牛奶基质提取液中 42 种目标化合物在低碰撞能量下的总离子流色谱图，图 7.2 中英文名见表 7.3。以扑草净（分子量为 241.1361）为例，图 7.3（b）是在低碰撞能（Function 1，4V）下获得的质谱信息，m/z 242.1428 对应[M+H]⁺，即前体离子；图 7.3（d）是高碰撞能量（Function 2，10~35V）下的质谱图，由此可以得到碎片离子信息，m/z 200.0973 和 m/z 158.0547 分别为前体离子失去一个和两个异丙基的碎片离子。收集 42 种物质的保留时间和质谱信息（见表 7.3），建成文本数据质谱库，通过 Waters 质谱 Masslynx 软件的 Chromlynx 模块分别对低碰撞能和高碰撞能下的质谱图与质谱库进行对比，同时结合保留时间、前体离子和碎片离子准确质量、同位素丰度图形进行确证以保证结果可信。前体离子用于定量分析。

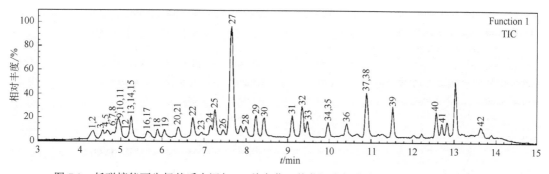

图 7.2 低碰撞能下牛奶基质中添加 42 种农药、兽药混合标准液的总离子色谱图（TIC）

1—磺胺甲基嘧啶；2—敌菌净；3—甲氧苄氨嘧啶；4—氧氟沙星；5—土霉素；6—磺胺二甲嘧啶；7—单诺沙星；

8—环丙沙星；9—磺胺甲氧哒嗪；10—四环素；11—恩诺沙星；12—杀虫脒；13—氨苯砜；14—瘦肉精；15—沙拉沙星；

16—磺胺甲噁唑；17—金霉素；18—卡拉洛尔；19—噁喹酸；20—磺胺二甲氧嘧啶；21—磺胺喹噁啉；22—红霉素；

23—萘啶酸；24—氟甲喹；25—呋喃丹；26—群勃龙；27—扑草净；28—头孢泊肟酯；29—孔雀石绿；30—扑灭津；

31—咪唑菌酮；32—敌草胺；33—灭锈胺；34—新生霉素；35—醋酸氯地孕酮；36—定菌磷；37—哌草磷；38—哌草丹；

39—吡丙醚；40—吡丙醚；41—螺螨酯、生物苄呋菊酯；42—伊维菌素

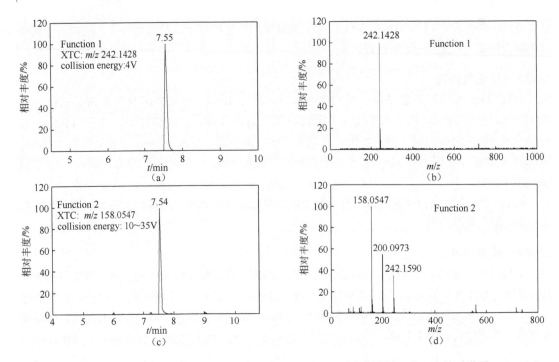

图 7.3　扑草净在通道 1 和 2 中的提取离子色谱图（a）、（c），以及在通道 1 和 2 中的质谱图（c）、（d）

表 7.3　目标农药和兽药的保留时间和质谱采集参数

| 化合物 | 保留时间/min | 前体离子（m/z） | 碎片离子（m/z） |
| --- | --- | --- | --- |
| novobiocin（新生霉素） | 9.87 | 613.2401 | 189.0927, 218.1037, 133.0310 |
| cefpodoxime proxelil（头孢泊肟酯） | 7.79 | 558.1328 | 410.0579, 241.0406 |
| oxytetracycline（土霉素） | 4.68 | 461.1517 | 426.1161, 337.0714, 201.0555 |
| chlorotetracycline（金霉素） | 5.65 | 479.1143 | 444.0862, 462.0970, 154.0552 |
| tetracycline（四环素） | 6.57 | 445.1595 | 410.1259, 392.1150 |
| erythromycin（红霉素） | 6.68 | 734.4720 | 567.3740, 158.1194, 558.3651 |
| ivermeclin（伊维菌素） | 13.56 | 897.4976[①] | 307.2298, 551.3371 |
| sulfamerazine（磺胺甲基嘧啶） | 4.27 | 265.0785 | 172.0190, 108.0467 |
| sulfadimidine（磺胺二甲基嘧啶） | 4.77 | 279.0883 | 186.0347, 124.0881, 156.0142 |
| sulfamethoxypyridazine（磺胺甲氧哒嗪） | 4.90 | 281.0690 | 126.0680, 108.0458 |
| sulfamethoxazole（磺胺甲噁唑） | 5.59 | 254.0601 | 108.0462, 92.0508 |
| sulfadimethoxine（磺胺二甲氧哒嗪） | 6.31 | 311.0812 | 156.0780, 108.0458, 92.0507 |
| sulfaquinoxaline（磺胺喹噁啉） | 6.39 | 301.0760 | 108.0457 |
| trimethoprim（甲氧苄啶） | 4.56 | 291.1463 | 230.1173, 261.1005, 275.1160 |
| dapsone（氨苯砜） | 5.16 | 249.0699 | 108.0412, 156.0109 |
| ofloxacin（氧氟沙星） | 4.65 | 362.1478 | 318.1605, 261.1045, 344.1418 |
| danofloxacin（达氟沙星） | 4.81 | 358.1552 | 340.1468, 314.1681, 283.1277 |
| ciprofloxacin（环丙沙星） | 4.70 | 332.1418 | 314.1280, 288.1499 |
| enrofloxacin（恩氟沙星） | 4.92 | 360.1715 | 342.1613, 316.1809, 245.1096 |
| sarafloxacin（沙拉沙星） | 5.23 | 386.1300 | 299.0999, 342.1416 |
| oxolinic acid（奥索利酸） | 5.96 | 262.0721 | 244.0620, 216.0305 |
| nalidixic acid（萘啶酸） | 6.85 | 233.0930 | 187.0514, 215.0816, 159.0567 |
| flumequine（氟甲喹） | 7.08 | 262.0887 | 244.0772, 202.0309 |
| clenbuterol（克伦特罗） | 5.22 | 277.0879 | 132.0699, 203.0143, 168.0468 |

续表

| 化合物 | 保留时间/min | 前体离子（m/z） | 碎片离子（m/z） |
|---|---|---|---|
| carazolol（卡拉洛尔） | 5.82 | 299.1764 | 222.0929, 194.0986, 116.1086 |
| diaveridine（二氨藜芦啶） | 4.30 | 261.1357 | 245.1040, 123.0685, 217.1094 |
| malachite green（孔雀石绿） | 8.23 | 329.2005 | 313.1588, 208.1099 |
| trenbolone（群勃龙） | 7.38 | 271.1715 | 253.1599, 199.1139, 227.1447 |
| chlormadinone acetate（醋酸氯地孕酮） | 9.88 | 405.1823 | 309.1860, 267.1770, 301.1387 |
| chlordimeform（杀虫脒） | 4.93 | 197.0864 | 117.0587, 84.9555 |
| carbofuran（克百威） | 7.21 | 222.1132 | 123.0424, 165.0891, 244.0961 |
| prometryn（扑草净） | 7.52 | 242.1438 | 158.0572, 200.1001 |
| propazine（扑灭津） | 8.38 | 230.1181 | 146.0238, 188.0654, 104.0019 |
| fenamidone（咪唑菌酮） | 9.03 | 312.1171 | 236.1147, 134.0724 |
| napropamide（敌草胺） | 9.28 | 272.1656 | 171.0792, 128.0629, 153.0705 |
| mepronil（担菌宁） | 9.41 | 270.1503 | 119.0496, 91.0546, 228.0987 |
| pyrazophos（吡菌磷） | 10.33 | 374.0937 | 222.0871, 194.0571, 238.0641 |
| piperophos（哌草磷） | 10.80 | 354.1323 | 142.9394, 196.0768, 170.9322 |
| dimepiperate（哌草丹） | 10.90 | 286.1245 | 184.0114, 146.0643 |
| pyriproxyfen（吡丙醚） | 11.44 | 322.1445 | 185.0597, 129.0710, 119.0504 |
| spirodiclofen（螺螨酯） | 12.47 | 433.0949 | 295.0292 |
| rioresmethrin（苄呋菊酯） | 12.60 | 339.1953 | 128.0642, 143.0881, 171.0825 |

注：伊维菌素的前体离子是$[M+Na]^+$，其他的是$[M+H]^+$。

### 7.1.2.5　方法验证

（1）标准曲线和定量限　取空白纯牛奶样品，根据目标农药和兽药在质谱中响应的强弱，加入不同浓度的混合标准系列，按样品预处理方法进行提取，测定提取液中的目标化合物。以准分子离子峰面积 $y$ 对含量 $x(\mu g/kg)$ 作标准曲线，42 种农药、兽药的线性范围及相关系数见表 7.4。用基质提取液稀释标准曲线的最低浓度，直到获得每种农药、兽药的信噪比等于 10（$S/N$=10）的浓度，确定其为该化合物的定量限（$LOQ$）。如表 7.4 所示，42 种目标药物的线性范围约 $10^3$，相关系数大于 0.99，$LOQ$ 为 1～100μg/kg；对于大多数有最大残留限量（$MRL$）规定的物质，该方法的 $LOQ$ 小于 $MRL$，可满足快速筛查的需要。

表 7.4　牛奶中 42 种农药、兽药的最高残留限量、定量限、线性范围和相关系数（$r$）

| 化合物 | 最大残留限量[①]/(μg/kg) | 定量限/(μg/kg) | 线性范围/(μg/kg) | 相关系数（r） |
|---|---|---|---|---|
| novobiocin（新生霉素） | 100 | 20 | 20～500 | 0.9973 |
| cefpodoxime proxetil（头孢泊肟酯） | — | 10 | 10～200 | 0.9959 |
| oxytetracycline（土霉素） | 100 | 100 | 100～2000 | 0.9926 |
| chlorotetracycline（金霉素） | 100 | 50 | 50～1000 | 0.9990 |
| tetracycline（四环素） | 100 | 100 | 100～2000 | 0.9979 |
| erythromycin（红霉素） | 40 | 20 | 50～1000 | 0.9948 |
| ivermectin（伊维菌素） | 10 | 50 | 50～1000 | 0.9947 |
| sulfamerazine（磺胺甲基嘧啶） | 100 | 20 | 20～500 | 0.9965 |
| sulfadimidine（磺胺二甲嘧啶） | 100 | 50 | 50～1000 | 0.9997 |
| sulfamethoxypyridazine（磺胺甲氧哒嗪） | 100 | 50 | 50～1000 | 0.9995 |
| sulfamethoxazole（磺胺甲噁唑） | 100 | 50 | 50～1000 | 0.9991 |
| sulfadimethoxine（磺胺二甲氧哒嗪） | 100 | 10 | 10～200 | 0.9997 |
| sulfaquinoxaline（磺胺喹噁啉） | 100 | 20 | 20～500 | 0.9997 |

续表

| 化合物 | 最大残留限量①/(μg/kg) | 定量限/(μg/kg) | 线性范围/(μg/kg) | 相关系数(r) |
|---|---|---|---|---|
| trimethoprim（甲氧苄啶） | 0 | 5 | 5~150 | 0.9986 |
| dapsone（氨苯砜） | 0 | 50 | 50~1000 | 0.9937 |
| ofloxacin（氧氟沙星） | — | 10 | 10~200 | 0.9966 |
| danofloxacin（达氟沙星） | 30 | 20 | 50~1000 | 0.9984 |
| ciprofloxacin（环丙沙星） | 100 | 2 | 2~1000 | 0.9938 |
| enrofloxacin（恩氟沙星） | 100 | 5 | 5~150 | 0.9943 |
| sarafloxacin（沙拉沙星） | — | 10 | 10~200 | 0.9991 |
| oxolinic acid（奥索利酸） | — | 10 | 10~200 | 0.9990 |
| nalidixic acid（萘啶酸） | — | 50 | 50~1000 | 0.9986 |
| flumequine（氟甲喹） | 50 | 10 | 10~200 | 0.9986 |
| clenbuterol（克伦特罗） | 0 | 10 | 10~200 | 0.9939 |
| carazolol（卡拉洛尔） | — | 5 | 10~200 | 0.9979 |
| diaveridine（二氨藜芦啶） | — | 5 | 5~1000 | 0.9901 |
| malachite green（孔雀石绿） | 0 | 5 | 5~150 | 0.9974 |
| trenbolone（群勃龙） | 0 | 10 | 10~200 | 0.9983 |
| chlormadinone acetate（醋酸氯地孕酮） | — | 10 | 10~200 | 0.9974 |
| chlordimeform（杀虫脒） | 0 | 5 | 5~150 | 0.9995 |
| carbofuran（克百威） | 0 | 10 | 10~200 | 0.9959 |
| prometryn（扑草净） | — | 1 | 1~100 | 0.9998 |
| propazine（扑灭津） | — | 5 | 5~150 | 0.9996 |
| fenamidone（咪唑菌酮） | — | 5 | 5~150 | 0.9987 |
| napropamide（敌草胺） | — | 1 | 1~100 | 0.9982 |
| mepronil（担菌宁） | — | 1 | 1~100 | 0.9985 |
| pyrazophos（吡菌磷） | — | 5 | 5~150 | 0.9991 |
| piperophos（哌草磷） | — | 1 | 1~100 | 0.9994 |
| dimepiperate（哌草丹） | — | 20 | 20~500 | 0.9925 |
| pyriproxyfen（吡丙醚） | — | 5 | 5~150 | 0.9991 |
| spirodiclofen（螺螨酯） | — | 50 | 50~1000 | 0.9988 |
| rioresmethrin（苄呋菊酯） | — | 20 | 20~500 | 0.9973 |

① 中国最大残留限量（MRL）。

（2）回收率　取空白牛奶样品，添加 3 个不同浓度水平的混合标准溶液，按样品预处理方法进行处理，采用 UPLC-Q-TOF 测定提取液中的目标化合物。每个浓度水平取 6 份样品进行试验，计算平均回收率及相对标准偏差（RSD），结果见表7.5。牛奶中 42 种农药、兽药的回收率为68.2%~129.1%，RSD 为 2.8%~30.8%，满足国际上对食品中痕量药物残留检测的需要。

应用此方法对 54 件市场采集到的液奶样品进行检测，包括 17 件纯牛奶、6 件高钙奶、3 件巴氏消毒奶、6 件低脂奶、20 件调味奶和 2 件酸奶。结果发现一件纯牛奶中检出环丙沙星，含量为 102.7μg/kg，一件调味奶中检出氧氟沙星，含量为 23.8μg/kg。为了验证该结果，采用国家标准方法 GB/T 21312—2007《动物源性食品中 14 种喹诺酮药物残留检测方法：液相色谱-质谱/质谱法》对 2 件阳性样品进行了确证，检测结果分别为 97.3μg/kg 环丙沙星和 25.0μg/kg 氧氟沙星，与本例方法的测定结果吻合良好。

表 7.5　牛奶中 42 种目标化合物的回收率和相对标准偏差（n=6）

| 化合物 | 添加量 /(μg/kg) | 回收率 /% | RSD /% | 化合物 | 添加量 /(μg/kg) | 回收率 /% | RSD /% |
|---|---|---|---|---|---|---|---|
| novobiocin （新生霉素） | 20 | 84.0 | 17.8 | danofloxacin （达氟沙星） | 20 | 89.2 | 15.4 |
| | 40 | 83.2 | 19.3 | | 40 | 97.6 | 11.6 |
| | 100 | 112.0 | 14.0 | | 100 | 106.6 | 12.1 |
| cefpodoxime proxetil （头孢泊肟酯） | 10 | 54.9 | 25.8 | ciprofloxacin （环丙沙星） | 2 | 90.5 | 6.0 |
| | 20 | 90.7 | 16.5 | | 4 | 94.6 | 17.2 |
| | 50 | 107.2 | 6.4 | | 10 | 102.6 | 5.0 |
| oxytetracycline （土霉素） | 100 | 91.2 | 14.2 | enrofloxacin （恩氟沙星） | 5 | 74.3 | 21.1 |
| | 200 | 88.8 | 13.0 | | 10 | 111.4 | 18.5 |
| | 500 | 87.1 | 12.7 | | 25 | 103.7 | 10.8 |
| chlorotetracycline （金霉素） | 50 | 78.5 | 17.1 | sarafloxacin （沙拉沙星） | 10 | 58.0 | 33.8 |
| | 100 | 90.7 | 15.0 | | 20 | 101.7 | 14.1 |
| | 250 | 81.3 | 14.1 | | 50 | 104.1 | 16.1 |
| tetracycline （四环素） | 100 | 91.4 | 14.5 | oxolinic acid （奥索利酸） | 10 | 75.7 | 26.8 |
| | 200 | 97.7 | 12.2 | | 20 | 97.2 | 5.3 |
| | 500 | 92.7 | 11.2 | | 50 | 111.4 | 8.0 |
| erythromycin （红霉素） | 20 | 102.4 | 20.3 | nalidixic acid （萘啶酸） | 50 | 99.8 | 9.2 |
| | 40 | 90.7 | 20.6 | | 100 | 106.5 | 14.9 |
| | 100 | 84.9 | 14.2 | | 250 | 99.7 | 8.4 |
| ivermectin （伊维菌素） | 50 | 68.2 | 30.8 | flumequine （氟甲喹） | 10 | 76.8 | 13.3 |
| | 100 | 101.8 | 11.6 | | 20 | 103.7 | 13.7 |
| | 250 | 90.4 | 10.4 | | 50 | 104.0 | 13.6 |
| sulfamerazine （磺胺甲基嘧啶） | 20 | 93.7 | 8.9 | clenbuterol （克伦特罗） | 10 | 100.5 | 22.9 |
| | 40 | 103.6 | 8.4 | | 20 | 88.5 | 13.3 |
| | 100 | 99.1 | 12.6 | | 50 | 102.6 | 14.1 |
| sulfadimidine （磺胺二甲基嘧啶） | 50 | 101.0 | 8.7 | carazolol （卡拉洛尔） | 5 | 88.6 | 20.5 |
| | 100 | 98.4 | 3.9 | | 10 | 91.1 | 4.3 |
| | 250 | 101.2 | 9.2 | | 25 | 101.0 | 6.9 |
| sulfamethoxypyridazine （磺胺甲氧哒嗪） | 50 | 97.3 | 17.2 | diaveridine （二氨藜芦啶） | 5 | 83.7 | 20.3 |
| | 100 | 98.5 | 12.9 | | 10 | 86.4 | 6.2 |
| | 250 | 102.8 | 10.4 | | 25 | 95.9 | 9.9 |
| sulfamethoxazole （磺胺甲噁唑） | 50 | 89.8 | 17.2 | malachite green （孔雀石绿） | 5 | 75.1 | 10.9 |
| | 100 | 94.8 | 7.2 | | 10 | 90.0 | 9.3 |
| | 250 | 106.8 | 6.3 | | 25 | 101.7 | 6.1 |
| sulfadimethoxine （磺胺二甲氧哒嗪） | 10 | 82.8 | 20.9 | trenbolone （群勃龙） | 10 | 83.8 | 19.5 |
| | 20 | 94.5 | 11.4 | | 20 | 102.8 | 7.5 |
| | 50 | 98.3 | 13.0 | | 50 | 97.3 | 9.3 |
| sulfaquinoxaline （磺胺喹噁啉） | 20 | 98.3 | 19.7 | chlormadinone acetate （醋酸氯地孕酮） | 10 | 103.4 | 23.3 |
| | 40 | 95.6 | 16.4 | | 20 | 95.6 | 17.1 |
| | 100 | 110.6 | 11.7 | | 50 | 101.4 | 12.4 |
| trimethoprim （甲氧苄啶） | 5 | 76.3 | 19.5 | chlordimeform （杀虫脒） | 5 | 99.4 | 26.9 |
| | 10 | 89.4 | 7.3 | | 10 | 94.9 | 7.1 |
| | 25 | 98.3 | 9.1 | | 25 | 102.7 | 8.3 |
| dapsone （氨苯砜） | 50 | 92.1 | 13.7 | carbofuran （克百威） | 10 | 84.6 | 19.9 |
| | 100 | 90.6 | 7.7 | | 20 | 103.4 | 17.5 |
| | 250 | 91.0 | 6.6 | | 50 | 111.2 | 15.2 |
| ofloxacin （氧氟沙星） | 10 | 95.2 | 14.9 | prometryn （扑草净） | 1 | 96.2 | 7.8 |
| | 20 | 89.0 | 10.0 | | 2 | 103.9 | 5.6 |
| | 50 | 101.5 | 13.9 | | 5 | 106.9 | 8.5 |

## 7.2 肉类和蔬菜水果中农药、兽药和毒素分析

### 7.2.1 畜禽肉类中的兽药残留分析

畜禽肉中的四类兽药残留用超高效液相色谱-三重四极串联质谱仪，进行 LC-MS/MS，多反应监测(MRM)定量分析。对阳性样品用高分辨多级质谱法 LC-IT-TOF MS$^n$ 对目标化合物进行确证[4]。

#### 7.2.1.1 仪器与条件

Acquity™ 超高效液相色谱仪和 Xevo™ TQMS 质谱仪（美国 Waters 公司），配有电喷雾离子化接口(ESI)及 Masslynx 数据处理系统；液相色谱-离子阱-飞行时间质谱仪 LC-IT-TOF MS（日本 Shimadzu 公司）。

（1）色谱条件　色谱柱：Waters BEH 柱（2.1mm×100mm，1.7μm）。柱温：35℃。样品温度：25℃。进样体积：5μL。流速：0.2mL/min。流动相：乙腈(A)，0.1%甲酸水溶液(B)。梯度洗脱程序：0～5min，90%B；5～9min，90%～60%B；9～13min，60%B；13～15min，60%～10%B；15～16min，10%B；16～17min，10%～90%B；17～20min，90%B。

（2）质谱条件　电喷雾离子源(ESI)，正离子扫描，多反应监测(MRM)，毛细管电压 2.80kV，离子源温度 150℃，去溶剂气温度 500℃，去溶剂气流速 1000L/h。所选择的前体离子/产物离子对和碰撞能量等参数列于表 7.6。

表 7.6　四类兽药的质谱分析条件

| 化合物 | 保留时间/min | 监测离子（m/z） | 锥孔电压/V | 碰撞能量/eV |
| --- | --- | --- | --- | --- |
| 磺胺二甲异嘧啶 | 2.90 | 279.10/186.00①，279.10/156.00 | 28 | 17.20 |
| 磺胺醋酰 | 3.06 | 215.00/155.95①，215.00/107.90 | 20 | 10.20 |
| 磺胺嘧啶 | 3.44 | 251.10/156.00①，251.10/107.90 | 20 | 16.22 |
| 磺胺噻唑 | 4.23 | 256.10/156.00①，256.10/107.90 | 26 | 15.24 |
| 磺胺吡啶 | 4.38 | 250.10/156.00①，250.10/184.10 | 25 | 16.18 |
| 磺胺甲基嘧啶 | 4.89 | 265.10/156.00①，265.10/172.00 | 25 | 20.16 |
| 甲氧苄氨嘧啶 | 6.50 | 291.14/229.94①，291.14/260.90 | 26 | 22.26 |
| 磺胺噁唑 | 6.81 | 268.00/155.80①，268.00/112.80 | 23 | 14.18 |
| 磺胺二甲嘧啶 | 6.84 | 279.10/186.00①，279.10/156.00 | 28 | 17.20 |
| 磺胺对甲氧嘧啶 | 7.57 | 281.10/156.00①，281.10/215.15 | 28 | 18.22 |
| 磺胺甲噻二唑 | 7.69 | 271.00/156.00①，271.00/107.90 | 22 | 14.24 |
| 磺胺甲氧哒嗪 | 7.73 | 281.10/156.00①，281.10/215.15 | 28 | 18.22 |
| 磺胺-6-甲氧嘧啶 | 8.51 | 281.10/156.00①，281.10/215.15 | 28 | 18.22 |
| 磺胺氯哒嗪 | 8.70 | 285.00/156.00①，285.00/107.95 | 22 | 15.24 |
| 磺胺邻二甲氧嘧啶 | 9.05 | 311.10/156.00①，311.10/107.90 | 30 | 20.28 |
| 磺胺甲基异噁唑 | 9.18 | 254.10/156.00①，254.10/107.90 | 25 | 16.24 |
| 磺胺二甲异噁唑 | 9.52 | 268.00/155.80①，268.00/112.80 | 23 | 14.18 |
| 苯甲酰磺胺 | 9.90 | 277.30/156.00①，277.30/107.70 | 30 | 12.20 |
| 磺胺间二甲氧嘧啶 | 10.06 | 311.10/156.00①，311.10/107.90 | 30 | 20.28 |
| 磺胺喹噁啉 | 10.12 | 301.10/155.80①，301.10/91.80 | 25 | 18.28 |
| 磺胺苯吡唑 | 10.22 | 315.10/156.00①，315.10/160.10 | 34 | 20.24 |

续表

| 化合物 | 保留时间/min | 监测离子（m/z） | 锥孔电压/V | 碰撞能量/eV |
|---|---|---|---|---|
| 吡哌酸 | 4.07 | 304.00/217.00①, 304.00/189.00 | 30 | 22.32 |
| 马波沙星 | 6.77 | 363.00/72.00①, 363.00/345.00 | 28 | 22.20 |
| 伊诺沙星 | 7.11 | 321.00/303.00①, 321.00/234.00 | 30 | 20.22 |
| 氟罗沙星 | 7.46 | 370.00/326.00①, 370.00/269.00 | 33 | 20.28 |
| 诺氟沙星 | 7.53 | 320.00/302.00①, 320.00/276.00 | 30 | 20.17 |
| 氧氟沙星 | 7.55 | 362.00/261.00①, 362.00/318.00 | 30 | 26.20 |
| 培氟沙星 | 7.67 | 334.00/290.00①, 334.00/233.00 | 32 | 18.25 |
| 环丙沙星 | 7.73 | 332.00/288.00①, 332.00/231.00 | 32 | 18.30 |
| 洛美沙星 | 7.98 | 352.00/308.00①, 352.00/334.00 | 30 | 18.18 |
| 恩诺沙星 | 8.12 | 360.00/316.00①, 360.00/245.00 | 30 | 20.27 |
| 奥比沙星 | 8.29 | 396.00/295.00①, 396.00/352.00 | 32 | 25.18 |
| 沙拉沙星 | 8.62 | 386.00/299.00①, 386.00/368.00 | 32 | 28.22 |
| 双氟沙星 | 8.70 | 400.00/299.00①, 400.00/382.00 | 33 | 28.23 |
| 司帕沙星 | 8.72 | 393.00/292.00①, 393.00/375.00 | 35 | 25.20 |
| 噁喹酸 | 9.65 | 262.00/244.00①, 262.00/216.00 | 25 | 20.30 |
| 萘啶酸 | 10.82 | 233.00/215.00①, 233.00/187.00 | 22 | 15.25 |
| 氟甲喹 | 11.11 | 262.00/202.00①, 262.00/244.00 | 25 | 32.18 |
| 羟基甲硝唑 | 2.11 | 188.00/122.80①, 188.00/125.70 | 22 | 12.18 |
| 甲硝唑 | 2.56 | 172.00/127.80①, 172.00/81.90 | 22 | 15.28 |
| 羟基二甲硝基咪唑 | 2.69 | 158.00/139.80①, 158.00/55.00 | 18 | 12.18 |
| 二甲硝基咪唑 | 3.26 | 142.00/95.80①, 142.00/80.80 | 25 | 15.21 |
| 洛硝哒唑 | 3.36 | 201.00/139.70①, 201.00/54.90 | 15 | 11.20 |
| 羟基异丙硝唑 | 8.97 | 173.00/126.80①, 173.00/111.90 | 30 | 18.25 |
| 异丙硝唑 | 9.04 | 170.00/123.80①, 170.00/108.70 | 28 | 18.25 |
| 氨苄西林 | 6.43 | 350.08/105.94①, 350.08/159.94 | 20 | 15.15 |
| 青霉素 V | 8.69 | 351.07/113.81①, 351.07/159.92 | 20 | 20.8 |
| 青霉素 G | 10.62 | 335.08/159.86①, 335.08/175.91 | 20 | 10.10 |
| 哌拉西林 | 10.70 | 518.07/142.92①, 518.07/159.94 | 20 | 12.15 |
| 苯唑西林 | 11.79 | 402.08/159.85①, 402.08/242.81 | 20 | 12.12 |
| 氯唑西林 | 12.76 | 436.04/276.85①, 436.04/160.01 | 20 | 15.15 |
| 双氯西林 | 12.86 | 470.00/159.98①, 470.00/310.78 | 20 | 15.15 |
| 萘夫西林. | 13.44 | 415.10/198.96①, 415.10/170.90 | 20 | 15.15 |
| 恩诺沙星 D5 | 8.33 | 365.20/321.00 | 28 | 20 |
| 磺胺间二甲氧嘧啶 D6 | 10.37 | 317.10/162.12 | 25 | 20 |
| 青霉素 GD7 | 10.75 | 342.20/160.00 | 20 | 14 |
| 羟基二甲硝基咪唑 D3 | 2.64 | 161.00/143.00 | 22 | 12 |
| 二甲硝基咪唑 D3 | 3.18 | 145.00/99.00 | 22 | 15 |
| 羟基异丙硝唑 D3 | 7.66 | 189.00/171.00 | 20 | 13 |

① 定量离子对。

## 7.2.1.2 标准溶液的配制

分别准确称取 10mg 标准品（需折算标准品纯度）于 10mL 容量瓶中，用甲醇定容，配制成 1g/L 储备液，密封储存于−18℃冰箱中。分别吸取 50μL 配制好的标准溶液于 10mL 容量瓶中，用甲醇定容，配制成 5mg/L 混合标准溶液，用时稀释成一系列浓度的标准溶液，待测。

## 7.2.1.3 内标溶液的配制

方法同标准溶液的配制。

其中磺胺类药物、喹诺酮类药物、青霉素类药物、甲硝唑、羟基甲硝唑和二甲硝基咪唑、羟基二甲硝基咪唑和洛硝哒唑、异丙硝唑和羟基异丙硝唑分别以磺胺间二甲氧嘧啶 $D_6$、恩诺沙星 $D_5$、青霉素 G $D_7$、二甲硝基咪唑 $D_3$、羟基二甲硝基咪唑 $D_3$、羟基异丙硝唑 $D_3$ 为内标化合物。

#### 7.2.1.4　Na₂EDTA-Mcllvaine 溶液的配制

将 1000mL 0.1mol/L 柠檬酸溶液和 625mL 0.2mol/L 磷酸氢二钠溶液混合，调节 pH 至 4.0，配制成 Mcllvaine 溶液；称取 60.5g Na₂EDTA 于 1625mL Mcllvaine 溶液中，混合均匀。

#### 7.2.1.5　样品处理方法

称取（2±0.02）g 匀浆试样于 50mL 离心管中，准确加入 10μL 内标混合溶液，避光放置 2min，加入 10mL Na₂EDTA-Mcllvaine：乙腈=7：3（体积比）的混合提取液，涡旋 1min，超声提取10min，以 12000r/min 离心 10min 后，取出上清液；再加入 10mL Na₂EDTA-Mcllvaine：乙腈=7：3（体积比）的混合提取液，重复上述操作，合并提取液，在 40℃下氮吹减少 6mL 左右，待净化。

#### 7.2.1.6　净化

分别用 3mL 甲醇、水和 Na₂EDTA-Mcllvaine 缓冲液活化 MCX（60mg/3mL）柱，将上述提取液上样，用 3mL 水淋洗，抽至近干后，分别用 3.0mL 甲醇和 5%氨水甲醇溶液洗脱，于 45℃下氮吹至干，再加入 1mL 乙腈：水=1：9（体积比）的溶液溶解，涡旋混合 1min，过 0.22μm 微孔滤膜后，进行 UPLC-MS/MS 分析。

#### 7.2.1.7　方法验证

（1）线性范围、检出限和定量限　配制浓度分别为 5μg/L、10μg/L、50μg/L、100μg/L、200μg/L 的系列标准溶液，以各分析物的峰面积（$y$）为纵坐标，质量浓度（$x$）为横坐标绘制标准曲线，线性回归方程及相关系数列于表 7.7。结果表明：各种药物在浓度为 5～200μg/L 范围内有良好的线性关系，相关系数 $r$ 均在 0.99 以上。以 3 倍信噪比（$S/N=3$）计算方法的最低检出限，以 10 倍信噪比（$S/N=10$）计算方法的最低定量限，其结果列于表 7.7。

表 7.7　四类兽药的线性方程、相关系数、检出限、定量限和精密度

| 化合物 | 线性方程 | 相关系数 | 检出限/(μg/kg) | 定量限/(μg/kg) | 日内精密度/% | 日间精密度/% |
|---|---|---|---|---|---|---|
| 磺胺二甲异嘧啶 | $y=1517.93x+27.2805$ | 0.9973 | 1.0 | 3.5 | 3.12 | 5.98 |
| 磺胺醋酰 | $y=1488.45x+366.265$ | 0.9997 | 1.0 | 3.5 | 3.05 | 9.09 |
| 磺胺嘧啶 | $y=1061.85x+53.8590$ | 0.9984 | 1.0 | 3.5 | 3.04 | 5.19 |
| 磺胺噻唑 | $y=1891.58x-331.982$ | 0.9999 | 1.0 | 3.5 | 2.12 | 3.30 |
| 磺胺吡啶 | $y=2891.52x+173.261$ | 0.9999 | 0.5 | 2.0 | 2.90 | 4.89 |
| 磺胺甲基嘧啶 | $y=3133.10x-180.324$ | 0.9999 | 0.5 | 2.0 | 1.09 | 2.14 |
| 甲氧苄氨嘧啶 | $y=2701.20x+653.047$ | 0.9994 | 0.5 | 2.0 | 3.02 | 8.70 |
| 磺胺噁唑 | $y=1571.17x-375.460$ | 0.9999 | 1.0 | 3.5 | 5.24 | 8.15 |
| 磺胺二甲嘧啶 | $y=2026.82x+299.657$ | 0.9999 | 0.5 | 2.0 | 4.08 | 6.07 |
| 磺胺对甲氧嘧啶 | $y=1148.14x-131.118$ | 0.9992 | 1.0 | 3.5 | 2.04 | 8.14 |
| 磺胺甲噻二唑 | $y=2856.86x-816.819$ | 0.9999 | 0.5 | 2.0 | 3.04 | 7.09 |
| 磺胺甲氧哒嗪 | $y=3292.1x-1214.45$ | 0.9995 | 0.5 | 2.0 | 3.05 | 7.19 |
| 磺胺-6-甲氧嘧啶 | $y=1435.32x+338.570$ | 0.9998 | 1.0 | 3.5 | 2.04 | 8.14 |
| 磺胺氯哒嗪 | $y=2028.89x+996.441$ | 0.9986 | 0.5 | 2.0 | 1.09 | 5.43 |
| 磺胺邻二甲氧嘧啶 | $y=2556.64x+430.364$ | 0.9999 | 0.5 | 2.0 | 1.03 | 7.14 |
| 磺胺甲基异噁唑 | $y=2231.71x-811.987$ | 0.9991 | 0.5 | 2.0 | 2.54 | 4.54 |

续表

| 化合物 | 线性方程 | 相关系数 | 检出限/(μg/kg) | 定量限/(μg/kg) | 日内精密度/% | 日间精密度/% |
|---|---|---|---|---|---|---|
| 磺胺二甲异噁唑 | $y=2008.28x+560.121$ | 0.9981 | 0.5 | 2.0 | 3.05 | 9.17 |
| 苯甲酰磺胺 | $y=2212.42x-458.557$ | 0.9968 | 0.5 | 2.0 | 4.19 | 6.92 |
| 磺胺间二甲氧嘧啶 | $y=4471.44x-1078.60$ | 0.9973 | 0.5 | 2.0 | 2.07 | 6.14 |
| 磺胺喹噁啉 | $y=1077.73x-298.077$ | 0.9999 | 1.0 | 3.5 | 4.28 | 5.92 |
| 磺胺苯吡唑 | $y=1321.55x-375.275$ | 0.9998 | 1.0 | 3.5 | 2.09 | 8.32 |
| 吡哌酸 | $y=1660.05x-589.505$ | 0.9999 | 1.0 | 3.5 | 1.03 | 7.00 |
| 马波沙星 | $y=2323.8x-635.205$ | 0.9997 | 1.0 | 3.5 | 2.09 | 8.23 |
| 伊诺沙星 | $y=1612.095x-429.989$ | 0.9993 | 1.0 | 3.5 | 3.04 | 9.05 |
| 氟罗沙星 | $y=3027.26x-967.489$ | 0.9998 | 1.0 | 3.5 | 4.05 | 7.09 |
| 诺氟沙星 | $y=1327.152x-97.0946$ | 0.9986 | 1.0 | 3.5 | 3.52 | 8.02 |
| 氧氟沙星 | $y=2200.60x-870.815$ | 0.9972 | 0.5 | 2.0 | 4.06 | 5.47 |
| 培氟沙星 | $y=1881.524x-212.422$ | 0.9988 | 1.0 | 3.5 | 3.72 | 6.03 |
| 环丙沙星 | $y=1664.451x-22.7150$ | 0.9953 | 1.0 | 3.5 | 2.94 | 6.53 |
| 洛美沙星 | $y=804.065x+317.664$ | 0.9991 | 1.0 | 3.5 | 4.27 | 5.72 |
| 恩诺沙星 | $y=2075.25x-981.772$ | 0.9981 | 0.5 | 2.0 | 5.03 | 5.82 |
| 奥比沙星 | $y=1304.44x+455.232$ | 0.9990 | 1.0 | 3.5 | 4.23 | 5.94 |
| 沙拉沙星 | $y=1874.793x-160.627$ | 0.9992 | 1.0 | 3.5 | 3.94 | 6.72 |
| 双氟沙星 | $y=1212.00x-491.423$ | 0.9995 | 1.0 | 3.5 | 5.09 | 6.09 |
| 司帕沙星 | $y=1777.37x-68.708$ | 0.9999 | 1.0 | 3.5 | 4.17 | 5.82 |
| 噁喹酸 | $y=7499.28x-2823.07$ | 0.9998 | 0.5 | 2.0 | 5.03 | 5.47 |
| 萘啶酸 | $y=11675.2x-47.5358$ | 0.9999 | 0.5 | 2.0 | 4.17 | 6.07 |
| 氟甲喹 | $y=1732.46x-158.130$ | 0.9980 | 1.0 | 3.5 | 4.03 | 6.29 |
| 羟基甲硝唑 | $y=1643.54x+192.339$ | 0.9996 | 0.5 | 2.0 | 7.09 | 2.08 |
| 甲硝唑 | $y=1884.27x-25.9438$ | 0.9992 | 0.5 | 2.0 | 8.04 | 3.05 |
| 羟基二甲硝基咪唑 | $y=6094.14x+1027.26$ | 0.9997 | 0.5 | 2.0 | 2.09 | 1.08 |
| 二甲硝基咪唑 | $y=2365.20x+157.553$ | 0.9991 | 0.5 | 2.0 | 3.05 | 3.14 |
| 洛硝哒唑 | $y=5502.36x-731.793$ | 0.9996 | 0.5 | 2.0 | 4.17 | 3.05 |
| 羟基异丙硝唑 | $y=1545.94x+22.4906$ | 0.9996 | 0.5 | 2.0 | 5.96 | 2.96 |
| 异丙硝唑 | $y=2166.11x-279.621$ | 0.9999 | 0.5 | 2.0 | 6.14 | 2.47 |
| 氨苄西林 | $y=319.314x-11.3376$ | 0.9959 | 2.0 | 6.5 | 2.26 | 9.86 |
| 青霉素 V | $y=815.546x-6.06389$ | 0.9981 | 2.0 | 6.5 | 1.50 | 8.74 |
| 青霉素 G | $y=399.058x+260.275$ | 0.9955 | 2.0 | 6.5 | 3.37 | 5.90 |
| 哌拉西林 | $y=423.938x+3.96813$ | 0.9990 | 2.0 | 6.5 | 1.33 | 4.56 |
| 苯唑西林 | $y=424.512x+128.740$ | 0.9911 | 2.0 | 6.5 | 6.30 | 6.89 |
| 氯唑西林 | $y=332.319x+54.6159$ | 0.9987 | 2.0 | 6.5 | 5.91 | 9.09 |
| 双氯西林 | $y=525.288x-142.350$ | 0.9994 | 2.0 | 6.5 | 1.25 | 3.54 |
| 萘夫西林 | $y=865.32x+276.044$ | 0.9961 | 2.0 | 6.5 | 5.71 | 7.65 |

（2）精密度  在阴性猪肉样品中添加 10μg/kg、50μg/kg、100μg/kg 三种不同浓度水平的兽药混合标准溶液，进行预处理，平行操作 3 次，结果列于表 7.7。各种药物在 3 种不同浓度下的精密度（RSD）分别为 1.03%～8.04%、2.56%～9.94%、1.66%～10.94%。按日内精密度的预处理方法，每天取样 1 份，连续 5d，各种药物的 RSD 分别为 1.08%～9.86%、2.86%～10.04%、2.96%～11.04%，重现性较好。

（3）回收率  分别在阴性猪肉、牛肉、羊肉、鸡肉和鸭肉样品中添加 10μg/kg、50μg/kg、100μg/kg 三种不同浓度水平的混合标准溶液，每个浓度做 3 个平行，按法进行预处理，回收率列于表 7.8。结果表明：各种药物的回收率在 70.0%～130.9%之间，符合兽药多残留分析的要求。

表 7.8 四类兽药的回收率

| 化合物 | 猪肉加标 | | | 牛肉加标 | | | 羊肉加标 | | | 鸡肉加标 | | | 鸭肉加标 | | |
|---|---|---|---|---|---|---|---|---|---|---|---|---|---|---|---|
| | 10 μg/kg | 50 μg/kg | 100 μg/kg | 10 μg/kg | 50 μg/kg | 100 μg/kg | 10 μg/kg | 50 μg/kg | 100 μg/kg | 10 μg/kg | 50 μg/kg | 100 μg/kg | 10 μg/kg | 50 μg/kg | 100 μg/kg |
| 磺胺二甲异嘧啶 | 115.7 | 125.2 | 84.8 | 83.3 | 85.3 | 84.0 | 84.9 | 83.2 | 83.5 | 81.6 | 85.8 | 88.6 | 85.9 | 87.9 | 80.2 |
| 磺胺醋酰 | 89.5 | 113.8 | 82.4 | 101.1 | 100.3 | 98.2 | 105.1 | 96.9 | 99.6 | 98.0 | 104.3 | 102.9 | 105.8 | 101.2 | 93.9 |
| 磺胺嘧啶 | 114.9 | 117.0 | 107.3 | 89.2 | 91.1 | 88.0 | 94.0 | 88.2 | 89.8 | 86.4 | 92.4 | 93.3 | 92.5 | 89.4 | 85.0 |
| 磺胺噻唑 | 100.2 | 116.9 | 107.4 | 90.5 | 96.3 | 92.4 | 100.5 | 88.8 | 92.0 | 87.8 | 96.4 | 95.7 | 100.0 | 94.6 | 85.9 |
| 磺胺吡啶 | 99.5 | 114.3 | 108.0 | 97.4 | 98.0 | 93.9 | 100.7 | 94.8 | 95.3 | 91.6 | 96.9 | 91.9 | 97.3 | 96.9 | 88.5 |
| 磺胺甲基嘧啶 | 100.6 | 115.2 | 106.5 | 118.0 | 113.0 | 96.8 | 117.9 | 119.4 | 98.2 | 116.3 | 95.6 | 114.6 | 94.4 | 130.6 | 118.4 |
| 甲氧苄氨嘧啶 | 130.0 | 125.0 | 85.8 | 109.9 | 104.2 | 92.5 | 107.5 | 103.4 | 95.4 | 115.9 | 99.5 | 98.6 | 127.5 | 96.5 | 90.0 |
| 磺胺噁唑 | 72.5 | 80.9 | 10.2 | 87.2 | 86.8 | 84.9 | 88.2 | 81.7 | 84.3 | 80.6 | 86.8 | 86.7 | 86.1 | 82.3 | 77.4 |
| 磺胺二甲嘧啶 | 103.9 | 118.2 | 112.3 | 102.6 | 102.6 | 100.3 | 10.4 | 97.7 | 98.8 | 99.4 | 102.6 | 103.5 | 104.2 | 101.1 | 93.1 |
| 磺胺对甲氧嘧啶 | 100.4 | 130.0 | 95.5 | 103.7 | 103.7 | 84.3 | 90.1 | 100.4 | 86.3 | 79.2 | 83.1 | 83.6 | 81.9 | 81.8 | 75.9 |
| 磺胺甲噻二唑 | 116.1 | 126.5 | 118.6 | 98.9 | 100.2 | 97.2 | 103.1 | 94.9 | 98.2 | 95.0 | 99.4 | 98.8 | 100.9 | 97.4 | 89.6 |
| 磺胺甲氧哒嗪 | 108.9 | 130.2 | 90.0 | 70.3 | 71.4 | 77.3 | 75.8 | 97.8 | 82.1 | 70.0 | 71.1 | 70.4 | 73.1 | 75.4 | 71.6 |
| 磺胺-6-甲氧嘧啶 | 94.2 | 125.1 | 87.5 | 127.8 | 102.5 | 130.4 | 106.0 | 134.5 | 108.0 | 130.1 | 105.1 | 127.3 | 102.1 | 124.5 | 108.4 |
| 磺胺氯哒嗪 | 90.5 | 102.9 | 95.1 | 123.3 | 98.9 | 109.6 | 112.0 | 130.6 | 107.6 | 105.9 | 100.2 | 82.3 | 87.3 | 74.1 | 102.1 |
| 磺胺邻二甲氧嘧啶 | 91.2 | 121.4 | 115.5 | 107.8 | 111.1 | 112.0 | 112.4 | 110.3 | 112.9 | 106.4 | 112.6 | 117.9 | 112.2 | 110.4 | 106.0 |
| 磺胺甲基异噁唑 | 103.5 | 125.4 | 115.4 | 104.6 | 107.0 | 107.0 | 105.7 | 103.8 | 108.8 | 103.1 | 110.2 | 113.0 | 108.6 | 108.6 | 101.4 |
| 磺胺二甲异噁唑 | 126.1 | 114.4 | 109.0 | 105.2 | 114.7 | 130.5 | 117.8 | 131.3 | 113.2 | 129.9 | 116.1 | 123.4 | 130.9 | 102.1 | 92.2 |
| 苯甲酰磺胺 | 112.3 | 125.1 | 90.9 | 120.7 | 124.6 | 123.3 | 121.0 | 119.7 | 125.3 | 122.3 | 124.9 | 130.1 | 124.3 | 123.5 | 117.9 |
| 磺胺间二甲氧嘧啶 | 93.3 | 104.8 | 97.9 | 109.4 | 114.1 | 113.9 | 115.1 | 108.2 | 113.0 | 106.2 | 115.6 | 117.2 | 113.1 | 110.5 | 104.9 |
| 磺胺喹噁啉 | 88.4 | 12.1 | 110.5 | 115.7 | 118.0 | 120.6 | 117.1 | 113.8 | 116.9 | 101.9 | 117.3 | 119.5 | 108.0 | 112.6 | 107.5 |
| 磺胺苯吡唑 | 99.9 | 114.5 | 101.8 | 89.2 | 79.3 | 113.2 | 98.3 | 89.7 | 103.2 | 109.3 | 112.4 | 100.3 | 99.7 | 98.2 | 89.4 |
| 吡哌酸 | 129.3 | 93.7 | 107.5 | 76.4 | 84.2 | 77.3 | 79.6 | 89.8 | 94.3 | 84.6 | 85.9 | 85.2 | 101.7 | 84.1 | 82.9 |
| 马波沙星 | 129.4 | 84.1 | 123.3 | 73.1 | 79.4 | 71.0 | 73.2 | 72.1 | 77.4 | 72.5 | 74.1 | 74.4 | 78.9 | 98.2 | 99.3 |
| 伊诺沙星 | 85.6 | 86.0 | 85.0 | 82.8 | 89.2 | 78.8 | 83.7 | 77.8 | 76.7 | 71.8 | 72.4 | 70.3 | 78.2 | 90.3 | 102.3 |
| 氟罗沙星 | 122.1 | 108.3 | 97.9 | 87.8 | 97.8 | 87.9 | 93.8 | 101.8 | 95.4 | 91.8 | 101.3 | 95.1 | 100.9 | 98.5 | 95.4 |
| 诺氟沙星 | 101.9 | 85.2 | 92.1 | 77.9 | 77.2 | 79.3 | 82.1 | 90.2 | 90.1 | 87.8 | 85.9 | 91.3 | 102.6 | 95.6 | 82.4 |
| 氧氟沙星 | 76.1 | 70.2 | 71.8 | 84.3 | 98.3 | 79.4 | 87.3 | 89.4 | 90.3 | 98.3 | 102.3 | 90.3 | 85.3 | 103.4 | 70.4 |
| 培氟沙星 | 130.3 | 72.4 | 79.5 | 97.8 | 78.6 | 89.6 | 98.0 | 102.8 | 110.3 | 97.3 | 90.3 | 87.3 | 99.3 | 104.2 | 102.3 |
| 环丙沙星 | 116.0 | 77.2 | 102.0 | 105.4 | 103.4 | 103.3 | 78.4 | 98.4 | 89.2 | 88.3 | 80.4 | 129.4 | 82.3 | 80.4 | 79.3 |
| 洛美沙星 | 75.6 | 112.1 | 101.1 | 89.4 | 109.4 | 89.4 | 98.4 | 89.2 | 80.4 | 87.1 | 102.3 | 101.2 | 103.2 | 101.1 | 109.2 |
| 恩诺沙星 | 113.5 | 76.5 | 76.6 | 123.3 | 90.3 | 91.2 | 99.2 | 81.2 | 80.4 | 79.3 | 89.2 | 99.3 | 98.1 | 90.2 | 89.1 |
| 奥比沙星 | 127.6 | 71.5 | 109.5 | 109.2 | 98.2 | 103.2 | 102.3 | 118.2 | 123.4 | 103.2 | 90.2 | 79.1 | 80.1 | 80.0 | 87.2 |
| 沙拉沙星 | 99.4 | 72.9 | 100.5 | 89.3 | 89.1 | 102.5 | 100.2 | 120.1 | 109.2 | 119.8 | 77.4 | 75.4 | 89.2 | 90.4 | 94.4 |
| 双氟沙星 | 87.4 | 75.2 | 76.5 | 90.3 | 87.1 | 92.1 | 80.3 | 84.3 | 87.4 | 88.9 | 90.1 | 98.4 | 99.3 | 102.3 | 103.4 |
| 司帕沙星 | 70.2 | 86.8 | 73.2 | 75.4 | 79.3 | 103.4 | 105.6 | 106.4 | 110.3 | 90.3 | 87.4 | 99.2 | 90.4 | 89.3 | 91.2 |
| 噁喹酸 | 113.2 | 81.0 | 93.5 | 109.3 | 102.1 | 90.8 | 99.7 | 98.6 | 79.0 | 89.6 | 90.7 | 99.6 | 109.6 | 100.8 | 106.5 |
| 萘啶酸 | 112.2 | 98.5 | 113.4 | 103.2 | 101.1 | 89.7 | 78.0 | 109.6 | 120.3 | 130.2 | 99.3 | 89.2 | 91.2 | 95.3 | 98.0 |
| 氟甲喹 | 117.0 | 82.6 | 95.8 | 118.2 | 99.2 | 99.4 | 79.5 | 120.3 | 89.5 | 90.5 | 89.3 | 99.4 | 98.3 | 95.3 | 89.3 |
| 羟基甲硝唑 | 74.9 | 83.3 | 74.4 | 79.5 | 90.3 | 89.2 | 77.4 | 89.3 | 90.3 | 79.4 | 99.4 | 80.5 | 82.5 | 89.5 | 90.5 |
| 甲硝唑 | 103.8 | 110.7 | 129.7 | 98.2 | 94.3 | 90.4 | 110.9 | 101.2 | 99.2 | 102.1 | 98.2 | 93.0 | 101.8 | 103.2 | 110.1 |
| 羟基二甲硝基咪唑 | 114.8 | 107.5 | 102.2 | 120.3 | 96.1 | 98.1 | 120.9 | 101.2 | 89.3 | 90.3 | 98.3 | 89.3 | 88.3 | 87.1 | 90.2 |
| 二甲硝基咪唑 | 130.3 | 121.2 | 115.8 | 129.3 | 90.5 | 102.3 | 103.2 | 110.2 | 101.9 | 91.3 | 90.1 | 89.3 | 87.3 | 79.3 | 101.3 |
| 洛硝哒唑 | 74.0 | 71.3 | 73.7 | 84.3 | 120.3 | 104.2 | 89.0 | 80.7 | 90.7 | 86.9 | 83.0 | 79.0 | 78.6 | 76.4 | 70.1 |
| 羟基异丙硝唑 | 91.2 | 92.4 | 100.5 | 89.3 | 109.3 | 90.5 | 99.7 | 98.0 | 87.9 | 90.8 | 99.8 | 95.0 | 91.0 | 90.0 | 89.2 |
| 异丙硝唑 | 92.1 | 113.3 | 104.0 | 93.2 | 128.3 | 90.4 | 90.6 | 90.1 | 98.2 | 90.3 | 87.3 | 79.3 | 87.3 | 88.9 | 90.1 |
| 氨苄西林 | 86.8 | 128.4 | 102.2 | 87.4 | 90.5 | 89.3 | 76.9 | 101.4 | 90.4 | 90.8 | 90.5 | 98.5 | 90.1 | 104.3 | 90.6 |
| 青霉素 V | 109.7 | 86.2 | 77.2 | 98.3 | 90.4 | 79.4 | 79.0 | 90.9 | 98.6 | 88.6 | 99.5 | 99.5 | 84.9 | 98.4 | 98.6 |

| 化合物 | 猪肉加标 | | | 牛肉加标 | | | 羊肉加标 | | | 鸡肉加标 | | | 鸭肉加标 | | |
|---|---|---|---|---|---|---|---|---|---|---|---|---|---|---|---|
| | 10 μg/kg | 50 μg/kg | 100 μg/kg | 10 μg/kg | 50 μg/kg | 100 μg/kg | 10 μg/kg | 50 μg/kg | 100 μg/kg | 10 μg/kg | 50 μg/kg | 100 μg/kg | 10 μg/kg | 50 μg/kg | 100 μg/kg |
| 青霉素 G | 111.6 | 116.9 | 125.3 | 90.4 | 79.3 | 73.5 | 102.3 | 110.3 | 123.1 | 89.4 | 90.3 | 98.6 | 81.5 | 104.5 | 89.5 |
| 哌拉西林 | 119.7 | 123.6 | 128.9 | 98.2 | 105.2 | 98.1 | 89.0 | 102.3 | 110.9 | 80.4 | 90.5 | 93.4 | 89.4 | 106.9 | 108.3 |
| 苯唑西林 | 123.9 | 119.0 | 129.9 | 97.3 | 90.4 | 98.0 | 104.3 | 109.3 | 109.3 | 90.8 | 89.6 | 89.2 | 99.9 | 80.5 | 90.3 |
| 氯唑西林 | 85.7 | 86.4 | 98.4 | 89.1 | 99.3 | 99.5 | 109.4 | 89.4 | 89.3 | 76.5 | 70.5 | 81.4 | 88.8 | 97.5 | 99.2 |
| 双氯西林 | 104.1 | 91.4 | 86.6 | 87.1 | 89.7 | 91.2 | 93.2 | 90.8 | 90.4 | 90.4 | 90.6 | 83.2 | 89.3 | 102.4 | 89.5 |
| 萘夫西林. | 113.8 | 102.6 | 87.5 | 88.4 | 90.7 | 95.6 | 110.4 | 109.4 | 103.5 | 109.3 | 89.7 | 82.5 | 74.5 | 90.5 | 101.3 |

#### 7.2.1.8　实际样品测定与阳性定性确证

在本例试验条件下,对日常检测的 30 例畜禽肉进行 4 类兽药筛查,发现 3 例阳性样品,其中 2 例猪肉样品含有磺胺二甲嘧啶,其检测结果分别为 79.3μg/kg 和 250.2μg/kg,1 例猪肉样品含有磺胺邻二甲氧嘧啶,其检测结果为 97.3μg/kg。阳性猪肉样品和标准品的多反应监测色谱图见图 7.4。阳性样品与标准品的保留时间和相对丰度比相吻合。依据国家标准 GB/T 20759—2006 的前处理方法,对这 3 例阳性猪肉样品进行检测,磺胺二甲嘧啶为 80.0μg/kg 和 250.1μg/kg,磺胺邻二甲氧嘧啶为 96.2μg/kg。结果表明:两种方法的检测结果较吻合,说明本例方法的前处理技术适用于畜禽肉中 4 类兽药残留的筛选和检测。

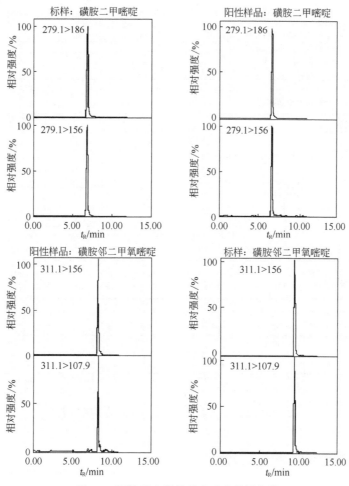

图 7.4　阳性猪肉样品的多反应监测色谱

为了避免三重四极质谱假阳性的产生，此试验采用液相色谱-离子阱-飞行时间质谱仪分别对3例阳性样品进行多级质谱分析，进一步确证。磺胺二甲嘧啶和磺胺邻二甲氧嘧啶两种化合物由离子阱-飞行时间质谱产生的质谱与三重四极质谱仪产生的前体离子和产物离子完全吻合，磺胺二甲嘧啶标准品和磺胺邻二甲氧嘧啶标准品的三级质谱图分别与阳性样品的三级质谱图相吻合，测定质量在误差范围内，说明三重四极质谱法在一定程度上消除了基质干扰，多级质谱图见图7.5。通过离子阱-飞行时间质谱的准确质量测定，对样品做进一步的确证，可以避免假阳性的产生，保证结果的可靠性。

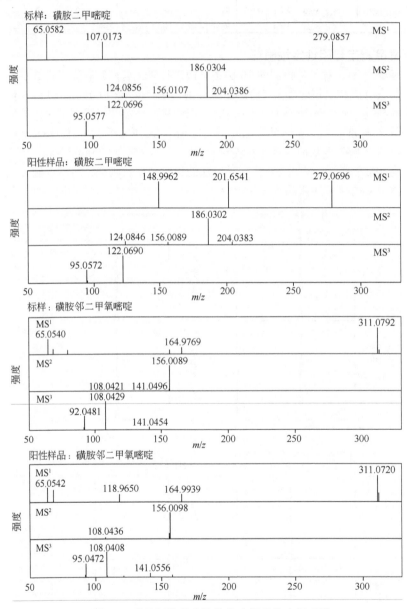

图 7.5　磺胺标准品和阳性猪肉样品的多级质谱

## 7.2.2　蔬菜水果中的农药残留分析

用 QuEChERS 进行样品处理，采用气相色谱-三重四极串联质谱仪(GC-QqQ MS)，以

GC-MS/MS 在多反应离子监测(MRM)模式下进行检测，外标法定量[5]。

### 7.2.2.1　仪器与条件

（1）仪器　451 GC Scion TQ 气相色谱-三重四极串联质谱仪（美国 Bruker 公司），带有化合物筛选技术（CBS 技术）软件。

（2）气相色谱条件　色谱柱：VF-5MS 毛细管柱 30m×0.25mm，0.25μm（美国 Agilent 公司）。载气：氦气（纯度 99.999%）。恒流模式，流速：1.0mL/min。进样口温度：250℃。进样量：1μL。进样方式：不分流进样；不分流时间 1.2min。柱温箱升温程序：初始温度 70℃（保持 1min），以 20℃/min 升温至 190℃，再以 5℃/min 升温至 290℃（保持 2min）；总运行时间为 29min。传输线温度：270℃。

（3）质谱条件　离子源温度：230℃。离子化模式：电子轰击离子化(EI)。轰击能量：70eV。灯丝电流：80μA。碰撞池(Q2)碰撞气：氩气(纯度≥99.999%)。碰撞池压力：0.27Pa(2mTorr)。腔体温度：40℃。溶剂延迟时间：4min。数据采集模式：MRM。主要参数及 GC-MS/MS 方法验证数据见表 7.9。

### 7.2.2.2　标准溶液的配制

（1）农药单标准储备溶液　分别准确称取一定量标准品，置于 5mL 的小烧杯中，用丙酮溶解后转移到 10mL 容量瓶中，用丙酮定容，配制成质量浓度为 1000mg/L 的单标准储备液，储存在−20℃冰箱中备用。

（2）混合标准储备溶液　先分组配制，然后分别准确吸取一定体积的分组标准储备液于 25mL 容量瓶中，用丙酮稀释定容，配制成各农药组分质量浓度均为 10mg/L 的混合工作溶液，于 −20℃冰箱中保存。使用时用丙酮稀释混合工作储备液至一定浓度进行实验；用空白样品基质作为溶剂，制备标准工作曲线溶液。

### 7.2.2.3　样品前处理

精确称取 15.0g 匀浆好的试样于 100mL 聚乙烯离心管中，加入 3.0g 氯化钠、1.5g 无水乙酸钠及 15.0mL 1%乙酸的乙腈溶液，高速均质 1min 后，以 5000r/min 高速离心 2min。取 2.0mL 上清液转入装有 100mg PSA（primary-secondary amine 吸附剂）、100mg C$_{18}$、300mg 无水硫酸镁和适量石墨化炭黑（GCB）（用量根据样品基质提取液颜色的深浅而定）的 5mL 离心管中，涡旋混匀后，以 5000r/min 离心 2min，上清液过 0.22μm 微孔滤膜后，收集于自动进样瓶中，供 GC-MS/MS 测定。

图 7.6 为桃空白基质中匹配含量为 50μg/min 的 129 种农药混合标准溶液的 MRM 总离子流色谱图。

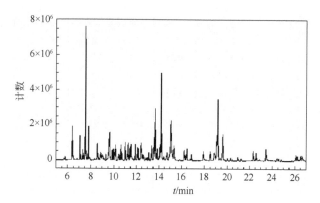

图 7.6　桃空白基质匹配含量为 50μg/min 时，129 种农药混合标准溶液的 MRM 总离子流色谱图

#### 7.2.2.4 方法验证

（1）方法的线性范围和定量限　采用空白的芹菜、桃、韭菜、番茄样品基质的提取液，准确配制含量分别为 0.005mg/kg、0.01mg/kg、0.02mg/kg、0.03mg/kg、0.05mg/kg 和 0.1mg/kg 的系列混合标准溶液，进行测定，以峰面积（$y$）对含量（$x$）做标准曲线，129 种农药在 4 种蔬菜基质中其响应值与含量均呈良好的线性关系。在桃基质中除杀虫脒、西玛津、乙酰甲胺磷、唑螨酯的线性范围为 10～100μg/kg，狄氏剂、乐果的线性范围为 20～100μg/kg，克菌丹的线性范围为 30～100μg/kg 外，其余农药的线性范围均为 5～100μg/kg。在相应的含量范围之内，其线性相关系数（$r^2$）均大于 0.98。此实验通过向芹菜空白基质中添加多个较低水平的农药混合标准溶液分别进行基质加标试验，所得溶液经 GC-MS/MS 分析，取各农药的信噪比最接近 10 时的浓度来推测计算该农药的定量限（$LOQ$, $S/N$=10）。结果见表 7.9，此方法的定量限范围是 0.03～16.7μg/kg。除狄氏剂、克菌丹、乐果外其余农药的定量限均小于 10μg/kg，符合国内法规对农药残留限量的要求。

（2）添加回收率和精密度　采用基质匹配标准溶液-外标法定量，在芹菜、桃、韭菜、番茄 4 种空白基质中添加 129 种混合农药进行回收率试验。准确称取 15.0g 蔬菜、水果匀浆试样于 100mL 离心管中，添加水平分别为 10μg/kg、30μg/kg 和 50μg/kg，涡旋后静置 30min。分别进行样品前处理和测定，每个添加水平重复 6 次。表 7.9 为桃、芹菜基质 3 个添加水平的回收率及相对标准偏差（$RSD$）。除百菌清、氟啶脲、仲丁威的回收率在不同基质中不稳定外，10μg/kg 添加水平下大部分农药的平均回收率为 66.2%～124.7%，$RSD$ 为 0.9%～24.4%。

表 7.9　129 种农药的保留时间及 GC-MS/MS 参数，定量限及在桃、芹菜基质中 3 个水平添加的回收率

| 编号 | 农药 | 保留时间 $t_R$/min | 前体离子 (m/z) | 碎片离子(m/z)/(碰撞能/eV) | 定量限/(μg/kg) | 桃的回收率(RSD)/% | | | 芹菜的回收率(RSD)/% | | |
|---|---|---|---|---|---|---|---|---|---|---|---|
| | | | | | | 10μg/kg | 20μg/kg | 50μg/kg | 10μg/kg | 20μg/kg | 50μg/kg |
| 1 | $\delta$-HCH ($\delta$-六六六) | 10.51 | 219 | 183*, 147 (10,20) | 0.67 | 102.1 (0.9) | 106.0 (6.7) | 93.5 (5.1) | 111.4 (8.1) | 121.9 (11.9) | 120.5 (5.4) |
| 2 | $\alpha$-HCH ($\alpha$-六六六) | 9.38 | 219 | 183*, 147 (10,20) | 0.04 | 104.7 (0.9) | 108.9 (3.3) | 99.4 (5.0) | 116.4 (7.8) | 122.2 (12.1) | 118.1 (3.5) |
| 3 | $\beta$-HCH ($\beta$-六六六) | 9.90 | 219 | 183*, 147 (10,20) | 0.10 | 100.2 (0.9) | 107.7 (6.2) | 98.8 (5.9) | 112.3 (24.4) | 109.2 (26.5) | 111.3 (5.7) |
| 4 | 2,4'-DDD (o, p'-滴滴滴) | 15.42 | 212 | 212*, 176 (5,25) | 3.57 | 98.2 (5.3) | 104.4 (3.7) | 95.2 (6.5) | 120.4 (8.4) | 124.3 (9.3) | 121.8 (3.1) |
| 5 | 2,4'-DDE (o, p'-滴滴伊) | 14.24 | 246 | 176*, 175 (30,30) | 0.17 | 102.4 (1.2) | 107.6 (3.5) | 97.7 (5.4) | 107.7 (7.4) | 108.6 (13.2) | 110.8 (4.1) |
| 6 | 2,4'-DDT (o, p'-滴滴涕) | 16.54 | 246 | 176*, 211 (25,20) | 2.00 | 102.8 (3.7) | 101.7 (4.8) | 98.5 (7.0) | 97.9 (12.7) | 106.0 (14.3) | 108.6 (6.5) |
| 7 | 4,4'-DDD (p, p'-滴滴滴) | 16.42 | 212 | 212*, 176 (5,25) | 5.00 | 105.0 (3.1) | 108.4 (3.7) | 98.9 (5.0) | 108.2 (7.1) | 117.8 (11.2) | 117.3 (2.9) |
| 8 | 4,4'-DDE (p, p'-滴滴伊) | 15.17 | 246 | 176*, 175 (30,30) | 0.25 | 100.3 (1.5) | 106.1 (3.6) | 94.7 (4.3) | 11.01 (8.0) | 105.7 (13.3) | 105.1 (4.1) |
| 9 | 4,4'-DDT (p, p'-滴滴涕) | 17.58 | 246 | 176*, 211 (25,20) | 1.25 | 92.4 (5.0) | 77.9 (18.9) | 75.6 (9.6) | 93.3 (10.5) | 105.2 (14.8) | 112.1 (6.2) |
| 10 | $\gamma$-HCH ($\gamma$-六六六) | 10.03 | 219 | 183*, 147 (10,20) | 0.20 | 100.6 (1.0) | 106.8 (7.6) | 98.7 (6.1) | 110.5 (8.4) | 118.7 (12.3) | 116.7 (4.6) |
| 11 | aldrin (艾氏剂) | 12.45 | 263 | 193*, 228 (30,20) | 1.67 | 101.4 (0.6) | 102.7 (2.5) | 93.0 (4.5) | 78.5 (14.2) | 106.4 (17.2) | 110.0 (2.2) |
| 12 | chlorothalonil (百菌清) | 10.60 | 266 | 133*, 231 (35,20) | 2.50 | 84.4 (4.4) | 76.9 (16.0) | 74.3 (11.0) | 172.9 (17.9) | 227.6 (34.9) | 180.2 (26.1) |

| 编号 | 农药 | 保留时间 $t_R$/min | 前体离子 (m/z) | 碎片离子(m/z)/(碰撞能/eV) | 定量限/(μg/kg) | 桃的回收率(RSD)/% | | | 芹菜的回收率(RSD)/% | | |
|---|---|---|---|---|---|---|---|---|---|---|---|
| | | | | | | 10μg/kg | 20μg/kg | 50μg/kg | 10μg/kg | 20μg/kg | 50μg/kg |
| 13 | dierotophos (百治磷) | 8.95 | 237 | 127*, 110 (20,10) | 0.33 | 80.4 (3.4) | 84.5 (15.6) | 84.1 (11.0) | 77.7 (10.3) | 102.7 (3.6) | 97.5 (7.2) |
| 14 | fenpiclonil (拌种咯) | 18.97 | 236 | 201*, 174 (15,20) | 0.05 | 98.5 (7.0) | 93.9 (9.3) | 90.0 (3.8) | 118.2 (8.8) | 120.7 (12.9) | 120.0 (4.1) |
| 15 | fenthion (倍硫磷) | 12.46 | 278 | 109*, 125 (20,20) | 0.25 | 96.6 (0.8) | 99.7 (3.3) | 90.3 (4.1) | 120.7 (8.1) | 114.5 (11.6) | 119.3 (3.9) |
| 16 | fenothiocarb (苯硫威) | 14.24 | 160 | 72*, 106 (10,10) | 0.05 | 97.1 (0.9) | 96.0 (3.9) | 89.6 (4.4) | 113.3 (9.8) | 117.6 (11.2) | 112.8 (4.8) |
| 17 | difenoconazole (苯醚甲环唑) | 29.69 | 323 | 265*, 202 (15,30) | 0.14 | 74.9 (13.0) | 80.8 (19.8) | 79.1 (8.4) | 85.6 (19.4) | 120.9 (15.3) | 114.2 (6.3) |
| 18 | fenamiphos (苯线磷) | 14.67 | 303 | 195*, 260 (10,15) | 0.25 | 97.3 (1.2) | 93.5 (7.3) | 83.5 (4.5) | 115.9 (7.8) | 114.6 (12.0) | 116.3 (6.1) |
| 19 | fenoxycarb (苯氧威) | 19.22 | 255 | 186*, 158 (10,15) | 0.33 | 99.2 (12.6) | 80.2 (9.0) | 73.0 (5.5) | 120.4 (3.4) | 110.0 (11.8) | 113.5 (5.3) |
| 20 | pyriproxyfen (吡丙醚) | 20.54 | 226 | 186*, 197 (15,10) | 0.42 | 96.0 (8.0) | 88.9 (6.4) | 80.1 (3.5) | 108.9 (8.4) | 112.8 (11.4) | 114.5 (4.3) |
| 21 | pretilachlor (丙草胺) | 15.09 | 162 | 132*, 147 (20,10) | 1.11 | 94.7 (1.7) | 93.4 (4.5) | 86.5 (3.8) | 116.8 (8.8) | 123.0 (12.0) | 120.5 (4.8) |
| 22 | propiconazole (丙环唑) | 17.56 | 263 | 69*, 177 (10,15) | 0.08 | 66.2 (21.2) | 83.3 (14.0) | 71.9 (9.4) | 95.5 (8.2) | 113.9 (8.2) | 118.0 (5.5) |
| 23 | profenofos (丙溴磷) | 15.02 | 339 | 269*, 251 (15,30) | 0.14 | 95.9 (1.0) | 89.6 (6.6) | 86.5 (4.1) | 111.6 (10.7) | 115.0 (14.3) | 120.1 (7.9) |
| 24 | pyridaben (哒螨灵) | 22.62 | 309 | 147*, 132 (15,30) | 0.04 | 95.7 (0.9) | 91.1 (5.0) | 86.0 (3.1) | 101.0 (9.8) | 113.4 (14.9) | 120.1 (6.3) |
| 25 | pyridaphenthion (哒嗪硫磷) | 19.02 | 340 | 199*, 109 (10,20) | 0.20 | 96.0 (0.5) | 92.7 (5.7) | 86.1 (4.0) | 116.2 (11.0) | 121.8 (15.5) | 113.6 (6.3) |
| 26 | phenthoate (稻丰散) | 14.47 | 277 | 148*, 174 (10,10) | 2.50 | 102.9 (3.2) | 90.3 (4.8) | 84.6 (7.1) | 118.8 (10.4) | 111.8 (14.0) | 119.3 (3.6) |
| 27 | isoprothiolane (稻瘟灵) | 14.95 | 290 | 204*, 118 (10,15) | 0.20 | 96.6 (1.6) | 96.5 (5.7) | 90.0 (4.0) | 115.1 (8.2) | 117.1 (12.5) | 117.5 (3.8) |
| 28 | dieldrin (狄氏剂) | 15.28 | 277 | 241*, 206 (10,20) | 16.70 | 101.6 (4.2) | 97.6 (6.4) | 100.3 (4.2) | 122.3 (7.5) | 117.6 (10.6) | 120.1 (2.6) |
| 29 | napropamide (敌草胺) | 14.78 | 271 | 72*, 128 (10,5) | 0.14 | 97.2 (1.6) | 95.6 (4.4) | 91.0 (4.7) | 113.1 (7.5) | 122.3 (12.4) | 120.1 (4.3) |
| 30 | dichlorvos (敌敌畏) | 5.80 | 185 | 93*, 109 (10,15) | 1.00 | 92.4 (2.7) | 93.9 (5.9) | 84.9 (6.2) | 109.9 (7.6) | 112.3 (11.5) | 103.4 (4.8) |
| 31 | chtorethoryfos (地虫硫磷) | 10.11 | 246 | 109*, 137 (20,5) | 0.14 | 100.1 (1.0) | 103.9 (3.0) | 94.5 (5.0) | 118.0 (7.6) | 127.5 (11.6) | 119.9 (3.9) |
| 32 | butachlor (丁草胺) | 14.49 | 237 | 160*, 188 (10,10) | 1.11 | 96.3 (0.6) | 95.3 (3.8) | 86.6 (3.3) | 118.3 (9.6) | 121.5 (10.7) | 115.3 (3.1) |
| 33 | acetamiprid (啶虫脒) | 15.37 | 152 | 125*, 117 (10,15) | 5.00 | 96.4 (2.2) | 94.1 (3.7) | 86.5 (6.0) | 120.6 (11.1) | 129.5 (14.1) | 116.1 (3.1) |
| 34 | chlorpyrifos (毒死蜱) | 12.50 | 314 | 258*, 286 (15,10) | 0.08 | 96.5 (0.9) | 97.7 (3.7) | 91.8 (4.3) | 104.7 (8.4) | 117.7 (13.5) | 117.0 (4.3) |
| 35 | parathion (对硫磷) | 12.53 | 291 | 109*, 137 (15,10) | 0.17 | 95.7 (4.1) | 98.0 (6.1) | 91.9 (6.5) | 115.1 (10.4) | 112.6 (14.8) | 144.0 (4.8) |

| 编号 | 农药 | 保留时间 $t_R$/min | 前体离子 (m/z) | 碎片离子(m/z)/(碰撞能/eV) | 定量限 /(µg/kg) | 桃的回收率(RSD)/% | | | 芹菜的回收率(RSD)/% | | |
|---|---|---|---|---|---|---|---|---|---|---|---|
| | | | | | | 10µg/kg | 20µg/kg | 50µg/kg | 10µg/kg | 20µg/kg | 50µg/kg |
| 36 | paclobutrazol (多效唑) | 14.26 | 236 | 125*, 132 (10,20) | 0.13 | 97.1 (1.5) | 96.4 (4.5) | 89.2 (3.4) | 115.3 (8.7) | 122.0 (12.4) | 114.6 (3.3) |
| 37 | oxadiazon (噁草酮) | 15.20 | 258 | 175*, 112 (10,25) | 0.17 | 100.1 (1.4) | 102.3 (4.4) | 96.3 (5.0) | 119.5 (7.2) | 120.5 (11.7) | 110.3 (3.9) |
| 38 | oxadixyl (噁霜灵) | 16.56 | 163 | 132*, 117 (10,25) | 0.17 | 92.7 (2.9) | 88.6 (9.0) | 80.5 (4.6) | 97.8 (8.9) | 114.7 (12.5) | 120.5 (5.0) |
| 39 | pendimethalin (二甲戊乐灵) | 13.37 | 252 | 162*, 191 (10,10) | 0.07 | 96.3 (3.6) | 96.3 (2.7) | 90.8 (4.3) | 113.9 (11.1) | 118.0 (14.7) | 112.4 (6.3) |
| 40 | diazinon (二嗪磷) | 10.17 | 304 | 179*, 162 (15,15) | 0.20 | 100.6 (2.0) | 103.7 (3.9) | 95.6 (5.8) | 115.7 (8.0) | 130.2 (12.2) | 118.0 (3.4) |
| 41 | phosalone (伏杀硫磷) | 20.40 | 367 | 182*, 111 (10,30) | 0.17 | 92.6 (4.4) | 90.2 (7.4) | 85.8 (5.4) | 110.1 (11.6) | 122.0 (15.5) | 120.6 (6.1) |
| 42 | tau-fluvalinate (氟胺氰菊酯) | 26.27 | 250 | 250*, 200 (5,20) | 2.00 | 106.9 (15.8) | 96.9 (12.0) | 91.6 (7.3) | 106.5 (9.7) | 122.8 (15.3) | 121.1 (9.3) |
| 43 | fipronil (氟虫腈) | 13.61 | 367 | 213*, 178 (30,45) | 0.20 | 96.3 (0.4) | 98.0 (3.5) | 93.0 (5.0) | 118.3 (8.7) | 113.6 (12.7) | 115.9 (3.4) |
| 44 | flufenoxuron (氟虫脲) | 10.60 | 305 | 126*, 98 (20,30) | 0.03 | 106.9 (5.6) | 104.7 (4.0) | 93.4 (5.5) | 116.9 (8.0) | 113.9 (16.1) | 112.8 (9.8) |
| 45 | chlorfluazuron (氟啶脲) | 14.65 | 356 | 321*, 304 (15,30) | 0.13 | 102.4 (4.8) | 100.3 (4.0) | 95.3 (7.3) | — — | 100.0 (18.6) | 77.5 (19.6) |
| 46 | flusilazole (氟硅唑) | 15.43 | 315 | 233*, 206 (15,10) | 0.33 | 97.9 (2.0) | 92.1 (7.6) | 91.0 (3.1) | 119.6 (6.2) | 126.7 (9.4) | 135.8 (4.9) |
| 47 | epoxiconazole (氟环唑) | 18.58 | 192 | 138*, 111 (10,10) | 0.14 | 90.8 (7.9) | 91.0 (11.5) | 86.1 (4.9) | 117.1 (8.0) | 116.9 (13.2) | 118.8 (4.8) |
| 48 | trifluralin (氟乐灵) | 8.93 | 306 | 264*, 206 (10,15) | 0.10 | 98.5 (0.7) | 100.1 (1.8) | 90.7 (4.3) | 117.6 (8.0) | 116.3 (12.6) | 120.9 (4.5) |
| 49 | hexaflumuron (氟铃脲) | 8.54 | 277 | 176*, 148 (15,30) | 0.03 | 115.7 (7.6) | 117.6 (4.0) | 100.6 (7.1) | 134.8 (7.8) | 121.9 (23.3) | 135.3 (9.0) |
| 50 | cyfluthrin (氟氯氰菊酯) | 23.72 | 206 | 151*, 177 (20,25) | 1.25 | 83.3 (9.2) | 84.1 (7.1) | 86.0 (8.1) | 72.6 (12.8) | 97.4 (21.2) | 118.0 (9.8) |
| 51 | flucythrinate (氟氰戊菊酯) | 24.62 | 225 | 119*, 147 (15,10) | 1.43 | 95.5 (14.5) | 87.7 (13.2) | 82.7 (11.0) | 110.1 (15.1) | 132.4 (15.3) | 136.8 (7.9) |
| 52 | procymidone (腐霉利) | 13.89 | 283 | 96*, 67 (10,25) | 0.10 | 104.0 (3.2) | 109.7 (4.2) | 99.2 (5.2) | 118.4 (6.8) | 122.9 (11.1) | 120.6 (2.6) |
| 53 | methamidophos (甲胺磷) | 5.69 | 141 | 95*, 94 (5,5) | 1.09 | 74.0 (10.4) | 73.5 (14.6) | 71.5 (13.2) | 92.6 (20.9) | 72.2 (12.6) | 73.0 (9.7) |
| 54 | phorate (甲拌磷) | 9.18 | 260 | 75*, 231 (5,5) | 0.09 | 101.9 (1.6) | 96.0 (2.0) | 91.4 (5.2) | 116.7 (8.9) | 121.8 (11.3) | 117.9 (4.2) |
| 55 | alachlor (甲草胺) | 11.48 | 188 | 160*, 130 (10,30) | 1.00 | 98.9 (1.7) | 96.1 (4.1) | 93.7 (1.9) | 115.9 (6.6) | 118.3 (11.2) | 118.7 (4.9) |
| 56 | chlorpyrifos-methyl (甲基毒死蜱) | 11.34 | 286 | 271*, 241 (15,25) | 0.38 | 96.5 (1.3) | 96.5 (3.9) | 89.0 (3.6) | 107.3 (8.7) | 123.1 (12.8) | 118.1 (5.1) |
| 57 | parathion-methyl (甲基对硫磷) | 11.33 | 263 | 109*, 127 (15,10) | 1.00 | 87.9 (7.6) | 90.9 (9.2) | 84.1 (8.5) | 119.1 (11.6) | 131.0 (16.0) | 139.6 (4.9) |
| 58 | pirimiphos-methyl (甲基嘧啶磷) | 11.93 | 290 | 125*, 233 (15,25) | 0.10 | 95.5 (1.9) | 93.0 (3.7) | 87.3 (3.1) | 100.5 (6.6) | 119.8 (14.1) | 113.5 (3.6) |

| 编号 | 农药 | 保留时间 $t_R$/min | 前体离子 (m/z) | 碎片离子(m/z)/(碰撞能/eV) | 定量限/(μg/kg) | 桃的回收率(RSD)/% | | | 芹菜的回收率(RSD)/% | | |
|---|---|---|---|---|---|---|---|---|---|---|---|
| | | | | | | 10μg/kg | 20μg/kg | 50μg/kg | 10μg/kg | 20μg/kg | 50μg/kg |
| 59 | isofenphos-methyl (甲基异柳磷) | 13.17 | 241 | 121*, 199 (20,5) | 0.08 | 97.2 (1.1) | 97.3 (3.0) | 90.7 (3.2) | 119.0 (9.3) | 118.1 (12.4) | 118.3 (4.4) |
| 60 | fenpropathrin (甲氰菊酯) | 19.47 | 265 | 210*, 181 (10,25) | 0.33 | 93.1 (5.3) | 91.2 (3.7) | 87.5 (3.5) | 115.8 (9.2) | 121.1 (13.1) | 118.8 (6.2) |
| 61 | metalaxyl (甲霜磷) | 11.60 | 206 | 105*, 121 (25,10) | 1.67 | 99.9 (4.4) | 100.1 (7.7) | 88.5 (5.0) | 79.9 (16.2) | 103.3 (13.0) | 110.3 (9.1) |
| 62 | fenbuconazole (腈苯唑) | 23.53 | 198 | 129*, 128 (10,10) | 0.08 | 91.6 (2.3) | 91.5 (14.3) | 83.1 (5.6) | 113.4 (9.5) | 128.4 (13.1) | 119.8 (3.7) |
| 63 | myclobutanil (腈菌唑) | 15.31 | 179 | 125*, 90 (15,25) | 0.03 | 97.9 (2.0) | 94.3 (4.2) | 87.6 (3.3) | 120.4 (9.6) | 126.2 (12.9) | 120.9 (4.3) |
| 64 | monocrotophos (久效磷) | 9.10 | 127 | 109*, 95 (10,15) | 0.04 | 82.9 (3.2) | 69.0 (14.5) | 66.0 (10.7) | 92.0 (8.3) | 100.7 (17.7) | 100.6 (7.9) |
| 65 | pirimicarb (抗蚜威) | 10.78 | 166 | 93*, 83 (15,15) | 3.85 | 97.3 (1.0) | 99.9 (3.2) | 91.4 (4.7) | 115.7 (7.5) | 121.5 (12.4) | 118.1 (3.4) |
| 66 | captan (克菌丹) | 13.71 | 149 | 79*, 105 (15,5) | 50.00 | — | 73.4 (18.1) | 73.6 (15.6) | 86.7 (8.2) | 97.2 (12.4) | 102.0 (7.6) |
| 67 | propargite (克螨特) | 18.10 | 350 | 201*, 173 (10,20) | 1.11 | 93.1 (9.5) | 106.8 (11.0) | 92.5 (6.1) | 98.4 (13.6) | 126.2 (17.3) | 117.0 (7.2) |
| 68 | quinalphos (喹硫磷) | 13.70 | 298 | 156*, 190 (15,15) | 0.33 | 97.3 (0.6) | 96.3 (3.2) | 93.6 (7.0) | 124.2 (11.8) | 125.5 (12.0) | 120.3 (4.4) |
| 69 | fenazaquin (喹螨醚) | 19.71 | 160 | 145*, 117 (10,20) | 0.37 | 88.6 (12.4) | 84.0 (5.3) | 77.1 (3.2) | 92.3 (8.5) | 99.2 (15.8) | 102.3 (10.1) |
| 70 | dimethoate (乐果) | 9.58 | 125 | 125*, 79 (5,10) | 19.80 | 86.0 (11.9) | 91.3 (6.9) | 80.4 (6.4) | 119.0 (8.1) | 97.8 (15.5) | 116.6 (2.2) |
| 71 | bifenthrin (联苯菊酯) | 19.26 | 181 | 165*, 166 (25,10) | 1.00 | 98.7 (5.9) | 92.6 (4.9) | 86.2 (3.3) | 106.1 (8.3) | 114.3 (12.1) | 114.3 (5.7) |
| 72 | phosphamidon (磷胺) | 10.25 | 264 | 127*, 193 (10,5) | 0.07 | 78.2 (2.0) | 77.3 (10.0) | 76.0 (11.3) | 108.5 (11.6) | 121.4 (13.4) | 119.0 (8.0) |
| 73 | thiodan (硫丹) | 16.20 | 241 | 206*, 171 (15,25) | 0.11 | 103.0 (3.9) | 100.5 (6.0) | 97.3 (6.7) | 116.8 (10.2) | 115.4 (13.6) | 120.2 (4.6) |
| 74 | cadusafos (硫线磷) | 9.11 | 213 | 89*, 97 (15,25) | 0.33 | 98.6 (2.4) | 102.6 (4.9) | 92.5 (6.5) | 114.7 (9.6) | 121.4 (11.5) | 119.2 (3.7) |
| 75 | fludioxonil (咯菌腈) | 15.13 | 248 | 127*, 182 (25,15) | 0.09 | 96.5 (1.1) | 98.0 (4.9) | 92.0 (3.6) | 124.0 (7.6) | 124.2 (12.4) | 120.3 (2.6) |
| 76 | fenarimol (氯苯嘧啶醇) | 21.34 | 330 | 139*, 111 (10,30) | 0.05 | 91.1 (7.4) | 91.7 (6.6) | 82.9 (4.7) | 115.9 (8.9) | 124.5 (12.9) | 117.0 (4.8) |
| 77 | cyhalothrin (高效氯氟氰菊酯) | 21.09 | 208 | 181*, 153 (10,25) | 0.17 | 95.2 (4.9) | 96.9 (3.7) | 90.4 (3.1) | 109.8 (10.8) | 126.2 (13.7) | 116.0 (7.1) |
| 78 | permethrin (氯菊酯) | 22.55 | 183 | 153*, 168 (15,10) | 5.00 | 82.1 (16.7) | 82.5 (9.0) | 78.1 (4.0) | 102.4 (9.3) | 109.9 (14.2) | 113.0 (5.2) |
| 79 | β-cypermethrin (氯氰菊酯) | 24.37 | 181 | 127*, 152 (30,25) | 4.17 | 96.5 (5.6) | 93.1 (8.1) | 86.0 (5.4) | 127.8 (22.8) | 78.2 (17.9) | 117.0 (6.3) |
| 80 | isazophos (氯唑磷) | 10.48 | 257 | 119*, 161 (20,10) | 0.33 | 96.8 (0.9) | 98.2 (3.4) | 93.2 (4.9) | 122.8 (7.2) | 119.3 (11.5) | 112.7 (3.5) |
| 81 | spirodiclofen (螺螨酯) | 22.42 | 312 | 259*, 109 (10,15) | 1.11 | 73.1 (2.0) | 73.4 (14.3) | 71.6 (7.9) | 84.4 (15.3) | 107.7 (23.9) | 78.9 (7.9) |

| 编号 | 农药 | 保留时间 $t_R$/min | 前体离子 (m/z) | 碎片离子(m/z)/(碰撞能/eV) | 定量限 /(μg/kg) | 桃的回收率(RSD)/% | | | 芹菜的回收率(RSD)/% | | |
|---|---|---|---|---|---|---|---|---|---|---|---|
| | | | | | | 10μg/kg | 20μg/kg | 50μg/kg | 10μg/kg | 20μg/kg | 50μg/kg |
| 82 | malathion (马拉硫磷) | 12.17 | 173 | 99*, 127 (15,5) | 0.02 | 96.6 (0.3) | 95.2 (3.2) | 87.3 (3.6) | 116.8 (10.4) | 111.9 (9.2) | 112.7 (3.9) |
| 83 | prochloraz (咪酰胺) | 22.96 | 310 | 308*, 310*, 85 (5,5,10) | 3.33 | 76.6 (18.8) | 73.7 (13.2) | 71.0 (13.5) | 96.4 (15.1) | 107.1 (11.8) | 116.3 (6.5) |
| 84 | ethofenprox (醚菊酯) | 24.65 | 376 | 163*, 135 (15,30) | 0.14 | 92.0 (3.7) | 85.6 (6.5) | 83.8 (4.1) | 103.4 (11.2) | 112.2 (15.6) | 113.7 (7.0) |
| 85 | pyrimethanil (嘧霉胺) | 10.20 | 198 | 183*, 118 (20,30) | 1.43 | 102.2 (1.8) | 107.2 (3.6) | 96.6 (6.2) | 99.7 (8.8) | 104.0 (13.3) | 108.7 (4.2) |
| 86 | ethoprophos (灭线磷) | 8.63 | 158 | 97*, 114 (20,10) | 0.13 | 97.9 (0.3) | 101.3 (3.0) | 91.1 (4.9) | 118.5 (6.9) | 123.1 (10.9) | 119.8 (3.9) |
| 87 | prometryn (扑草净) | 11.55 | 242 | 184*, 199 (15,10) | 0.77 | 97.8 (1.9) | 100.0 (4.2) | 92.5 (4.3) | 124.2 (5.6) | 124.5 (9.4) | 143.6 (6.6) |
| 88 | phenvalerate (氰戊菊酯) | 26.00 | 419 | 225*, 125 (10,25) | 0.09 | 94.9 (1.2) | 94.1 (6.9) | 86.5 (6.8) | 108.4 (10.5) | 123.9 (14.7) | 117.1 (8.9) |
| 89 | thiamethoxam (噻虫嗪) | 13.04 | 247 | 212*, 182 (5,10) | 0.17 | 95.8 (3.1) | 83.9 (15.6) | 88.6 (8.3) | 106.8 (10.0) | 120.9 (14.2) | 113.7 (6.2) |
| 90 | fosthiazate (噻唑磷) | 12.99 | 195 | 103*, 139 (10,10) | 1.43 | 83.5 (2.1) | 73.7 (16.5) | 74.7 (9.3) | 92.0 (20.2) | 122.1 (14.8) | 106.6 (9.0) |
| 91 | dicofol (三氯杀螨醇) | 12.64 | 251 | 139*, 111 (10,30) | 0.09 | 100.9 (1.1) | 99.9 (4.7) | 94.3 (4.5) | 113.0 (6.8) | 112.1 (12.3) | 111.3 (4.7) |
| 92 | tetradifon (四氯杀螨砜) | 20.12 | 229 | 201*, 166 (15,20) | 0.67 | 93.1 (1.2) | 95.4 (7.2) | 87.1 (4.6) | 112.3 (7.7) | 119.7 (12.0) | 112.4 (4.8) |
| 93 | triadimenol (三唑醇) | 13.78 | 168 | 168*, 70 (5,10) | 0.56 | 96.8 (1.8) | 95.8 (4.1) | 94.2 (11.8) | 95.2 (3.3) | 119.5 (9.9) | 118.0 (3.9) |
| 94 | triazophos (三唑磷) | 16.95 | 257 | 162*, 119 (10,25) | 0.10 | 96.2 (0.3) | 92.7 (5.3) | 86.9 (3.8) | 113.3 (10.5) | 118.4 (14.2) | 112.7 (4.9) |
| 95 | triadimefon (三唑酮) | 12.60 | 208 | 181*, 127 (10,15) | 0.10 | 97.9 (1.1) | 99.8 (3.4) | 91.0 (3.5) | 111.2 (8.5) | 119.6 (12.7) | 112.7 (3.8) |
| 96 | chlordimeform (杀虫脒) | 8.89 | 197 | 196*, 181 (5,5) | 7.14 | 96.9 (8.4) | 99.1 (8.4) | 86.7 (4.9) | 124.7 (17.0) | 98.0 (9.7) | 103.0 (6.2) |
| 97 | fenitrothion (杀螟硫磷) | 11.98 | 260 | 125*, 109 (15,15) | 0.17 | 94.6 (3.6) | 94.6 (4.8) | 85.5 (5.0) | 118.9 (10.8) | 112.7 (12.9) | 116.5 (4.5) |
| 98 | methidathion (杀扑磷) | 14.14 | 145 | 85*, 58 (10,15) | 0.14 | 95.6 (0.7) | 91.9 (6.4) | 86.7 (4.7) | 118.1 (9.8) | 117.9 (13.9) | 119.8 (4.9) |
| 99 | isocarbophos (水胺硫磷) | 12.70 | 230 | 212*, 155 (10,15) | 2.50 | 98.0 (0.8) | 93.8 (4.0) | 84.4 (5.2) | 106.6 (11.4) | 116.2 (12.2) | 116.9 (7.6) |
| 100 | tetraconazole (四氟醚唑) | 12.68 | 336 | 218*, 204 (15,25) | 0.09 | 97.4 (1.3) | 97.5 (4.9) | 89.6 (4.7) | 124.4 (9.5) | 113.9 (11.1) | 111.6 (3.4) |
| 101 | terbufos (叔丁硫磷) | 9.99 | 231 | 175*, 157 (10,15) | 0.77 | 97.8 (0.8) | 97.0 (2.5) | 88.5 (3.8) | 117.0 (8.4) | 116.5 (12.5) | 119.2 (3.8) |
| 102 | quintozine (五氯硝基苯) | 10.12 | 295 | 237*, 143 (15,20) | 0.07 | 94.6 (2.9) | 95.1 (2.1) | 90.1 (5.1) | 99.4 (8.7) | 110.1 (16.7) | 115.4 (5.9) |
| 103 | penconazole (戊菌唑) | 13.42 | 248 | 157*, 192 (25,15) | 0.11 | 96.1 (1.7) | 94.0 (4.6) | 87.3 (3.9) | 116.9 (7.3) | 114.0 (11.4) | 117.4 (5.0) |
| 104 | tebuconazole (戊唑醇) | 18.00 | 250 | 125*, 153 (20,10) | 0.05 | 98.8 (0.8) | 97.8 (5.3) | 85.9 (1.5) | 109.3 (10.1) | 112.9 (12.0) | 117.9 (3.5) |

| 编号 | 农药 | 保留时间 $t_R$/min | 前体离子 (m/z) | 碎片离子(m/z)/(碰撞能/eV) | 定量限 /(μg/kg) | 桃的回收率(RSD)/% | | | 芹菜的回收率(RSD)/% | | |
|---|---|---|---|---|---|---|---|---|---|---|---|
| | | | | | | 10μg/kg | 20μg/kg | 50μg/kg | 10μg/kg | 20μg/kg | 50μg/kg |
| 105 | simazine (西玛津) | 9.61 | 201 | 172*, 186 (10,5) | 8.33 | 99.8 (2.5) | 102.1 (5.1) | 94.9 (5.0) | 114.3 (12.9) | 127.3 (4.2) | 103.8 (5.3) |
| 106 | clethodim (烯草酮) | 16.82 | 205 | 176*, 190 (15,10) | 1.00 | 95.8 (3.1) | 72.6 (8.7) | 66.7 (8.3) | 117.4 (9.5) | 115.3 (14.6) | 114.0 (6.6) |
| 107 | uniconazole (烯效唑) | 15.15 | 234 | 165*, 137 (10,15) | 0.91 | 98.3 (1.8) | 96.0 (4.8) | 92.1 (3.7) | 112.8 (7.0) | 118.9 (12.1) | 113.6 (5.3) |
| 108 | diniconazole (烯唑醇) | 16.31 | 268 | 232*, 136 (10,30) | 0.04 | 98.1 (2.1) | 95.9 (5.5) | 89.4 (3.5) | 108.9 (8.6) | 116.2 (12.2) | 120.3 (6.0) |
| 109 | bromopropylate (溴螨酯) | 19.19 | 341 | 185*, 183 (20,20) | 0.50 | 94.4 (3.1) | 95.2 (5.3) | 87.8 (2.7) | 116.5 (8.2) | 121.3 (13.0) | 115.5 (4.5) |
| 110 | decamethrin (溴氰菊酯) | 27.11 | 253 | 93*, 172 (15,5) | 1.67 | 84.3 (6.3) | 86.3 (8.9) | 86.6 (8.2) | 111.4 (10.9) | 112.7 (14.6) | 112.2 (11.1) |
| 111 | phosmet (亚胺硫磷) | 19.16 | 160 | 77*, 133 (25,15) | 0.33 | 89.4 (9.6) | 88.6 (10.8) | 85.2 (7.7) | 104.9 (12.6) | 117.8 (16.4) | 112.4 (8.2) |
| 112 | omethoate (氧乐果) | 8.36 | 156 | 110*, 79 (10,20) | 1.00 | 67.6 (21.0) | 70.5 (9.9) | 78.6 (6.2) | 85.3 (20.9) | 62.5 (15.8) | 87.9 (11.9) |
| 113 | acetochlor (乙草胺) | 11.26 | 223 | 132*, 146 (20,10) | 0.03 | 99.8 (0.9) | 98.6 (3.8) | 90.3 (4.7) | 113.8 (8.4) | 115.8 (11.9) | 119.2 (3.9) |
| 114 | diethofencarb (乙霉威) | 12.28 | 267 | 267*, 225 (5,10) | 1.43 | 71.3 (13.4) | 73.8 (7.9) | 75.8 (19.1) | 118.0 (5.9) | 118.8 (12.5) | 114.3 (5.7) |
| 115 | vinclozolin (乙烯菌核利) | 11.32 | 212 | 172*, 145 (15,25) | 0.17 | 100.8 (1.4) | 107.1 (3.5) | 98.0 (5.0) | 117.1 (7.5) | 115.1 (12.4) | 120.5 (3.8) |
| 116 | acephat (乙酰甲胺磷) | 7.15 | 136 | 42*, 94 (5,10) | 7.69 | — | 71.6 (20.1) | 73.9 (1.9) | 86.7 (7.3) | 96.0 (12.6) | 101.3 (7.9) |
| 117 | oxyfluorfen (乙氧氟草醚) | 15.37 | 300 | 223*, 132 (15,35) | 0.83 | 92.6 (8.4) | 94.6 (10.9) | 88.5 (9.5) | 118.7 (3.2) | 119.1 (16.2) | 118.4 (6.6) |
| 118 | propisochlor (异丙草胺) | 11.59 | 162 | 120*, 147 (15,15) | 0.33 | 97.2 (0.8) | 100.3 (2.5) | 91.7 (4.8) | 119.5 (9.1) | 115.9 (9.7) | 113.6 (4.2) |
| 119 | isoprocarb (异丙威) | 7.88 | 136 | 121*, 103 (10,20) | 3.33 | 97.7 (0.7) | 101.6 (4.9) | 90.9 (6.0) | 118.3 (6.1) | 121.2 (11.9) | 119.1 (6.6) |
| 120 | iprobenfos (异稻瘟净) | 10.67 | 204 | 91*, 121 (10,25) | 0.13 | 91.3 (0.8) | 88.1 (6.3) | 79.9 (4.7) | 114.1 (10.0) | 118.0 (12.4) | 113.8 (4.1) |
| 121 | endrin (异狄氏剂) | 15.92 | 281 | 245*, 209 (10,20) | 0.25 | 90.7 (3.2) | 90.1 (11.5) | 87.5 (11.3) | 114.6 (9.1) | 117.9 (12.7) | 113.4 (4.9) |
| 122 | clomazone (异噁草酮) | 9.79 | 240 | 204*, 125 (10,20) | 0.91 | 99.8 (2.1) | 108.7 (10.3) | 91.2 (4.9) | 102.4 (21.9) | 119.5 (12.9) | 111.5 (5.9) |
| 123 | iprodione (异菌脲) | 18.89 | 314 | 245*, 271 (10,10) | 0.33 | 94.3 (14.5) | 84.9 (10.8) | 81.1 (5.9) | 119.0 (13.7) | 115.5 (17.9) | 108.0 (15.0) |
| 124 | imazalil (抑霉唑) | 14.96 | 215 | 173*, 145 (5,25) | 2.50 | 99.9 (6.6) | 85.8 (11.0) | 76.3 (6.6) | 91.6 (8.6) | 117.3 (13.1) | 120.7 (9.0) |
| 125 | atrazine (莠去津) | 9.69 | 216 | 215*, 173 (5,5) | 2.00 | 95.3 (4.7) | 108.8 (4.3) | 96.1 (4.5) | 100.3 (11.5) | 109.5 (7.9) | 103.9 (2.0) |
| 126 | sulfotepp (治螟磷) | 9.04 | 322 | 202*, 266 (15,10) | 0.08 | 97.4 (2.7) | 101.3 (4.4) | 87.6 (7.2) | 120.5 (8.7) | 116.7 (12.2) | 114.0 (2.6) |
| 127 | butralin (仲丁灵) | 12.92 | 266 | 174*, 220 (20,20) | 0.17 | 94.6 (2.4) | 98.4 (3.0) | 89.3 (3.4) | 116.7 (11.0) | 115.1 (15.4) | 119.7 (5.8) |

| 编号 | 农药 | 保留时间 $t_R$/min | 前体离子 (m/z) | 碎片离子(m/z)/(碰撞能/eV) | 定量限/(µg/kg) | 桃的回收率(RSD)/% | | | 芹菜的回收率(RSD)/% | | |
|---|---|---|---|---|---|---|---|---|---|---|---|
| | | | | | | 10µg/kg | 20µg/kg | 50µg/kg | 10µg/kg | 20µg/kg | 50µg/kg |
| 128 | fenobucarb (仲丁威) | 8.43 | 207 | 121*, 150 (15,5) | 0.17 | 115.9 (20.5) | 104.8 (10.7) | 97.3 (8.6) | — | 116.1 (16.5) | 116.7 (8.3) |
| 129 | fenpyroximate (唑螨酯) | 9.67 | 213 | 212*, 77 (10,25) | 8.33 | 121.4 (13.1) | 112.1 (4.5) | 97.1 (6.2) | 115.6 (4.7) | 116.1 (5.2) | 96.8 (7.5) |

注："*"表示定量离子，"—"表示未检出。

#### 7.2.2.5 实际样品的测定

应用所建立的分析方法对黄瓜、韭菜、茄子、番茄、普通白菜、豇豆6个蔬菜品种以及草莓、桃2个水果品种共87份样品进行农药残留的快速筛查检测，筛查出氟铃脲、治螟磷、稻瘟灵、三唑酮、百治磷、嘧霉胺、腐霉利、三唑磷等农药在上述蔬菜、水果中的残留。其中部分农药采用GB/T 19648—2006中的样品前处理方法，在GC-MS/MS上进行确证，结果表明所检出的农药确实存在，且各农药含量基本相符。

# 7.3 真菌毒素和贝类毒素分析

## 7.3.1 食品中的真菌毒素分析

采用UPLC-ESI-MS/MS，多反应监测方式，可同时对食品中脱氧雪腐镰刀菌烯醇、青霉酸、黄曲霉毒素 $M_1$、黄曲霉毒素 $G_2$、橘青霉素、黄曲霉毒素 $B_1$、黄曲霉毒素 $B_2$、黄曲霉毒素 $G_1$、玉米赤霉烯酮、赭曲霉毒素A、杂色曲霉毒素、HT-2毒素、T-2毒素、鬼臼毒素14种真菌毒素进行定性和定量分析。样品包括豆制品（如豆腐干）、面粉（如玉米面）、牛奶制品（如奶粉）等[6]。

#### 7.3.1.1 仪器与条件

（1）仪器　Waters UPLC/TQ-S超高效液相色谱-三重四极质谱联用仪。

（2）色谱条件　Waters ACQUITY UPLC BEH C18（50mm×2.1mm，1.7µm）色谱柱，柱温35℃。进样量：10µL。流动相：0.1%甲酸（B）和乙腈（A），洗脱条件见表7.10。

表7.10　液相色谱梯度洗脱条件

| 步骤 | 时间/min | 流速/(mL/min) | 流动相体积分数/% | |
|---|---|---|---|---|
| | | | A | B |
| 1 | 0.0 | 0.4 | 5 | 95 |
| 2 | 0.5 | 0.4 | 5 | 95 |
| 3 | 2.0 | 0.4 | 30 | 70 |
| 4 | 3.0 | 0.4 | 50 | 50 |
| 5 | 4.0 | 0.4 | 70 | 30 |
| 6 | 5.0 | 0.4 | 95 | 5 |
| 7 | 5.5 | 0.4 | 50 | 50 |
| 8 | 6.0 | 0.4 | 5 | 95 |
| 9 | 7.0 | 0.4 | 5 | 95 |

（3）质谱条件　电喷雾离子（ESI）源，正离子扫描，多反应监测（MRM）；毛细管电压 2.5kV；离子源温度 900℃；去溶剂气温度 600℃；锥孔气流速 150L/h；去溶剂气流速 1000L/h。14 种化合物的质谱分析参数见表 7.11，总离子色谱图见图 7.7，MRM 色谱图见图 7.8。

表 7.11　MRM 选用的前体/产物离子对

| 序号 | 化合物 | 离子源 | 保留时间/min | 监测离子对（m/z） | 锥孔电压/V | 碰撞能量/eV |
|---|---|---|---|---|---|---|
| 1 | 脱氧雪腐镰刀菌烯醇（deoxynivalenol） | ESI⁺ | 1.48 | 297.1/249.1<br>297.1/231.1 | 20 | 15<br>18 |
| 2 | 青霉酸（penicillic acid） | ESI⁺ | 1.99 | 171.2/125.2<br>171.2/125.2 | 24 | 12<br>12 |
| 3 | 黄曲霉毒素 M₁（aflatoxin M₁） | ESI⁺ | 2.74 | 328.6/243.0<br>328.6/199.8 | 2 | 26<br>40 |
| 4 | 黄曲霉毒素 G₂（aflatoxin G₂） | ESI⁺ | 2.59 | 331.1/313.1<br>331.1/245.1 | 45 | 33<br>40 |
| 5 | 橘霉素（citrinin） | ESI⁺ | 2.89 | 312.7/284.9<br>312.7/241.1 | 2 | 22<br>36 |
| 6 | 黄曲霉毒素 B₁（aflatoxin B₁） | ESI⁺ | 2.89 | 313.1/285.1<br>313.1/241.1 | 45 | 30<br>50 |
| 7 | 黄曲霉毒素 B₂（aflatoxin B₂） | ESI⁺ | 2.89 | 315.1/287.1<br>315.1/259.1 | 45 | 35<br>40 |
| 8 | 黄曲霉毒素 G₁（aflatoxin G₁） | ESI⁺ | 2.75 | 329.1/311.1<br>329.1/243.1 | 40 | 30<br>37 |
| 9 | 玉米赤霉烯酮（zearalenon） | ESI⁺ | 3.70 | 319.1/187<br>319.1/185 | 20 | 19<br>23 |
| 10 | 赭曲霉毒素 A（ochratoxin A） | ESI⁺ | 3.69 | 404.2/239.1<br>404.2/358.2 | 25 | 20<br>32 |
| 11 | 杂色曲霉素 sterigmatocystin） | ESI⁺ | 3.80 | 325.2/310.1<br>325.2/115.2 | 2 | 24<br>64 |
| 12 | HT-2 毒素（HT-2 toxin） | ESI⁺ | 5.17 | 447.2/342.6<br>447.2/431.0 | 50 | 16<br>10 |
| 13 | T-2 毒素（T-2 toxin） | ESI⁺ | 3.55 | 489.2/245.2<br>489.2/327.1 | 50 | 24<br>22 |
| 14 | 鬼臼毒素（podophyllotoxin） | ESI⁺ | 3.07 | 415.3/397.1<br>415.3/247.1 | 50 | 8<br>10 |

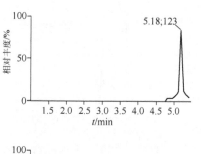

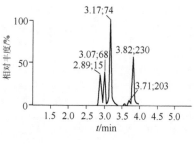

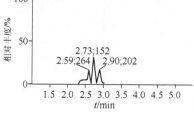

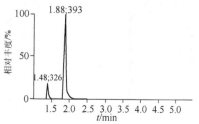

图 7.7　14 种真菌毒素的总离子色谱图

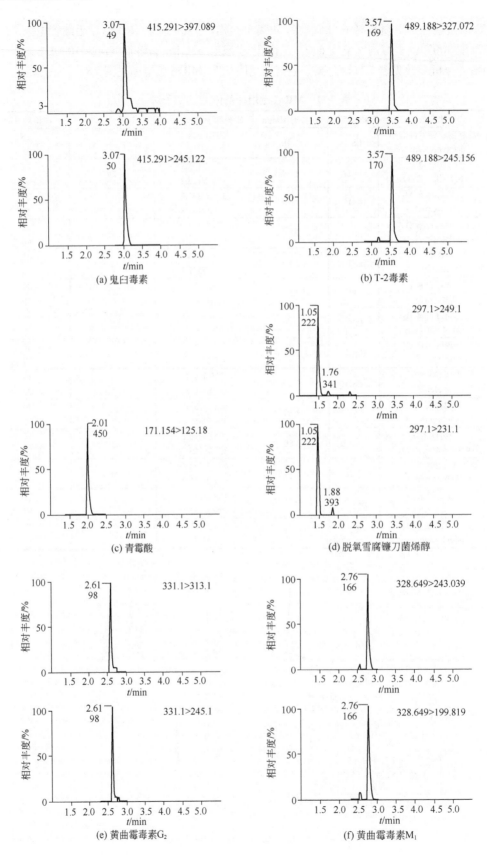

(a) 鬼臼毒素

(b) T-2毒素

(c) 青霉酸

(d) 脱氧雪腐镰刀菌烯醇

(e) 黄曲霉毒素G₂

(f) 黄曲霉毒素M₁

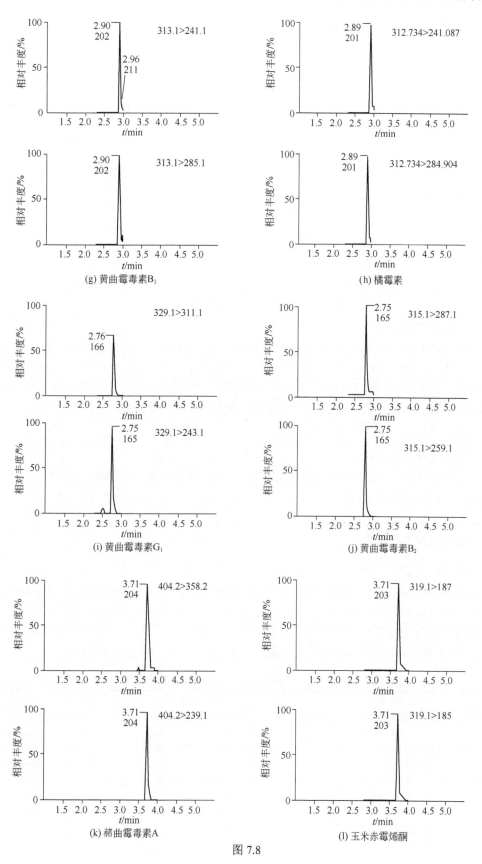

(g) 黄曲霉毒素B₁

(h) 橘霉素

(i) 黄曲霉毒素G₁

(j) 黄曲霉毒素B₂

(k) 赭曲霉毒素A

(l) 玉米赤霉烯酮

图 7.8

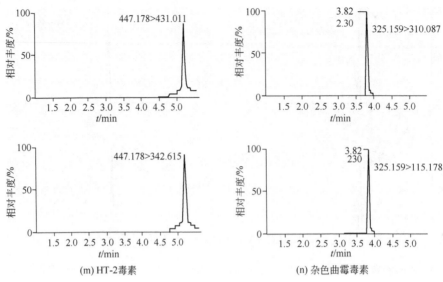

(m) HT-2毒素　　　　　　　(n) 杂色曲霉毒素

图 7.8　14 种真菌毒素的 MRM 色谱图

### 7.3.1.2　样品前处理方法

用 QuEChERS 技术进行样品处理，样品粉碎后精密称取 4.000g 于 50mL DisQuE 提取管中，加入 16mL 1%乙酸的乙腈溶液。涡旋振荡 5min 至充分混匀，超声 5min，10000r/min 离心 10min。吸取 8.0mL 上述乙腈提取液至 15mL DisQuE 清除管中，涡旋振荡 30s，10000r/min 离心 5min。吸取 4.0mL 上述提取液至旋蒸瓶中，旋蒸至近干，用乙腈±0.1%甲酸溶液（5∶95）定容至 1mL，涡旋使其充分溶解，过有机膜后待进样分析。

### 7.3.1.3　标准工作曲线的绘制

将 14 种标准样品分别用甲醇配制成 100μg/mL 的标准储备液，保存期限为半年。做实验时现配 1μg/mL 混合标准液（分别吸取 14 种标准储备液 10μL，用甲醇定容至 10mL），然后再逐级稀释成需要的质量浓度。采用高效液相色谱-质谱进行测定，以质量浓度 x 为横坐标、峰面积 y 为纵坐标，绘制标准工作曲线。

### 7.3.1.4　方法的验证

（1）标准曲线和检出限　根据 14 种化合物的响应强弱，配制不同质量浓度的混合标准溶液标准曲线。以峰面积对样品的浓度进行线性回归，结果表明，在 0.5~20μg/L 质量浓度范围内具有良好的线性关系（表 7.12）。在定量下限附近添加一系列低质量浓度的样品，以信噪比大于等于 3（$S/N \geqslant 3$）的最低质量浓度为最低检出限，实验得出检出限为 0.5~1μg/kg。

表 7.12　14 种化合物标准溶液 LC-MS/MS 测定的线性方程

| 序号 | 化合物名称 | 线性方程 | r 值 |
|---|---|---|---|
| 1 | 脱氧雪腐镰刀菌烯醇 | $y = 473.358x + 224.081$ | 0.999338 |
| 2 | 青霉酸 | $y = 4854.77x + 429.486$ | 0.999644 |
| 3 | 黄曲霉毒素 $M_1$ | $y = 2412.98x + 229.908$ | 0.999507 |
| 4 | 黄曲霉毒素 $G_2$ | $y = 3972.61x + 458.827$ | 0.999244 |
| 5 | 橘霉素 | $y = 14301.2x + 5182.07$ | 0.998771 |
| 6 | 黄曲霉毒素 $B_1$ | $y = 13221.7x + 3868.23$ | 0.999523 |
| 7 | 黄曲霉毒素 $B_2$ | $y = 6072.15x + 726.539$ | 0.999510 |
| 8 | 黄曲霉毒素 $G_1$ | $y = 5529.23x + 148.06$ | 0.999628 |
| 9 | 玉米赤霉烯酮 | $y = 3110.15x + 76.0476$ | 0.999502 |

续表

| 序号 | 化合物名称 | 线性方程 | $r$ 值 |
|---|---|---|---|
| 10 | 赭曲霉毒素 A | $y = 4363.98x + 2319.04$ | 0.997216 |
| 11 | 杂色曲霉毒素 | $y = 112374x + 38364.3$ | 0.998905 |
| 12 | HT-2 毒素 | $y = 230.53x + 13.6373$ | 0.999673 |
| 13 | T-2 毒素 | $y = 1365.01x + 593.109$ | 0.997328 |
| 14 | 鬼白毒素 | $y = 952.988x + 224.955$ | 0.998845 |

（2）方法回收率和精密度　分别取豆制品、面粉、牛奶制品、空白食品样品（为实验室已有阴性样本），添加低、中、高 3 个水平的 14 种化合物混合标准溶液，进行前处理，测定目标化合物。每个水平进行 6 次实验，结果见表 7.13，14 种化合物的平均回收率为 65.3%～130.1%，相对标准偏差为 0.56%～11.40%。

该方法已经多次成功应用于食品安全突发事件处理中，并且取了很好的结果。

表 7.13　14 种化合物的回收率和相对标准偏差

| 序号 | 化合物名称 | 添加量/(μg/kg) | 回收率/% | 相对标准偏差/% |
|---|---|---|---|---|
| 1 | 脱氧雪腐镰刀菌烯醇 | 1、5、10 | 102.7～120.8 | 2.21～11.40 |
| 2 | 青霉酸 | 1、5、10 | 103.7～113.6 | 1.73～5.24 |
| 3 | 黄曲霉毒素 $M_1$ | 1、5、10 | 78.4～98.5 | 5.89～10.23 |
| 4 | 黄曲霉毒素 $G_2$ | 1、5、10 | 98.6～130.1 | 3.56～8.91 |
| 5 | 橘霉素 | 1、5、10 | 87.8～106.9 | 0.56～7.24 |
| 6 | 黄曲霉毒素 $B_1$ | 1、5、10 | 89.0～108.6 | 0.98～3.42 |
| 7 | 黄曲霉毒素 $B_2$ | 1、5、10 | 94.9～110.3 | 2.10～4.68 |
| 8 | 黄曲霉毒素 $G_1$ | 1、5、10 | 98.6～118.9 | 4.85～10.52 |
| 9 | 玉米赤霉烯酮 | 1、5、10 | 77.9～118.0 | 8.23～10.37 |
| 10 | 赭曲霉毒素 A | 1、5、10 | 68.6～92.3 | 6.89～9.76 |
| 11 | 杂色曲霉毒素 | 1、5、10 | 100.9～113.9 | 2.45～8.50 |
| 12 | HT-2 毒素 | 1、5、10 | 65.3～82.4 | 3.38～9.84 |
| 13 | T-2 毒素 | 1、5、10 | 92.4～113.0 | 1.87～6.35 |
| 14 | 鬼白毒素 | 1、5、10 | 70.1～84.6 | 2.89～7.06 |

## 7.3.2　原多甲藻酸贝类毒素

原多甲藻酸贝类毒素（azaspiracids shellfishtoxins，AZAs）是近年来欧洲发现的一类新型聚醚类生物毒素，它是一种具有 6,5,6-三螺环和环胺结构的亲脂性聚醚类海洋生物毒素，结构式见表 7.14。由于贝类毒素及其基质较为复杂，采用超高效液相色谱-线形离子阱-静电场轨道阱高分辨质谱仪(UHPLC-LIT-Orbitrap MS)进行分析，该质谱仪具有多级质谱、超高分辨率和准确质量测定的功能，适用于食用贝类及其制品中多种原多甲藻酸贝类毒素的分析[7]。

表 7.14　3 种原多甲藻酸贝类毒素标准品信息

| 化合物名称(CAS 编号) | 分子式 | 分子量 | 结构式 |
|---|---|---|---|
| 原多甲藻酸-1 (214899-21-5) | $C_{47}H_{71}NO_{12}$ | 841.4971 | |

续表

| 化合物名称(CAS 编号) | 分子式 | 分子量 | 结构式 |
|---|---|---|---|
| 原多甲藻酸-2<br>(265996-92-7) | $C_{48}H_{73}NO_{12}$ | 855.5127 | 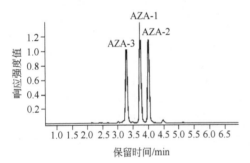 |
| 原多甲藻酸-3<br>(265996-93-8) | $C_{46}H_{69}NO_{12}$ | 827.4814 | |

### 7.3.2.1 仪器和条件

（1）仪器　超高效液相色谱-Orbitrap 高分辨质谱联用仪，美国 Thermo Fisher Scientific 公司。

（2）色谱条件　色谱柱：Acquity HSS T3 柱（2.1mm×150 mm，1.8μm）。流动相：乙腈（A）和水溶液（含 5mmol/L 乙酸铵和 0.1%甲酸）（B）。流速：250μL/min。进样量：10μL。柱温：30℃。梯度洗脱程序：0～1min，20%～50%A；1～6min，50%～90%A；6～7min，90%A；7～7.5min，90%～20%A。3 种 AZAs 在 7min 内可实现基线分离，见图 7.9。

（3）质谱条件　离子源：电喷雾离子源（ESI）；正离子模式。鞘气流量：35 单位。辅助气流量：6 单位。喷雾电压：4.8kV。毛细管温度：350℃。毛细管电压：30V。透镜电压：55V。分辨率：60000。HCD 相对碰撞能：23%。鞘气、辅助气、C-trap 碰撞气类型：氮气。

图 7.9　3 种 AZAs 对照品的色谱图

根据欧盟 2002/657/EC 指令，采用三重四极杆质谱仪的 SRM 模式对目标化合物进行确证需要至少两个碎片离子。Orbitrap 质谱仪属于高分辨质谱仪，因此，仅需要一个高分辨前体离子和一个高分辨产物离子就可以满足对目标化合物的确证要求。在本例中，将一级质谱的准分子离子作为定量离子，将峰丰度最高的高能碰撞解离(HCD)数据依赖采集的产物离子作为定性离子，并与理论值进行了对照，见表 7.15。

表 7.15　AZA-1、AZA-2 和 AZA-3 的质谱分析参数

| 化合物 | $[M+H]^+$<br>理论值(m/z) | $[M+H-H_2O]^+$ | | | 碰撞能量<br>/V |
|---|---|---|---|---|---|
| | | 理论值(m/z) | 实测值(m/z) | 误差/×10⁻⁶ | |
| AZA-1 | 842.5049 | 824.49434 | 824.49295 | -1.68 | 35 |
| AZA-2 | 856.5206 | 838.50999 | 838.50825 | -2.08 | 28 |
| AZA-3 | 828.4893 | 810.47869 | 810.47705 | -2.02 | 40 |

采用电喷雾离子源正离子模式，3 种原多甲藻酸贝类毒素生成的准分子离子峰中，$[M+H]^+$峰丰度最高。采用 HCD 数据依赖采集到多个产物离子，形成的碎片离子中，$[M+H-H_2O]^+$的响应最高，因此选作定性离子，见图 7.10。

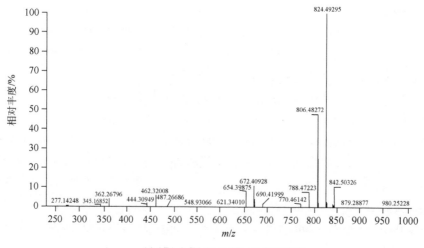

(a) AZA-1, [M+H−H₂O]⁺, m/z 824.49295

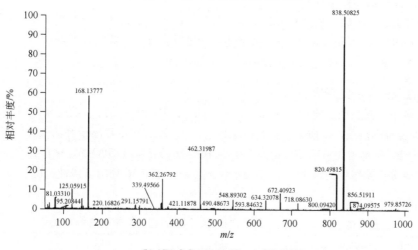

(b) AZA-2, [M+H−H₂O]⁺, m/z 838.50825

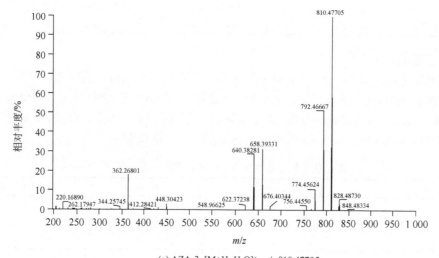

(c) AZA-3, [M+H−H₂O]⁺, m/z 810.47705

图 7.10　扇贝样品中添加水平为 10μg/kg 的 3 种 AZAs 对照品的二级质谱图

#### 7.3.2.2 样品处理

由于 AZAs 在贝类的肌肉和内脏等组织中的富集程度各不相同，如 AZA-1 主要分布于消化腺，而 AZA-3 则主要分布于消化腺以外的其他组织，因此在取样时，应取除外壳的整个部分（包含肌肉和内脏）作为试样，以确保样品的均一性和代表性。

（1）试样制备　用尖锐物品将试样去壳，将沙土及其他固体颗粒用清水冲洗去掉，沥干后称取 200g 洗净的样品，置于洁净的密封袋中，放入−20℃的冰箱中保存，避免试样间的交叉污染。

（2）提取和净化　准确称取制备好的试样 10g（精确至 0.01g）于均质杯中，分别加入 25mL 乙腈-水（85∶15，体积比）提取液，5g 无水硫酸镁和 2g 氯化钠，在 20000r/min 条件下均质 60s，用微纤维滤纸过滤，取 10mL 滤液至离心管中，加入 0.5g $C_{18}$ 基质固相分散萃取净化剂和 1g 无水硫酸镁，旋涡振荡 1min，7000r/min 离心 5min，取 5mL 清液移至锥形瓶中，40℃条件下旋转蒸发至近干，以 0.8mL 乙腈和 0.2mL 水溶解，旋涡振荡 30s，过 0.2μm 微孔滤膜，待分析测定。

#### 7.3.2.3 空白实验及回收率实验

选用不含上述 3 种原多甲藻酸贝类毒素的扇贝样品，分别添加 3 个水平（50μg/kg、75μg/kg 和 100μg/kg）的原多甲藻酸标准物质，按上述步骤进行实验，计算回收率结果。

选取纯水代替试样，按照上述步骤进行空白实验。

#### 7.3.2.4 线性范围、测定低限

3 种原多甲藻酸贝类毒素采用外标法进行定量。用空白样品提取液配制质量浓度为 10～500μg/L 的混合标准溶液，以质量浓度为横坐标（$x$，μg/kg）和定量离子峰面积为纵坐标（$y$）进行线性回归计算，所得相关系数（$R^2$）均大于 0.99。根据 10 倍信噪比（$S/N$）确定化合物定量限（$LOQ$）。样品中 3 种原多甲藻酸贝类毒素的 $LOQs$ 均为 10μg/kg，表 7.16 列出了线性范围、回归方程、相关系数和 $LOQs$。

表 7.16　扇贝中 AZAs 的线性范围、回归方程、相关系数和 LOQs

| 化合物 | 线性范围/(μg/L) | 线性方程 | 相关系数($R^2$) | 定量限/(μg/kg) |
|---|---|---|---|---|
| AZA-1 | 10～500 | $y = 8833x − 44259$ | 0.995 | 10.0 |
| AZA-2 | 10～500 | $y = 62729x − 12173$ | 0.996 | 10.0 |
| AZA-3 | 10～500 | $y = 8787x − 39148$ | 0.996 | 10.0 |

#### 7.3.2.5 精密度和回收率

欧盟确立的双壳软体动物中 AZAs 的最大允许限量为 160 μg/kg，实验选用不含上述 3 种毒素的贝类产品及其制品为空白样品，分 3 个水平进行添加回收实验，每个添加水平进行 6 次重复实验，分析并测定其精密度及回收率。3 种 AZAs 在 3 个水平的添加回收率范围均在 76%～103% 之间，相对标准偏差小于 10%（$n=6$），满足分析的要求，见表 7.17。

表 7.17　混合贝类样品基质中 3 种 AZAs 的回收率和精密度（$n=6$）

| 化合物 | 加标量/(μg/kg) | 回收率/% | 相对标准偏差/% |
|---|---|---|---|
| AZA-1 | 50、75、100 | 77～103 | 7.27 |
| AZA-2 | 50、75、100 | 81～102 | 8.06 |
| AZA-3 | 50、75、100 | 76～95 | 6.49 |

#### 7.3.2.6 实际样品测定

对 17 份市售和进口贝类产品及其制品进行了测定，其中 3 份样品检出了 AZAs，其中有一

份样本同时检出了 AZA-1 和 AZA-2，另外两份只检出 AZA-1，但均未超过欧盟制定的安全限量标准，见表 7.18。

表 7.18  17 份样品测定结果

| 样品名称 | AZA-1 | AZA-2 | AZA-3 |
|---|---|---|---|
| 扇贝-1 | 11.2 | <10.0 | <10.0 |
| 扇贝-2 | <10.0 | <10.0 | <10.0 |
| 扇贝-3 | <10.0 | <10.0 | <10.0 |
| 贻贝-1 | <10.0 | <10.0 | <10.0 |
| 贻贝-2 | <10.0 | <10.0 | <10.0 |
| 贻贝-3（进口） | <10.0 | <10.0 | <10.0 |
| 牡蛎-1 | <10.0 | <10.0 | <10.0 |
| 牡蛎-2 | <10.0 | <10.0 | <10.0 |
| 牡蛎-3（进口） | 15.2 | <10.0 | <10.0 |
| 象拔蚌-1（进口） | <10.0 | <10.0 | <10.0 |
| 象拔蚌-2（进口） | <10.0 | <10.0 | <10.0 |
| 象拔蚌-3（进口） | <10.0 | <10.0 | <10.0 |
| 贻贝罐头制品 | <10.0 | <10.0 | <10.0 |
| 牡蛎罐头 | <10.0 | <10.0 | <10.0 |
| 干制扇贝-1 | <10.0 | <10.0 | <10.0 |
| 干制扇贝-2 | 18.3 | 10.5 | <10.0 |
| 干制扇贝-3 | <10.0 | <10.0 | <10.0 |
| 添加 50μg/kg 回收率 | 78%～101% | | |
| 添加 100μg/kg 回收率 | 85%～97% | | |

## 参考文献

[1] 林峰，奚星林，陈捷等. 食品安全检测技术. 北京：化学工业出版社，2015.

[2] 桂茜雯，余可垚，袁芳等. 高效液相色谱-四极杆/静电场轨道阱高分辨质谱测定乳制品中的双氰胺和三聚氰胺. 环境化学，2013，32(12)：2413-2415.

[3] 高馥蝶，赵妍，邵兵等. 超高效液相色谱-四极杆-飞行时间质谱法快速筛查牛奶中的农药和兽药残留. 色谱，2012，30 (6)：560-567.

[4] 曹慧，陈小珍，朱岩等. 同位素稀释-固相萃取-超高效液相色谱-串联质谱技术同时测定畜禽肉中四类兽药残留. 质谱学报，2013，34(4)：202-214.

[5] 马智玲，赵文，李凌云等. 气相色谱-三重四极杆串联质谱法快速测定蔬菜水果中 129 种农药的残留量. 色谱，2013，31 (3)：228-239.

[6] 史娜，侯彩，路勇等. QuEChERS-高效液相色谱-质谱法检测食品中 14 种真菌毒素. 食品科学，2014，35(16)：190-196.

[7] 韩深，刘鑫，李建辉等. 超高压液相色谱-高分辨质谱快速筛查和确证食用贝类中多种原多甲藻酸贝类毒素. 食品科学，2014，35(4)：116-121.

# 8

# 有机质谱法在环境监测中的应用

对于环境监测，在 2012 年美国分析化学的基础与应用评论"Environmental Mass Spectrometry: Emerging Contaminants and Current Issues"中，包括了对空气、土壤/沉积物、水和生物样品中的新兴的环境污染物的研究，详细列出了各种污染物，称之为环境质谱法，读者可以参考[1]。

取决于待测成分的性质，主要分析方法为 GC-MS 和 LC-MS。近来，最热的倾向是使用高分辨质谱法鉴别未知物，如水中的药物和农药的代谢物。大气压光离子化的应用也显著增加，用于相对非极性的化合物的分析。

## 8.1 大气污染分析

### 8.1.1 大气颗粒物($PM_{10}$，$PM_{2.5}$)中的多环芳烃分析

进入 21 世纪以来，有毒有机物的污染及危害越来越严重，已受到了全世界普遍关注。大气中可吸入颗粒物中，$PM_{10}$ 指能用口鼻吸入的部分，其中 $PM_{2.5}$ 指可吸入颗粒物中能进入肺泡、甚至血液循环的部分。目前人们最为关注的可吸入颗粒物中的有毒物质为多环芳烃(polycyclic aromatic hydrocarbons，PAHs)。目前，GC-MS、用 EI 离子源、选择离子监测(SIM)定量，是分析大气颗粒物中 PAHs 的最常用的方法[2]。

#### 8.1.1.1 仪器及试剂

（1）仪器 大流量颗粒物采样器(Thermal Anderson，美国)，气相色谱-质谱联用仪(Thermo Finngen TRACE DSQ，美国)，HP-5MS 熔融石英毛细柱(30m×0.25mm，0.5μm)。

（2）GC-MS 分析条件见表 8.1。

表 8.1 GC-MS 主要仪器控制参数

| GC 参数 | 设定 | MS 参数 | 设定 |
|---|---|---|---|
| 载气 | 高纯氦气(≥99.999%) | 电离方式 | EI |
| 色谱柱 | HP-5MS(J&W)30m×0.25mm×0.5μm | 电子能量 | 70eV |
| 进样方式 | 手动进样 | 离子源温度 | 230℃ |
| 进样量 | 1μL，无分流 | 四极杆温度 | 150℃ |
| 进样口温度 | 280℃ | 扫描方式 | 全扫描 |
| 溶剂延迟时间 | 6.0min | 扫描质量范围 | 50～550 |
| 柱流量 | 1.0mL/min 恒流模式 | 扫描频率 | 2.96 Scans/s |
| 升温程序 | 50℃恒温 5min，以 15℃/min 升至 160℃，保持 5min，以 5℃/min 升至 280℃，恒温 15min | 倍增器电压 | 1100V(自调) |
| | | 离子化电流 | 300μA |

（3）标准化合物　EPA610 方法优先控制 16 种 PAHs 混合标样(Supelco 公司，美国)，分别为：萘(NA)、苊(ACY)、苊烯(ACE)、芴(FL)、菲(PHEN)、蒽(AN)、荧蒽(FLUR)、芘(PY)、苯并[a]蒽(BaA)、䓛(CHRY)、苯并[b]荧蒽(BbF)、苯并[k]荧蒽(BkF)、苯并[a]芘(BaP)、茚并[1,2,3-cd]芘(IcdP)、二苯并[a,h]蒽(dBAn)、苯并[g,h,i]苝(BPe)。

### 8.1.1.2　样品采集

采样时间从 2007-02-08 至 2007-03-02，分昼夜采集，白天采样时间从 08:00 至 19:30，晚上采样从 20:00 至次日 07:30。实验选用玻璃纤维滤膜，采样前将滤膜在马弗炉中 550℃焙烧 4h，以消除可能的有机物，冷却后放入恒温恒湿箱中平衡 24h（温度 25℃，湿度 50%），用十万分之一的精密电子天平称重。采样后的滤膜用铝箔封装后带回实验室，恒温恒湿 24h（温度 25℃，湿度 50%），用十万分之一的精密电子天平称重后放入冰箱中低温冷冻保存至分析。

### 8.1.1.3　样品的前处理和分析

将 1/2 大小的样品滤膜剪成细条状于锥形瓶中，用适量的二氯甲烷超声抽提 3 次，每次抽提 20min，每次更换溶剂，合并提取液并过滤，滤液在旋转蒸发仪上减压浓缩至即将干，加入少量正己烷继续旋蒸 3 次，以达到溶剂替换的目的，最后用氮吹仪将滤液浓缩至约 1mL。将浓缩液滴加在硅胶和氧化铝填充的色谱柱中，依次用 70mL 正己烷、70mL 正己烷：二氯甲烷（体积比为 1∶1）和 40mL 甲醇洗脱，分别得到正构烷烃、多环芳烃和极性组分。将多环芳烃组分洗脱液旋转蒸发浓缩，加入六甲基苯作为内标，用氮吹仪缓缓吹至约 1mL，最后定容至 1mL，利用 GC-MS 进行分析检测。苯并[b]荧蒽(BbF)和苯并[k]荧蒽(BkF)两种物质在 GC-MS 的色谱图中部分重叠，因此将这两种物质合并在一起进行分析。通过 GC-MS 的各项控制参数，使样品的分离和检测达到最佳效果，分析条件见表 8.1。目标化合物通过谱图解析、与标准物质比对保留时间及质谱图确定；由标准物质浓度-特征离子峰面积的工作曲线定量。苯并[e]芘用苯并[a]芘的标准曲线定量。

### 8.1.1.4　质量保证与质量控制

参考美国 EPA-610 方法，做了试剂空白、实验室空白和回收率实验，结果表明实验符合空白质量保证和质量控制要求，各种 PAHs 的标准曲线线性良好，除萘的回收率较低外(77%)，其余回收率为 88%~110%。实验所用试剂均为色谱纯，所用棉花、剪刀等均在正己烷中浸泡 48h 以上。

### 8.1.1.5　结果与分析

（1）污染水平　采样期间的 $PM_{10}$ 和 $PM_{2.5}$ 的日平均质量浓度都较高，污染相当严重，如图 8.1 所示样品中 91% $PM_{10}$ 都超过我国 1996 年制定的 100μg/m³ 可吸入颗粒物二级排放标准。91% $PM_{2.5}$ 样品超过 2007 年世界卫生组织指导值 50μg/m³ 二级排放标准。无论是 $PM_{10}$ 还是 $PM_{2.5}$，晚上的浓度都要高于白天的，可能与晚上湿度较大、温度较低等有关。

研究表明，颗粒物浓度随着相对湿度的升高而增加，随着风力的增强而降低，除了气象条件的影响外，除夕前后颗粒物浓度的变化还与春节期间燃放烟花爆竹有关。同时，研究表明，燃放烟花爆竹会导致空气中 $PM_{2.5}$ 和 $PM_{10}$ 质量浓度在短时间内迅速上升，并且 $PM_{10}$ 的变化更为明显。

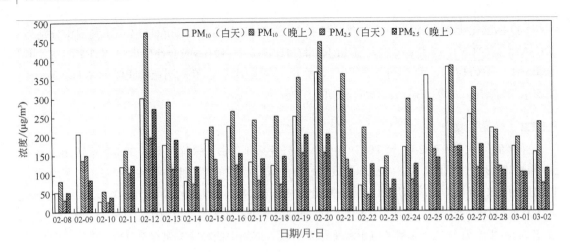

图 8.1　PM$_{10}$ 和 PM$_{2.5}$ 昼夜质量浓度

（2）细粒子中 PAHs 的污染特征　对 2007-02-11 至 2007-02-23 所采集到的 PM$_{2.5}$ 样品中的 17 种 PAHs 的组成及含量进行了分析，16 种 PAHs 单体平均浓度见图 8.2，总浓度见图 8.3。单体白天平均浓度在 0.107~9.063ng/m³，夜间平均浓度为 0.093~21.531ng/m³，夜间平均浓度大于白天浓度。PAHs 的平均总浓度也有夜间大于白天的趋势，这主要是由于夜间温度较低，湿度较大，风速较白天低，导致大气扩散能力较弱，污染物难以扩散，并且夜间的低温高湿的气象条件有利于 PAHs 气-粒转化的进行。

图 8.2　PM$_{2.5}$ 中 PAHs 各单体平均浓度 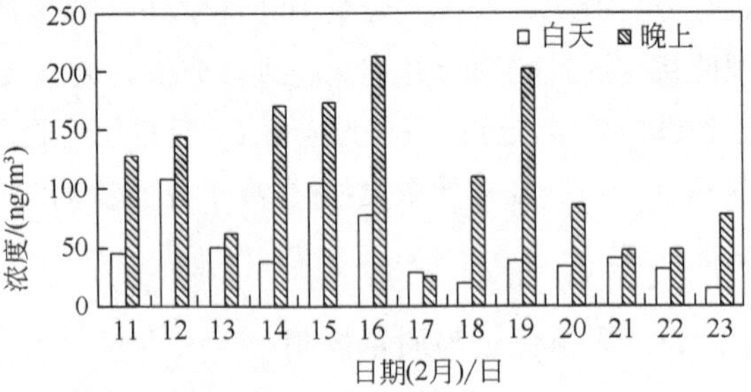　　　　　图 8.3　PM$_{2.5}$ 中 ΣPAHs 的昼夜质量浓度

荧蒽是浓度最高的单体，其次是芘和䓛。

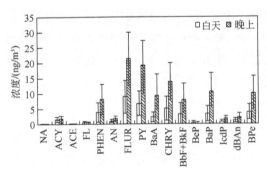

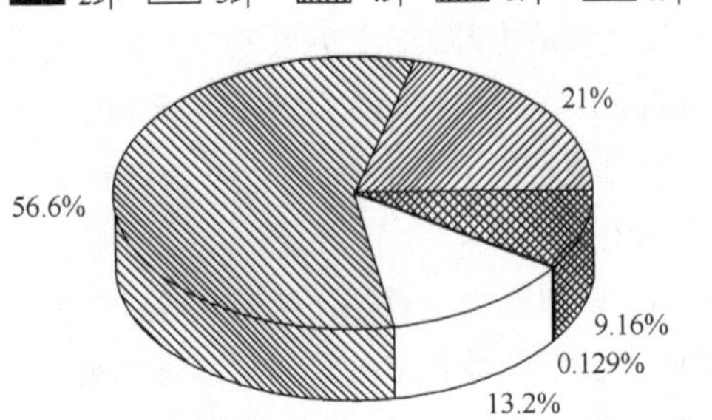

图 8.4　不同环数的 PAHs 的比例

其中 4 环芳烃占 56%，4 环及以上多环芳烃占总芳烃的 76.7%(见图 8.4)。PAHs 总量中 4 环以上的高环数芳烃占优势表明多环芳烃主要来自高温燃烧。另外，环境中的 PAHs 从源排放后，在传输的过程中会因降解、干湿沉降等从大气中除去。不同环数的 PAHs 的环境行为都是不同的，4 环的 PAHs 是一类半挥发性的有机物，同时存在于气相和颗粒相中，而 5 环和 6 环的 PAHs 主要存在于颗粒相中，所以在传输的过程中更容易因沉降和光降解等作用而除去。因此长距离迁移的颗粒物中以 4 环的 PAHs 所占的比例会更大，有人提出用 PAH(4)/PAH(5,6)

的值来大致地估算 PAHs 的来源，该值小说明受本地源的污染，反之则说明受外来污染源的影响较大。本例的 PAH(4)/PAH(5,6)值都小于 3，表明在采样的这段时间大气中的 PAHs 以本地源为主。

（3）PAHs 来源的定性解析　环境中的多环芳烃一般来自有机化合物的高温反应、石油等的低温蒸发以及森林大火和尘埃，其中有机物高温反应是最主要来源。城市大气气溶胶中 PAHs 的来源总体上与机动车保有量、工业过程和燃煤取暖关系密切。一些 PAHs 之间的相对含量往往是较稳定的，因此可以根据 PAHs 的特征比值来定性判断颗粒物中 PAHs 的来源。本例采用表 8.2 中的特征比值来定性判断 PAHs 的来源。例如，可用 BaP/BPe 比值来判断污染类型，比值在 0.3～0.4 时为交通污染，而比值为 0.7～6.6 时为燃煤污染，二者之间则表明是燃煤和交通的混合污染。此研究中该比值 0.43～4.02，表明冬季受到燃煤和交通的混合污染，但是大部分比值接近 0.6，说明燃煤污染占主要地位。FLUR/(FLUR + PY)接近 0.4 代表石油；0.6～0.7 主要指机动车尾气；>0.7 为草、木材等的燃烧。本例中该比值平均为 0.56，也说明了机动车尾气向大气中输入的 PAHs 量较大。

表 8.2　用于源识别的 PAHs 的特征比值

| 日期/月-日 | AN/(AN + PHEN) | BaP/BPe | FLUR/(FLUR + PY) | IcdP/BPe | BeP/(BeP + BaP) | |
| --- | --- | --- | --- | --- | --- | --- |
| | | | | | 白天 | 晚上 |
| 02-11 | 0.21 | 0.79 | 0.56 | 0.22 | 0.31 | 0.002 |
| 02-12 | 0.21 | 0.43 | 0.54 | 0.25 | 0.015 | 0.006 |
| 02-13 | 0.29 | 0.70 | 0.51 | 1.20 | 0.005 | 0.003 |
| 02-14 | 0.25 | 4.02 | 0.55 | 0.67 | 0.493 | 0.001 |
| 02-15 | 0.14 | 1.45 | 0.53 | 0.09 | 0.101 | 0.003 |
| 02-16 | 0.16 | 0.67 | 0.54 | 0.11 | 0.003 | 0.002 |
| 02-17 | 0.26 | 0.55 | 0.56 | 0.69 | 0.007 | 0.002 |
| 02-18 | 0.28 | 0.56 | 0.58 | 0.39 | 0.005 | 0.002 |
| 02-19 | 0.17 | 0.71 | 0.55 | 0.40 | 0.010 | 0.001 |
| 02-20 | 0.20 | 0.78 | 0.55 | 0.29 | 0.266 | 0.065 |
| 02-21 | 0.30 | 0.48 | 0.57 | 0.16 | 0.002 | 0 |
| 02-22 | 0.43 | 1.49 | 0.67 | 0.39 | 0.236 | 0.176 |
| 02-23 | 0.36 | 0.78 | 0.59 | 0.56 | 0.006 | 0.005 |

## 8.1.2　大气中的氯代和溴代二噁英/呋喃分析

多氯代二噁英/呋喃(PCDD/Fs)是一类具有强致癌致畸变活性并能在环境中持久存在的有机污染物，尤其是其 2, 3, 7, 8 位取代的化合物。多溴代二噁英/呋喃(PBDD/Fs)是 PCDD/Fs 的类似物，具有和 PCDD/Fs 类似的物化性质、毒性和环境分布特征，但 PBDD/Fs 具有更大的分子量、更小的蒸气压和更强的亲脂性。研究表明，2, 3, 7, 8-TBDD 具有与 2, 3, 7, 8-TCDD 相似甚至更强的毒性。PBDD/Fs 和 PCDD/Fs 主要产生于溴和氯存在下的燃烧过程。大气是二噁英传播和沉降的主要途径之一，可直接影响人类的健康。大气中二噁英的法定定量方法是用高分辨扇形磁场质谱仪的 GC-MS 方法，选择离子监测(SIM)定量[3]。近来，随着三重四极质谱等仪器性能（如灵敏度和专属性）的提高，以及大气压化学离子化在 GC-MS 中的应用，用非扇形磁场质谱仪的 GC-MS/MS、MRM 方法正在兴起[4]。

### 8.1.2.1　试剂、仪器与条件

（1）试剂　$^{13}C_{12}$ 标记的 PCDD/Fs 和 PBDD/Fs 标准物质，购自美国剑桥同位素实验室(CIL,

Cambridge Isotope Laborato ries Inc.)；标准土壤参考物质(standard reference material, SRM) EDF-2513 购自 CIL 公司；实验过程中所用溶剂（甲醇、乙醇、丙酮、二氯甲烷、正己烷及甲苯）购自德国 Merck 公司（农残或高纯级）。硅胶（0.20～0.070mm 粒径，Aldrich，USA）和 Florisil 土（0.24～0.154mm 粒径，Mecrk，Germany）经二氯甲烷索氏抽提 24h 后真空干燥。硅胶使用前 12h 于 180℃ 活化 5h 后，置于干燥器中待用；Florisil 土使用前 24h 于 135℃活化 24h 后，取出即用；无水 Na$_2$SO$_4$ 及玻璃棉于 450℃烧 5h 后，置于干燥器中保存。

（2）仪器与条件　高分辨气相色谱-高分辨磁场质谱仪 HRGC/HRMS (Thermo Finnigan Trace GC 2000/MAT 95 XP, Germany)。

① PBDD/Fs　EI 正离子模式，SIM，分辨率≥10000；DB-5MS 毛细管柱 30m×0.25mm i. d.，0.1μm (J&W Scientific，CA)。柱温：150℃(210min)，40℃/min 升温至 220℃，7.4℃/min 升温至 300℃(5.0min)。进样口、离子源及传输线温度分别为：250℃、250℃和 305℃。载气：He(1.0mL/min)，无分流进样 1μL。电子发射能：50eV。灯丝电流：0.75mA。PBDD/Fs 定量 HRMS 选择离子监测质/荷比及物质对照见表 8.3。

表 8.3　2, 3, 7, 8-PBDD/Fs 化合物高分辨质谱选择离子监测质/荷比及物质对照

| 通道 | 窗口 1 | | 窗口 2 | | 窗口 3 | |
| --- | --- | --- | --- | --- | --- | --- |
| | m/z | 化合物 | m/z | 化合物 | m/z | 化合物 |
| 1 | 463.9738 | FC43 lock mass | 463.9139 | FC 43 lock mass | 575.9674 | FC43 lock mass |
| 2 | 481.6975 | TBDF | 561.6060 | PeBDF | 613.9642 | FC43 cali mass |
| 3 | 483.6955 | TBDF | 563.6039 | PeBDF | 639.5165 | HxBDF |
| 4 | 493.7378 | $^{13}C_{12}$TBDF | 565.6200 | PeBDF | 641.5145 | HxBDF |
| 5 | 495.7357 | $^{13}C_{12}$TBDF | 573.6462 | $^{13}C_{12}$PeBDF | 643.5300 | HxBDF |
| 6 | 497.6924 | TBDD | 575.6441 | $^{13}C_{12}$PeBDF | 651.5568 | $^{13}C_{12}$HxBDF |
| 7 | 499.6904 | TBDD | 577.6009 | PeBDD | 653.5547 | $^{13}C_{12}$HxBDF |
| 8 | 509.7327 | $^{13}C_{12}$TBDD | 579.5989 | PeBDD | 655.5114 | HxBDD |
| 9 | 511.7306 | $^{13}C_{12}$TBDD | 589.6412 | $^{13}C_{12}$PeBDD | 657.5094 | HxBDD |
| 10 | 575.9614 | FC43 cali mass | 591.6391 | $^{13}C_{12}$PeBDD | 667.5517 | $^{13}C_{12}$HxBDD |
| 11 | | | 613.9642 | FC43 cali mass | 669.5496 | $^{13}C_{12}$HxBDD |

注：TBDF—tetrabromo dibenzo furan，四溴二苯并呋喃；PeBDF—pentabromo dibenzo furan，五溴二苯并呋喃；HxBDF—hexabromo dibenzo furan，六溴二苯并呋喃；TBDD—tetrabromo dibenzo-p-dioxin，四溴二苯并二噁英；PeBDD—pentabromo dibenzo-p-dioxin，五溴二苯并二噁英；FC43—perfluoro tributyl amine，全氟三丁胺；HxBDD—hexabromo dibenzo-p-dioxin，六溴二苯并二噁英；lock mass—锁定离子质量；cali mass—校正离子质量。

② PCDD/Fs　EI 正离子模式，SIM 分辨率≥10000；DB-5MS 毛细管柱 60m×0.25mm i. d.，0.125μm (J&W Scientific，CA)；柱温程序：90℃ (110min)，76℃/min 升温至 200℃(7.0min)，1.2℃/min 升温至 275℃，1.7℃/min 升温至 300℃。进样口温度：260℃；离子源温度：250℃；传输线温度：305℃。载气：He (0.8mL/min)。进样量：1μL，无分流。电子发射能：55eV，灯丝电流：0.80mA。

### 8.1.2.2　样品前处理

（1）酸性硅胶床　30g 酸性硅胶[硅胶：浓 H$_2$SO$_4$ = 60：40(体积比)]，正己烷洗脱过滤，洗脱液旋转蒸发后，氮气吹干，定容 20μL，加入内标后，进行 HRGC-HRMS 分析。

（2）多段硅胶柱　干法装柱，从下到上依次为 1g 中性硅胶、4g 碱性硅胶（硅胶：1mol/L KOH=2：1）、1g 中性硅胶、10g 酸性硅胶、2g 中性硅胶、5g 无水 Na$_2$SO$_4$，用正己烷：二氯甲烷=97：

3(体积比)混合液冲柱，浓缩定容后加入内标进行 HRGC-HRMS 分析。

（3）Florisil 柱　5g Florisil 土、5g 无水 Na$_2$SO$_4$ 装柱，100mL 正己烷淋洗，正己烷：二氯甲烷=40：60(体积比)混合液和二氯甲烷洗脱 PBDD/Fs 和 PCDD/Fs。洗脱液经旋转蒸发、氮气吹干，定容后加入内标，进行 HRGC-HRMS 分析。

### 8.1.2.3　环境大气样品采集及分析

智能大流量 TSP 采样器（武汉天虹智能仪表厂）及玻璃纤维膜（GFF，美国 Whatman）-吸附载体（聚亚胺脂泡沫，PUF）系统采集环境大气样品。加标平衡 24h 后，用索氏浸出抽以甲苯抽提 48h，抽提液分别经酸性硅胶床、多段硅胶柱、Florisil 柱净化后浓缩定容，加入内标后进行 HRGC-HRMS 分析。

### 8.1.2.4　质量保证与质量控制(QA/QC)

GFF 和玻璃器皿使用之前于 450℃烘烤 4h 以去除背景有机杂质，PUF 分别用甲醇、二氯甲烷、甲苯及丙酮提取 24h 后真空干燥，密封于干净棕色瓶中待用。采样前后用流量校正器对采样器进行校正。

每个样品中均加入 $^{13}$C$_{12}$ 标记的 PBDD/Fs 和 PCDD/Fs 化合物，以评价分析方法的回收率。分析过程中每 12 个样品中包括采样空白、实验室空白和 PUF 空白各 1 个，进行质量控制。

### 8.1.2.5　结果与讨论

（1）PBDD/Fs 工作曲线、PCDD/Fs 化合物定量的计算方法及公式的详细描述和解释，可参考美国 EPA 1613 和 EPA TO-9A 方法。对于 PBDD/Fs，此实验根据 PBDD/Fs 的实际样品浓度范围，确定并配置 PBDD/Fs 标准溶液。其中 2, 3, 7, 8-TBDD/Fs 浓度在 1～20pg/μL 范围内，PeBDD 和 HxBDDs 浓度在 5～100pg/μL 范围内，PeBDFs 化合物浓度在 5~50pg/μL 范围内，$^{13}$C$_{12}$ 标记化合物除 2, 3, 7, 8-TBDD 为 40pg/μL，1, 2, 3, 7, 8, 9-HxBDD 为 30pg/μL，1,2, 3, 6, 7, 8-HxBDD 为 10pg/μL 之外，其余化合物浓度均为 50pg/μL。计算所得 PBDD/Fs 标记化合物和非标记化合物之间相对响应及相对响应因子的相对标准偏差(RSD)在 1.12%～8.26%之间，PCDD/Fs 为 1.24%～12.62%，均满足美国 EPA 1613 的要求。

（2）样品前处理方法优化

① 酸性硅胶用于去除样品基质中大量干扰物质，酸性硅胶床净化后样品中 PBDD/Fs 和 PCDD/Fs 标准物质回收率在 80%～111%之间（表 8.4）。

② 多段硅胶柱能吸附并氧化样品中的干扰杂质。标准物质实验结果表明，在 150mL 正己烷：二氯甲烷=97：3 混合液洗脱条件下，PBDD/Fs 和 PCDD/Fs 的回收率均达到 80%以上（表 8.4）。

③ 多溴联苯醚(PBDEs)是对 PBDD/Fs 分析产生最大干扰的一类化合物，Florisil 土则能够有效地对两种物质进行分离。本实验考察了在不同极性溶剂洗脱条件下，PBDD/Fs 和 PCDD/Fs 的洗脱曲线及回收率，确定能同时洗脱两类物质的最佳溶剂量为 80mL 正己烷：二氯甲烷=40：60 混合液，加上 80mL 二氯甲烷。在该条件下，PBDD/Fs 回收率为 79%～101%；PCDD /Fs 回收率为 77%～106%（表 8.4）。

（3）精密度和回收率　方法的精密度和回收率 OPR(ongoing precision and recovery)，以标准样品进行衡量，平行 5 个样品。结果表明：PBDD/Fs 化合物的回收率在 78%～112%之间，RSD 在 0.8%～8.3%之间；PCDD/Fs 化合物的回收率在 73%～110%之间，RSD 为 1.0%～10.3%（表 8.4）。可见此方法中 PCDD/Fs 和 PBDD/Fs 标准溶液的平均浓度和 RSD 计算结果均达到甚至优于美国 EPA 1613 和 EPA TO-9A 方法的要求。

（4）标准参考样　称取一定量 SRM 样，加入 PBDD/Fs 标准溶液平衡 24h 后，按方法流程进行实验，平行 3 个样品。由表 8.4 结果可见此方法标准参考物的分析结果与标准值基本吻合，平行实验的 $RSD \leqslant 12.0\%$。

（5）方法空白　方法空白实验结果表明，样品中 $^{13}C_{12}$ 标记 PBDD/Fs 回收率在 65%～115% 之间；PCDD/Fs 化合物在 55%～114% 之间。大多数空白样品中没有检出 2,3,7,8-PBDD/Fs 和 2,3,7,8-PCDD/Fs 化合物。部分样品中会有极少量低溴代 PBDD/Fs 和高氯代 PCDD/Fs 化合物被检出，但对实际样品的定量影响不大。

（6）检出限

① 仪器检出限　分别将 PCDD/Fs 和 PBDD/Fs 标准溶液稀释一定倍数，进样 1μL 测试，使二噁英类化合物的信噪比约为 3，平行测定 5 次。绝对检出限：2,3,7,8-TBDF 为 0.08pg；2,3,7,8-TBDD 为 0.11pg；1,2,3,7,8,9-HxBDD 为 0.55pg；2,3,7,8-TCDF 为 0.1pg；2,3,7,8-TCDD 为 0.2pg；OCDD 为 0.8pg。

② 方法检出限　定义为方法空白样品平均浓度加上 3 倍的标准偏差。实验结果：TBDF，0.25pg/μL；TBDD，0.3pg/μL；PeBDF，0.5pg/μL；PeBDD，1.0pg/μL；HxBDD/Fs，1.5pg/μL；TCDDFs，0.5pg/μL；PeCDD/Fs 和 HxCDD/Fs，2.5pg/μL；HpCDD/Fs 和 OCDD/Fs，5pg/μL。

表 8.4　净化过程标准物质回收率及标准物质实验相关分析结果和参数

| 化合物 | 净化柱回收率① | | | 精密度和回收率 | | | 标准物质(SRM)EDF-2513/(ng/g) | | | |
| --- | --- | --- | --- | --- | --- | --- | --- | --- | --- | --- |
| | 酸性硅胶床 | 多段硅胶柱 | Florisil柱 | 添加剂/pg | 测定平均值/pg | RSD/% | 标准值② | 允许范围③ | 测定平均值 | RSD/% |
| 2,3,7,8-TCDF | 89 | 97 | 102 | 80 | 75 | 4.9 | 0.45±0.03 | 0.26～0.64 | 0.38 | 3.7 |
| 1,2,3,7,8-PeCDF | 88 | 108 | 106 | 400 | 350 | 9.2 | 0.87±0.04 | 0.59～1.15 | 0.90 | 7.9 |
| 2,3,4,7,8-PeCDF | 100 | 102 | 103 | 400 | 358 | 7.3 | 0.86±0.06 | 0.41～1.31 | 0.77 | 8.6 |
| 1,2,3,4,7,8-HxCDF | 102 | 105 | 102 | 400 | 382 | 3.7 | 0.88±0.05 | 0.53～1.23 | 0.97 | 4.7 |
| 1,2,3,6,7,8-HxCDF | 86 | 100 | 98 | 400 | 382 | 6.0 | 0.95±0.09 | 0.34～1.56 | 1.03 | 4.5 |
| 2,3,4,6,7,8-HxCDF | 83 | 99 | 93 | 400 | 383 | 3.5 | 0.82±0.06 | 0.39～1.26 | 0.90 | 6.0 |
| 1,2,3,7,8,9-HxCDF | 85 | 85 | 87 | 400 | 365 | 7.7 | 0.91±0.06 | 0.48～1.35 | 0.70 | 8.5 |
| 1,2,3,4,6,7,8-HpCDF | 92 | 88 | 95 | 400 | 396 | 6.6 | 1.27±0.11 | 0.52～2.01 | 1.07 | 4.3 |
| 1,2,3,4,7,8,9-HpCDF | 87 | 91 | 98 | 400 | 357 | 7.9 | 1.12±0.12 | 0.25～1.98 | 0.96 | 4.4 |
| OCDF | 87 | 98 | 103 | 800 | 859 | 1.0 | 2.25±0.15 | 1.17～3.33 | 2.07 | 3.7 |
| 2,3,7,8-TCDD | 95 | 99 | 102 | 80 | 75 | 6.8 | 0.46±0.03 | 0.26～0.67 | 0.45 | 7.2 |
| 1,2,3,7,8-PeCDD | 100 | 90 | 99 | 400 | 40 | 15.7 | 0.96±0.05 | 0.56～1.37 | 0.87 | 2.6 |
| 1,2,3,4,7,8-HxCDD | 102 | 94 | 86 | 400 | 344 | 8.4 | 0.90±0.06 | 0.50～1.29 | 0.86 | 5.3 |
| 1,2,3,6,7,8-HxCDD | 111 | 92 | 96 | 400 | 373 | 5.4 | 0.87±0.05 | 0.52～1.21 | 0.70 | 4.9 |
| 1,2,3,7,8,9-HxCDD | 100 | 100 | 100 | 400 | 358 | 10.3 | 0.90±0.06 | 0.46～1.33 | 0.83 | 5.5 |
| 1,2,3,4,6,7,8-HpCDD | 84 | 87 | 92 | 400 | 367 | 3.9 | 1.39±0.10 | 0.71～2.07 | 1.11 | 7.1 |
| OCDD | 80 | 80 | 77 | 800 | 795 | 1.8 | 3.51±0.22 | 1.98～5.03 | 2.56 | 2.9 |
| 2,3,7,8-TBDF | 83 | 96 | 88 | 200 | 156 | 7.0 | 0.80 | 0.60～1.00 | 0.82 | 6.6 |
| 1,2,3,7,8-PeBDF | 102 | 90 | 101 | 1000 | 998 | 0.8 | 4.00 | 3.00～5.00 | 3.77 | 12.0 |
| 2,3,4,7,8-PeBDF | 90 | 84 | 83 | 1000 | 916 | 1.5 | 4.00 | 3.00～5.00 | 3.93 | 3.3 |
| 2,3,7,8-TBDD | 100 | 100 | 100 | 200 | 171 | 8.3 | 0.80 | 0.60～1.00 | 0.72 | 7.2 |
| 1,2,3,7,8-PeBDD | 89 | 80 | 79 | 1000 | 824 | 2.4 | 4.00 | 3.00～5.00 | 4.12 | 1.6 |

续表

| 化合物 | 净化柱回收率[①] | | | 精密度和回收率 | | | 标准物质(SRM)EDF-2513/(ng/g) | | | |
|---|---|---|---|---|---|---|---|---|---|---|
| | 酸性硅胶床 | 多段硅胶柱 | Florisil柱 | 添加剂/pg | 测定平均值/pg | RSD/% | 标准值[②] | 允许范围[③] | 测定平均值 | RSD/% |
| 1,2,3,4,6,7,8-HxBDD | 94 | 94 | 82 | 2000 | 1904 | 1.7 | 8.00 | 6.00～10.00 | 7.73 | 8.2 |
| 1,2,3,7,8,9-HxBDD | 100 | 100 | 100 | 1000 | 1082 | 7.5 | 4.00 | 3.00～5.00 | 3.86 | 5.4 |

① $^{13}C_{12}$ 标记化合物回收率。

② PBDD/Fs 物质标准物为理论计算值；

③ PBDD/Fs 物质浓度允许范围计算为 75%～125% 理论浓度。

注：TCDF—tetrachloro dibenzo furan；PeCDF—pentachloro dibenzo furan；HxCDF—hexachloro dibenzo furan；HpCDF—heptachloro dibenzo furan；OCDF—octachloro dibenzo furan；TCDD—tetrachloro dibenzo-p-dioxin；PeCDD—pentachloro dibenzo-p-dioxin；HxCDD—hexachloro dibenzo-p-dioxin；HpCDD—heptachloro dibenzo-p-dioxin；OCDD—octachloro dibenzo-p-dioxin。

（7）环境大气样品中 PBDD/Fs 及 PCDD/Fs 含量测定　在某地区进行环境大气采样，并分别对其中颗粒相样品(GFF)和气相样品(PUF)进行二噁英分析。样品分析过程中 $^{13}C_{12}$ 标记 PBDD/Fs 化合物回收率为 65%～110%，PCDD/Fs 化合物回收率在 58%～113% 之间。图 8.5 和图 8.6 分别为标准样品和实际大气样品中 PCDD/Fs 和 PBDD/Fs 的 HRGC-HRMS 谱图。

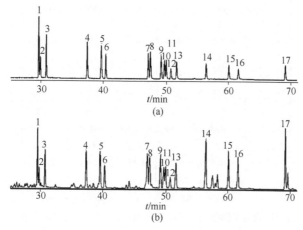

图 8.5　标准溶液(a)及实际大气样品(b)中 PCDD/Fs 的 HRGC-HRMS 谱图
1—2,3,7,8-TCDF；2—$^{13}C_{12}$-1,2,3,4-TCDD；3—2,3,7,8-TCDD；4—1,2,3,7,8-PeCDF；5—2,3,4,7,8-PeCDF；6—1,2,3,7,8-PeCDD；7—1,2,3,4,7,8-HxCDF；8—1,2,3,6,7,8-HxCDF；9—2,3,4,6,7,8-HxCDF；10—1,2,3,4,7,8-HxCDD；11—1,2,3,6,7,8-HxCDD；12—1,2,3,7,8,9-HxCDD；13—1,2,3,7,8,9-HxCDF；14—1,2,3,4,6,7,8-HpCDF；15—1,2,3,4,6,7,8-HpCDD；16—1,2,3,4,7,8,9-HpCDF；17—OCDD；18—OCDF.

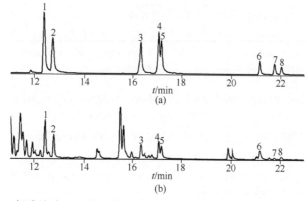

图 8.6　标准溶液(a)及实际大气样品(b)中 PBDD/Fs 的 HRGC-HRMS 谱图
1—2,3,7,8-TBDF；2—2,3,7,8-TBDD；3—1,2,3,7,8-PeBDF；4—2,3,4,7,8-PeBDF；5—1,2,3,7,8-PeBDD；6—1,2,3,4,7,8-HxBDF；7—1,2,3,4,7,8-HxBDD /1,2,3,6,7,8-HxBDD；8—1,2,3,7,8,9-HxBDD

分析结果表明(表 8.5)：大气中 2, 3, 7, 8-PBDD/Fs 以 PBDF 化合物为主, 2, 3, 7, 8-TBDF、1, 2, 3, 7, 8-PeBDF 和 2, 3, 4, 7, 8-PeBDF 浓度之和占总量的 90% 以上。除 2, 3, 7, 8-TBDD/Fs 外的多数 PBDD/Fs 主要分布在颗粒相中。对于 PCDD/Fs, OCDD、OCDF、HpCDFs 为其优势化合物, 低氯代化合物主要分布在气相, 高氯代化合物则主要存在于颗粒相中。

**表 8.5　实际环境大气样品中 2, 3, 7, 8-PBDD/Fs 和 2, 3, 7, 8-PCDD/Fs 化合物浓度**　　单位：pg/m³

| 化合物 | I-TEF | 样品 1 | | | 样品 2 | | | 样品 3 | | |
| --- | --- | --- | --- | --- | --- | --- | --- | --- | --- | --- |
| | | GFF | PUF | 总量 | GFF | PUF | 总量 | GFF | PUF | 总量 |
| 2,3,7,8-TBDF | 0.1 | 1.20 | 0.533 | 1.73 | 0.989 | 0.0339 | 1.02 | 0.450 | 0.0353 | 0.485 |
| 1,2,3,7,8-PeBDF | 0.05 | 0.467 | 0.170 | 0.637 | 0.308 | 0.00744 | 0.315 | 0.228 | 0.0 | 0.228 |
| 2,3,4,7,8- PeBDF | 0.5 | 0.689 | 0.0 | 0.689 | 0.403 | 0.0 | 0.403 | 0.270 | 0.0 | 0.270 |
| 2,3,7,8-TBDD | 1 | 0.0 | 0.0124 | 0.0124 | 0.0134 | 0.0 | 0.0134 | 0.00809 | 0.000785 | 0.00888 |
| 1,2,3,7,8- PeBDD | 0.5 | 0.0760 | 0.0856 | 0.162 | 0.00954 | 0.0 | 0.00954 | 0.0226 | 0.0 | 0.0226 |
| 1,2,3,4/6,7,8-HxBDD | 0.1 | 0.0 | 0.0 | 0.0 | 0.0 | 0.0 | 0.0 | 0.0295 | 0.0 | 0.0295 |
| 1,2,3,7,8,9-HxBDD | 0.1 | 0.0 | 0.0 | 0.0 | 0.0 | 0.0 | 0.0 | 0.0 | 0.0 | 0.0 |
| ΣPBDD/Fs | | 2.43 | 0.801 | 3.23 | 1.72 | 0.041 | 1.76 | 1.01 | 0.036 | 1.04 |
| ΣTEQ | | 0.526 | 0.117 | 0.643 | 0.334 | 0.0038 | 0.338 | 0.214 | 0.0043 | 0.218 |
| 2,3,7,8-TCDF | 0.1 | 0.0326 | 0.451 | 0.484 | 0.0326 | 0.318 | 0.351 | 0.166 | 0.440 | 0.606 |
| 1,2,3,7,8-PeCDF | 0.05 | 0.100 | 0.370 | 0.470 | 0.0801 | 0.518 | 0.598 | 0.341 | 0.318 | 0.659 |
| 2,3,4,7,8- PeCDF | 0.5 | 0.224 | 0.358 | 0.582 | 0.102 | 0.0 | 0.102 | 0.490 | 0.200 | 0.690 |
| 1,2,3,4,7,8-HxCDF | 0.1 | 0.298 | 0.229 | 0.527 | 0.356 | 0.703 | 1.06 | 0.608 | 0.0965 | 0.705 |
| 1,2,3,6,7,8-HxCDF | 0.1 | 0.278 | 0.245 | 0.523 | 0.442 | 0.858 | 1.30 | 0.567 | 0.0507 | 0.618 |
| 2,3,4,6,7,8-HxCDF | 0.1 | 0.441 | 0.190 | 0.631 | 0.483 | 1.03 | 1.51 | 0.714 | 0.0730 | 0.787 |
| 1,2,3,7,8,9-HxCDF | 0.1 | 0.0 | 0.0159 | 0.0159 | 0.0 | 0.0 | 0.0 | 0.0371 | 0.0 | 0.0371 |
| 1,2,3,4,6,7,8-HpCDF | 0.01 | 1.03 | 0.303 | 1.33 | 1.89 | 0.0 | 1.89 | 1.83 | 0.0348 | 1.86 |
| 1,2,3,4,7,8,9-HpCDF | 0.01 | 0.0492 | 0.0460 | 0.0952 | 0.155 | 0.987 | 1.14 | 0.231 | 0.0 | 0.231 |
| OCDF | 0.001 | 0.830 | 0.109 | 0.939 | 1.40 | 3.33 | 4.73 | 0.972 | 0.0 | 0.972 |
| 2,3,7,8-TCDD | 1 | 0.0 | 0.0309 | 0.0309 | 0.0 | 0.0686 | 0.0686 | 0.0 | 0.0 | 0.0 |
| 1,2,3,7,8-PeCDD | 0.5 | 0.0228 | 0.198 | 0.221 | 0.0 | 0.317 | 0.317 | 0.151 | 0.0 | 0.151 |
| 1,2,3,4,7,8-HxCDD | 0.1 | 0.0520 | 0.0 | 0.0520 | 0.0552 | 0.0 | 0.0552 | 0.0894 | 0.0 | 0.0894 |
| 1,2,3,6,7,8-HxCDD | 0.1 | 0.0823 | 0.0513 | 0.134 | 0.0 | 0.0 | 0.0 | 0.192 | 0.0188 | 0.211 |
| 1,2,3,7,8,9-HxCDD | 0.1 | 0.0 | 0.0282 | 0.0282 | 0.0 | 0.0 | 0.0 | 0.149 | 0.0117 | 0.161 |
| 1,2,3,4,6,7,8-HpCDD | 0.01 | 0.786 | 0.192 | 0.978 | 0.725 | 0.0 | 0.725 | 1.24 | 0.0523 | 1.29 |
| OCDD | 0.001 | 1.96 | 0.124 | 2.08 | 1.429 | 3.99 | 5.42 | 3.02 | 0.0777 | 3.10 |
| ΣPCDD/Fs | | 6.19 | 2.94 | 9.13 | 7.15 | 12.1 | 19.3 | 10.8 | 1.37 | 12.2 |
| ΣI-TEQ | | 0.268 | 0.454 | 0.722 | 0.222 | 0.561 | 0.783 | 0.627 | 0.186 | 0.813 |

注：TEQ—toxicity equivalent quantity, 毒性当量；I-TEF—international toxicity equivalent factor, 国际毒性当量因子；GFF—glass fiber filter, 玻璃纤维过滤器；PUF—polyurethane foam 聚氨酯泡沫。

PCDD/Fs 的毒性当量(toxicity equivalent quantity，TEQ)，可用其毒性当量因子(international toxicity equivalent factor，I-TEF)计算，但目前 PBDD/Fs 还没有统一的 TEF 值。鉴于 PBDD/Fs 和 PCDD/Fs 具有相似的毒理特征，世界卫生组织(World Health Organization，WHO)建议采用相应 PCDD/Fs 化合物的 I-TEF 来计算 PBDD/Fs 化合物的 TEQ。

计算结果表明，该地区大气中 PCDD/Fs 的 TEQ 值明显高于多数欧美国家，处于较严重污染水平。目前对于环境大气中 PBDD/Fs 的研究较少，通常认为 PBDD/Fs 的环境含量很低，所以多数研究项目中不包括 PBDD/Fs 的分析监测。由实验结果可知，样品 1 中 8 种 2, 3, 7, 8-PBDD/Fs 的 TEQ 总量几乎接近 17 种 2, 3, 7, 8-PCDD/Fs 的 TEQ 总和,样品 1 和 2 颗粒相中 2, 3, 7, 8-PBDD/Fs

的 TEQ 甚至远远超过 2, 3, 7, 8-PCDD/Fs，说明 PBDD/Fs 在大气中含量已经处于较高水平。但目前对于 PBDD/Fs 的环境分布、环境毒理以及迁移行为特征都没有相关研究，而且近年来，PBDD/Fs 产生的主要前驱物——溴代阻燃剂(brominated flame retardants，BFRs)的使用量正在急剧增加，若不及时采取有效措施进行控制和治理，可以预计 PBDD/Fs 在环境中的水平将会进一步提高。

## 8.2　沉积物/土壤有机污染物分析

持久性有机污染物中的有机氯农药（OCPs）和多环芳烃（PAHs）是具有强致癌、致畸、致突变效应的环境污染物，早已引起社会的广泛关注。环境中的残留的有机氯农药可通过挥发、扩散、质流等产生转移，污染大气、地表水体和地下水，并通过食物链在生物体内富集，最终危及人类健康。因此，农药在土壤及沉积物中的残留是导致环境污染和生物危害的根源。PAHs 则是一类在环境中分布非常广泛的致癌物质，由于其具半挥发性、能够随大气污染物迁移，并且容易沉降于沉积物表面，因此，沉积物是多环芳烃的储藏库，环境中大量 PAHs 都存在于沉积物中。沉积物/土壤中的 OCPs 和 PAHs 主要用 GC-MS 分析、SIM 定量。近来，采用高分辨质谱仪是一种趋势，有利于防止干扰、待测物质的确证和未知物分析。

### 8.2.1　沉积物中多环芳烃和有机氯农药分析

用 GC-MS 分析沉积物/土壤中的 OCPs 和 PAHs 是常用的方法。采用自动索氏抽提-凝胶渗透色谱（GPC）净化沉积物样品的方法操作简便，自动化程度高，满足分析测试的需求[5]。

#### 8.2.1.1　仪器、试剂和条件

（1）Agilent 7890-5975C 气相色谱-质谱联用仪，DB-5MS 色谱柱（325℃，30m×250μm，0.25μm）；采用无分流进样，进样量 1μL；载气为高纯氦气；进样口温度 280℃；传输线温度 290℃；检测器温度 290℃；采用程序升温，初始温度 50℃，保持 4min，以 8℃/min 升至 300℃，保持 5 min。全扫描（定性）和选择离子监测（定量）模式同时采集，全扫描质量范围为 $m/z$ 45.0～550.0。

（2）Foss2050 型 Soxtec 全自动索氏抽提系统（丹麦 Foss）；ULTRA GPC 系统（德国 LC-tech）含自动凝胶渗透色谱（凝胶渗透色谱柱 25mm×50cm，填料为 Bio-beads SX-3），在线浓缩。

（3）16 种多环芳烃混合标准溶液（2000mg/L），美国 O2si 公司；19 种有机氯农药混合标准溶液（2000mg/L）、二氯苯-$d_4$、菲-$d_{12}$ 内标标准溶液(2000mg/L)，美国 Supelco 公司；调谐物质十氟三苯基膦(DFTPP) (2500mg/L)，美国 Agilent 公司；农残级丙酮、正己烷、乙酸乙酯、环己烷等有机溶剂，美国 Tedia 公司。

#### 8.2.1.2　沉积物样品

选择两种沉积物样品，A 样品：浅灰色黏土，pH=7.39，有机质含量为 13.17g/kg，电导率为 361μS/cm；B 样品：浅灰色黏土，pH=7.20，有机质含量为 14.24g/kg，电导率为 318μS/cm。

#### 8.2.1.3　索氏抽提

样品经冷冻干燥处理后，去除动植物残体，研磨过 60 目钢筛后称取 10g，进 Foss 索氏抽提器开始抽提。抽提液为丙酮：正己烷 = 1：1（体积比），80mL，抽提温度为 160℃，沸腾时间 60min。淋洗时间 60min。

#### 8.2.1.4 凝胶渗透色谱（GPC）净化

将抽提液浓缩后用环己烷：乙酸乙酯=1∶1（体积比）定容至 40mL，进行 GPC 净化。GPC 流动相为环己烷：乙酸乙酯 = 1∶1 混合溶液，柱流速 5mL/min，收集时间 1020～3260s，收集 GPC 在线浓缩系统浓缩的溶液约 5mL，氮吹至近干，用乙酸乙酯定容至 1mL。

#### 8.2.1.5 样品的测定

样品浓缩后，分两次进样，用上述 GC-MS 条件分别测定多环芳烃和有机氯农药。

#### 8.2.1.6 结果与讨论

（1）色谱分离 16 种 PAHs 和 19 种 OCPs 标准物质总离子流图见图 8.7（图中各化合物名称及保留时间见表 8.6）。

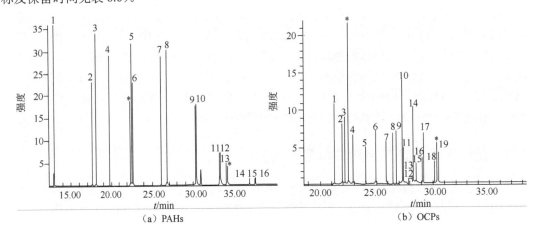

图 8.7 16 种 PAH 和 19 种 OCPs 标准物质总离子流图

（2）标准曲线、回收率、精密度及检出限 为了消除仪器干扰及更准确地反映目标化合物与响应值之间的对应关系，采用内标法，全扫描和选择离子模式同时采集，全扫描质量范围为 $m/z$ 45.0～550.0。在仪器调谐、系统自检满足要求后，分别对 PAHs 和 OCPs 依次进行 10μg/L、20μg/L、50μg/L、100μg/L、200μg/L、500μg/L、1000μg/L 等浓度梯度标样的测试，以每种化合物的特征离子峰面积与内标物质特征离子峰面积响应之比为横坐标($x$)，以目标化合物的质量浓度(μg/L)与内标化合物的质量浓度(μg/L)之比为纵坐标($y$)，绘制线性回归方程，$R^2>0.99$，结果见表 8.6。

取同样的沉积物样品，分别加入 10μg/kg、50μg/kg、100μg/kg PAHs 和 OCPs 混合标准溶液，每个浓度 5 个平行，按照样品分析测试方法操作，做基体加标回收率分析，并计算其相对标准偏差($RSD$)，检验其回收率及精密度，以 3 倍 $S/N$、10 倍 $S/N$ 计算该方法标准物质的检出限($LOD$)和定量限($LOQ$)，如表 8.6 所示。

表 8.6 16 种多环芳烃和 19 种有机氯农药的线性方程、检出限、样品回收率和精密度

| 编号 | | $t$/min | 线性方程 | 回收率/% | | | $RSD$/% | | | 检出限 /(μg/kg) | 定量限 /(μg/kg) |
|---|---|---|---|---|---|---|---|---|---|---|---|
| | | | | 0.01 | 0.05 | 0.10 | 0.01 | 0.05 | 0.10 | | |
| PAHs | | | | | | | | | | | |
| 1 | 萘 | 12.98 | $y=1.166x-0.00317$ $R^2=0.9999$ | 83.9 | 82.8 | 83.1 | 2.90 | 6.29 | 6.64 | 0.044 | 0.147 |
| 2 | 苊烯 | 17.66 | $y=2.051x-0.382$ $R^2=0.9980$ | 82.2 | 81.3 | 82.3 | 5.93 | 6.88 | 7.68 | 0.199 | 0.662 |

| 编号 | | $t$/min | 线性方程 | 回收率/% | | | RSD/% | | | 检出限/(μg/kg) | 定量限/(μg/kg) |
|---|---|---|---|---|---|---|---|---|---|---|---|
| | | | | 0.01 | 0.05 | 0.10 | 0.01 | 0.05 | 0.10 | | |
| PAHs | | | | | | | | | | | |
| 3 | 苊 | 18.19 | $y=1.295x-0.09493$ $R^2=0.9994$ | 92.9 | 95.4 | 87.7 | 7.68 | 5.64 | 6.49 | 0.063 | 0.209 |
| 4 | 芴 | 19.74 | $y=1.427x-0.2322$ $R^2=0.9984$ | 82.4 | 94.4 | 94.1 | 9.78 | 3.04 | 7.07 | 0.142 | 0.474 |
| 5 | 菲 | 22.55 | $y=1.394x-0.09338$ $R^2=0.9997$ | 94.1 | 100.8 | 96.7 | 9.79 | 4.21 | 2.39 | 0.022 | 0.074 |
| 6 | 蒽 | 22.55 | $y=1.243x-0.3348$ $R^2=0.9940$ | 84.1 | 82.9 | 81.8 | 6.03 | 3.55 | 0.38 | 0.030 | 0.100 |
| 7 | 荧蒽 | 26.06 | $y=1.647x-0.1796$ $R^2=0.9996$ | 103.3 | 108.7 | 106.5 | 7.56 | 7.74 | 0.23 | 0.008 | 0.028 |
| 8 | 芘 | 26.69 | $y=1.704x-0.1516$ $R^2=0.9998$ | 106.1 | 103.9 | 102.9 | 9.43 | 7.34 | 0.96 | 0.015 | 0.049 |
| 9 | 苯并[$a$]蒽 | 30.29 | $y=0.9305x-0.1391$ $R^2=0.9983$ | 99.4 | 101.8 | 107.8 | 2.40 | 8.85 | 2.46 | 0.012 | 0.039 |
| 10 | 䓛 | 30.38 | $y=1.203x-0.0587$ $R^2=0.9994$ | 93.6 | 87.1 | 84.3 | 9.81 | 1.69 | 3.81 | 0.018 | 0.062 |
| 11 | 苯并[$b$]荧蒽 | 33.24 | $y=2.268x-0.4172$ $R^2=0.9975$ | 98.1 | 102.1 | 98.7 | 6.67 | 5.23 | 2.95 | 0.036 | 0.120 |
| 12 | 苯并[$k$]荧蒽 | 33.31 | $y=2.911x-0.2968$ $R^2=0.9985$ | 77.6 | 89.2 | 83.9 | 9.86 | 5.71 | 2.75 | 0.051 | 0.172 |
| 13 | 苯并[$a$]芘 | 34.04 | $y=2.102x-0.4164$ $R^2=0.9975$ | 88.4 | 81.3 | 84.6 | 8.24 | 5.07 | 2.09 | 0.135 | 0.450 |
| 14 | 茚并[1,2,3-$cd$]芘 | 36.78 | $y=0.938x-0.2429$ $R^2=0.9933$ | 95.2 | 99.9 | 100.6 | 8.51 | 8.97 | 2.36 | 0.090 | 0.300 |
| 15 | 二苯并[$a,h$]蒽 | 36.90 | $y=1.009x-0.2640$ $R^2=0.9953$ | 86.5 | 100.8 | 102.7 | 6.97 | 9.66 | 3.44 | 0.085 | 0.284 |
| 16 | 苯并[$g,h,i$]芘 | 37.48 | $y=1.252x-0.2184$ $R^2=0.9969$ | 93.5 | 98.7 | 104.2 | 5.08 | 6.63 | 2.78 | 0.080 | 0.266 |
| OCPs | | | | | | | | | | | |
| 1 | $\alpha$-BHC | 21.28 | $y=0.2444x-0.0416$ $R^2=0.9982$ | 95.8 | 88.9 | 94.5 | 6.18 | 3.23 | 0.28 | 0.025 | 0.085 |
| 2 | $\beta$-BHC | 21.93 | $y=0.1637x-0.0525$ $R^2=0.9949$ | 81.9 | 80.4 | 88.2 | 0.16 | 1.42 | 1.82 | 0.184 | 0.613 |
| 3 | $\gamma$-BHC | 22.16 | $y=0.2404x-0.07639$ $R^2=0.9959$ | 94.1 | 100.2 | 103.5 | 3.05 | 2.55 | 2.05 | 0.085 | 0.282 |
| 4 | $\delta$-BHC | 22.91 | $y=0.1352x-0.04634$ $R^2=0.9931$ | 95.2 | 97.8 | 100.8 | 7.92 | 5.12 | 0.70 | 0.353 | 1.176 |
| 5 | 七氯 | 24.03 | $y=0.1039x-0.03737$ $R^2=0.9955$ | 90.9 | 93.7 | 93.8 | 3.06 | 2.59 | 2.12 | 0.097 | 0.325 |
| 6 | 艾氏剂 | 24.91 | $y=0.1971x-0.02784$ $R^2=0.9985$ | 85.1 | 87.5 | 89.2 | 4.11 | 2.60 | 1.09 | 0.060 | 0.200 |
| 7 | 环氧七氯 | 25.87 | $y=0.1138x-0.02568$ $R^2=0.9973$ | 85.6 | 94.3 | 99.4 | 6.21 | 7.36 | 5.93 | 0.084 | 0.279 |
| 8 | $\gamma$-氯丹 | 26.44 | $y=0.2166x-0.0401$ $R^2=0.9983$ | 98.7 | 104.3 | 107.8 | 3.76 | 3.03 | 2.30 | 0.036 | 0.121 |

续表

| 编号 | | t/min | 线性方程 | 回收率/% | | | RSD/% | | | 检出限 /(μg/kg) | 定量限 /(μg/kg) |
|---|---|---|---|---|---|---|---|---|---|---|---|
| | | | | 0.01 | 0.05 | 0.10 | 0.01 | 0.05 | 0.10 | | |
| | | | OCPs | | | | | | | | |
| 9 | α-氯丹 | 26.75 | $y=0.1950x-0.03592$ $R^2=0.9983$ | 92.6 | 101.2 | 102.9 | 5.08 | 3.68 | 2.27 | 0.030 | 0.099 |
| 10 | p,p'-DDE | 27.29 | $y=0.4493x-0.05454$ $R^2=0.9991$ | 105.9 | 101.6 | 107.7 | 1.65 | 3.05 | 3.65 | 0.064 | 0.214 |
| 11 | 狄氏剂 | 27.40 | $y=0.2188x-0.04516$ $R^2=0.9978$ | 105.9 | 92.4 | 98.3 | 7.62 | 6.46 | 5.30 | 0.103 | 0.344 |
| 12 | 异狄氏剂 | 27.89 | $y=0.0328x-0.00635$ $R^2=0.9988$ | 103.4 | 103.6 | 107.7 | 3.78 | 3.66 | 3.54 | 0.211 | 0.704 |
| 13 | 硫丹II | 28.15 | $y=0.05133x-0.0119$ $R^2=0.9972$ | 94.8 | 96.6 | 93.3 | 6.77 | 8.15 | 6.19 | 0.150 | 0.500 |
| 14 | p,p'-DDD | 28.27 | $y=0.8115x-0.07254$ $R^2=0.9988$ | 84.1 | 83.3 | 89.6 | 4.11 | 3.87 | 3.64 | 0.091 | 0.305 |
| 15 | 异狄氏剂醛 | 28.49 | $y=0.0445x-0.00714$ $R^2=0.9989$ | 84.5 | 88.5 | 87.3 | 2.27 | 3.80 | 5.32 | 0.101 | 0.338 |
| 16 | 硫酸硫丹 | 29.03 | $y=0.1099x-0.0233$ $R^2=0.9985$ | 89.7 | 84.5 | 87.8 | 6.42 | 3.90 | 1.38 | 0.053 | 0.177 |
| 17 | p,p'-DDT | 29.15 | $y=0.2337x-0.1025$ $R^2=0.9927$ | 82.4 | 81.0 | 82.6 | 6.07 | 5.84 | 5.81 | 0.166 | 0.552 |
| 18 | 异狄氏剂酮 | 30.12 | $y=0.1170x-0.01731$ $R^2=0.9988$ | 83.9 | 93.9 | 90.6 | 5.94 | 3.10 | 0.89 | 0.175 | 0.585 |
| 19 | 甲氧氯 | 30.44 | $y=0.3650x-0.1603$ $R^2=0.9926$ | 82.6 | 79.9 | 80.6 | 7.58 | 5.49 | 2.08 | 0.071 | 0.236 |

如表 8.6 所示，16 种 PAHs 和 19 种 OCPs 在 10～1000μg/L 范围内具有良好的线性关系($R^2=0.99$)，检出限($S/N=3$)为 0.008～0.353μg/kg。加标水平为 10μg/kg、50μg/kg、100 μg/kg 时，平均加标回收率分别为 77.6%～106.1%、79.9%～108.7%和 80.6%～107.8%；其中 PAHs 的相对标准偏差在 0.23%～9.86%之间，OCPs 的相对标准偏差为 0.16%～8.15%。

（3）实际样品的测定 采用此方法对来自珠江流域 3 个表层沉积物中的 PAHs 和 OCPs 进行检测，采样点分别为云南花山、广西梧州、广东平岗，结果见表 8.7。

表 8.7 表层沉积物中 PAHs 和 OCPs 含量的测定

单位：μg/kg

| 化合物 | 花山 | 梧州 | 平岗 | 化合物 | 花山 | 梧州 | 平岗 | 化合物 | 花山 | 梧州 | 平岗 |
|---|---|---|---|---|---|---|---|---|---|---|---|
| 萘 | 17.88 | 53.75 | 68.87 | 环氧七氯 | — | — | — | 苯并[k]荧蒽 | 1.32 | 4.24 | 4.51 |
| 苊烯 | 2.43 | 1.60 | 4.30 | 荧蒽 | 5.29 | 17.38 | 30.88 | 苯并[a]芘 | 2.30 | 15.98 | 7.20 |
| 苊 | 1.63 | 1.26 | 3.48 | 芘 | 5.36 | 13.17 | 32.02 | 茚并[1,2,3-cd]芘 | 3.96 | 19.60 | 10.62 |
| 芴 | 6.06 | 8.22 | 24.39 | 苯并[a]蒽 | 5.02 | 17.48 | 11.33 | 二苯并[a,h]蒽 | 4.25 | 5.57 | 4.28 |
| 菲 | 9.16 | 36.76 | 52.35 | 䓛 | 9.01 | 20.76 | 11.85 | 苯并[g,h,i]苝 | 5.99 | 23.32 | 15.02 |
| 蒽 | 3.20 | 3.74 | 6.22 | 苯并[b]荧蒽 | 3.49 | 18.73 | 23.54 | p,p'-DDD | 1.03 | 1.20 | 1.65 |
| α-BHC | — | — | — | γ-氯丹 | 1.89 | 1.93 | 1.89 | 异狄氏剂醛 | — | — | — |
| β-BHC | — | — | — | α-氯丹 | 1.86 | 1.92 | 1.86 | 硫酸硫丹 | — | — | 2.71 |
| γ-BHC | — | — | — | p,p'-DDE | 1.73 | 2.56 | 4.62 | p,p'-DDT | 0.96 | 1.25 | 0.81 |
| δ-BHC | — | — | — | 狄氏剂 | 9.62 | 8.85 | 6.14 | 异狄氏剂酮 | — | — | — |
| 七氯 | — | 5.33 | 7.04 | 异狄氏剂 | — | — | — | 甲氧氯 | — | — | — |
| 艾氏剂 | — | — | 11.96 | 硫丹II | 8.04 | 13.94 | 10.66 | | | | |

注：—为未检出。

从表 8.7 中可知，16 种 PAHs 均有检出，检出量为 1.26～68.87μg/kg，3 种表层沉积物中的 PAHs 总量为 86.33～310.85μg/kg，且从上游至下游（花山→梧州→平岗）ΣPAHs 逐渐升高。而由于 OCPs 的高危害性，近年来已开始停止使用和生产有机氯农药，所以 19 种 OCPs 中只有 10 种 OCPs 部分检出，检出量为小于 *LOD* 至 11.96μg/kg，3 种表层沉积物中的 OCPs 总量为 25.13～49.34μg/kg。

## 8.2.2　南极样品中有机氯农药

目前针对极地地区有机氯农药（OCPs）的研究报道主要集中在与人类活动区域更近的北极地区。南极地区由于其地理位置和环境条件的特殊性，相关研究明显较少。此外，已报道的南极地区环境样品中 OCPs 种类有限，且浓度普遍低于全球其他地区。HRGC/HRMS 技术具高分辨率和高选择性，消除可能存在的干扰问题，从而降低样品检出限。因此，成为检测南极环境样品中有机氯化合物的有效方法[6]。

### 8.2.2.1　试剂与材料

（1）实验所用有机溶剂均为农残级　正己烷、二氯甲烷、丙酮、乙腈购自美国 J.T. Baker 公司；壬烷购自美国 Sigma Aldrich 公司；无水硫酸钠（优级纯）购自国药集团化学试剂北京有限公司，使用前在马弗炉中 660℃烘烤 6h；硅胶购自德国 Merck 公司，使用前于 550℃下活化 12h；碱性氧化铝购自美国 Sigma Aldrich 公司，使用前于 600℃活化 24h。实验材料均置于干燥器中密闭保存。固相提取小柱（LC-18 SPE,1g）购自美国 Supelco 公司。

（2）OCPs 标准溶液　实验中所用标液均购自美国 Cambridge Isotope Laboratories。OCPs 定量内标(LCS)：包含 21 种 $^{13}$C 标记的化合物。进样内标(IS)：包含 $^{13}$C 标记的 4,4'-二氯联苯(PCB15) 和 2,3',4',5-四氯联苯(PCB70)。OCPs 系列校正标准溶液(CS)：包括 CS1～CS6。

### 8.2.2.2　样品采集与前处理

（1）样品　南极土壤、苔藓和地衣样品，每种数量各 3 个，于 2010 年 1 月采集自我国南极长城站周边。样品运回实验室，置于冰箱-20℃冷冻保存。萃取前土壤、苔藓和地衣样品经冷冻干燥后研磨粉碎，土壤需再过 40 目筛。

（2）萃取　称取土壤样品 5g（苔藓和地衣样品 2g），加入 20g 无水硫酸钠混匀后装入不锈钢萃取池中进行加速溶剂萃取（ASE300, Dionex, USA），萃取前加入 1ng OCPs-LCS。萃取溶剂为正己烷：二氯甲烷=1:1（体积比）混合液；萃取温度：150℃；压力：1500psi（10.3MPa）；静态萃取时间：8min；循环萃取 2 次。萃取液旋蒸浓缩至 1～2mL，准备净化。

（3）净化　采用硅胶-氧化铝柱和 C$_{18}$ 小柱。硅胶-氧化铝柱填料自下而上依次为 10g 中性硅胶，5g 碱性氧化铝（3% H$_2$O 去活化）和 5g 无水硫酸钠。60mL 二氯甲烷：正己烷=1:1（体积比）混合液预淋洗。上样后用 100mL 二氯甲烷：正己烷=1:1（体积比）混合液对目标物进行洗脱。洗脱液旋转蒸发浓缩并转移至 Kuderna Danish(K-D)管内氮吹至近干，加入适量乙腈进行溶剂置换，准备过 C$_{18}$ 小柱。土壤样品需加适量铜棒除硫再进行 C$_{18}$ 小柱净化。C$_{18}$ 小柱使用前用 6mL 乙腈预淋洗，上样后用 12mL 乙腈洗脱。洗脱液旋转蒸发、氮吹浓缩至近干，加入 0.2～0.3mL 正己烷，并转移至进样小瓶，氮吹浓缩至 20μL 壬烷中，最后添加 1ng OCPs-IS，涡旋混匀后准备进行 HRGC/HRMS 分析。

### 8.2.2.3　HRGC/HRMS 分析

HRGC/HRMS 分析采用 DFS 高分辨双聚焦磁场质谱仪系统（Thermo 公司，美国）。GC 进样口温度为 220℃；传输线温度为 270℃；载气为氦气（纯度≥99.999%）；流速为 1.0mL/min，恒流模式。毛细管色谱柱：DB-5MS（30m×0.25mm，0.25μm）。GC 升温程序：初始温度 60℃，保持 1.5min，以 10℃/min 升温速率升至 140℃，再以 4℃/min 升至 300℃，保持 2min。进样量：1μL，不分流进样。质谱条件：电子轰击源（EI），电子能量 45eV；离子源温度 230℃；分辨率≥8000；选择离子监测（SIM）模式（特征碎片离子的质量和丰度比信息见表 8.8）。

#### 8.2.2.4 结果与讨论

（1）HRGC/HRMS 条件的建立　有机氯农药标准溶液（CS4：40μg/L）的总离子流色谱图如图 8.8 所示。表 8.8 列出了 23 种 OCPs 的流出顺序及保留时间。

**表 8.8　23 种有机氯农药的保留时间、特征离子和丰度比**

| 编号 | 目标物 | 保留时间 $t$/min | 特征离子（$m/z$） | | 丰度比 |
|---|---|---|---|---|---|
| 1 | $\alpha$-六六六($\alpha$-HCH) | 18.58 | 180.9379 | 182.9349 | 1.03 |
| | $^{13}C_6$-$\alpha$-HCH | 18.58 | 186.9580 | 188.9550 | 1.04 |
| 2 | 六氯苯(HCB) | 18.66 | 283.8102 | 285.8703 | 1.25 |
| | $^{13}C_{10}$-HCB | 18.66 | 289.8303 | 291.8273 | 1.25 |
| 3 | $\beta$-六六六($\beta$-HCH) | 19.67 | 180.9379 | 182.9349 | 1.03 |
| | $^{13}C_6$-$\beta$-HCH | 19.67 | 186.9580 | 188.9550 | 1.03 |
| 4 | $\gamma$-六六六($\gamma$-HCH) | 20.09 | 180.9379 | 182.9349 | 1.02 |
| | $^{13}C_6$-$\gamma$-HCH | 20.09 | 186.9580 | 188.9550 | 1.04 |
| 5 | $\delta$-六六六($\delta$-HCH) | 21.42 | 180.9379 | 182.9349 | 1.02 |
| | $^{13}C_6$-$\delta$-HCH | 21.42 | 186.9580 | 188.9550 | 1.04 |
| 6 | 七氯(heptachlor) | 23.37 | 271.8102 | 273.8702 | 125 |
| | $^{13}C_{10}$-heptachlor | 23.37 | 276.8269 | 278.8240 | 1.33 |
| 7 | 艾氏剂(aldrin) | 25.00 | 262.8570 | 264.8541 | 1.56 |
| | $^{13}C_{12}$-aldrin | 25.00 | 269.8804 | 271.8775 | 1.56 |
| 8 | 氧化氯丹(oxy chlordane) | 26.82 | 386.8053 | 388.8024 | 1.28 |
| | $^{13}C_{10}$-oxy chlordane | 26.82 | 396.8387 | 398.8358 | 1.05 |
| 9 | 顺式环氧七氯(cis-heptachlor epoxide) | 26.84 | 352.8442 | 354.8413 | 1.26 |
| | $^{13}C_{10}$-cis-heptachlor epoxide) | 26.84 | 362.8777 | 364.8748 | 1.31 |
| 10 | 反式环氧七氯(trans-heptachlor epoxide) | 27.09 | 352.8442 | 354.8413 | 1.22 |
| | — | | | | |
| 11 | 反式氯丹(trans-chlordane,TC) | 27.94 | 372.8260 | 374.8231 | 1.04 |
| | $^{13}C_{12}$-trans-chlordane | 27.94 | 382.8595 | 384.8565 | 1.05 |
| 12 | 2,4'-滴滴伊(2,4'-DDE) | 28.17 | 246.0003 | 247.9975 | 1.54 |
| | $^{13}C_{12}$-2,4'-DDE | 28.17 | 258.0405 | 260.0376 | 1.57 |
| 13 | 顺式氯丹(cis-chlordane) | 28.54 | 372.8260 | 374.8231 | 1.04 |
| | — | | | | |
| 14 | 反式九氯(trans-nonachlor,TN) | 28.66 | 406.7870 | 408.7841 | 0.89 |
| | $^{13}C_{10}$-trans-nonachlor | 28.66 | 416.8205 | 418.8175 | 0.91 |
| 15 | 4,4'-滴滴伊(4,4'-DDE) | 29.70 | 246.0003 | 247.9975 | 1.56 |
| | $^{13}C_{12}$-4,4'-DDE | 29.70 | 258.0405 | 260.0376 | 1.56 |
| 16 | 狄氏剂(dieldrin) | 29.77 | 262.8570 | 264.8541 | 1.56 |
| | $^{13}C_{12}$-dieldrin | 29.77 | 269.8804 | 271.8775 | 1.56 |
| 17 | 2,4'-滴滴滴(2,4'-DDD) | 29.97 | 235.0081 | 237.0053 | 1.54 |
| | $^{13}C_{12}$-2,4'-DDD | 29.97 | 247.0483 | 249.0454 | 1.58 |
| 18 | 异狄氏剂(endrin) | 30.72 | 262.8570 | 264.8541 | 1.56 |
| | $^{13}C_{12}$-endrin | 30.72 | 269.8804 | 271.8775 | 1.56 |

续表

| 编号 | 目标物 | 保留时间 $t$/min | 特征离子（$m/z$） | | 丰度比 |
|---|---|---|---|---|---|
| 19 | 顺式九氯(*cis*-nonachlor,CN) | 31.52 | 406.7870 | 408.7841 | 0.89 |
| | $^{13}C_6$-*cis*-nonachlor | 31.52 | 416.8205 | 418.8175 | 0.92 |
| 20 | 4,4'-滴滴滴(4,4'-DDD) | 31.73 | 235.0081 | 237.0053 | 1.56 |
| | $^{13}C_{12}$-4,4'-DDD | 31.73 | 247.0483 | 249.0454 | 1.56 |
| 21 | 2,4'-滴滴涕(2,4'-DDT) | 31.79 | 235.0081 | 237.0053 | 1.56 |
| | $^{13}C_{12}$-2,4'-DDT | 31.79 | 247.0483 | 249.0454 | 1.56 |
| 22 | 4,4'-滴滴涕(4,4'-DDT) | 33.64 | 235.0081 | 237.0053 | 1.56 |
| | $^{13}C_{12}$-4,4'-DDT | 33.64 | 247.0483 | 249.0454 | 1.56 |
| 23 | 灭蚁灵(mirex) | 39.88 | 269.8131 | 271.8102 | 0.52 |
| | $^{13}C_{10}$-mirex | 39.88 | 276.8269 | 278.8240 | 0.52 |
| IS | $^{13}C_{12}$-PCB15 | 20.92 | 234.0406 | 236.0367 | 1.59 |
| | $^{13}C_{12}$-PCB70 | 27.21 | 301.9626 | 303.9597 | 0.79 |

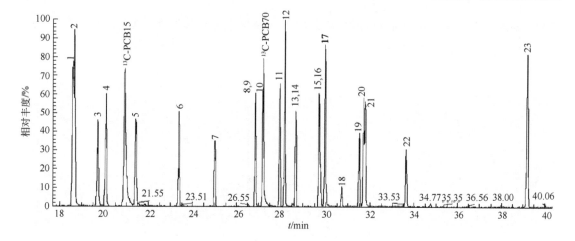

图 8.8 有机氯农药标准溶液(40μg/L)的总离子流色谱

（2）前处理条件优化 由于狄氏剂、异狄氏剂在酸性条件下易于分解，因此不能选用常见的酸化硅胶对样品进行净化。此外，由于极地植物样品尤其是地衣样品萃取后的浓缩液中含有可见的蜡状物质，使用硅胶或氧化铝等吸附剂无法有效去除。$C_{18}$ 小柱属于反相柱，对有机氯化合物具有较好的选择性，可用于除去复杂基质中的大分子干扰物。所以本例采用了硅胶-氧化铝柱与 $C_{18}$ 小柱相结合的方法对样品中 OCPs 进行净化。

对于硅胶-氧化铝，100 mL 正己烷∶二氯甲烷=1∶1（体积比）混合溶剂可将 $^{13}C$ 标记 OCPs 全部洗脱下来。因此，此方法选用 60mL 混合液对硅胶-氧化铝预淋洗，上样后，用 100mL 混合液进行目标物全洗脱。$C_{18}$ 小柱选用洗脱能力较强的乙腈作为淋洗溶剂对目标物进行洗脱，故选用 6mL 乙腈对 $C_{18}$ 小柱预淋洗，上样后，用 12mL 乙腈进行全洗脱。

（3）线性范围、回收率和检出限 用 OCPs 系列标准溶液 CS1～CS6 进样，计算出 23 种目标物和 21 种 $^{13}C$ 标记物的平均相对响应因子（$RRF$）及其相对标准偏差（$RSD$）。标准曲线的线性范围在 0.4～800μg/L 之间，$RRF$ 的 $RSD$ 值均≤20%。称取适量无水硫酸钠，加入 1ng OCPs-LCS，按照样品前处理方法进行回收率实验（$n$=6）。21 种 $^{13}C$ 标记有机氯农药的平均回收率在 62%～100% 之间。应用上述方法，对南极土壤、苔藓和地衣中 23 种有机氯农药进行了分析测定。样品中 21 种 $^{13}C$ 标记定量内标的平均回收率在 40%～100% 之间，符合 EPA1699 方法要求。以 3 倍信噪比计算样品的检出限（*LOD*），23 种目标 OCPs 在土壤、苔藓和地衣样品中的检出限分别在 0.024～5.01pg/g、0.2～12.2pg/g、0.02～13.7pg/g 之间。

### 8.2.2.5 南极样品测定结果分析

　　23 种目标 OCPs 在土壤样品中的检出限较低（0.024～5.01 pg/g），而在苔藓和地衣样品中，除 4,4'-DDT 的检出限略高（12.2～13.7pg/g）外，其余 OCPs 的检出限分别在 0.2～6.3pg/g、0.02～8.7pg/g 之间。与其他关于南北极地区环境样品中 OCPs 的分析方法相比，如 GC-MS 方法分析南极土壤样品中 HCB、HCHs 和 DDTs 等 11 种 OCPs，其检出限为 0.01～0.03ng/g，GC/HRMS 检测南极磷虾样品中 DDTs，4,4'-DDE 的检出限为 61.6pg/g，此实验中的样品检出限降低一个数量级以上，具有比较明显的优势。图 8.9 所示为南极某土壤样品的分析质量色谱。样品检测结果见表 8.9，整体来看，目标 OCPs 在南极土壤、苔藓、地衣样品中的检出浓度相对较低。其中 $\alpha$-HCH、HCB 和 4,4'-DDE 的浓度分别为 5.0～60.8pg/g、68～482pg/g、10.6～75.9pg/g，其余 OCPs 检出含量均较低，而 $\delta$-HCH、氧化氯丹(oxy chlordane)、反式环氧七氯(*trans*-heptachlor epoxide)、异狄氏剂(endrin)和顺式九氯(*cis*-nonachlor)并未检出。该研究结果与已有报道的结果基本一致。

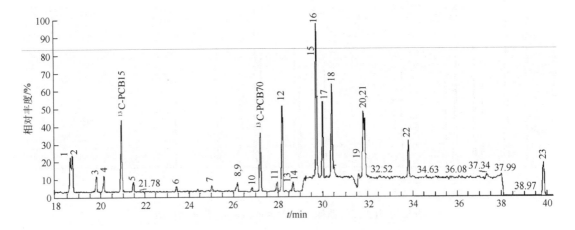

图 8.9　南极某土壤样品的分析质量色谱

表 8.9　南极土壤、苔藓和地衣样品中有机氯农药含量及回收率

| 编号 | 目标 OCPs | 土壤(*n*=3) | | 苔藓(*n*=3) | | 地衣(*n*=3) | |
|---|---|---|---|---|---|---|---|
| | | 浓度 /(pg/g) | 平均回收率/% | 浓度 /(pg/g) | 平均回收率/% | 浓度 /(pg/g) | 平均回收率/% |
| 1 | $\alpha$-HCH | 5.56(5.0～6.52) | 50 | 33.4(18.9～60.1) | 60 | 44.8(26.1～60.8) | 51 |
| 2 | HCB | 92.9(68～108) | 47 | 179(158～197) | 59 | 328(206～482) | 43 |
| 3 | $\beta$-HCH | 5.00(ND～9.31) | 64 | 36.1(14.4～73.5) | 64 | 20.6(12.4～32.8) | 71 |
| 4 | $\gamma$-HCH | 10.9(9.16～11.9) | 56 | 22.3(12.9～38.2) | 62 | 25.6(19.6～37.2) | 57 |
| 5 | $\delta$-HCH | ND | 67 | ND | 70 | ND | 67 |
| 6 | 七氯(heptachlor) | ND | 41 | ND | 45 | 6.15(ND～12.3) | 50 |
| 7 | 艾氏剂(aldrin) | 0.19(ND～0.3) | 49 | ND | 81 | 0.71(ND～0.88) | 50 |
| 8 | 氧化氯丹(oxy chlordane) | ND | 48 | ND | 62 | ND | 53 |
| 9 | 顺式环氧七氯(*cis*-heptachlor epoxide) | ND | 44 | 0.58(ND～1.57) | 72 | 0.28(ND～0.84) | 60 |
| 10 | 反式环氧七氯(*trans*-heptachlor epoxide) | ND | — | ND | — | ND | — |
| 11 | 反式氯丹(*trans*-chlordane) | 0.13(ND～0.38) | 70 | 1.72(ND～3.38) | 89 | 3.57(ND～10.7) | 60 |
| 12 | 2,4'-DDE | 2.35(1.57～3.7) | 59 | 1.53(0.24～4.08) | 83 | 6.14(ND～18.4) | 77 |

续表

| 编号 | 目标 OCPs | 土壤(n=3) | | 苔藓(n=3) | | 地衣(n=3) | |
|---|---|---|---|---|---|---|---|
| | | 浓度 /(pg/g) | 平均回收率/% | 浓度 /(pg/g) | 平均回收率/% | 浓度 /(pg/g) | 平均回收率/% |
| 13 | 顺式氯丹(cis-chlordane) | 0.16(ND～0.49) | — | 2.51(ND～7.37) | — | 0.07(ND～0.2) | — |
| 14 | 反式九氯(trans-nonachlor) | 0.02(ND～0.058) | 79 | 2.24(ND～3.47) | 83 | 0.05(ND～0.16) | 60 |
| 15 | 狄氏剂(dieldrin) | ND | 82 | 14.55(ND～29.1) | 78 | 1.45(ND～2.9) | 85 |
| 16 | 4,4'-DDE | 37.1(10.6～75.9) | 58 | 39.3(19.9～53.8) | 100 | 57.8(45.6～66.1) | 71 |
| 17 | 2,4'-DDD | 1.96(ND～3.83) | 44 | ND | 56 | ND | 40 |
| 18 | 异狄氏剂(endrin) | ND | 51 | ND | 60 | ND | 59 |
| 19 | 4,4'-DDD | 2.49(ND～7.47) | 52 | ND | 74 | 6.37(ND～19.1) | 99 |
| 20 | 顺式九氯(cis-nonachlor) | ND | 81 | ND | 45 | ND | 93 |
| 21 | 2,4'-DDT | 2.44(ND～4.56) | 61 | ND | 56 | 3.54(ND～10.6) | 100 |
| 22 | 4,4'-DDT | 38.3(7.84～84.9) | 79 | ND | 42 | 10.5(ND～31.6) | 57 |
| 23 | 灭蚁灵(mirex) | ND | 58 | 4.21(ND～12.6) | 51 | ND | 87 |

注：ND 表示未检出。

## 8.3  水中的有机污染物分析

水中的有机污染物种类繁多，此处以湖泊、河流、自来水、矿泉水及饮用水中的有机污染物分析为例，说明色谱-质谱法在水中有机污染物分析中的应用。相对于食品、土壤样品而言，水样的处理比较简便，常用液/液萃取和固相萃取（SPE）。对于挥发性样品，主要用 GC-MS 分析；非挥发性样品，需用 LC-MS 分析；而半挥发性样品可用 GC-MS 或 LC-MS 分析。

### 8.3.1  水体中的多环芳烃分析

固相微萃取（solid phase microextraction，SPME）是在固相萃取基础上发展起来的样品前处理技术。SPME 操作简便，快速，集采样、浓缩于一体，并可以与 GC-MS 联用（SPME-GC-MS）[7]。

#### 8.3.1.1  仪器、试剂及条件

（1）气相色谱-质谱仪 Trace GC/ISQ MS，配备 Triplus 自动进样器（美国 Thermo Fisher 公司）；DB-5MS 色谱柱，30m×0.25mm，0.25μm（美国 Aglient Technologies 公司）；固相微萃取(SPME)装置（美国 Supelco 公司）。

载气为高纯度氮气（纯度≥99.999%），流速为 1mL/min，程序升温：50℃保持 3min，12℃/min升温至 141℃，再以 1℃/min 升温至 145℃，最后以 25℃/min 升温至 220℃，保持 2min；进样口温度 250℃；传输线温度 280℃；电子轰击离子源(EI)；电子加速电压 70eV；离子源温度 250℃；选择离子监测(SIM)。

（2）16 种 PAHs 标样（10mg/L 甲醇介质）购于 Supelco 公司（Bellefonte，PA，USA）；甲醇为色谱纯(美国 Tedia 公司)；Mini-Q 蒸馏水。

#### 8.3.1.2  水样采集

水样采自太湖，无明显悬浮颗粒物。预实验结果表明，经过 0.45μm 滤膜过滤和不经过滤直接分析所得结果没有明显差异。因此，此批水样不经任何处理，样品到达实验室立即分析。

#### 8.3.1.3 实验方法

取 10μL 10mg/L 的 PAHs 标样于 10mL 棕色安瓿瓶，用甲醇稀释至 1mg/L，加入 10mL 蒸馏水后用 SPME 技术，开启磁力搅拌并加热，保持在一定温度，然后用不锈钢针管插破聚四氟乙烯垫片，推出萃取头，使纤维部分浸入样品溶液中。萃取完成后将萃取涂层抽回至不锈钢针管保护鞘中，拔出钢针并将针管迅速插入 GC 进样口，200℃下热解吸 5min。每组重复 3 次，质谱采用选择离子监测，定量离子见表 8.10。

表 8.10　16 种多环芳烃的定性和定量离子

| 化合物名称 | 定性离子 | | | 定量离子 |
|---|---|---|---|---|
| 萘(naphthalene,NA) | 128 | 127 | 129 | 128 |
| 苊烯(acenaphthylene,ACE) | 152 | 151 | 153 | 152 |
| 苊(acenaphthene,ACY) | 153 | 154 | 152 | 153 |
| 荧蒽(fluoranthene,FLUR) | 202 | 101 | 200 | 166 |
| 菲(phenanthrene,PHEN) | 178 | 176 | 179 | 178 |
| 蒽(anthracene,AN) | 178 | 176 | 179 | 178 |
| 芴(fluorene,FL) | 165 | 166 | 163 | 200 |
| 芘(pyrene,PY) | 202 | 101 | 200 | 200 |
| 苯并[a]蒽(benzo[a]anthracene,BaA) | 228 | 240 | 226 | 226 |
| 䓛(chrysene,CHRY) | 228 | 226 | 113 | 226 |
| 苯并[b]荧蒽(benzo[b]fluoranthene,BbF) | 252 | 126 | 250 | 250 |
| 苯并[k]荧蒽(benzo[k]fluoranthene,BkF) | 252 | 126 | 250 | 250 |
| 苯并[a]芘(benzo[a]pyrene,BaP) | 252 | 126 | 250 | 250 |
| 茚并[1,2,3-cd]芘(indeno [1,2,3-cd] pyrene,IcdP) | 276 | 138 | 274 | 274 |
| 二苯并[a,h]蒽(dibenzo[a,h]anthracene,dBAn) | 278 | 138 | 276 | 276 |
| 苯并[g,h,i]苝(benzo [g,h,i] perylene,BPe) | 276 | 137 | 274 | 138 |

#### 8.3.1.4 线性范围、精密度

采用已优化的条件，考察所建立方法的线性范围、精密度等参数。如表 8.11 所示，方法的线性范围为 0.01～50ng/mL，设定浓度分别为 0.01ng/mL、0.1ng/mL、0.5ng/mL、1ng/mL、2ng/mL、10ng/mL、20ng/mL、50ng/mL 时对应的线性相关系数为 0.9815～0.9982。逐级稀释标准溶液，以 3 倍信噪比确定方法的检出限(LOD)为 0.006～0.008 ng/mL。5 次平行加标实验计算得出的 RSD 小于 10.10%。

表 8.11　方法的线性范围、相关性系数和检测限

| 目标物 | 线性范围/(ng/mL) | $R^2$ | RSD/% | LOD/(ng/mL) |
|---|---|---|---|---|
| 荧蒽 | 0.01～50 | 0.9982 | 4.70 | 0.008 |
| 芘 | 0.01～50 | 0.9979 | 4.91 | 0.006 |
| 䓛 | 0.01～50 | 0.9967 | 3.71 | 0.006 |
| 苯并[b]荧蒽 | 0.01～50 | 0.9932 | 4.25 | 0.006 |
| 苯并[k]荧蒽 | 0.01～50 | 0.9894 | 3.77 | 0.006 |
| 萘 | 0.01～50 | 0.9907 | 8.52 | 0.006 |
| 苯并[g,h,i]苝 | 0.01～50 | 0.9815 | 2.79 | 0.006 |
| 茚并[1,2,3-cd]芘＋二苯并[a,b]蒽 | 0.01～50 | 0.9824 | 3.96 | 0.008 |
| 苊烯 | 0.01～50 | 0.9945 | 3.69 | 0.006 |
| 苊 | 0.01～50 | 0.9933 | 8.29 | 0.006 |
| 芴 | 0.01～50 | 0.9961 | 7.99 | 0.006 |

续表

| 目标物 | 线性范围/(ng/mL) | $R^2$ | RSD/% | LOD/(ng/mL) |
|---|---|---|---|---|
| 菲 | 0.01～50 | 0.9967 | 10.10 | 0.008 |
| 蒽 | 0.01～50 | 0.9985 | 9.66 | 0.006 |
| 苯并[a]蒽 | 0.01～50 | 0.9971 | 5.68 | 0.006 |
| 苯并[a]芘 | 0.01～50 | 0.9864 | 3.98 | 0.006 |

#### 8.3.1.5 太湖水样的测定

将所建立的方法应用于太湖水体中多环芳烃分析的测定,结果见表 8.12。太湖水体的加标回收率在 70.31%～118.52% 之间,回收率较好。

表 8.12 太湖水体中 16 种 PAHs 的浓度及回收率

| 目标物 | 大浦口 | | 充山 | | 漫山岛 | | 闽江口 | |
|---|---|---|---|---|---|---|---|---|
| | 实际含量/(ng/L) | 回收率/% | 实际含量/(ng/L) | 回收率/% | 实际含量/(ng/L) | 回收率/% | 实际含量/(ng/L) | 回收率/% |
| 荧蒽 | ND | 78.65 | ND | 77.50 | ND | 114.45 | ND | 72.23 |
| 芘 | ND | 84.55 | ND | 71.77 | ND | 73.77 | ND | 100.48 |
| 䓛 | ND | 81.16 | ND | 111.43 | ND | 82.88 | ND | 73.28 |
| 苯并[b]荧蒽 | ND | 75.76 | ND | 88.36 | ND | 71.12 | ND | 70.89 |
| 苯并[k]荧蒽 | ND | 87.12 | ND | 76.40 | ND | 70.31 | ND | 76.62 |
| 萘 | ND | 86.08 | ND | 73.02 | 0.47 | 72.46 | 0.19 | 87.98 |
| 苯并[g,h,i]芘 | ND | 96.21 | ND | 71.88 | ND | 83.25 | ND | 77.56 |
| 茚并[1,2,3-cd]芘 + 二苯并[a,b]蒽 | ND | 113.12 | ND | 83.40 | ND | 81.21 | ND | 116.23 |
| 苊烯 | ND | 80.73 | ND | 76.40 | ND | 72.15 | ND | 77.23 |
| 苊 | ND | 72.22 | ND | 76.48 | ND | 79.73 | ND | 78.59 |
| 芴 | ND | 77.31 | ND | 75.06 | ND | 118.52 | ND | 84.96 |
| 菲 | ND | 94.08 | ND | 107.36 | ND | 75.86 | ND | 87.59 |
| 蒽 | ND | 114.91 | ND | 78.15 | ND | 79.38 | ND | 116.2 |
| 苯并[a]蒽 | ND | 86.94 | ND | 71.31 | ND | 86.08 | ND | 75.37 |
| 苯并[a]芘 | ND | 100.66 | ND | 79.35 | ND | 116.62 | ND | 88.96 |

注:ND 表示未检出。

在漫山岛和闽江口两个采样点有萘的检出,含量分别为 0.47ng/L 与 0.19ng/L。在 16 种多环芳烃中,萘在水中的溶解性大于其他的 PAHs,这可能是萘在两个采样点均有检出的原因。相对于萘而言,其他 PAHs 更易于吸附或分配到颗粒物与底泥有机物中,因此其他 PAHs 在太湖水体中都低于检测限。

#### 8.3.1.6 与其他分析方法的比较

关于水体中多环芳烃的检测,近十几年内国内外建立起了一些快速前处理与色谱分析联用的方法,发展较快的是 SPE 与 SPME 前处理方法(表 8.13)。

表 8.13 分析方法的比较

| 方法 | 检测限 | RSD/% | 多环芳烃总数 |
|---|---|---|---|
| SPE-GC-MS | 0.010～0.020ng/L | 7.0～18.5 | 16 |
| 圆盘膜萃取-GC-MS | 2.41～29.80ng/L | 1.5～19.0 | 13 |
| 毛细管固相微萃取-HPLC | 100～900ng/L | 5.1～6.3 | 3 |
| 在线 SPE-HPLC | 5～40ng/L | 1.0～6.0 | 3 |
| SPME-GC-FID | 80～200ng/L | 6.8～17 | 10 |
| SPME-GC-MS | 0.006～0.008 ng/L | 3.69～10.10 | 16 |

从表 8.13 中可以看出已有的方法在检测较少种类多环芳烃时，方法的重现性比较好，但同时测定 16 种多环芳烃时方法的 *RSD* 有所增加。SPME-GC-MS 方法结合了高效、简便的 SPME 前处理技术和灵敏准确的 GC-MS 仪器方法，具有检测限低、准确度高的优点，能有效地检测水体中多环芳烃。

### 8.3.2 水中的除草剂

现行法规要求所有的除草剂检测限为 25ng/L。用 LC-QqQ MS 分析常需使用离线富集柱进行大体积水样富集，然后进行分离分析。用在线固相萃取（SPE）方案，自动富集各种痕量除草剂，然后进行 LC-MS/MS 分析，大大增加了样品通量[8]。

#### 8.3.2.1 仪器与条件

安捷伦 1200 在线 SPE 系统包括：1260 四元泵，集成内部脱气机 G1311C，LAN 卡 G1369C；标准自动进样器，带 900μL 头，多次吸样组和样品冷却器；1290 Flexible Cube，带两位/十通阀；1290 柱温箱；在线 SPE 启动包。

安捷伦 6460 三重四极杆质谱仪：ESI 源带安捷伦 Jet Stream 技术。

分析柱：安捷伦 Zobarx Eclipse Plus C18，2.1mm×150mm，3.5μm。富集柱：2×Guard Column Hardware Kit，PLRP-S Cartridges，2.1mm×12.5mm，15～20μm。柱温 40℃。

安捷伦 1260 四元泵。溶剂 A：水，含 5mmol/L 甲酸铵+ 0.1%甲酸。溶剂 B：乙腈，含 5%水，5mmol/L 甲酸铵和 0.1%甲酸。流速：0.4mL/min。梯度：0～5min，5%B；5～20min，98%B。停止时间：25min。后运行时间：10 min。

安捷伦 1290 Flexible Cube。右阀：2 位/十通阀。泵流速 5mL/min。溶剂 A1，水；B1，乙腈。0min-输送 300s 溶剂 A1；5min-切换阀位置；7min-输送 180s 溶剂 B1；11min-输送 300s 溶剂 A1。

安捷伦 1260 标准自动进样器：进样体积 1800μL（多次吸样组件吸取两次，每次 900μL），进样针清洗液甲醇，吸样及排样速度 1000μL/min，样品温度 10℃，2 个用于容纳 15×6mL 的样品盘。

在线 SPE 系统中，1290 Flexible Cube 集成了一个两位/十通阀，可接两根富集柱并连接到活塞泵；同时集成了一个溶剂选择阀用于富集柱样品冲洗和柱再平衡的溶剂选择。当 Flexible 连接到自动进样器的时候，它内置的活塞泵直接将样品冲洗到富集柱（SPE1）上，同时另一支连接在分析柱前的富集柱（SPE2）则连接到 1260 泵。

质谱使用了安捷伦喷射流热梯度聚焦技术：气体温度 325℃，气体流速 9L/min，雾化器压力 35psi（35×6.9kPa），鞘气温度 350℃，鞘气流速 12L/min，毛细管电压 4000V，喷口电压 0V。

使用 Mass Hunter 优化软件开发了多反应监测与动态多反应监测的质谱方法。每个 10ng/μL 的农药标准品分别直接注入质谱，筛选每个化合物最佳的碰撞电压，优化用于化合物定性与定量的最佳碰撞能（表 8.14）。

表 8.14　每个化合物优化后的碰撞电压及碰撞能量及相应离子（多反应监测及动态多反应监测）

| 化合物 | 保留时间/min | 母离子 | 母离子[M+H]⁺ | 碰撞电压/V | 碎片离子(定量) | 碰撞能/eV | 碎片离子(定性) | 碰撞能/eV |
|---|---|---|---|---|---|---|---|---|
| 去异丙基莠去津 | 10.52 | 173.05 | 174.1 | 105 | 96.1 | 16 | 104.0 | 24 |
| 多菌灵 | 11.15 | 191.07 | 192.1 | 110 | 160.0 | 16 | 132.0 | 32 |
| 苯嗪草酮 | 11.67 | 202.10 | 203.1 | 105 | 175.1 | 12 | 104.1 | 20 |
| 非草隆 | 11.81 | 164.09 | 165.1 | 85 | 72.1 | 16 | 46.1 | 12 |

续表

| 化合物 | 保留时间/min | 母离子 | 母离子[M+H]⁺ | 碰撞电压/V | 碎片离子(定量) | 碰撞能/eV | 碎片离子(定性) | 碰撞能/eV |
|---|---|---|---|---|---|---|---|---|
| 去乙基莠去津 | 11.93 | 187.06 | 188.0 | 105 | 146.0 | 16 | 104.0 | 28 |
| 杀草敏 | 11.96 | 221.04 | 222.0 | 125 | 104.0 | 20 | 92.1 | 24 |
| 长杀草 | 13.34 | 236.12 | 237.1 | 75 | 118.1 | 8 | 192.1 | 4 |
| 甲氧隆 | 13.55 | 228.07,230.07 | 229.1,231.1 | 110 | 72.1 | 20 | 72.1 | 20 |
| 灭草隆 | 13.79 | 198.06,200.06 | 199.1,201.1 | 95 | 72.1 | 16 | 72.1 | 16 |
| 西玛津 | 13.80 | 201.08 | 202.1 | 120 | 132.0 | 16 | 124.0 | 16 |
| 草净津 | 14.03 | 240.09 | 241.1 | 120 | 214.1 | 12 | 104.0 | 32 |
| 噻唑隆 | 14.83 | 221.06 | 222.1 | 95 | 165.0 | 12 | 150.0 | 36 |
| 绿麦隆 | 14.85 | 212.07,214.07 | 213.1,215.1 | 100 | 72.1 | 16 | 72.1 | 16 |
| 敌草净 | 14.92 | 213.10 | 214.1 | 115 | 172.1 | 12 | 82.1 | 32 |
| 莠去津 | 15.31 | 215.09 | 216.1 | 125 | 174.0 | 12 | 104.0 | 28 |
| 异丙隆 | 15.48 | 206.14 | 207.1 | 100 | 72.1 | 16 | 46.1 | 16 |
| 敌草隆 | 15.64 | 232.02,234.02 | 233.02,235.02 | 100 | 72.1 | 20 | 72.1 | 20 |
| 绿谷隆 | 15.71 | 214.05 | 215.1 | 85 | 126.0 | 12 | 148.0 | 8 |
| 扑灭津 | 16.62 | 229.11 | 230.1 | 120 | 146.0 | 20 | 188.0 | 12 |
| 利谷隆 | 16.85 | 248.01 | 249.0 | 90 | 159.9 | 16 | 182.0 | 12 |
| 特丁津 | 16.92 | 229.11 | 230.1 | 110 | 174.0 | 15 | 104.0 | 32 |
| 枯草隆 | 17.21 | 290.08,292.08 | 291.1,293.1 | 120 | 72.1 | 20 | 72.1 | 20 |
| Irgarol 1051 | 17.52 | 253.14 | 254.1 | 120 | 198.1 | 16 | 831 | 28 |
| 扑草净 | 17.61 | 241.14 | 242.1 | 125 | 158.0 | 20 | 200.1 | 16 |
| 二氟脲 | 17.76 | 310.03 | 311.0 | 90 | 158.0 | 8 | 141.0 | 32 |
| 去草净 | 17.85 | 241.14 | 242.1 | 110 | 186.0 | 16 | 68.1 | 48 |
| 草达津 | 18.11 | 229.11 | 230.1 | 125 | 99.0 | 24 | 132.0 | 20 |
| 草不隆 | 18.71 | 274.06 | 275.1 | 120 | 88.1 | 12 | 57.1 | 24 |

在最终 SPE-LC 方法中，使用了 100ng/L 的单一化合物，对 MRM 混合物标准分析时的保留时间进行了确证。从分析结果来看，动态多反应监测方法可基于每个独立化合物保留时间峰宽的 3 倍来开发(图 8.10)。

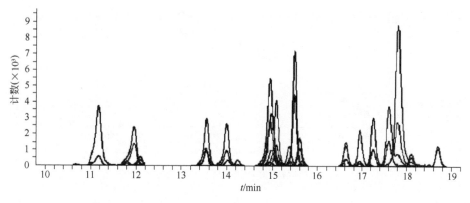

图 8.10  28 种化合物(100ng/L)的在线 SPE-多反应监测色谱

## 8.3.2.2  试剂、标准物质及样品处理

（1）试剂  所有试剂都为 LC-MS 级，乙腈（J. T. Baker，德国），超纯水（Millipak）。农药标准均购自 Dr. Ehrenstorfer GmbH，德国。用于检测限、定量限以及线性曲线的标准溶液均用

100ng/L 的溶液稀释制备。校正曲线的浓度范围分别为 100ng/L、50ng/L、20ng/L、10ng/L、5ng/L、2ng/L、1ng/L 和 0.5ng/L。

（2）样品　莱茵河水、自来水、矿泉水（Karlsruhe，德国）。

（3）样品处理　所有样品加入 28 种农药标准溶液，使样品中标准浓度为 25ng/L。涡旋振荡后，用 0.45μm 滤膜滤过后进样。

### 8.3.2.3　结果与讨论

稀释 100ng/L 的 28 种化合物制成一系列浓度用于测定每个化合物的校准曲线，最低浓度为 0.5ng/L。所有农药的测定均使用在线 SPE 结合动态多反应监测质谱方法进行。每个标准浓度进样 1800μL 并进行在线 SPE 富集，分析 4 次。以 3 倍 $S/N$ 计算检测限，10 倍 $S/N$ 计算定量限，定量限的计算以 100ng/L 为基准。图 8.11 分别是异丙隆在 5～100ng/L 和 1～10ng/L 浓度范围的 MRM 色谱，以 $m/z$ 207.1→$m/z$ 72.1 作为定量离子。以异丙隆在 1～100ng/L 范围内 7 个浓度水平，28 针进样数据进行线性回归，相关系数为 0.9986(图 8.12)。

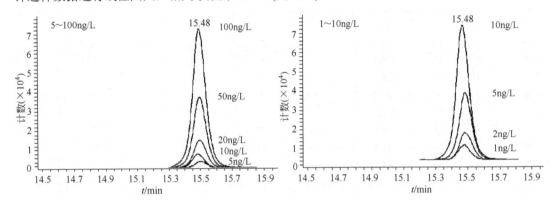

图 8.11　异丙隆动态多反应监测色谱($m/z$ 207.1→$m/z$ 72.1)

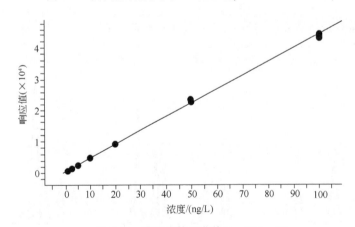

图 8.12　异丙隆校正曲线(1～100ng/L)

实验结果表明，28 种化合物的定量限在 1～5ng/L，检测限在 0.5～2ng/L 之间。所有 28 种化合物的线性关系良好，典型的相关系数大于 0.997。保留时间相对标准偏差为 0.1%，峰面积标准偏差在 5%～7.6%之间。与直接进样相同浓度（50ng/L）标准溶液在分析柱上分析后用质谱检测相比，使用在线 SPE 方法有 20 种化合物回收率大于 90%，其他化合物回收率在 80%～90%之间。

同时用异丙隆[图 8.13(a)]、去草净[图 8.13(b)]和甲氧隆[图 8.13(c)] 3 种响应最强的化合物测试了在线 SPE 方法的交叉污染。

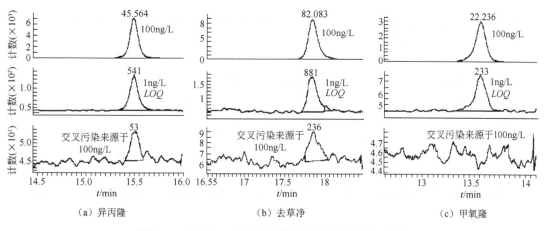

图 8.13  异丙隆、去草净和甲氧隆交叉污染测定色谱

测试方法是先进 1 针 100ng/L 的异丙隆或去草净的标准溶液，随后立即测试 1 针空白。结果异丙隆的交叉污染约为 0.11%，相当于定量限的 10%($LOQ$=1ng/L)；去草净的交叉污染约为 0.28%，相当于定量限的 26%($LOQ$ =1ng/L)；而甲氧隆的交叉污染在检测限以下。

将 28 种标准物质加入样品(莱茵河水、自来水以及矿泉水)中，浓度为 25ng/L，作为加标样品。所有加标样品均产生强度一致的除草剂信号，而不受样品来源影响。这也显示，在线 SPE 方法可以有效消除水样中高盐基质或者高污染物基质对质谱分析时离子抑制的影响，如自来水和河水样品中就含有大量的碳酸钙。所有样品中农药的测试显示于图 8.14。12次测定结果显示浓度精密度在 2.3%～2.8%之间，浓度准确度在 90%以上。

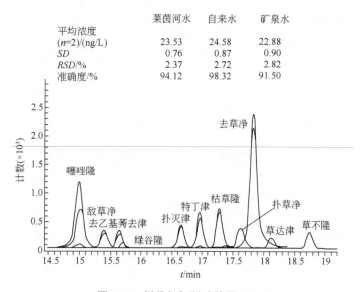

|  | 莱茵河水 | 自来水 | 矿泉水 |
| --- | --- | --- | --- |
| 平均浓度($n$=2)/(ng/L) | 23.53 | 24.58 | 22.88 |
| $SD$ | 0.76 | 0.87 | 0.90 |
| $RSD$/% | 2.37 | 2.72 | 2.82 |
| 准确度/% | 94.12 | 98.32 | 91.50 |

图 8.14  样品加标测试结果(25ng/L)

### 8.3.3  饮用水中药品和个人护理品分析

近年来，药品和个人护理品( pharmaceuticals and personal care products，PPCPs)作为日常生活中大量使用并具有潜在生态效应的一类新型环境污染物，受到人们广泛关注。家用和医用 PPCPs 使用后可能随城市污水处理系统进入地表水和地下水，污染城市饮用水源水。饮用水是人

体暴露于 PPCPs 最直接、最主要的途径之一，因此 PPCPs 污染状况与人体健康密切相关。

由于环境水样中绝大多数 PPCPs 浓度极低，单独采用 LC-MS/MS 无法满足检测要求，因此需要先采用固相萃取等方法富集浓缩环境水样中的 PPCPs。全自动固相萃取仪(ASPE)操作方便、处理时间短，近年来已越来越多地应用于环境水样浓缩富集预处理[9]。

### 8.3.3.1　仪器与试剂

（1）全自动固相萃取仪 SPE-DEX 系统（美国 Horizon Technology 公司）；Ultimate 3000 高效液相色谱仪（美国 Dionex 公司）；API 3200 质谱仪（美国 Applied Biosystems/MDS Sciex 公司）；SunFire C18 色谱柱（150mm×4.6mm，3.5μm，美国 Waters 公司）；HLB Disk 固相萃取盘（47 mm I. D.，美国 HorizonTechnology 公司）；氮吹仪（美国 Organomation 公司）；Milli-Q 超纯水器（美国 Millipore 公司）。

（2）红霉素（erythromycin，98.0%）、磺胺甲噁唑（sulfamethoxazole，98.0%）、甲氧苄啶（trimethoprim，98.0%）、萘普生（naproxen，98.0%）、苯扎贝特(bezafibrate，98.0%)、17$\beta$-雌二醇（17$\beta$-estradiol，99.0%）、双酚 A（bisphenol A，96.0%）均购自中国梯希爱（上海）化成工业发展有限公司；氧氟沙星（ofloxacin，99.0%）、普萘洛尔（propranolol，98.5%）均购自加拿大 Toronto Research Chemicals 公司；四环素(tetracycline，98.0%)、卡马西平（carbamazepine，97.0%）、舒必利（sulpiride，99.0%）分别购自英国 Johnson Matthey 公司、美国 Acros Organics 公司、美国 Sigma Aldrich 公司；同位素内标标准品甲氧苄啶-$d_9$（trimethoprim-$d_9$）、对乙酰氨基酚-$d_4$（acetaminophen-$d_4$）、卡马西平-$d_8$（carbamazepine-$d_8$）、双酚 A-$d_{14}$（bisphenol A-$d_{14}$）均购自加拿大 Toronto Research Chemicals 公司。甲醇、乙腈为色谱纯（荷兰 J.T. baker 公司）；甲酸、乙酸铵为色谱纯（中国阿拉丁公司）；乙二胺四乙酸二钠（Na$_2$EDTA）为优级纯（中国阿拉丁公司）。12 种 PPCPs 分子结构式如下所示：

82419-36-1
氧氟沙星
ofloxacin

33396-29-1
脱水红霉素
erythromycin-H$_2$O

723-46-6
磺胺甲噁唑
sulfamethoxazole

60-54-8
四环素
tetracycline

738-70-5
甲氧苄啶
trimethoprim

298-16-4
卡马西平
carbamazepine

15676-16-1
舒必利
snlpiride

525-66-6
普萘洛尔
propranolol

22204-53-1
萘普生
naproxen

41859-67-0
苯扎贝特
bezafibrate

50-28-2
17$\beta$-雌二醇
17$\beta$-estradiol

80-05-7
双酚 A
bisphenol A

脱水红霉素（erythromycin-H$_2$O）制备方法：用 3mol/L H$_2$SO$_4$ 调节红霉素标准溶液 pH 值至 3.0，在室温下振荡 4h 得到脱水红霉素溶液；取少量该溶液做质谱分析发现，脱水红霉素与红霉素信号强度比为 216∶1，因此认为脱水红霉素溶液的浓度、纯度均与原红霉素溶液一致。

#### 8.3.3.2 标准溶液配制

准确称取 10mg（准确至 0.01mg）标准品，分别置于 10mL 棕色容量瓶中（氧氟沙星置 25mL 容量瓶中），用甲醇溶解并定容配制成 1000mg/L 标准储备液（氧氟沙星：400mg/L），用甲醇稀释上述标准储备液配制成混合标准储备液，所有储备液置于−20℃避光保存。实验中用甲醇-水溶液（20∶80，体积比）将混合标准储备液稀释成工作液，现用现配。

#### 8.3.3.3 样品采集与前处理

（1）样品 于 2013 年 3 月采集 6 个饮用水样品，分别编号为 1#～6#。其中，1#～5#水样取水点分别位于 5 个自来水厂附近居民区（与厂区距离均小于 2km），6#水样为某地下水源饮用水。水样采集后置于具塞棕色玻璃瓶中运送至实验室，经 0.45μm 玻璃纤维滤膜过滤后于 4℃下避光冷藏直至样品处理。样品处理在 48h 内完成。

（2）样品处理 准确量取 1L 水样，加入 1g Na$_2$EDTA，静置 1～2h 待净化。用 5mL 甲醇、10mL 超纯水活化 HLB 固相萃取盘。水样以 100mL/min 流过萃取盘，上样完毕后以 5mL 超纯水淋洗萃取盘，负压抽干 5min。以 4%氨水-甲醇溶液洗脱萃取盘 3 次（共约 15mL），收集洗脱液于 40℃水浴中以氮气吹至近干，用甲醇-水（20∶80，体积比）溶液定容至 1mL，转移到色谱瓶中，添加同位素内标使其浓度为 10μg/L。

#### 8.3.3.4 色谱和质谱条件

实验采用 Waters SunFire C$_{18}$色谱柱（150mm×4.6mm，3.5μm）；质谱采用电喷雾离子源（ESI 正离子和 ESI 负离子），多反应检测 MRM，其他色谱和质谱参数见表 8.15。12 种 PPCPs 监测离子对（MRM-transitions）、去簇电压（declustering potential）、碰撞能量（collision energy）、入口电压（entrance potential）、碰撞室入口电压（collision cell entrance potential）、碰撞室出口电压（collision cell exit potential）等参数见表 8.16。

**表 8.15 液相色谱-质谱分析条件**

| | 扫描模式 | 正离子 | | | | | 负离子 | | |
|---|---|---|---|---|---|---|---|---|---|
| 液相条件 | 流动相 | A：0.1%甲酸-水溶液<br>B：甲醇 | | | | | A：5 mmol/L 乙酸铵水溶液<br>B：甲醇 | | |
| | 洗脱条件 | t/min | 0 | 1 | 5.5 | 7 | 9 | t/min | 0 | 6.5 |
| | | B/% | 15 | 15 | 55 | 95 | 95 | B/% | 60 | 90 |
| | 流速/(mL/min) | 1.0 | | | | | 1.0 | | |
| | 柱温/℃ | 40 | | | | | 40 | | |
| | 进样体积/μL | 15 | | | | | 15 | | |
| 质谱条件 | 喷雾电压/kV | 5.4 | | | | | −4.5 | | |
| | 离子源温度/℃ | 600 | | | | | 600 | | |
| | 气帘气压力/kPa | 241.3 | | | | | 172.4 | | |
| | 雾化气压力/kPa | 275.8 | | | | | 413.7 | | |
| | 辅助气压力/kPa | 413.7 | | | | | 413.7 | | |
| | 碰撞气压力/kPa | 20.7 | | | | | 20.7 | | |

表 8.16　12 种 PPCPs 和 4 种内标物的质谱优化参数

| 扫描模式 | 分析物 | 离子对[①]<br>(m/z) | 去簇电压<br>/V | 碰撞能量<br>/eV | 入口电压<br>/V | 碰撞室入口<br>电压/V | 碰撞室出口<br>电压/V |
|---|---|---|---|---|---|---|---|
| 正离子 | 氧氟沙星 | <u>362.2→261.2</u> | 57 | 36 | 6 | 28 | 3 |
| | | 362.2→318.2 | 57 | 31 | 6 | 28 | 3 |
| | 脱水红霉素 | <u>716.3→158.2</u> | 52 | 40 | 5 | 36 | 2 |
| | | 716.3→558.4 | 52 | 26 | 5 | 36 | 2 |
| | 磺胺甲噁唑 | <u>254.0→92.1</u> | 48 | 36 | 6 | 21 | 2 |
| | | 254.0→108.1 | 48 | 34 | 6 | 21 | 2 |
| | 四环素 | <u>445.1→410.1</u> | 45 | 22 | 5 | 21 | 4 |
| | | 445.1→154.1 | 45 | 36 | 5 | 21 | 4 |
| | 甲氧苄啶 | <u>291.1→123.1</u> | 66 | 35 | 5 | 22 | 2 |
| | | 291.1→230.2 | 66 | 32 | 5 | 22 | 2 |
| | 卡马西平 | <u>237.1→194.1</u> | 52 | 26 | 6 | 21 | 3 |
| | | 237.1→192.1 | 52 | 32 | 6 | 21 | 3 |
| | 舒必利 | <u>342.2→112.1</u> | 70 | 35 | 5 | 26 | 2 |
| | | 342.2→214.1 | 70 | 37 | 5 | 26 | 2 |
| | 普萘洛尔 | <u>260.1→116.2</u> | 56 | 24 | 6 | 21 | 2 |
| | | 260.1→183.2 | 56 | 26 | 6 | 21 | 2 |
| | 甲氧苄啶-$d_9$ | <u>300.2→123.1</u> | 67 | 35 | 8 | 22 | 4 |
| | | 300.2→234.2 | 67 | 30 | 8 | 22 | 4 |
| | 对乙酰氨基酚-$d_4$ | <u>156.1→114.1</u> | 50 | 22 | 8 | 16 | 3 |
| | | 156.1→97.1 | 50 | 28 | 8 | 16 | 3 |
| | 卡马西平-$d_8$ | <u>245.1→202.2</u> | 70 | 50 | 7 | 20 | 4 |
| | | 245.1→200.2 | 70 | 54 | 7 | 20 | 4 |
| 负离子 | 萘普生 | <u>228.9→170.0</u> | 16 | 22 | 3 | 19 | 1 |
| | | 228.9→185.1 | 16 | 20 | 3 | 19 | 1 |
| | 苯扎贝特 | <u>360.0→274.0</u> | 38 | 25 | 4 | 24 | 2. |
| | | 360.0→154.0 | 38 | 37 | 4 | 24 | 2 |
| | 17$\beta$-雌二醇 | <u>271.0→145.0</u> | 83 | 56 | 5 | 21 | 2 |
| | | 271.0→183.1 | 83 | 56 | 5 | 21 | 2 |
| | 双酚 A | <u>226.9→133.0</u> | 51 | 34 | 8 | 20 | 2 |
| | | 226.9→212.1 | 51 | 17 | 8 | 20 | 2 |
| | 双酚 A-$d_{14}$ | <u>241.0→142.1</u> | 56 | 38 | 7 | 19 | 3 |
| | | 241.0→223.0 | 56 | 26 | 7 | 19 | 3 |

① 下划线离子对用于定量分析。

### 8.3.3.5　结果与讨论

（1）质谱条件选择　分别将 200μg/L 单标溶液在正离子和负离子模式下进行全扫描以选择适当的准分子离子峰和离子化方式，结果表明，氧氟沙星、脱水红霉素、磺胺甲噁唑、四环素、甲氧苄啶、卡马西平、舒必利和普萘洛尔在正离子模式下 [M+H]$^+$ 为最强峰，选择其作为前体离子；萘普生、苯扎贝特、17$\beta$-雌二醇和双酚 A 在负离子模式下 [M-H]$^-$ 为最强峰，选择其作为前体离子。对各分析物的准分子离子进行二级质谱分析，得到产物离子信息。进一步优化去簇电压、碰撞能量等质谱参数，使各分析物响应最大化。选择丰度最高、干扰最小的产物离子作为定量离子，丰度次之的为定性离子。上述 12 种 PPCPs 质谱优化参数见表 8.16。

（2）色谱条件选择　研究表明，当对正离子和负离子扫描模式采用单一色谱条件、一次进样同时分析上述 12 种 PPCPs 时，PPCPs 检出限较高，不能满足饮用水中较低 PPCPs 浓度检测的要求，因此，针对正离子和负离子扫描模式分别优化了流动相条件（表 8.15），采用两次进样分析，显著提高了饮用水 PPCPs 检出限和准确度。正离子模式下，比较甲醇-水和乙腈-水为流动相对分析物色谱行为的影响，结果发现以甲醇-水为流动相时，质谱信号较高，分离效果较好，但舒必利出现峰型拖尾现象，可能是舒必利分子结构中季铵基易与色谱柱硅胶表面残留的硅醇基结合导致的。在甲醇-水流动相中加入甲酸，通过促进色谱柱内硅胶硅醇基质子化，消除了硅醇基与舒必利之间的相互作用，有效改善了峰拖尾现象，同时提高了其他分析物的离子化效率，质谱信号明显增强。与 0.05% 和 0.2% 甲酸体积浓度相比，0.1% 甲酸体积浓度下各分析物质谱信号相对较高，这是由于甲酸浓度过低会导致分析物离子化不充分，而甲酸浓度过高则可能抑制分析物 ESI 响应值。因此，正离子模式下选择甲醇-0.1% 甲酸作为流动相。负离子模式下，以甲醇-水（含 5mmol/L 乙酸铵）为流动相，获得了较好的峰型和较好的响应值。确定流动相后，通过优化梯度洗脱条件获得了较好的色谱分离（图 8.15）。此外，考察了上述流动相条件下连续多次分析的重现性。将同一样品（实际基质的加标水样）连续 8 次进样检测后发现，正、负离子模式下各 PPCPs 浓度值的 RSD 均小于 2%，重现性较好。

（3）洗脱剂的选择　比较了甲醇、0.1% 甲酸-甲醇溶液、4% 氨水-甲醇溶液 3 种洗脱剂对饮用水样品中 12 种 PPCPs 的洗脱效果。结果表明，甲醇对氧氟沙星和脱水红霉素洗脱效率低于 60%；0.1% 甲酸-甲醇溶液对 17β-雌二醇（34%）和脱水红霉素（50%）洗脱效率均较低；4% 氨水-甲醇溶液对 12 种 PPCPs 的洗脱率达到 64%～115%，故采用 4% 氨水-甲醇作为 SPE 洗脱剂。

（4）基质效应　采用基质匹配标准曲线补偿基质效应的影响。用甲醇-水溶液稀释混合标准储备液配制梯度浓度的溶剂标样，同时取空白样品按前处理步骤提取净化、氮吹后配制成与溶剂标样浓度相同的基质标样。进样分析后分别以两类标样的浓度为横坐标、相应峰面积为纵坐标作线性回归，其中每种 PPCP 的基质与溶剂标准曲线斜率的比值即为该 PPCP 在饮用水中的基质效应。结果表明，饮用水中 12 种 PPCPs 基质效应为 76%～115%，其中氧氟沙星、磺胺甲噁唑和苯扎贝特呈基质增强效应，其他 PPCPs 呈基质抑制效应。

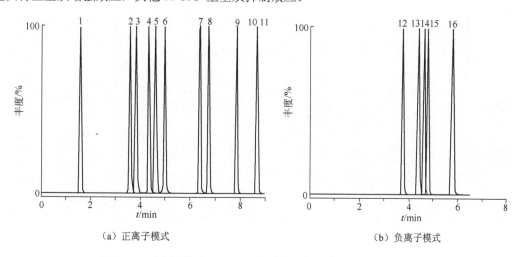

图 8.15　正离子模式下 PPCPs 色谱和负离子模式下 PPCPs 色谱

1—舒必利；2—甲氧苄啶-d₉；3—甲氧苄啶；4—氧氟沙星；5—对乙酰氨基酚-d₄；6—四环素；
7—普萘洛尔；8—磺胺甲噁唑；9—脱水红霉素；10—卡马西平-d₈；11—卡马西平；
12—萘普生；13—苯扎贝特；14—双酚 A-d₁₄；15—双酚 A；16—17β-雌二醇

（5）线性范围与检出限　在上述条件下分析梯度质量浓度混合标准溶液（均含 10μg/L 内标），以分析物色谱峰面积与内标色谱峰面积的比值 $y$（各分析物按色谱保留时间顺序以相近同位素化合物为内标）和相应的标准溶液中化合物浓度 $x$ 作线性回归分析，得出线性方程、相关系数和线性范围，结果见表 8.17。以 3 倍信噪比（$S/N=3$）和 10 倍信噪比（$S/N=10$）分别确定检出限（$LOD$）和定量限（$LOQ$），12 种 PPCPs 的方法检出限为 0.02～1.5ng/L，定量限为 0.06～5ng/L（表 8.17）。

表 8.17　12 种 PPCPs 的线性回归方程、相关系数、方法检出限和定量限

| 分析物 | 线性方程 | 相关系数 $R^2$ | 检出限/(ng/L) | 定量限/(ng/L) | 线性范围/(ng/L) |
|---|---|---|---|---|---|
| 氧氟沙星 | $y = 0.0961x - 0.0348$ | 0.9920 | 0.9 | 2.6 | 2.6～1000 |
| 脱水红霉素 | $y = 0.314x - 0.118$ | 0.9986 | 0.2 | 0.7 | 0.7～1000 |
| 磺胺甲噁唑 | $y = 0.0391x - 0.0286$ | 0.9997 | 0.1 | 0.4 | 0.4～1000 |
| 四环素 | $y = 0.0178x + 0.0166$ | 0.9964 | 0.4 | 1.2 | 1.2～1000 |
| 甲氧苄啶 | $y = 0.0339x + 0.0112$ | 0.9991 | 0.2 | 0.5 | 0.5～1000 |
| 卡马西平 | $y = 0.382x + 0.907$ | 0.9993 | 0.1 | 0.3 | 0.3～1000 |
| 舒必利 | $y = 1.18x + 0.261$ | 0.9993 | 0.02 | 0.06 | 0.06～1000 |
| 普萘洛尔 | $y = 0.0729x + 0.0133$ | 0.9993 | 0.1 | 0.4 | 0.4～1000 |
| 萘普生 | $y = 0.0635x + 0.078$ | 0.9983 | 0.2 | 0.5 | 0.5～1000 |
| 苯扎贝特 | $y = 0.134x + 0.459$ | 0.9973 | 0.07 | 0.2 | 0.2～1000 |
| 17$\beta$-雌二醇 | $y = 0.00431x + 0.0261$ | 0.9966 | 1.5 | 4.0 | 4.0～1000 |
| 双酚 A | $y = 0.0122x + 0.247$ | 0.9955 | 1.5 | 5.0 | 5.0～1000 |

（6）回收率与精密度实验　在饮用水样品中添加高、中、低的 3 个浓度水平的混合标准样品，按照上述方法处理样品，平行测定 6 份，考察方法回收率和重现性。如表 8.18 所示，各 PPCPs 平均回收率在 60.8%～110.0%之间，相对标准偏差（$RSD$）为 2.0%～14.0%，满足饮用水中 PPCPs 残留检测的要求。

表 8.18　自来水样品中 12 种 PPCPs 的加标回收率和相对标准偏差（$n=6$）

| 分析物 | 添加水平/(ng/L) | 回收率/% | $RSD$/% | 分析物 | 添加水平/(ng/L) | 回收率/% | $RSD$/% |
|---|---|---|---|---|---|---|---|
| 氧氟沙星 | 5 | 90.3 | 7.1 | 舒必利 | 5 | 84.6 | 8.8 |
| | 25 | 110.0 | 3.1 | | 25 | 84.0 | 7.1 |
| | 50 | 105.2 | 4.1 | | 50 | 84.0 | 9.6 |
| 脱水红霉素 | 5 | 66.7 | 13.3 | 普萘洛尔 | 5 | 67.3 | 12.6 |
| | 25 | 73.0 | 10.1 | | 25 | 82.0 | 10.9 |
| | 50 | 72.3 | 4.3 | | 50 | 80.3 | 9.5 |
| 磺胺甲噁唑 | 5 | 92.1 | 6.7 | 萘普生 | 5 | 92.7 | 6.0 |
| | 25 | 93.0 | 4.4 | | 25 | 95.8 | 4.1 |
| | 50 | 95.0 | 5.2 | | 50 | 96.6 | 8.4 |
| 四环素 | 5 | 89.2 | 6.3 | 苯扎贝特 | 5 | 94.2 | 10.0 |
| | 25 | 90.7 | 11.7 | | 25 | 95.0 | 9.1 |
| | 50 | 88.0 | 9.6 | | 50 | 95.0 | 10.8 |
| 甲氧苄啶 | 5 | 78.2 | 5.0 | 17$\beta$-雌二醇 | 10 | 61.8 | 14.0 |
| | 25 | 74.3 | 2.6 | | 25 | 60.8 | 9.8 |
| | 50 | 74.7 | 6.9 | | 50 | 62.0 | 13.2 |
| 卡马西平 | 5 | 92.0 | 8.2 | 双酚 A | 10 | 90.0 | 11.5 |
| | 25 | 93.7 | 2.0 | | 25 | 105.0 | 3.7 |
| | 50 | 93.1 | 5.7 | | 50 | 98.0 | 7.1 |

（7）稳定性评价　按上述方法处理饮用水样品后，向色谱样品瓶中加入 12 种 PPCPs（添加

浓度为 10μg/L）并置于 4℃环境中，每隔 4h 测定 PPCPs 浓度，平行测定 3 份，考察 PPCPs 在 24h 内的稳定性。结果表明，12 种 PPCPs 24h 浓度值的相对标准偏差（*RSD*）在 1.5%～5.7% 之间，24h 浓度与初始浓度的比值在 87.4%～107.4% 之间，说明 12 种 PPCPs 在前处理后的 24h 内保持稳定，保证了样品检测结果的可靠性。

（8）实际样品测定　采用此方法测定了 6 个饮用水样品的 12 种 PPCPs 残留（表 8.19）。考虑到样品预处理和检测过程中可能存在 PPCPs 残留污染样品前处理系统和分析检测系统，因此该实验在实际样品分析中以超纯水作空白水样经前处理后进样分析。检测结果表明，所有同批空白水样中均未检测到 12 种 PPCPs。在实际饮用水样品中检测到 9 种 PPCPs，样品检出率达 52%，最高浓度为 34.47ng/L（苯扎贝特）。苯扎贝特、卡马西平、舒必利、脱水红霉素在所有水样中均有检出；氧氟沙星和双酚 A 分别在 5 个水样中检出；磺胺甲噁唑、萘普生和普萘洛尔也有不同程度检出；17β-雌二醇、四环素和甲氧苄啶未检出。近年来，国内外科研人员针对饮用水中这 12 种 PPCPs 污染水平已开展一些调查，总体上说，12 种 PPCPs 在欧洲、北美和中国等国家和地区的饮用水中污染水平较低，检出的 PPCPs 浓度一般在 100ng/L 以下。污染水平与国内外其他地区相比没有明显差异。

**表 8.19　自来水水样 PPCPs 浓度/检测(n=3)**　单位：ng/L

| 分析物 | 1# | 2# | 3# | 4# | 5# | 6# |
|---|---|---|---|---|---|---|
| 氧氟沙星 | 5.75±0.52 | 3.83±0.45 | *<LOQ* | 4.32±0.48 | ND | 7.30±0.35 |
| 脱水红霉素 | *<LOQ* | 3.65±0.20 | 0.84±0.03 | 0.80±0.01 | 0.98±0.07 | *<LOQ* |
| 磺胺甲噁唑 | ND | 0.98±0.08 | ND | 0.46±0.05 | ND | 9.77±0.14 |
| 四环素 | ND | ND | ND | ND | ND | ND |
| 甲氧苄啶 | ND | ND | ND | ND | ND | ND |
| 卡马西平 | *<LOQ* | *<LOQ* | 0.34±0.01 | 0.31±0.03 | *<LOQ* | 1.35±0.05 |
| 舒必利 | 0.29±0.04 | 0.35±0.03 | 0.26±0.04 | 0.38±0.03 | 0.20±0.02 | 0.34±0.04 |
| 普萘洛尔 | 0.47±0.03 | *<LOQ* | ND | ND | 1.56±0.05 | 1.47±0.11 |
| 萘普生 | *<LOQ* | *<LOQ* | ND | ND | ND | *<LOQ* |
| 苯扎贝特 | 0.32±0.04 | 0.26±0.02 | *<LOQ* | 1.15±0.04 | 34.47±2.00 | 2.68±0.25 |
| 17β雌二醇 | ND | ND | ND | ND | ND | ND |
| 双酚 A | 6.14±0.36 | *<LOQ* | *<LOQ* | *<LOQ* | ND | 7.20±0.73 |

注：ND 表示未检出。

## 参考文献

[1] Richardson S D. Environmental mass spectrometry: emerging contaminants and current issues. Anal Chem，2012，84(2): 747-778.

[2] 李杏茹，郭雪清，刘欣然等. 2007 年春节期间北京大气颗粒物中多环芳烃的污染特征. 环境科学，2008，29(8): 2099-2104.

[3] 李会，余莉萍，张素坤等. 大气样品中氯代和溴代二噁英/呋喃同位素稀释分析方法的建立及应用. 分析化学，2008，36(2): 150-156.

[4] 聂志强，高丽荣，刘国瑞等. 溴代二噁英同位素稀释气相色谱/三重四极质谱法( GC/MS/MS) 的建立与应用. 环境化学，2014，33(2): 365-368.

[5] 李斌，刘昕宇，解启来等. 自动索氏抽提-凝胶渗透色谱( GPC) -气相色谱/质谱法测定沉积物中多环芳烃和有机氯农药. 环境化学，2014，33(2): 236-242.

[6] 陈昭晶，李英明，王璞等. 高分辨气相色谱/高分辨质谱法测定南极样品中有机氯农药. 环境化学，2014，33(10): 1655-1661.

[7] 原文婷，梁峰，高占启等. 固相微萃取-气相色谱-质谱联用测定水体中多环芳烃. 环境化学，2014，33(5): 819-825.

[8] Naegele E. 利用安捷伦 1200 在线 SPE 结合三重四极杆质谱定量分析饮用水中痕量除草剂. 环境化学，2013，32(5): 908-911.

[9] 李晓锋，袁圣柳，姜晓满等. 液相色谱-串联质谱法测定饮用水中 6 类 12 种药品和个人护理品. 环境化学，2014，33(9): 1573-1580.

# 9

# 有机质谱法在生命科学中的应用

随着仪器、技术和方法的发展，有机质谱法在生命科学中的应用日益广泛。尤其是各种组学的兴起，引人关注，如基因组学、转录组学、蛋白质组学和代谢组学等。此处，将举例说明有机质谱法在蛋白质组学、代谢组学和质谱成像的一些应用。

## 9.1　蛋白质组学

蛋白质组学（proteomics）等组学"omics"研究，需要采用具有化合物定性定量分析性能的高通量工具，质谱法是能满足其要求的主要方法。

用质谱法分析蛋白质有两种基本方法："自下而上"（"bottom-up"）和"从上到下"（"top-down"）。用"bottom-up"的方法分析蛋白质时，先要将蛋白质用酶（常用胰蛋白酶, trypsin）水解为肽，然后分析生成的各个肽，以鉴定蛋白质。用"top-down"方法时，以适当的活化技术使蛋白质的准分子离子裂解，直接鉴定蛋白质。

蛋白质组学研究可分为两类：一类是研究细胞、体液、组织的全部蛋白质组（proteome）或其子集(subset)在生命的不同发展阶段或生理状态下某些蛋白质的变化，用以疾病诊断等，为非目标蛋白质组学（untargeted proteomics）；另一类是分离特定的蛋白质，研究其后转译修饰（post-translational modifications），蛋白质和其他分子的结合和相互作用等，为有目标的蛋白质组学（targeted proteomics）。非目标蛋白质组学研究常用 bottom-up 方法，在复杂的混合物中分析肽的氨基酸序列，由此，经数据库检索鉴定为相应的蛋白质。同时，对样品组与对照组进行差异分析，发现生物标志物（biomarkers），确定样品蛋白质组中的哪些蛋白质含量增加（上调），哪些蛋白质含量降低（下调），并与生物信息相联系，研究其生理效应。

由于蛋白质组的复杂性和目标蛋白质通常是低丰度的，所以首先要用二维凝胶电泳或液相色谱法等方法富集和分离，或用 LC-MS、CE-MS 在线分离分析。

### 9.1.1　阿尔茨海默病的蛋白质组学

阿尔茨海默病（Alzheimer disease，AD）是一种慢性退行性疾病，发病率高，尤其多发于老年人群，临床表现为进行性的记忆和认知障碍，其病理特征是细胞外 $\beta$-淀粉样蛋白质（$\beta$-amyloid protein，A$\beta$）沉积所致老年斑和细胞内过度磷酸化的 Tau 蛋白质所致神经原纤维缠结，其常见的沉积部位如海马、额叶和颞叶。定量蛋白质组学方法，以尸检的老年人脑颞叶组织为标本，通过分析 AD 和正常老年人脑组织中的主要差异蛋白，旨在发现疾病的生物标志物，并试图找到能阐明 AD 病理生理机制的研究方法[1]。

#### 9.1.1.1 观察对象

12 例尸检的老年男性颞叶脑组织，年龄 78～90 岁，取自 2005-12 至 2013-03 老年组织库收集的组织标本。其中正常老年组 6 例，平均年龄（81.83±3.06）岁，死亡至尸检的平均间隔时间为 17h；AD 组 6 例，平均年龄（84.67±3.44）岁，死亡至尸检的平均间隔时间为 19.3h。两组间年龄、尸检间隔时间比较差异无统计学意义。12 例老年人生前营养状况均正常。脑组织标本取材后均立即放入−80℃低温冰柜保存。

正常老年人组均排除有神经系统疾病以及可能影响中枢神经系统的疾病、脑血管疾病、嗜酒、药物成瘾和精神方面疾病；AD 组的老年人均为临床和病理两方面确诊的痴呆个体；另外，查阅两组老年人的病史，排除可能影响实验的其他因素。

#### 9.1.1.2 仪器与试剂

液相色谱-质谱联用仪（Eksigent LC-AB SCIEX TripleTOF 5600 MS），iTRAQ 试剂盒（iTRAQ Reagent Multi-PlexKit，Applied Biosystems），丙酮、氨水（北京化工厂），尿素（Urea，法玛亚 USB），二硫苏糖醇（DTT，法玛西亚 USB）。

#### 9.1.1.3 蛋白质提取

分别将两个组的 6 份组织样本 80 μg 混合，在液氮条件下研磨成粉末，以 1∶5 的比例加入裂解液[8mol/L Urea，0.1%（质量分数）DTT]，超声破碎（超声破碎 1s，停 1s，超声破碎 1min）。以 40000g、4℃离心 30min，取上清。以考马斯亮蓝（Bradford）法定量后，每组样本分别取 100μg 蛋白，以 1∶3 的体积比例加入已预冷的丙酮，−20℃放置 2h 后，以 20000g、4℃离心 5min，弃上清，自然风干。

#### 9.1.1.4 iTRAQ 标记

分别于正常脑组织样本和 AD 患者组织样本中加入裂解液（dissolution buffer），溶解蛋白并经 Bradford 法定量。分别向蛋白溶液中加入胰蛋白酶（trypsin），分别取 80μg 用 iTRAQ 试剂盒进行酶切标记。正常脑组织样本用 115 标记，AD 患者脑组织样本用 117 标记，标记后样本合并。

#### 9.1.1.5 肽段分离及鉴定

（1）高 pH 反相色谱分离　色谱柱：$C_{18}$ 反相柱（Agela，$C_{18}$ 色谱柱，250 mm×4.6 mm，5 μm）。流动相 A：2%乙腈-98%水（氨水调 pH 10.0）；流动相 B：98%乙腈-2%水（氨水调 pH 10.0）。溶剂梯度：0～1min，5%～8%B；1～25min，8%～32%B；25～27min，32%～95%B；27～31min，95%B；31～32min，95%～5%B。柱温：45℃。流速：0.7mL/min。检测波长：214nm。组分收集：每分钟 1 管，在 8～32min 时收集。有效梯度内，共 24 组分。

（2）LC-MS 分析　抽干的样本，溶解于 A 液（1.9%乙腈-98%水-0.1%甲酸），12000r/min 离心（离心半径＝3cm）3min，取上清分析。

（3）色谱条件　Eksigent Nano LC 2Dplus；自制富集柱：$C_{18}$，20 mm×1mm，5 μm。分离柱自制 $C_{18}$，120 mm×75μm，3μm。流动相 A 为 1.9%乙腈-98%水-0.1%甲酸；流动相 B 为 98%乙腈-1.9%水-0.1%甲酸。流速：330×10⁻³μL/min。洗脱条件：0min，5%B；0～5min，5%～12% B；5～21min，12%～22%B；21～31.5min，22%～32% B；31.5～36min，32%～90% B；36～40min，

90%～5% B。

（4）质谱条件　数据采集时间 40min，喷雾电压 2.3kV；毛细管温度 23.92℃；碰撞能量 45V；采集分子量范围 350～1250。

（5）数据分析　ProteinPilot™ Software Beta（版本：4.2）搜索引擎，数据库为 Human 库；一级质谱误差为 $10 \times 10^{-6}$，二级质谱误差为 $20 \times 10^{-6}$；合并搜索结果，导出数据用 PDST 软件分析。选择差异有统计学意义（$p < 0.05$）的结果报告。

（6）生物信息学分析　基于 iTRAQ 定量比值，对蛋白质的定量信息取 Log 值后符合正态分布曲线，然后利用 95% 置信区间法则来计算蛋白差异是否具有统计学意义，筛选出存在统计学差异的蛋白质，作为后续分析的备选。通过生物信息学分析工具 DAVID 对鉴定蛋白进行基因本体（gene ontology，GO）功能注释、功能富集分析及定位分析。GO 功能注释包括生物学过程、分子功能以及细胞组分三个方面内容。GO 功能富集分析是指利用功能注释工具高通量地对每个蛋白质进行注释，得到实验鉴定蛋白质在各类生物学过程或分子功能上的分布情况，并将该分布与总体蛋白质的分布进行比较，从而确认实验鉴定蛋白质在哪几类生物学过程或分子功能上显著富集（$p < 0.05$）。通过 KEGG（Kyoto Encyclopedia of Genes and Genomes）对鉴定的蛋白质进行通路分析。

（7）结果

① 蛋白质谱鉴定及表达差异分析　在正常老年组和 AD 组中共同鉴定到的蛋白质有 3071 种，差异蛋白 146 种，与正常老年组相比，AD 组中有 62 种蛋白质表达上调（表 9.1）和 84 种蛋白质表达下调（表 9.2）。

表 9.1　AD 组与正常老年组脑组织表达上调的蛋白质

| 蛋白质名称 | | 比值[①] | 蛋白质名称 | | 比值[①] |
|---|---|---|---|---|---|
| 英文名称 | 中文名称 | | 英文名称 | 中文名称 | |
| glutathione S-transferase theta-1 | 谷胱甘肽 S-转移酶 $\theta$-1 | 3.70 | acyl-CoA-binding protein isoform 4 | 酰基辅酶 A 结合蛋白亚型 4 | 1.57 |
| SH3 domain-bindingglutamic acid-rich-like protein 3 | | 2.73 | tropomyosin alpha-3 chain isoform 3 | 原肌球蛋白 $\alpha$-3 链异构体 3 | 1.57 |
| glial fibrillary acidic protein isoform 1 | 胶质纤维酸性蛋白亚型 1 | 2.63 | peroxiredoxin-1 | | 1.56 |
| MMS19 nucleotide excision repair protein homolog | MMS19 核苷酸切除修复基因 | 2.09 | heat shock protein beta-1 | 热休克蛋白 $\beta$-1 | 1.56 |
| high mobility group protein B1 | 高迁移率族蛋白 B1 | 2.07 | 4-trimethylaminobutyraldehyde dehydrogenase | 4-三甲基氨基丁醛脱氢酶 | 1.56 |
| lambda-crystallin homolog | 同源 $\lambda$-晶状体蛋白 | 2.01 | carboxy peptidease E preproprotein | 羧肽酶 E 前体蛋白 | 1.56 |
| Na(+)/H(-) exchange regulatory cofactor NHE-RF1 | Na(+)/H(-)交换调节辅助因子 | 1.98 | Rho GTPase-activating protein 44 | Rho GTP 酶活化蛋白 44 | 1.56 |
| myelin protein P0 precursor | 髓鞘蛋白 P0 前体 | 1.96 | alpha-enolase isoform 1 | $\alpha$-烯醇化酶亚型 | 1.54 |
| carbamoyl-phosphate synthase [ammonia], mitochondrial isoform a precursor | 氨基甲酰磷酸合成酶[氨]，线粒体亚型前体 | 1.94 | calcyphosin isoform A | | 1.54 |
| | | | PX domain-containing protein kinase-like protein | PX 结构域蛋白激酶 | 1.54 |
| phosphoserine aminotransferase isoform 1 | 磷酸丝氨酸转氨酶同工酶 1 | 1.92 | golgin subfamily A member 4 isoform 2 | 高尔基体蛋白亚科 A4，亚型 2 | 1.53 |
| glycogen phosphorylase, muscle form isoform 1 | 糖原磷酸化酶，肌亚型 1 | 1.87 | clusterin preprotein | 凝集素前体蛋白 | 1.87 |

续表

| 蛋白质名称 | | 比值① | 蛋白质名称 | | 比值① |
| --- | --- | --- | --- | --- | --- |
| 英文名称 | 中文名称 | | 英文名称 | 中文名称 | |
| Hyaluronan and proteoglycan link protein 2 precursor | 透明质酸和蛋白聚糖连接蛋白2前体 | 1.87 | versican core protein isoform 4 presursor | 多功能蛋白聚糖核心蛋白亚型4前体 | 1.51 |
| protein | S100A13 蛋白 | 1.82 | ubiquitin-40s ribosomal protein S27 a precursor | 泛素-40s 核糖体蛋白 S27 的前体 | 1.51 |
| membrane protein MLC1 | 膜蛋白 MLC1 | 1.82 | | | |
| CD699 antigen isoform a precursor | CD699 抗原亚型前体 | 1.82 | adipose most abundant gene transcript 2 protein | 高丰度脂肪基因转录蛋白 2 | 1.51 |
| adseverin isoform 1 | 肾上腺肌割蛋白亚型 1 | 1.80 | 60s ribosomal protein L38 | 60s 核糖体蛋白 L38 | 1.50 |
| peroxiredoxin | 过氧化物酶 | 1.75 | microtubule-associated protein 2 isoform 1 | 微管相关蛋白 2 亚型 1 | 1.50 |
| cystatin-B | 半胱氨酸蛋白酶抑制剂 B | 1.74 | cathepsin D preproprotein | 组织蛋白酶 D 前体蛋白 | 1.47 |
| thymosin beta-4 | 胸腺肽 β-4 | 1.72 | SPARC-related modular calcium-binding protein 1 isoform 1 precursor | SPARC 相关钙结合蛋白 1 亚型 1 的前体 | 1.47 |
| plectin isoform 1e | 网蛋白异构体 1e | 1.71 | | | |
| OUT domain-containing protein 7A | OUT 结构域蛋白 7A | 1.71 | | | |
| aquaporin-4 isoform A | | 1.67 | ephrin-B2 precursor | | 1.46 |
| neurochondrin isoform 2 | 神经软骨蛋白亚型2 | 1.66 | brain acid soluble protein 1 | 脑酸溶蛋白 1 | 1.45 |
| guanine nucleotide-binding protein G(Ⅰ)/G(S)/G(O) ubunit gamma-12 precursor | 鸟嘌呤核苷酸结合蛋白 G(Ⅰ)/G(S)/G(O) 亚基γ-12 前体 | 1.66 | nucleoside diphosphate kinase A isoform b | 核苷二磷酸激酶 A 亚型 b | 1.45 |
| arf-GAP with dual PH domain-containing protein 1 | Arf-GAP 双 PH 结构域蛋白 1 | 1.64 | coiled-coil domain-containing protein 72 | 卷曲螺旋结构域蛋白 72 | 1.45 |
| neuroblast differentiation-associated protein AHNAK isoform 1 | 神经细胞分化相关蛋白 AHNAK 亚型 1 | 1.60 | E3 ubiquitin-protein ligase ZNRF2 | E3 泛素蛋白连接酶 ZNRF2 | 1.45 |
| cysteine and glycine-rich protein 1 isoform 1 | 半胱氨酸和甘氨酸富集蛋白1亚型1 | 1.58 | 60s ribosomal protein L13a | 60s 核糖体蛋白 L13a | 1.43 |
| tubulin polymerization-promotiong protein family member 3 | 促进微管蛋白聚合蛋白 3 | 1.58 | eukaryotic translation initiation factor 3 subunit H | 真核翻译起始因子 3 亚基 H | 1.42 |
| | | | Sec1 family domain-containing protein 2 | Sec1 族结构域蛋白 2 | 1.42 |
| mitogen-activated protein kinase 1 | 丝裂原活化蛋白激酶 1 | 1.57 | Ezrin | 埃兹蛋白 | 1.41 |
| limbic system-associated membrane protein preproprotein | 边缘系统相关膜蛋白前体 | 1.57 | DNA-directed RNA polymerases Ⅰ and Ⅲ subunit RPAC1 | DNA 导向的 RNA 聚合酶 Ⅰ 和Ⅲ亚基 RPAC1 | 1.41 |
| | | | histone H1x | 组蛋白 H1x | 1.41 |
| sulfotransferase 1A1 isoform a | 硫基转移酶 1A1 亚型 a | 1.53 | solute carrier family 22 member 23 isoform a | 溶质载体族 22 蛋白 23 亚型 a | 1.41 |

① AD 组与正常老年组中同一蛋白质含量的比值。

表 9.2　AD 组与正常老年组脑组织表达下调的蛋白质

| 蛋白质名称 | | 比值[①] | 蛋白质名称 | | 比值[①] |
|---|---|---|---|---|---|
| 英文名称 | 中文名称 | | 英文名称 | 中文名称 | |
| pleckstrin homology-like domain family B member 1 isoform a | PH 结构域 B 族 1 亚型 a | 0.68 | neurofilament heavy polypeptide | 神经丝蛋白重链多肽 | 0.58 |
| cytochrome c oxidase subunit III | 细胞色素 C 氧化酶亚基 III | 0.68 | calcium-binding mitochondrial carrier protein A ralar 1 | 钙结合线粒体载体蛋白 ralar 1 | 0.57 |
| oligoribonuclease, mitochondrial precursor | 寡核糖核酸酶线粒体前体 | 0.68 | 40s ribosomal protein S27-like | 40s 核糖体蛋白 | 0.56 |
| Alpha-1-acid glycoprotein 2 precursor | α-1 酸性糖蛋白 2 前体 | 0.67 | serotransferrin precursor | 血清转铁蛋白前体 | 0.55 |
| reticulon-4 isoform C | | 0.67 | protein FAM171A1 precursor | FAM171A1 蛋白前体 | 0.55 |
| intraflagellar transport protein 27 homolog isoform 2 | 鞭毛内转运蛋白 27 同源异构体 2 | 0.67 | Plexin-A4 isoform 1 precursor | | 0.54 |
| alpha-actinin-1 isoform A | α-辅肌动蛋白-1-异构体 A | 0.66 | ubiquitin-like modifier-activationg enzyme 5 isoform 1 | 泛素样修饰活化酶 5 亚型 1 | 0.54 |
| L-lactate dehydrogenase A chain isoform 3 | L-乳酸脱氢酶 A 链异构体 3 | 0.66 | plasma membrane calcium-transporting ATPase 1 isoform 1a | 质膜钙转运 ATP 酶 1 亚型 1a | 0.54 |
| nicalin precursor | | 0.66 | cytochrome c oxidase subunit II | 细胞色素 c 氧化酶亚基 II | 0.54 |
| GTPase HRas isoform 1 | GTP 酶 HRas 亚型 1 | 0.66 | squamous cell carcinoma antigen recognized by T-cells 3 | T 细胞 3 识别的鳞状细胞癌抗原 | 0.54 |
| signal-induced proliferation-associated 1-like protein 1 | 信号诱导的增殖相关 1 样蛋白 1 | 0.66 | keratin, type II cytoskeletal 6C | II 型角蛋白，细胞骨架 6C | 0.52 |
| Rho GDP-dissociation inhibitor 2 | Rho GDP 解离抑制因子 2 | 0.65 | charged multivesicular body protein 7 | 带电多泡体蛋白 7 | 0.52 |
| regulator of microtubule dynamics protein 2 isoform 2 | 微管动力学蛋白 2 亚型 2 调节器 | 0.65 | serum albumin preproprotein | 血清白蛋白蛋白 | 0.52 |
| neutrophil elastase preproprotein | 中性粒细胞弹性蛋白酶蛋白 | 0.65 | TBC domain-containing protein kinase-like protein isoform c | TBC 域包含蛋白激酶 c 亚型 | 0.52 |
| apolipoprotein B-100 presursor | 载脂蛋白 B-100 前体 | 0.64 | translocon-associated protein subunit alpha precursor | 易位相关蛋白 α 亚基前体 | 0.50 |
| UPF0606 protein C11orf41 | UPF0606 蛋白 C11orf41 | 0.64 | vimentin | 波形蛋白 | 0.49 |
| synaptotagmin-2 | 突触结合蛋白-2 | 0.64 | keratin, type II cytoskeletal 1 | II 型角蛋白，细胞骨架 1 | 0.49 |
| casein kinase I isoform delta isoform 2 | 酪蛋白激酶 I 型 δ 亚型 2 | 0.64 | annexin A2 isoform 1 | 膜联蛋白 A2 亚型 1 | 0.49 |
| anion exchange protein 3 isoform 2 | 阴离子交换蛋白 3 亚型 2 | 0.64 | complement C3 precursor | 补体 C3 的前体 | 0.49 |
| disks large homolog 4 isoform 1 precursor | | 0.63 | dermcidin preproprotein | DCD 前体蛋白 | 0.49 |
| fibrillin-1 precursor | 原纤维蛋白-1 前体 | 0.63 | protocadherin-9-isoform 2-precursor | 原钙黏蛋白-9-亚型 2 前体 | 0.47 |
| sorting nexin-18 isoform C | 排序连接蛋白-18 异构体 C | 0.63 | transcription elongation factor A protein 1 isoform 1 | 转录延伸因子蛋白 1 亚型 1 | 0.63 |
| hemoglobin subunit beta | 血红蛋白 β 亚基 | 0.58 | alpha-1-antitrypsin precursor | | 0.63 |
| | | | Rab proteins geranylgeranyltransferase component A1 isoform a | Rab 蛋白牛儿基转移酶成分 A1 亚型 a | 0.63 |

续表

| 蛋白质名称 | | 比值① | 蛋白质名称 | | 比值① |
|---|---|---|---|---|---|
| 英文名称 | 中文名称 | | 英文名称 | 中文名称 | |
| hexosaminidase D | 氨基己糖苷酶 D | 0.63 | carbonic anhydrase 4 precursor | 碳酸酐酶 4 前体 | 0.46 |
| cytochrome b-c1 complex subunit 1, mitochondrial precursor | 细胞色素 b-c1 复合物亚基 1，线粒体前体 | 0.62 | hemoglobin subunit alpha | 血红蛋白$\alpha$亚基 | 0.45 |
| cytochrome c oxidase subuit 4 isoform 1, mitochondrial precursor | 细胞色素 c 氧化酶亚基 4 亚型 1，线粒体前体 | 0.62 | NADH dehydrogenase [ubiquinone] 1 beta subcomplex subunit 10 | NADH 脱氢酶辅酶[泛醌] 1 $\beta$亚基 10 | 0.43 |
| Prolargin precursor | Prolargin 前体蛋白 | 0.62 | anterior gradient protein 3 homolog precursor | 前梯度蛋白 3 的同源蛋白前体 | 0.43 |
| leucine-rich repeat LGI family member 3 precursor | 富含亮氨酸重复 LGI 族 3 前体 | 0.61 | keratin, type Ⅰ cytoskeletal 9 | 角蛋白，Ⅰ型细胞骨架 9 | 0.39 |
| basement membrane-specific heparin sulfate proteoglycan core protein precursor | 基底膜比硫酸肝素蛋白多糖核心蛋白前体 | 0.61 | collagen alpha-1(Ⅰ) chain preproprotein | 胶原蛋白$\alpha$1(Ⅰ)链 | 0.36 |
| galectin-3-binding protein precursor | 半乳糖凝集素结合蛋白前体 | 0.61 | collagen alpha-3(Ⅵ) chain isoform 5 precursor | 胶原蛋白$\alpha$-3(Ⅵ)链异构体 5 的前体 | 0.36 |
| hyaluronan and proteoglycan link protein 4 precursor | 透明质酸和蛋白聚糖连接蛋白 4 前体 | 0.61 | keratin, type Ⅰ cytoskeletal 10 | 角蛋白，Ⅰ型细胞骨架 10 | 0.36 |
| arylsulfatase B isoform 2 precursor | 芳基硫酸酯酶 B 亚型 2 前体 | 0.61 | intracellular hyaluronan-binding protein 4 | 细胞内透明质酸-结合蛋白 4 | 0.35 |
| tubulin alpha-1A chain | 微管蛋白$\alpha$-1A 链 | 0.60 | synaptotagmin-12 | 突触结合蛋白-12 | 0.34 |
| NADH dehydrogenase [ubiquinone] 1 beta subcomplex subunit 6 isoform 1 | NADH 脱氢酶的辅酶[泛醌] 1$\beta$亚基 6 亚型 1 | 0.60 | biglycan preproprotein | 双糖链前体蛋白 | 0.33 |
| NF-kappa-B inhibitor-intacting Ras-like protein 2 isoform a | NF-kappa-B 相互作用抑制剂 Ras 样蛋白 2 亚型 a | 0.60 | immunoglobulin lambda-like polypeptide 5 isoform 2 | 免疫球蛋白样多肽 5 亚型 2 | 0.32 |
| protein disulfide-isomerase A4 precursor | 蛋白质二硫键异构酶 A4 前体 | 0.60 | keratin, type Ⅱ cytoskeletal 2 epedermal | Ⅱ型角蛋白，细胞骨架的 2 | 0.31 |
| citrate synthase, mitochondrial precursor | 柠檬酸合酶，线粒体前体 | 0.59 | apolipoprotein A-1 preproprotein | 载脂蛋白 A-1 前体蛋白 | 0.30 |
| protein TANC2 | TANC2 蛋白 | 0.59 | periostin isoform 1 precursor | 骨膜型 1 前体 | 0.30 |
| pancreatic progenitor cell differentiation and proliferation factor | 胰腺祖细胞的分化和增殖因子 | 0.59 | collagen alpha-2(Ⅰ) chain precursor | 胶原蛋白$\alpha$-2(Ⅰ)链前体 | 0.21 |
| rabphilin-3A isoform 1 | 亲和蛋白-3A 亚型 1 | 0.59 | keratin, type Ⅱ cytoskeletal 7 | Ⅱ型角蛋白，细胞骨架 7 | 0.15 |
| | | | keratin, type Ⅰ cytoskeletal 19 | Ⅰ型角蛋白，细胞骨架 19 | 0.10 |
| | | | keratin, type Ⅰ cytoskeletal 18 | Ⅰ型角蛋白，细胞骨架 18 | 0.09 |
| | | | keratin, type Ⅱ cytoskeletal 8 isoform 2 | Ⅱ型角蛋白，细胞骨架 8，异构体 2 | 0.06 |

① AD 组与正常老年组中同一蛋白质含量的比值。

② 蛋白质功能聚类分析　结果如图 9.1 所示。从生物学过程来说，在 146 种差异蛋白中，有 8%涉及细胞呼吸，14%涉及细胞代谢，两者均与 AD 的能量代谢相关。根据分子功能注释发

现，结合功能和结构分子活性相关蛋白所占比例较多。根据细胞成分注释发现，其最主要的为细胞内细胞器相关蛋白，占 50%，其中又以线粒体相关蛋白为主，与生物学过程中的细胞呼吸和代谢过程相吻合。

图 9.1　两组差异蛋白的 GO 功能分类

进一步对参与各种生物过程的蛋白质进行富集度分析，结果显示细胞骨架蛋白、细胞内细胞器及细胞呼吸和代谢相关蛋白在细胞内显著富集（表 9.3）。所有蛋白质匹配到 11 条 KEGG 通路，可信度最高的通路为 AD 通路（匹配到通路中的基因为 7 个，$p=0.0078$）。在此通路中，基因转录翻译的差异蛋白为：丝裂原活化蛋白激酶 1（MAPK1）、NADH 脱氢酶（亚基Ⅵ、亚基Ⅹ）和细胞色素 C 氧化酶（COX；亚基Ⅰ、亚基Ⅱ、亚基Ⅲ和亚基Ⅳ）。

表 9.3　各种生物过程相关蛋白质的富集度分析

| 富集分值① | 功能 | | 术语 | | 频数② |
|---|---|---|---|---|---|
| 9.33 | cytoskeleton | 细胞骨架 | intermediate filament | 中间丝 | 12 |
| 7.25 | cellular component | 细胞成分 | extracellular matrix | 细胞外基质 | 16 |
| 4.01 | intracellular organelle | 细胞内细胞器 | cytoplasmic membrane-bounded vesicle | 胞质膜小泡 | 17 |
| 3.32 | intracellular organelle | 细胞内细胞器 | glycation | 糖基化 | 4 |
| 2.70 | intracellular organelle | 细胞内细胞器 | contractile fiber | 收缩纤维 | 6 |
| 2.50 | carbohydrate binding | 糖类结合 | carbohydrate binding | 糖类结合 | 7 |
| 2.15 | cellular respiration and metabolic process | 细胞呼吸和代谢过程 | respiratory electron transport chain and generation of precursor metabolites and energy | 呼吸电子传递链和前体代谢物及能量的产生 | 12 |

① 富集分值最高的前 7 位。
② 每个分类中所涉及的基因数目。

通过对正常老年人和 AD 患者尸检颞叶脑组织差异蛋白质进行分析，发现两组中差异表达蛋白质共 146 种，在疾病组中上调蛋白质 62 种，下调 84 种，其中能匹配到可信度最高的 AD 通路中的蛋白质有 7 种，概括为：表达上调的 MAPK 1、下调的 NADH 和 COX。MAPK 1 在疾病中高表达促进神经元的细胞死亡，而 NADH 和 COX 均为细胞呼吸链的组成成分，其表达下调，使线粒体呼吸链损伤，能量代谢障碍，引起神经元功能异常或死亡。总之，这 3 种蛋白质表达的变化均与 AD 的发生密切相关，这为 AD 疾病的预防或后续治疗等相关研究提供了线索。

### 9.1.2　半胱氨酸蛋白酶抑制剂的分析

半胱氨酸蛋白酶抑制剂（cystatins）是在人唾液中发现的一组半胱氨酸蛋白酶抑制剂，包括 cystatins S、S1、S2、SA、SN、C 和 D。它们含 120～121 个氨基酸，分子量 13000～14000，有两个双硫键。文献报道 cystatins 是人类疾病的生物标志物[2]。

### 9.1.2.1 样品收集

志愿者唾液采自年龄 22～30 岁的成人于加州大学洛杉矶分校医学中心（UCLA Medical Center）。按照 Medical Institution Review Board and the Office of Protection for Research Subjects 的规定步骤，志愿者完全知情。全唾液(WS)在无刺激条件下收集，而腮腺（P）、下颌（SM）、舌下分泌物（SL）在使用 2%枸橼酸水溶液后采集。将收集的样品离心（10000$g$，15min，4℃），取上清液置冰中冷却，立即加入蛋白酶/磷酸酯酶抑制剂（抑肽酶 aprotinin 10mg/mL，1μL/mL 唾液；原钒酸钠 400mmol/L，3μL/mL 唾液；苯甲基磺酰氟 10mg/mL，10μL/mL 唾液）。将样品分成若干份，−80℃保存备用。

### 9.1.2.2 RPLC-ESI(+)-MS 和流分收集

合并样品（1mL）离心干燥，复溶于 400mL 6mol/L 盐酸胍，离心（10000$g$，5min，室温）。分取上清液（4×100μL），注入色谱柱（PLRP/S 5μm，300Å，2.1mm×150mm；Varian Inc.，Palo Alto，CA，USA）用水-乙腈-三氟乙酸 95∶5∶0.1，（体积比）平衡，然后，以乙腈浓度梯度（min/%乙腈：0/5，5/5，10/20，70/50，90/90）洗脱（100μL/min，40℃）。流出物经分流器一路由熔融二氧化硅毛细管导入低分辨质谱仪的 ESI 源，另一路通过 UV 检测器（280nm）至流分收集器。以每 1min 为间隔收集流分至微量离心管中，储存在−80℃，用于 nanoESI-HRMS 离线分析。

低分辨 LC-MS(+)实验：用三重四极仪器（API III，Applied Biosystems，Foster City，CA，USA），扫描范围 $m/z$ 600～2300，锥孔电压（60～120V）以步长 0.3μm 随质量逐步增加，扫描速率为 6s，记录质谱。数据用 MacSpec 3.3 或 BioMultiview 1.3.1 软件处理（Applied Biosystems）。

### 9.1.2.3 高分辨 ESI-MS

top-down 质谱法实验用杂交线形离子阱-傅里叶变换离子回旋质谱仪测定（LTQ-FT Ultra；Thermo Fisher Corp，San Jose，USA），配备离线 nanoESI 源。HPLC 流分逐个注入 2μm 内径。纳升喷针（Proxeon，Cambridge，MA，USA），喷雾电压 1.8kV（相对于质谱仪入口）。在上述条件下流速为 20～50nL/min。离子输入 LTQ 后再进入 ICR 分析池，对最高的离子信号自动优化，MS 和 MS$^2$ 的离子计数目标为 2×10$^6$，仪器分辨率 100000（FWHM，$m/z$ 400）。在线形离子阱中选择各个多电荷准分子离子，分离和碰撞活化，碰撞气为氦，质量范围为 $m/z$ 300～2000，前体离子分离宽度为 $m/z$ 4～8。碰撞能 12V 和 15V，$q$ 值 0.25。生成的产物离子在 ICR 分析池中检测。

### 9.1.2.4 ProSight PC 数据分析

所有 top-down FT-ICR 质谱由 50～200 个瞬态信号平均所得。前体离子质量用 Xtract Version 3.0.1.1（Thermo Scientific，Bremen，Germany）计算。产物离子质谱用 ProSight PC Version 2（Thermo Scientific）得到单同位素质量列表。如成分未知，用检索所得候选蛋白质序列编辑序列标签以进一步手动匹配。绝对质量检索模式用于改进一级结构以使前体离子与产物离子的匹配度最大化。设定质量允差为 10×10$^{-6}$，质量差功能（delta mass feature）关闭。所有蛋白质的序列数据库取自 SwissProt。

### 9.1.2.5 结果和讨论

（1）唾液样品的色谱分离　合并的唾液样品干燥后复溶于盐酸胍溶液后立即进行低分辨 LC-MS 分析，以用于选择流分和特定蛋白质离子进行高分辨 top-down MS 分析。cystatins 在 45～60min 间流出，取收集的这些流分进行 top-down 分析，以尽可能鉴别各个成分，包括由于单核苷酸多态性造成的后转释修饰和变异。

表 9.4 中包含了由低分辨 LC-MS 测定的平均质量，以便与文献数据比较，而单同位素质量用于高分辨完整质量标签。

表 9.4　人唾液半胱氨酸蛋白酶抑制剂

| 半胱氨酸蛋白酶抑制剂 | Swiss-Prot | 氨基酸编号 | 修饰 | 测定的平均质量 | 计算的修饰后的单同位素质量 | 实验的单同位素质量 | 差值 | 差值 /10⁻⁶ | RMS[①] /10⁻⁶ |
|---|---|---|---|---|---|---|---|---|---|
| S | P01036 | 121 | 1-20 Removed, 2 disulfide bonds | 14186 | 14175.8005 | 14175.8569 | 0.0564 | 3.98 | 3.69 |
| S1 | P01036 | 121 | 1-20 Removed, 2 disulfide bonds, phosphorylation | 14266 | 14255.7668 | 14255.8567 | 0.0899 | 6.30 | 4.26 |
| S2 | P01036 | 121 | 1-20 Removed, 2 disulfide bonds, 2 phosphorylation | 14346 | 14335.7335 | 14335.8110 | 0.0775 | 5.40 | 4.75 |
| SA | P09228 | 121 | 1-20 Removed, 2 disulfide bonds | 14347 | 14337.0014 | 14336.9856 | 0.0158 | 1.10 | 6.55 |
| SN | P01037 | 121 | 1-20 Removed, 2 disulfide bonds | 14313 | 14303.2228 | 14303.1553 | 0.0675 | 4.72 | 5.00 |
| SN(SNP) | P01037 | 121 | 1-20 Removed, 2 disulfide bonds, rs 2070856(P31L) | 14328 | 14319.1187 | 14319.171[②] | 0.0523 | 3.65[②] | 7.07[②] |
| C | P01034 | 120 | 1-26 Removed, 2 disulfide bonds | 13345 | 13334.5969 | 13334.5829 | 0.0140 | 1.05 | 3.90 |
| D(SNP) | P28325 | 114 | 1-28 Removed, 2 disulfide bonds,rs 1799841(C46R) | 13165 | 13154.4776 | 13154.4675 | 0.0101 | 0.77 | 2.47 |
| D(SNP) | P28325 | 118 | 1-24 Removed, 2 disulfide bonds, rs 1799841(C46R) | ND[③] | 13596.7064 | 13596.7015 | 0.0049 | 0.36 | 0.35 |

① 产物离子的均方根误差(10×10⁻⁶内)。

② 取自文献数值。

③ 由 FT-ICR-MS 检出。

(2) 蛋白质鉴别

① cystatin S、S1、S2　cystatins 有一个 N-端信息肽在变异时断开。对于 cystatin S(P01036)，20 个氨基酸断裂生成 121 个氨基酸的蛋白质，其计算的单同位素质量为 14179.8005u（表 9.4）。实验测定的单同位素质量为 14175.8569u，HPLC 保留时间 48min。与计算质量的差别为-3.9431u，与形成两对双硫键的丢失质量相符（4.0313Da）。所有唾液 cystatins 均有两个双硫键。氧化 cystatin S 中的 4 个半胱氨酸残基形成两个双硫键，位于 Cys94-Cys104 和 Cys118-Cys138 之间。测定质量和计算质量一致，优于 $4×10^{-6}$（Δ=0.0564u，$3.98×10^{-6}$）。用 ProSight PC 2.0 (tolerance of $10×10^{-6}$; delta mass mode off)，分析 CAD 对二硫键-氧化 N 端切割蛋白质的数据，得到 10 个匹配的 b-离子。手动修改 4 个半胱氨酸残基形成两个双硫键(每个残基-1.0078u)，软件分析得到 11 个 b-产物离子和 27 个 y-产物离子，符合计算质量和测定质量在 $10×10^{-6}$ 内和 P-Score 1.71E-57（表 9.4）。

cystatin S 在 Ser23 处发生单磷酰化（成熟型 3 位）产生后转录修饰型 cystatin S1。实验测定的单同位素质量 14255.8567u 在计算质量(14255.7668；Δ= 0.0899u，$6.30×10^{-6}$)的 $10×10^{-6}$ 内，

包括两个双硫键和单磷酰化。用 ProSight PC 2.0 绝对质量搜集，只得到一个人工匹配的 y-离子，直至 4 个半胱氨酸氧化（两个双硫键；−4.03130036u）和引入 Ser23 的磷酰化（+79.9663Da），产生 14 个匹配的 b-产物离子和 28 个 y-产物离子及 P-Score4.75E-42（表 9.4）。检测到 y119 产物离子证实了在 Ser23 处发生了单磷酰化修饰。

　　cystatin S 也可以在 Ser21 和 Ser23 发生磷酰化修饰，生成另一后转录修饰型 cystatin S2。实验测定质量 14335.8110u 与计算质量吻合，包括两个双硫键和双磷酰化（14335.7335u，$\Delta= 0.0775Da$，$5.4\times10^{-6}$）。CAD 产物离子表明只能与 cystatin S 的一级结构经手动修饰 4 个半胱氨酸残基（两个双硫键；−4.0313）和 Ser21 及 Ser23 磷酰化（+159.9326）后相匹配，序列覆盖率显著增加，5 个 b-产物离子和 19 个 y-产物离子与 CAD 数据匹配，P-Score8.06E-32。

　　对于 cystatin S 所产生 b-碎片和 y-碎片的三个实验，在 Cys104～Cys118 区间内，支持双硫键交联于 Cys94～Cys104 和 Cys118～Cys138，而无其他排列。

　　② cystatin SA，SN 和 C　cystatins SA 和 SN 的信号肽为前端的 20 个氨基酸，而 cystatin C 的信号肽由前端 26 个氨基酸组成。成熟型的 cystatin SA 和 SN 含 121 个氨基酸，而 cystatin C 有 120 个氨基酸（表 9.4）。cystatins SA、SN 和 C 均含两个双硫键。cystatins SA 和 SN 的双硫键位于 Cys94～Cys104 和 Cys118～Cys138，而 cystatin C 的双硫键在 Cys99～Cys109 和 Cys123～Cys143 间。成熟型 cystatin SA 实验测定的单同位素质量 14336.9856u 与计算的单同位素质量 14,337.0014 u 相符，包括两个双硫键（$\Delta= 0.0158$，$1.10\times10^{-6}$）。top-down CAD 实验证实 cystatin SA 的鉴定，6 个 b-产物离子和 27 个 y-产物离子和前体离子均小于 $10\times10^{-6}$，P-Score of 2.81E-46（表 9.4）。成熟型 cystatin SN 保留时间 42min。实验测定的单同位素质量 14303.1553u，符合计算的单同位素质量 14303.2228u，包括两个双硫键（$\Delta= 0.0675u$，$4.72\times10^{-6}$）。top-down CAD 实验证实 cystatin SN 的鉴定，8 个 b-产物离子和 13 个 y-产物离子和前体离子均小于 $10\times10^{-6}$，P-Score 4.30E-29（表 9.4）。

　　成熟型 cystatin C 保留时间 45min。实验测定的单同位素质量 13334.5829，符合计算的单同位素质量 13334.5969u，包括两个双硫键（$\Delta=0.0140u$，$1.05\times10^{-6}$）。top-down CAD 实验证实 cystatin C 的鉴定，9 个 b-产物离子和 18 个 y-产物离子和前体离子均小于 $10\times10^{-6}$，P-Score 1.25E-34（表 9.4）。

　　③ Cystatin D 的截断，蛋白质序列的多态性(polymorphism)　与其他 cystatins 相同，cystatin D 有个信号肽，由前端 20 个氨基酸组成，断开后形成成熟的 122 个氨基酸蛋白质。和其他 cystatins 相似，cystatin D 含两个双硫键，于 Cys95～Cys105 和 Cys119～Cys139 间同源于此项。在实验中，鉴定了上面未讨论过的 cystatin D 两个同源型，均为单一核苷酸的多态性（SNP；rs1799841）导致蛋白质序列的多态性 C46R，与其他任一 cystatins 不同，它们在其 N-端不同之处截断生成两个不同的成熟蛋白质，具残基 25-142 和 29-142（表 9.4）。top-down CAD 实验确定了这两个新的同源型 cystatin。较大者其实验测定的单同位素质量 13596.7015u 符合于计算的单同位素质量 13596.7064Da（$\Delta= 0.0049u$，$0.36\times10^{-6}$），CAD 实验产生匹配的 6 个 b-产物离子和 7 个 y-产物离子，P-Score3.44E-18[图 9.2(a)]。较小的同源型的实验测定的单同位素质量 13154.4675u 符合于计算的单同位素质量 13154.4776Da（$\Delta= 0.0101$ u，$0.77\times10^{-6}$），CAD 实验产生匹配的 7 个 b-产物离子和 6 个 y-产物离子，P-Score 2.00E-22 [图 9.2(b)]。

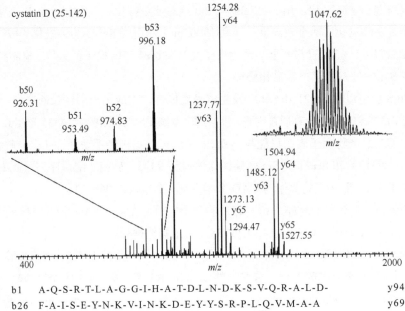

b1   A-Q-S-R-T-L-A-G-G-I-H-A-T-D-L-N-D-K-S-V-Q-R-A-L-D-   y94
b26  F-A-I-S-E-Y-N-K-V-I-N-K-D-E-Y-Y-S-R-P-L-Q-V-M-A-A-   y69
b51  Y-Q-Q-I-V-G-G-V-N-Y-Y-F-N-V-K-F-G-R-T-T-C-T-K-S-Q-   y44
b76  P-N-L-D-N-C-P-F-N-D-Q-P-K-L-K-E-E-E-F-C-S-F-Q-I-N-   y19
b101 E-V-P-W-E-D-K-I-S-I-L-N-Y-K-C-R-K-V-   y1

(a) 较大的同源型的 top-down MS

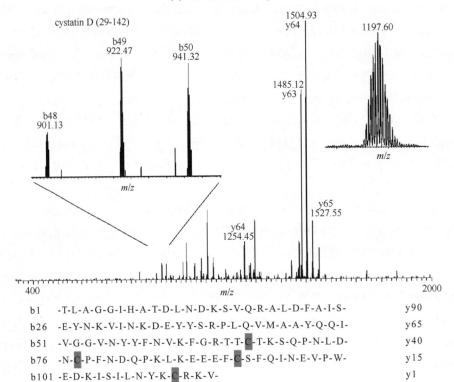

b1   -T-L-A-G-G-I-H-A-T-D-L-N-D-K-S-V-Q-R-A-L-D-F-A-I-S-   y90
b26  -E-Y-N-K-V-I-N-K-D-E-Y-Y-S-R-P-L-Q-V-M-A-A-Y-Q-Q-I-   y65
b51  -V-G-G-V-N-Y-Y-F-N-V-K-F-G-R-T-T-C-T-K-S-Q-P-N-L-D-   y40
b76  -N-C-P-F-N-D-Q-P-K-L-K-E-E-E-F-C-S-F-Q-I-N-E-V-P-W-   y15
b101 -E-D-K-I-S-I-L-N-Y-K-C-R-K-V-   y1

(b) 较小的同源型的 top-down MS

图 9.2　两个 cystatin D 同源型的 top-down MS

左上角放大的产物离子部分显示区分这两个同源型的特征 b-离子

## 9.2　代谢组学

继基因组学、转录物组学、蛋白质组学之后，代谢组学（metabolomics, metabonomics）已成为生命科学及分析方法技术研究的热点。代谢组学对代谢组（metabolome），即体液、细胞、组织、机体中的所有低分子量内源性代谢物（endogenous metabolites）进行定性、定量分析。常用代谢指纹图谱（metabolic fingerprinting）对样品进行无偏向的、总体的筛选、分类、鉴定生物标志物（biomarkers）并与代谢生化通路和网络、蛋白质组学、转录物组学、基因组学等知识结合起来，研究外部事物对机体的影响，用于疾病的早期诊断、新药研究开发等[3]。

绝大多数中药来源于植物，其小分子有效成分也是代谢物。因此，可用代谢组学的方法技术对中药进行研究。

代谢组学研究的方法大体上可分为两类：

① 非目标的（non-targeted）或总体的（global）分析，即无偏向地分析代谢组中的全部小分子代谢物，如前所述，常用指纹图谱技术。

② 有目标的（targeted）分析，用代谢轮廓图（metabolic profiling）对选定的生化通路或特定的一类化合物进行分析，包括目标物分析，即分析少数代谢物。

代谢轮廓图或定量研究某种生化通路中的某些代谢物，是研究代谢各个方面的广为应用的方法，虽然这并不代表真正意义上的代谢组学研究，但是将整套定量、定性分析不同生化途径的关键代谢物的结果整合起来，将使 metabolic profiling 转向 metabolomics。这种整合方法的优点是所得的数据可用于标注代谢组，可建立独立的数据库，以及易于检测低浓度代谢物。在现有的文献中，metabolic fingerprinting 和 metabolic profiling 常常是混用的。

代谢组学研究的基本流程包括：对照组和供试组样品的采集和储存、样品处理、样品分析、数据输出、数据分析和生物标志物的鉴定等。以质谱法为基础的代谢组学，如气相色谱-质谱（GC-MS）、液相色谱-质谱（LC-MS）和毛细管电泳-质谱（CE-MS），是常用的技术平台。但是，几乎所有常用的色谱、光谱方法，如核磁共振（NMR）都在代谢组学研究中得到了应用。

代谢组学研究的实验设计除了分析技术应仔细选择外，代谢组学实验更需要整体设计，包括：

① 取样　主要决定于实验类型和设计，包括：样本量应足够，以减少生物变异性的影响，保证有统计意义的经得起认证的数据；应注意性别、采样时间的影响，对于人体样品，尤应注意种族、年龄、性别、饮食、生活习惯、基因等因素；常取多个样品混合（pooled samples）制成质控样品（QC），代表欲分析的样品，用以在实验过程中随时测定实验的重复性。组织样品取样后，由于酶活性和氧化过程的继续，会引起代谢物的生成和改变，故样品需即时用液氮冷冻，低温（-80℃）储存。血和尿样也应在-80℃保存，尿样中还要加叠氮化钠抑菌。

② 样品的制备　样品制备的目的是从生物样品中提取代谢物，使之成为与分析技术相匹配的形式，浓集低浓度样品。对于有目标的代谢分析或定量代谢轮廓图研究，因为分析物的性质是已知的，样品制备的方法易于选择并可用类似化合物或同位素标记物优化提取步骤，除去基质干扰。对于总体的代谢组学研究，除了无机盐和蛋白质、多肽等大分子外，所有小分子均为分析对象，因此，样品处理方法应简单、通用，应注意任何样品制备方法均可能造成分析物的损失。常用的样品制备方法有蛋白质沉淀、溶剂萃取、固相萃取、加速溶剂萃取、微波辅助萃取、超临界萃取、膜技术等。尿样或稀释的尿样可直接进样，优点是在样品制备时，代谢物没有损失，高通

量；缺点是直接用 ESI-MS 分析时,盐类有离子抑制作用（代谢物之间也会相互抑制），在 ESI 过程中生成加合物，不挥发物的积累会降低仪器性能。用纳升喷雾（nano-spray）可降低离子抑制效应。如样品中含蛋白质，将影响色谱分离，降低柱寿命。血浆和尿样常用甲醇、乙腈或混合溶剂沉淀蛋白质，离心后，取上清液进行分析或除去溶剂后，用 LC 起始流动相溶解后再分析。

③ 方法验证　对于目标化合物的定量分析，应加入待测物质的稳定同位素标记物或类似化合物进行回收率、线性、重复性等试验。由于生物样本固有的变异性，尤其是尿样，样本间的体积及浓度差异很大，需要包括数据处理、分析在内的完整的验证方法。

④ 代谢物的鉴定　质谱法的优点是低检测限，但是仅用质谱数据，难以对低浓度的代谢物作出鉴定，其他光谱法，如 NMR，灵敏度尚不足。对于高浓度代谢物可用 LC-MS-NMR 鉴定。低浓度代谢物可用 $MS^n$，尤其是用杂交高分辨仪器进行分析，推测其结构。LC-MS 的接口主要是 ESI 和 APCI，产生的质谱主要是准分子离子，缺乏结构信息。因此需要用 CID 等技术使前体离子裂解生成产物离子。但是，不同类型的质谱仪，甚至是同类型、同品牌仪器的产物离子谱也是有差异的，阻碍了通用的数据库的建立。METLIN 代谢物数据库，用 Q-TOF MS 采集，包括保留时间数据(http://metin.scripp.edu/)，有助于代谢物的鉴定。

⑤ 数据处理和分析　包括数据输入，需一定数据格式。商品质谱仪的数据文件有其各自的格式，阻碍了通用数据处理软件的发展。对于开放的文件格式，如 ASC II、netCDF，仪器制造商常提供工具，将原文件转换为这些格式。数据预处理（如噪声扣除、色谱-质谱峰校正、过滤、峰检出等），数据归一（如对内标归一等），数据统计分析[如主成分分析(PCA)，偏最小二乘法-判别分析(PLS-DA)等]，各仪器公司常提供各自的软件，也有公开的软件，如 XCMS (http://www.bioconductor.org)可下载。

早期的以质谱法为基础的代谢组学主要用统计分析区分信号。随着高分辨质谱法的应用，驱动了信息工具的发展，可更有效地标注数据集。包括匹配实验测定的准确质量与计算质量，比较实验测定的 MS/MS 谱和数据库的 MS/MS 谱，用分子特征(features)提取（MFE，见第 4 章 4.1 色谱-质谱数据处理）使检测到的离子（如同位素峰、加合物、多电荷和多聚体离子、碎片离子）合并为一个分子特征，以免除杂乱的信息并有利于确定分子结构。

## 9.2.1　儿童急性淋巴细胞白血病

目前，临床诊断急性白血病需用骨髓穿刺，具侵害性，尤其对于儿童。用代谢组学方法比较病人与健康志愿者的血浆代谢信号的差异，有可能用于预测急性白血病和提供其代谢机制[4]。

### 9.2.1.1　样品采集

健康志愿者和急性淋巴细胞白血病（acute lymphoblastic leukemia，ALL）病人均事先知情并同意。47 个 ALL 病人（15 人首次诊断，未经任何先前处理，B 组），30 个病人处于缓解状态（C 组），60 个健康志愿者（A 组）。所有病人和健康志愿者年龄均为 0～14 岁。所有病人的性别比例与对照组相似。该研究项目经哈尔滨医科大学附属第二医院医学伦理委员会批准。样品取自哈尔滨多家医院。血样取自空腹病人和志愿者，离心 4500r/min，4℃，上清液储存于-40℃。

### 9.2.1.2　样品制备

所有血浆样品在室温融化，每个样品取 300μL 移置 1.5mL 聚丙烯离心管，与 600μL 甲醇旋摇混合 2min，然后 12000r/min 离心 10min。上清液移置另一 1.5mL 聚丙烯离心管，用氮气吹干，溶于 360μL 的 1∶1 乙腈和超纯水混合液，旋摇混合 1min，然后 12000r/min 离心，10min。将上清液移置自动进样皿。

### 9.2.1.3 代谢轮廓图测定

（1）色谱分析　用 Waters Acquity UPLC System（Waters Corp）进行，色谱柱 Acquity BEH C18（100mm×2.1mm，1.7μm，Waters）；柱温 40℃；进样 5μL；流动相流速 0.4mL/min；溶剂（A）0.1%甲酸水溶液，溶剂（B）0.1% 甲酸乙腈溶液。线性梯度：0～0.5min，2% B；0.5～1.5min，2%～20% B；1.5～6.0min，20%～70%B；6.0～10.0min，70%～98% B；10.0～12.0min，98% B。流出液不经分流直接导入质谱仪。起始流动相平衡 2min，第五个样品分析后，进乙腈空白。

（2）质谱分析　Q-TOF MS（Waters）在正离子和负离子模式下操作，在正离子模式下，质量范围 $m/z$ 100～1000。氮气为干燥气，温度 320℃，去溶剂气流速 600L/h，锥孔气流速 15L/h。在正离子模式下，毛细管电压 3.0kV，取样孔电压 35V，提取孔电压 3.0V。在负离子模式下，毛细管电压 208kV，取样孔电压 35V，提取孔电压 3.0V。质量范围 30～1000 $m/z$，质谱采集速率 0.4s。Q-TOF MS/MS 数据以 centroid 模式采集。采用 lock spray 以保证质量测定重现性和准确度。leucine 和 enkephalin（200pg/mL）用作 lock mass（$m/z$ 554.2615）于 ESI⁻。可能的生物标志物的 MS/MS 由 UPLC-MS/MS 获得。

（3）多变量数据分析　数据矩阵用 EZinfo software（Waters），生成包括 $m/z$、保留时间和归一化的峰面积的数据矩阵。然后，用同一 EZinfo software 分析这个多变量数据矩阵。Pareto-scaled 数据进行主成分分析（PCA）。得到 PC 得分图（score plot）和载荷图（loading plot），载荷图指明强力影响得分图图形的那些代谢物。数据进一步用正交偏最小方差判别分析（OPLS-DA）方法分析计算 S-plots 以使 OPLS-DA 数据中，互变量与相关性之间的关系可视化。组间明显差异的变量可视作潜在的生物标志物，并确定其分子式。$p$ 值小于 0.005 的具有统计学意义。

（4）生物标志物鉴别　用高分辨质谱区分不同的代谢物，由准确质量确定代谢物分子式。MassFragment™ application manager（MassLynx v4.1，Waters）有助于 MS/MS 实验。代谢物的鉴别由检索数据库，包括 Metlin（http://metlin.scripps.edu/），the Human Metabolome Database（HMDB）（http://www.hmdb.ca），ChemSpider（http://www.chemspider.com），Pubchem（http://pubchem.ncbi.nlm.nih.gov/），匹配准确质量和 MS/MS 谱实现。

（5）构建代谢通路　ALL 病人潜在的生物标志物的代谢通路用 Metaboanalyst 2.0 构建。此程序基于数据库，包括 KEGG（http://www.genome.jp/kegg/）和 Human Metabolome Database（http://www.hmdb.ca/），以鉴别变化最显著的代谢通路，并用 Metaboanalyst 2.0 富集分析评价可能的生理功能。

（6）分析结果

① 代谢图形的 LC-MS 分析　用上述 UPLC-MS/MS 条件，在正、负离子模式下，进行总体分析。血浆样品具代表性的基峰离子色谱见图 9.3。基峰色谱（base peak chromatogram，BPC）为由在一系列质谱检测到的基峰所代表的离子信号对保留时间作图所得的色谱图。同一套数据 BPC 与总离子流色谱(TICC)相比较，BPC 的信噪比较好。

为了区分 ALL 病人组和健康人对照组，进行了多变量数据分析（PCA、PLS-DA、OPLS-DA 等），ESI⁺和 ESI⁻数据的 PCA 得分，见图 9.4(a)和图 9.4(b)。

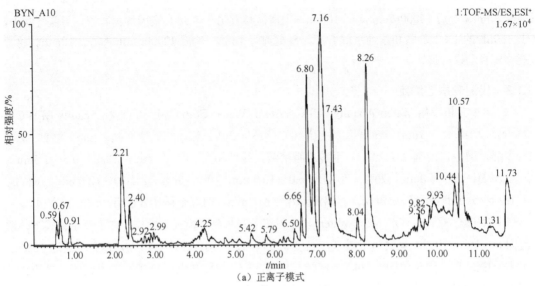

（a）正离子模式

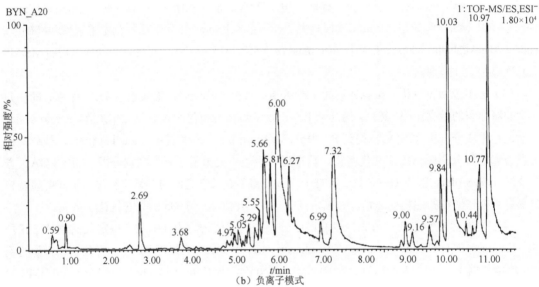

（b）负离子模式

图 9.3　基峰离子色谱正离子模式和负离子模式

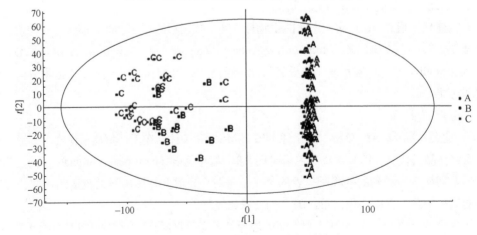

（a）各样品组的成分[1]对成分[2]的得分

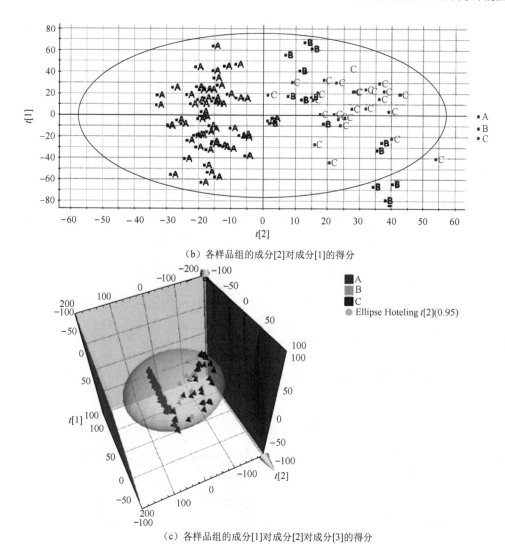

（b）各样品组的成分[2]对成分[1]的得分

（c）各样品组的成分[1]对成分[2]对成分[3]的得分

图 9.4 A 组、B 组和 C 组正离子模式的 PCA 结果(a)，A 组、B 组和 C 组负离子模式的 PCA
结果(b)和 PCA 正离子模式得分图的(3-D)轨道分析 (c)

在 PCA 得分中，每个点代表一个样品，在对照组与 ALL 病人组（B 组和 C 组）间有明显差异。B 组和 C 组的分散程度较 A 组更为显著，说明在 ALL 组发生了实质性的生物化学扰动。得分图的（3-D）轨道分析对这种分散显示得更为清楚。

有监督的 OPLS-DA 得分图显示 B 组和 A 组在正离子[图 9.5(a)]、负离子[图 9.5(b)]模式下均明显分离，说明在 A 组和 B 组间由于病因发生了生化扰动。用 OPLS-DA 的 S-plots [图 9.5(c)和(d)]结果更加清楚。基于对变量的贡献和数据集之间的关系选择潜在的标志物，总计 30 个离子选为可能的标志物。

② 代谢物鉴定　所有代谢物从总离子流色谱图中提取并用 EZinfo Software 2.0（Waters）对齐。总共 30 个代谢物离子（17 个鉴定于正离子模式，13 个鉴定于负离子模式）可区分 ALL 病人和健康人对照组。鉴别生物代谢物是基于保留时间、准确质量和 MS/MS 数据，检索数据库，包括 Metlin、ChemSpider、Human Metabolome Database 和 KEGG。例如在 $t_R$=8.26min，$[M+H]^+$=524.3711，离子应含奇数氮原子，基于元素组成和同位素丰度比，分子式为 $C_{26}H_{54}NO_7P$。用 MS/MS 数据，主要产物离子为 524.3964、506.3644、447.2899、341.3159、184.0787 和 104.1245，说明

[M+H]$^+$丢失了 $H_2O$、$C_3H_{10}NO$、$C_5H_{43}NO_4P$、$C_{21}H_{41}O_2$、$C_{24}H_{48}O_3$ 或 $C_{22}H_{46}O_4P$。基于上述分析，确定该代谢物为 LPC(18:0)。同法鉴定所有离子，详细信息见表 9.5 和表 9.6。

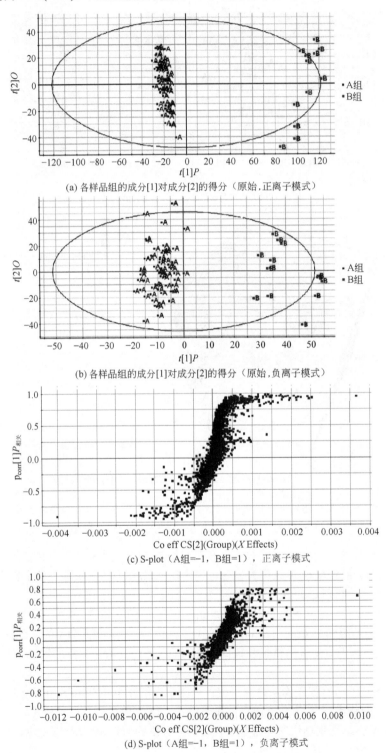

图 9.5　OPLS-DA，A 组、B 组，正离子模式(a)；A 组、B 组，负离子模式(b)。OPLS-DA 的 S-plotA 组、B 组，正离子模式(c)；OPLS-DA 的 S-plotA 组、B 组，负离子模式(d)

表 9.5　潜在标志物（正离子模式）

| VIP | 保留时间 $t_R$/min | 准确质量 /Da | 测定质量 /Da | 质量误差 /$10^{-6}$ | 分子式 | 鉴定结果 | 趋势 |
|---|---|---|---|---|---|---|---|
| 2.49 | 6.98 | 184.0733 | 184.0830 | 52 | $C_5H_{15}NO_4P$ | phosphorylcholine | A>B |
| 4.86 | 7.32 | 496.3398 | 496.3398 | 6 | $C_{24}H_{50}NO_7P$ | lyso PC(16:0) | A>B |
| 2.72 | 8.26 | 524.3711 | 524.3690 | 3 | $C_{26}H_{54}NO_7P$ | lyso PC(18:0) | A>B |
| 2.93 | 8.27 | 506.3605 | 506.3630 | 4 | $C_{26}H_{52}NO_6P$ | PC[P-18:1(92)/0:0] | A>B |
| 8.63 | 10.69 | 819.6650 | 819.6900 | 30 | $C_{57}H_{86}O_3$ | 3-decaprenyl-4-hydroxybenzoic acid | A>B |
| 9.10 | 10.81 | 753.6392 | 753.6370 | 2 | $C_{49}H_{84}O_5$ | DG[24:1(15Z)/22:5(4Z,7Z,10Z,13Z,16Z,)/0:0] | A>B |
| 6.84 | 6.82 | 520.3398 | 520.3370 | 5 | $C_{26}H_{50}NO_7P$ | lyso PC[18:2(9Z,12Z)] | A>B |
| 5.85 | 7.15 | 478.3292 | 478.3320 | 5 | $C_{24}H_{48}NO_6P$ | PE[P-19:1(12Z)/0:0] | A>B |
| 4.71 | 7.44 | 522.3554 | 522.3580 | 4 | $C_{26}H_{52}NO_7P$ | lyso PC[18:1(11Z)] | A>B |
| 8.62 | 6.94 | 496.3398 | 496.3322 | 7 | $C_{24}H_{50}NO_7P$ | PC(16:0/0:0)[rac] | A>B |
| 2.75 | 9.83 | 780.5538 | 780.5610 | 9 | $C_{44}H_{78}NO_8P$ | PC[18:1(9Z)/18:4(6Z,9Z,12Z,15Z)] | A>B |
| 7.18 | 10.67 | 841.4862 | 841.4680 | 21 | $C_{44}H_{73}O_{13}P$ | PI[20:5(5Z,8Z,11Z,14Z,17Z,)/15:1(9Z)] | A>B |
| 11.68 | 9.38 | 309.2850 | 309.2788 | 20 | $C_{20}H_{36}O_2$ | 11(Z),14(Z)-eicosadienoic acid | A<B |
| 7.13 | 10.49 | 495.3445 | 495.3370 | 15 | $C_{25}H_{51}O_7P$ | PA(22:0/0:0) | A<B |
| 2.30 | 8.77 | 650.4755 | 650.4610 | 22 | $C_{34}H_{68}NO_8P$ | PE(14:0/15:0) | A<B |
| 9.61 | 10.51 | 539.3343 | 539.3590 | 45 | $C_{26}H_{51}O_9P$ | PG[20:1(11Z)/0:0] | A<B |
| 11.70 | 10.81 | 525.3551 | 525.3780 | 43 | $C_{26}H_{53}O_8P$ | PG(P-20:0/0:0) | A<B |

表 9.6　潜在标志物（负离子模式）

| VIP | 保留时间 $t_R$/min | 准确质量 /Da | 测定质量 /Da | 质量误差 /$10^{-6}$ | 分子式 | 鉴定结果 | 趋势 |
|---|---|---|---|---|---|---|---|
| 4.50 | 5.28 | 452.2783 | 452.2810 | 6 | $C_{21}H_{44}NO_7P$ | lyso PE(0:0/16:0) | A>B |
| 5.92 | 5.42 | 478.2939 | 478.2960 | 4 | $C_{23}H_{46}NO_7P$ | lyso PE[18:1(11Z)/0:0] | A>B |
| 4.23 | 5.96 | 480.3096 | 480.3130 | 7 | $C_{23}H_{48}NO_7P$ | lyso PC(15:0) | A>B |
| 5.22 | 5.97 | 540.3090 | 540.3380 | 53 | $C_{28}H_{48}NO_7P$ | lyso PC[20:5(5Z,8Z,11Z,14Z,17Z)] | A>B |
| 2.99 | 6.25 | 566.3252 | 566.3550 | 52 | $C_{30}H_{50}NO_7P$ | lyso PC[22:6(4Z,7Z,10Z,13Z,16Z,19Z)] | A>B |
| 9.15 | 7.26 | 508.3409 | 508.3430 | 4 | $C_{25}H_{52}NO_7P$ | lyso PC(17:0) | A>B |
| 6.52 | 7.28 | 568.3409 | 568.3690 | 49 | $C_{30}H_{52}NO_7P$ | lyso PC[22:5(7Z,10Z,13Z,16Z,19Z)] | A>B |
| 11.37 | 9.80 | 303.2329 | 303.2340 | 3 | $C_{20}H_{32}O_2$ | 8,11-eicosadienoic acid | A>B |
| 5.20 | 0.92 | 167.0211 | 167.0220 | 5 | $C_5H_4N_4O_3$ | uric acid | A<B |
| 10.16 | 5.06 | 448.3068 | 448.3120 | 11 | $C_{26}H_{43}NO_5$ | chenodeoxycholic acid glycine conjugate | A<B |
| 2.30 | 5.64 | 528.3096 | 528.3090 | 1 | $C_{27}H_{48}NO_7P$ | lyso PE[22:4(7Z,10Z,13Z,16Z)/0:0] | A<C<B |
| 4.00 | 5.61 | 500.2783 | 500.2910 | 25 | $C_{25}H_{44}NO_7P$ | lyso PE[20:4(8Z,11Z,14Z,17Z)/0:0] | A<B |
| 4.23 | 6.01 | 480.3096 | 480.3150 | 11 | $C_{23}H_{48}NO_7P$ | PC(15:0/0:0) | A>B |

③ 代谢物通路和功能分析　用源自 the KEGG 代谢通路数据库的 MetPA 软件（metabolomic pathway analysis）分析上述鉴定的代谢物。也应用了通路富集分析、通路拓扑分析和交互可视系统以确定在特定实验条件下改变最显著的通路，这样鉴别了几条通路，包括甘油磷脂代谢，糖基磷脂酰己醇（GPI）-锚生物合成，原发性胆酸生物合成，嘌呤代谢，可能扰乱 ALL 病人的代谢。

## 9.2.2　"通心络"预防血管内皮功能异常

内皮功能异常是动脉粥样硬化的早期症状。药物的药效和作用机制，可以用代谢组学方法加以揭示[5]。

#### 9.2.2.1 动物处理和样品收集

雄性大鼠 Wistar（200～250 g）由实验动物中心提供（Vital River Laboratories，北京，中国），每笼 5 只，室温 20～23℃，湿度 40%～60%。12h 光照/黑暗循环。大鼠分成 4 组：健康对照组（HCG，n=10）；血管内皮功能异常组（EDG，n=10），喂以高蛋氨酸食品（常规食品加 3%蛋氨酸）；"血管内皮功能异常组+辛伐他汀"组（EDSVTG，n=7），喂以高蛋氨酸食品和灌胃法给予辛伐他汀；"血管内皮功能异常组+通心络"组（EDTXLG，n=9），喂以高蛋氨酸食品和灌胃法给予通心络。辛伐他汀（0.5 mg/mL）和通心络（0.12 g/mL）溶于生理盐水，EDG 大鼠口服等体积0.1% CMC-Na。所有大鼠保留 6 周，最后一天，收集 24h 尿样储存于−80℃留用，供样品制备和LC-MS 分析。

#### 9.2.2.2 样品制备和 LC-MS 分析

尿样室温熔融后，13000r/min 离子(Biofuge Stratos，Thermo Scientific，USA)，10min，4℃。取 300μL 上清液移置有 900μL 蒸馏水的 Eppendorf 试管中。旋摇混合后，用 0.22μm 尼龙滤膜滤过。在 LC-MS 分析中，取 4μL 滤液注入 Shimadzu UFLC-MS-IT-TOF（Shimadzu，Japan）超速液相色谱-离子阱-飞行时间质谱联用仪分析。进样瓶和色谱柱 Shimpack XR ODS（50mm×2.0mm，2.2μm，Shimadzu，Japan）分别于 4℃和 35℃恒温。梯度洗脱时间 26min，流速 0.3mL/min，流动相 (A) 0.1%甲酸水溶液，(B) 0.1%甲酸乙腈溶液，0～18min，流动相 B 由 2%线性增加至 20%，1min 后增加至 60%，然后，0.5min 内线性增加至 98%并保持 1.5min。于 21.1min，B 回复至 2%并再平衡 4.9min。质谱仪一级质谱质量范围设定于 m/z 100～1000，同时测定正、负离子，喷雾电压分别为+4.5kV 和−3.5kV，正、负切换时间 0.1s。雾化器 (N₂) 流速 1.5L/min。弯曲去溶剂毛细管和加热块温度均为 220℃，微通导板检测器电压 1.75kV。超纯氦气用作离子阱冷却气和碰撞气。

#### 9.2.2.3 数据预处理

LC-MS 原始数据用 Profiling Solution（Shimadzu，Japan）处理。主要参数为：width (5s)，slope (2000min⁻¹)，ion m/z tolerance（25 mu），RT tolerance（0.3 min），ion intensity threshold （10000 counts）。其他参数设为 default。与保留时间、m/z 值和相应的离子强度共同组成的数据矩阵，称为分子实体（features），以 Excel 表格的方式呈现。在进行主成分分析(PCA)前，各正（或负）离子强度对各色谱中的正（或负）离子强度的总和归一，以消除尿浓度和长时期 LC-MS 分析时MS 响应的变化的影响。每个色谱中的正离子或负离子的总峰面积设为 10000。在 QC 样品中的离子标准偏差(RSD)小于 30%者，可认为在长时间 LC-MS 分析时足够稳定，保留作进一步 PCA建模分析。

#### 9.2.2.4 结果和讨论

（1）代谢图形的 LC-MS 分析　图 9.6 为尿样的典型 LC-MS 总离子流色谱图(TICC)，分图（a）为正离子模式，分图（b）为负离子模式。其中，244 个离子的信号大于检测限，用自建的数据库标注了 96 个代谢物。除了 N-甲基-2-吡啶酮-5-甲酰胺（N-methyl-2-pyridone-5-carboxamide）或N-甲基-4-吡啶酮-3-甲酰胺（N-methyl-4-pyridone-3-carboxamide），异戊酰氨基乙酸（isovalerylglycine）或 2-甲基丁酰氨基乙酸 (2-methylbutyrylglycine)，二羟基喹啉（dihydroxyquinoline），苯丙氨酰羟脯氨酸（phenylalanylhydroxyproline），对甲酚葡萄糖醛酸苷（p-cresol glucuronide）和癸烯二酸（decenedioic acid）外，大多数代谢物离子通过与对照品的保留时间和准确质量及其产物离子比较已经确证。少数代谢物由于在大鼠尿中丰度很低，因而未能取得 MS$^2$ 产物离子质谱，故只能通过与对照品的保留时间和准确分子量比较进行鉴定。表 9.7 列出了标注的代谢物离子，以利于尿代谢组学研究、化合物鉴别、加合物离子及碎片离子解析。

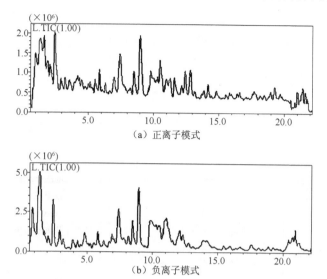

（a）正离子模式

（b）负离子模式

图 9.6　尿样的典型 LC-MS 总离子流色谱图(TICC)

表 9.7　标注的代谢物离子

| 编号 | 保留时间 $t_R$/min | 质荷比 (m/z) | 离子化模式 | 离子种类 | 归属 |
|---|---|---|---|---|---|
| 1 | 0.63 | 203.220 | + | M+H$^+$ | spermine 精胺 |
|  |  | 129.137 | + | [M+H−NH$_2$C$_3$H$_6$NH$_2$]$^+$ |  |
|  |  | 112.112 | + | [M+H−NH$_2$C$_3$H$_6$NH$_2$−NH$_3$]$^+$ |  |
| 2 | 0.69 | 181.071 | − | [M−H]$^-$ | mannitol 甘露醇 |
|  |  | 217.047 | − | M+Cl$^-$ |  |
|  |  | 219.045 | − | [M+K−2H]$^-$ |  |
|  |  | 227.075 | − | [M+FA−H]$^-$ |  |
| 3 | 0.71 | 154.063 | − | [M−H+H$_2$O]$^-$ | histidine 组氨酸 |
| 4 | 0.71 | 124.016 | − | [M−H]$^-$ | ciliatine （2-aminoethyl phosphonate） 2-氨乙基膦酸 |
|  |  | 249.041 | − | [2M−H]$^-$ |  |
| 5 | 0.72 | 131.046 | − | [M−H]$^-$ | asparagine 天冬酰胺 |
| 6 | 0.81 | 179.055 | − | [M−H]$^-$ | isobar includes glucose, mannose, fructose, galactose 同质素包括葡萄糖、果糖、半乳糖、甘露糖 |
|  |  | 367.104 | − | [2M−H]$^-$ |  |
|  |  | 215.031 | − | M−Cl$^-$ |  |
|  |  | 161.046 | − | [M−H−H$_2$O]$^-$ |  |
| 7 | 0.81 | 131.035 | − | [M−H−OCH$_2$−H$_2$O]$^-$ | isobar includes gluconate, arabinose, ribose, xylose 同质素包括葡萄糖、阿拉伯糖、核糖、木糖 |
|  |  | 195.050 | − | [M−H+H$_2$O]$^-$ |  |
| 8 | 0.81 | 157.037 | − | [M−H]$^-$ | allantoin 尿囊素 |
|  |  | 114.032 | − | [M−H−CONH]$^-$ |  |

续表

| 编号 | 保留时间 $t_R$/min | 质荷比 ($m/z$) | 离子化模式 | 离子种类 | 归属 |
|---|---|---|---|---|---|
| 9 | 0.81 | 114.065 | + | M+H$^+$ | creatinine 肌酐 |
| | | 227.122 | + | 2M+H$^+$ | |
| | | 132.076 | + | [M+H+H$_2$O]$^+$ | |
| | | 136.048 | + | M+Na$^+$ | |
| | | 152.020 | + | M+K$^+$ | |
| 10 | 0.82 | 162.112 | + | M+H$^+$ | carnitine 内毒碱 |
| 11 | 0.82 | 195.051 | + | M+H$^+$ | L-gulonic acid L-古洛糖酸 |
| | 0.82 | 177.040 | + | [M+H-H$_2$O]$^+$ | |
| | 0.82 | 129.020 | − | [M-H-H$_2$O-HCOOH]$^-$ | |
| 12 | 0.85 | 118.086 | + | M+H$^+$ | isobar includes valine, betaine 缬氨酸、甜菜碱 |
| 13 | 0.85 | 209.030 | − | [M-H]$^-$ | 2-amino-3-methoxy benzoic acid 2-氨基-3-甲氧基苯甲酸 |
| | | 191.020 | − | [M-H-H$_2$O]$^-$ | |
| | | 147.032 | − | [M-H-H$_2$O-CO$_2$]$^-$ | |
| 14 | 0.87 | 132.075 | + | M+H$^+$ | creatine 肌酸 |
| 15 | 0.87 | 138.053 | + | M+H$^+$ | trigonelline 葫芦巴碱 |
| 16 | 0.90 | 146.045 | − | [M-H]$^-$ | glutamate 谷氨酸 |
| 17 | 0.90 | 189.124 | + | M+H$^+$ | acetyllysine 乙酰赖氨酸 |
| 18 | 0.91 | 133.015 | − | [M-H]$^-$ | malate 苹果酸 |
| 19 | 0.93 | 258.105 | + | M+H$^+$ | glycerophosphocholine 甘油磷酸胆碱 |
| 20 | 0.94 | 348.071 | + | M+H$^+$ | adenosine 5'-monophosphate 5'-磷酸腺苷 |
| 21 | 0.95 | 126.020 | + | M+H$^+$ | taurine 牛磺酸 |
| | | 124.007 | − | [M-H]$^-$ | |
| | | 249.021 | − | 2M-H | |
| 22 | 0.97 | 244.087 | + | M+H$^+$ | cytidine 胞苷 |
| 23 | 0.98 | 155.010 | − | [M-H]$^-$ | orotic acid 乳清酸 |
| | | 111.020 | − | [M-H-CO$_2$]$^-$ | |
| 24 | 1.01 | 170.095 | + | M+H$^+$ | methylhistidine 甲基组氨酸 |
| | | 124.089 | + | [M+H-HCOOH]$^+$ | |
| 25 | 1.05 | 191.022 | − | [M-H]$^-$ | isocitrate 异柠檬酸 |
| | | 173.010 | − | [M-H-H$_2$O]$^-$ | |
| | | 154.999 | − | [M-H-2H$_2$O]$^-$ | |
| | | 111.009 | − | [M-H-2H$_2$O-CO]$^-$ | |
| | | 288.986 | − | [M+H$_2$SO$_4$-H]$^-$ | |
| 26 | 1.10 | 154.099 | + | M+H$^+$ | acetylhistamine 乙酰组胺 |
| 27 | 1.12 | 146.094 | + | M+H$^+$ | 4-guanidino butanoate 4-胍基丁酸 |
| 28 | 1.15 | 130.085 | + | M+H$^+$ | pipecolate 哌可酸盐 |
| 29 | 1.20 | 133.061 | + | M+H$^+$ | 3-ureidopropionate 脲基丙酸 |
| 30 | 1.25 | 150.057 | + | M+H$^+$ | methionine 蛋氨酸 |
| | | 133.031 | + | [M+H-NH$_3$]$^+$ | |
| 31 | 1.26 | 188.060 | − | [M-H]$^-$ | *N*-acetylglutamic acid *N*-乙酰谷氨酸 |
| 32 | 1.28 | 112.051 | + | M+H$^+$ | cytosine 胞嘧啶 |
| | | 245.075 | + | 2M+Na$^+$ | |
| 33 | 1.39 | 282.122 | + | M+H$^+$ | 1-methyladenosine （1mA）1-甲基腺苷 |

续表

| 编号 | 保留时间 $t_R$/min | 质荷比 (m/z) | 离子化模式 | 离子种类 | 归属 |
|---|---|---|---|---|---|
| 34 | 1.41 | 166.074 | + | M+H$^+$ | 7-methylguanine 7-甲基鸟嘌呤 |
| 35 | 1.43 | 145.015 | − | [M−H]$^-$ | oxoglutaric acid 酮戊二酸 |
| 36 | 1.43 | 169.035 | + | M+H$^+$ | urate 尿酸 |
| | | 167.020 | − | [M−H]$^-$ | |
| | | 335.048 | − | 2M−H | |
| 37 | 1.44 | 137.048 | + | M+H$^+$ | hypoxanthine 次黄嘌呤 |
| 38 | 1.51 | 130.051 | + | M+H$^+$ | L-pyroglutamic acid L-焦谷氨酸 |
| | | 128.035 | − | [M−H]$^-$ | |
| 39 | 1.51 | 191.020 | − | [M−H]$^-$ | citrate 柠檬酸 |
| | | 111.009 | − | [M−H−2H$_2$O−CO]$^-$ | |
| | | 173.009 | − | [M−H−H$_2$O]$^-$ | |
| | | 288.988 | − | [M+H$_2$SO$_4$−H]$^-$ | |
| | | 193.032 | + | M+H$^+$ | |
| | | 175.023 | + | [M+H−H$_2$O]$^+$ | |
| | | 210.058 | + | M + NH$_4^+$ | |
| 40 | 1.59 | 182.080 | + | M+H$^+$ | tyrosine 酪氨酸 |
| | | 165.053 | + | [M+H−NH$_3$]$^+$ | |
| 41 | 1.63 | 132.101 | + | M+H$^+$ | isobar of leucine, norleucine 亮氨酸异构体，氨基乙酸 |
| 42 | 1.81 | 268.103 | + | M+H$^+$ | adenosine 腺苷 |
| 43 | 1.96 | 227.065 | − | [M−H]$^-$ | 2'-deoxyuridine 脱氧尿苷 |
| | | 263.041 | − | M+Cl$^-$ | |
| | | 273.069 | − | [M+FA−H]$^-$ | |
| 44 | 1.97 | 173.008 | − | [M−H]$^-$ | aconitate 乌头酸 |
| | | 129.018 | − | [M−H−COO]$^-$ | |
| | | 111.007 | − | [M−H−COO−H$_2$O]$^-$ | |
| | | 157.010 | + | [M+H−H$_2$O]$^+$ | |
| | | 139.005 | + | [M+H−2H$_2$O]$^+$ | |
| 45 | 2.00 | 153.067 | + | M+H$^+$ | 2-PY 或 4-PY |
| | | 136.040 | + | [M+H−NH$_3$]$^+$ | |
| 46 | 2.17 | 267.073 | − | [M−H]$^-$ | inosine 肌苷 |
| | | 137.044 | + | [M+H−C$_5$H$_8$O$_4$]$^+$ | |
| 47 | 2.42 | 263.022 | − | [M−H]$^-$ | 3-methoxy-4-hydrophenylglucol sultate 3-甲氧基-4-氢苯 |
| 48 | 2.46 | 330.062 | + | M+H$^+$ | adenosine 3, 5-cyclic monophosphate （cAMP） 3,5 -环磷酸腺苷 |
| | | 328.044 | − | [M−H]$^-$ | |
| 49 | 2.53 | 181.036 | − | [M−H]$^-$ | 1-methyluric acid 1-甲基尿酸 |
| | | 363.076 | − | [2M−H]$^-$ | |
| | | 183.052 | + | M+H$^+$ | |
| 50 | 2.67 | 166.089 | + | M+H$^+$ | phenylalanine 苯丙氨酸 |
| | | 120.082 | + | [M+H$^+$−HCOOH]$^+$ | |
| | | 149.062 | + | [M+H−NH$_3$]$^+$ | |
| 51 | 3.01 | 285.079 | + | M+H$^+$ | xanthosine 黄嘌呤核苷 |
| | | 153.040 | + | [M+H−C$_5$H$_8$O$_4$]$^+$ | |
| | | 283.067 | − | [M−H]$^-$ | |
| | | 381.036 | − | [M+H$_2$SO$_4$−H]$^-$ | |

| 编号 | 保留时间 $t_R$/min | 质荷比 （$m/z$） | 离子化模式 | 离子种类 | 归属 |
|---|---|---|---|---|---|
| 52 | 3.29 | 298.111 | + | M+H$^+$ | 1-methylguanosine(m1G) 1-甲基鸟苷 |
| | | 166.070 | + | [M+H−C$_5$H$_8$O$_4$]$^+$ | |
| 53 | 3.43 | 259.089 | + | M+H$^+$ | 3-methyluridine 3-甲基尿苷 |
| | | 303.083 | − | [M+FA−H]$^-$ | |
| 54 | 3.55 | 241.080 | − | [M−H]$^-$ | thymidine 胸腺嘧啶脱氧核苷 |
| | | 277.057 | − | M+Cl$^-$ | |
| | | 287.085 | − | [M+FA−H]$^-$ | |
| | | 243.098 | + | M+H$^+$ | |
| | | 127.051 | + | [M+H−C$_5$H$_8$O$_3$]$^+$ | |
| 55 | 3.61 | 282.121 | + | M+H$^+$ | N6-methyladenosine N-6-甲基腺苷 |
| | | 316.044 | − | M+Cl$^-$ | |
| 56 | 3.80 | 298.111 | + | M+H$^+$ | 2-methylguanosine(m2G) 2-甲基鸟苷 |
| | | 166.075 | + | [M+H−C$_5$H$_8$O$_4$]$^+$ | |
| 57 | 3.87 | 131.034 | − | [M−H]$^-$ | ethylmalonate 丙二酸单乙酯 |
| 58 | 4.19 | 286.104 | + | M+H$^+$ | N-4-acetylcytidine 乙酰胞苷 |
| | | 154.062 | + | [M+H−C$_5$H$_8$O$_4$]$^+$ | |
| | | 284.086 | − | [M−H]$^-$ | |
| | | 330.089 | − | [M+FA−H]$^-$ | |
| | | 320.061 | − | M+Cl$^-$ | |
| 59 | 4.28 | 220.119 | + | M+H$^+$ | pantothenate 泛酸酯 |
| | | 202.108 | + | [M+H−H$_2$O]$^+$ | |
| | | 218.102 | − | [M−H]$^-$ | |
| | | 437.213 | − | [2M−H]$^-$ | |
| | | 242.102 | + | M+Na$^+$ | |
| | | 316.074 | − | [M+H$_2$SO$_4$−H]$^-$ | |
| 60 | 4.89 | 176.038 | − | [M−H]$^-$ | N-formyl-methionine N-甲酰甲硫氨酸 |
| 61 | 5.09 | 145.050 | − | [M−H]$^-$ | adipic acid 己二酸 |
| 62 | 5.09 | 205.099 | + | M+H$^+$ | tryptophan 色氨酸 |
| | | 188.073 | + | [M+H−NH$_3$]$^+$ | |
| 63 | 5.09 | 145.050 | − | [M−H]$^-$ | 3-methylglutarate 3-甲基戊二酸 |
| | | 129.055 | + | [M+H−CO]$^+$ | |
| 64 | 5.14 | 312.126 | + | M+H$^+$ | N,N-dimethylguanosine N,N-二甲基鸟苷 |
| | | 180.086 | + | [M+H−C$_5$H$_8$O$_4$]$^+$ | |
| | | 310.116 | − | [M−H]$^-$ | |
| | | 178.071 | − | [M−H−C$_5$H$_8$O$_4$]$^-$ | |
| 65 | 5.29 | 229.151 | + | M+H$^+$ | Leu-Pro 亮氨酸-脯氨酸 |
| 66 | 5.73 | 158.083 | − | [M−H]$^-$ | isovalerylglycine or 2-methylbutyrylglycine 异戊酰甘氨酸或甲基丁酰甘氨酸 |
| | | 317.172 | − | [2M−H]$^-$ | |
| | | 160.097 | + | M+H$^+$ | |
| | | 319.184 | + | [2M+H]$^+$ | |
| | | 142.085 | + | [M+H−H$_2$O]$^+$ | |
| | | 182.064 | + | M+Na$^+$ | |
| 67 | 5.87 | 192.071 | + | M+H$^+$ | N-acetyl-L-methionine N-乙酰-L-蛋氨酸 |
| | | 174.060 | + | [M+H−H$_2$O]$^+$ | |
| | | 146.066 | + | [M+H−COOH$_2$]$^+$ | |
| | | 144.068 | + | [M+H−HSCH$_3$]$^+$ | |

| 编号 | 保留时间 $t_R$/min | 质荷比 （$m/z$） | 离子化模式 | 离子种类 | 归属 |
|---|---|---|---|---|---|
| | | 190.053 | − | [M−H]⁻ | |
| | | 142.055 | − | [M−H−HSCH₃]⁻ | |
| | | 381.115 | − | [2M−H]⁻ | |
| | | 288.022 | − | [M+H₂SO₄−H]⁻ | |
| 68 | 5.87 | 151.041 | − | [M−H]⁻ | mandelic acid 扁桃酸 |
| 69 | 5.93 | 298.100 | + | M+H⁺ | 5-methylthioadenosine(MTA) 甲硫腺苷 |
| 70 | 5.99 | 137.025 | − | [M−H]⁻ | 4-hydroxybenzoic acid 4-羟基苯甲酸 |
| 71 | 6.79 | 206.044 | + | M+H⁺ | xanthurenic acid 黄尿酸 |
| | | 178.050 | + | [M+H−CO]⁺ | |
| | | 132.044 | + | [M+H−CO−COOH₂]⁺ | |
| | | 160.039 | + | [M+H−COOH₂]⁺ | |
| | | 204.029 | − | [M−H]⁻ | |
| | | 160.039 | − | [M−H]⁻ | |
| 72 | 7.32 | 137.026 | − | [M−H]⁻ | 3-hydroxybenzoic acid 3-羟基苯甲酸 |
| 73 | 7.35 | 180.068 | + | M+H⁺ | hippuric acid 马尿酸 |
| | | 359.127 | + | 2M+H⁺ | |
| | | 105.035 | + | [M+H−NHCH₂COOH₂]⁺ | |
| | | 162.085 | + | [M+H−H₂O]⁺ | |
| | | 134.061 | − | [M−H−COO]⁻ | |
| | | 178.051 | − | [M−H]⁻ | |
| | | 160.045 | − | [M−H−H₂O]⁻ | |
| | | 357.108 | − | [2M−H]⁻ | |
| | | 379.085 | − | [2M−2H+Na]⁻ | |
| 74 | 7.58 | 190.047 | + | M+H⁺ | kynurenic acid 犬尿喹啉酸 |
| | | 172.038 | + | [M+H−H₂O]⁺ | |
| | | 162.054 | + | [M+H−CO]⁺ | |
| | | 144.043 | + | [M+H−COOH₂]⁺ | |
| | | 188.034 | − | [M−H]⁻ | |
| | | 144.046 | − | [M−H−COO]⁻ | |
| 75 | 8.29 | 159.066 | − | [M−H]⁻ | heptanedioate（pimelate）庚二酸 |
| 76 | 8.89 | 194.081 | + | M+H⁺ | phenylacetylglycine 苯乙酰甘氨酸 |
| | | 192.065 | − | [M−H]⁻ | |
| | | 385.134 | − | [2M−H]⁻ | |
| 77 | 9.82 | 162.056 | + | M+H⁺ | dihydroxyquinoline 二羟基喹啉 |
| | | 323.104 | + | 2M+H⁺ | |
| | | 160.046 | − | [M−H]⁻ | |
| 78 | 10.13 | 174.114 | + | M+H⁺ | N-acetylleucine N-乙酰亮氨酸 |
| | | 128.103 | + | [M+H⁺−COOH₂]⁺ | N-acetylleucine |
| | | 132.104 | + | [M+H⁺−C₂H₂O]⁺ | |
| | | 156.104 | + | [M+H−H₂O]⁺ | |
| | | 172.097 | − | [M−H]⁻ | |
| | | 130.086 | − | [M−C₂H₃O]⁻ | |
| 79 | 10.36 | 212.004 | − | [M−H]⁻ | indoxyl sulfate 硫酸吲哚酚 |
| | | 291.962 | − | [M+SO₃−H]⁻ | |
| | | 425.017 | − | [2M−H]− | |
| | | 265.095 | + | [2M+H⁺−2HSO₃]⁺ | |
| | | 132.046 | − | [M−H−SO₃]⁻ | |

| 编号 | 保留时间 $t_R$/min | 质荷比 ($m/z$) | 离子化模式 | 离子种类 | 归属 |
|---|---|---|---|---|---|
| 80 | 10.43 | 163.044 | − | [M−H]⁻ | phenylpyruvic acid 苯丙酮酸 |
| 81 | 10.55 | 279.136 | + | M+H⁺ | phenylalanylhydroxyproline 苯丙氨酰羟脯氨酸 |
| 82 | 10.61 | 377.149 | + | M+H⁺ | riboflavin (vitamin B₂) 核黄素(维生素 B₂) |
|  |  | 375.131 | − | [M−H]⁻ |  |
|  |  | 421.137 | − | [M+FA−H]⁻ |  |
| 83 | 10.73 | 196.063 | + | M+H⁺ | salicylurate 水杨尿酸 |
| 84 | 10.94 | 245.098 | + | M+H⁺ | biotin 生物素 |
| 85 | 11.18 | 567.173 | − | [2M−H]⁻ | p-cresol glucuronide p-甲酚酸 |
|  |  | 283.082 | − | [M−H]⁻ |  |
|  |  | 605.115 | − | [2M+K−2H]⁻ |  |
|  |  | 589.160 | − | [2M+Na−2H]⁻ |  |
|  |  | 319.064 | − | M+Cl⁻ |  |
|  |  | 321.053 | − | [M+K−2H]⁻ |  |
| 86 | 11.86 | 208.098 | + | M+H⁺ | N-acetyl-L-phenylalanine N-乙酰-L-苯丙氨酸 |
|  |  | 206.080 | − | [M−H]⁻ |  |
| 87 | 12.11 | 173.084 | − | [M−H]⁻ | suberic acid 辛二酸 |
|  |  | 111.080 | − | [M−H−COO−H₂O]⁻ |  |
|  |  | 195.063 | − | [M+Na−2H]⁻ |  |
|  |  | 157.084 | + | [M+H−H₂O]⁺ |  |
|  |  | 387.131 | + | 2M+K⁺ |  |
| 88 | 12.67 | 204.067 | − | [M−H]⁻ | indolelactate 吲哚乳酸 |
| 89 | 15.76 | 187.099 | − | [M−H]⁻ | azelaic acid 壬二酸 |
|  |  | 125.097 | − | [M−H−COO−H₂O]⁻ |  |
| 90 | 17.65 | 199.098 | − | [M−H]⁻ | decenedioic acid 癸烯二酸 |
|  |  | 221.078 | − | [M+Na−2H]⁻ |  |
|  |  | 201.116 | + | M+H⁺ |  |
| 91 | 18.39 | 255.062 | + | M+H⁺ | daidzein 大豆苷元 |
|  |  | 277.042 | + | M+Na⁺ |  |
|  |  | 293.017 | + | M+K⁺ |  |
|  |  | 253.050 | − | [M−H]⁻ |  |
|  |  | 289.025 | − | M+Cl⁻ |  |
|  |  | 291.024 | − | M+K−H |  |
| 92 | 18.88 | 201.117 | − | [M−H]⁻ | sebacic acid 癸二酸 |
|  |  | 139.112 | − | [M−H−COO−H₂O]⁻ |  |
|  |  | 223.093 | − | [M+Na−2H]⁻ |  |
| 93 | 21.01 | 655.282 | + | M+H⁺ | coproporphyrin 粪卟啉 |
|  |  | 328.143 | + | [M+2H]²⁺ |  |
| 94 | 21.12 | 271.061 | + | M+H⁺ | genistein 金雀异黄素 |
| 95 | 21.20 | 407.280 | − | [M−H]⁻ | cholic acid 胆酸 |
|  |  | 453.284 | − | [M+FA−H]⁻ |  |
|  |  | 355.260 | + | [M+FA+H]⁺ |  |
|  |  | 373.270 | + | [M+H−2H₂O]⁺ |  |
| 96 | 21.22 | 391.285 | − | [M−H]⁻ | deoxycholic acid 脱氧胆酸 |
|  |  | 437.289 | − | [M+FA−H]⁻ |  |
|  |  | 357.274 | + | [M+H−COOH₂]⁺ |  |

（2）内皮功能异常的代谢组学分析　LC-MS 数据经预处理，*RSD* 高于 30%的除去，最后包括 ESI⁺和 ESI⁻，共获得 1651 个离子。为反映 HCG 和 EDG 间的代谢差异和通心络及辛伐他汀对内皮功能异常的药效，用多变量统计分析 PCA 建模。用 Pareto 定标和载荷图去除化学噪声及选择可能的生物标志物。第一和第二主成分分别为总变量的 30.8%和 12.6% (图 9.7)。内皮功能异常大鼠模型的代谢图形偏离正健康大鼠[图 9.7(a)]，说明在 EDG 大鼠中代谢通路被扰乱。PCA 载荷图用于发现代谢物的差异[图 9.7(b)]，用方框标明的为 PCA 模型中对两组区分贡献最大者并考虑作为可能的生物标志物。

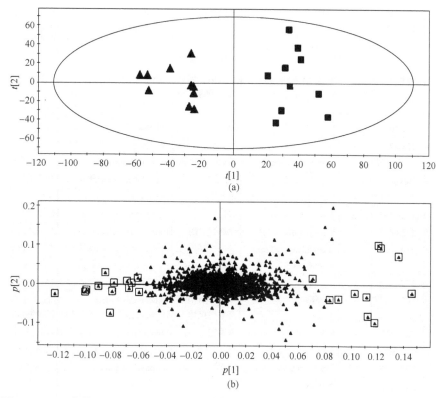

图 9.7　HCG 大鼠(■)和 EDG 大鼠(▲)尿代谢图形 PCA 模型得分图(a)和可能的生物标志物
PCA 模型载荷图(□)(b)

在色谱死时间(约 1min)及其附近的离子排除在可能的生物标志物之外，因其由于严重的离子抑制效应而不能准确定量。21 个离子（原自 18 个可能的生物标志物）见表 9.8，包括相应的保留时间、*m/z*、离子化模式、相对代谢通路以及 EDG 中平均离子强度对 HCG 中平均离子强度的比值。21 个离子中的 7 个经对照品确证，另外的 7 个基于准确分子量、MSⁿ 和代谢组学数据库，如 Human Metabolome Database（HMDB），MassBank，Metlin 和 Madison-Qingdao Metabonomics Consortium Database （MMCD）推断。差异离子的 *p* 值（Wilcoxon test）均小于 0.05（表 9.8）。

色氨酸的代谢物——硫酸吲哚酚（indoxyl sulfate）是一个循环尿毒症毒素，刺激肾小球硬化。尿中硫酸吲哚酚排泄的降低可指示血管内皮功能异常大鼠血浆中硫酸吲哚酚浓度的提高。体外试验表明，硫酸吲哚酚通过抑制内皮细胞增殖和迁移，诱导内皮功能异常。硫酸吲哚酚通过增加内皮细胞中 NAD(P)H 氧化酶的活性，在氧化应激中也起了重要作用。其他代谢物，如对甲酚葡萄糖醛酸（*p*-cresol glucuronide）、苯丙氨酰羟脯氨酸（phenylalanyl hydroxyproline）和粪卟啉（coproporphyrin），在诱导血管内皮功能异常中，可能分别通过不同的途径发生作用。

表 9.8　潜在的生物标志物和相关代谢通路

| 编号 | 保留时间 $t_R$/min | 质荷比 (m/z) | ESI 模式 | 代谢物 英文名称 | 代谢物 中文名称 | 相关通路 | | 比例[1][2] |
|---|---|---|---|---|---|---|---|---|
| 1 | 1.38 | 282.1215 | + | 1-methyladenosine | 1-甲基腺苷 | adenine metabolism | 腺苷代谢 | 1.90 |
| 2 | 1.38 | 290.1247 | + | ND | 未鉴定 | unknown | 未知 | 0.24 |
| 3 | 2.00 | 153.067 | + | 2-PY or 4-PY[3] | | nicotinate and nicotinamide metabolism | 烟酸和烟酰胺代谢 | 0.70 |
| 4 | 3.32 | 244.1184 | + | ND | 未鉴定 | unknown | 未知 | 0.18 |
| 5 | 4.31 | 297.1458 | + | ND | 未鉴定 | unknown | 未知 | 0.28 |
| 6 | 5.73 | 317.1721 | − | isovalerylglycine or 2-methylbutyrylglycine dimer | 异戊酰甘氨酸或 2-甲基丁酰甘氨酸二聚体 | fatty acid oxidation | 脂肪酸氧化 | 3.37 |
| 7 | 5.73 | 158.0831 | − | isovalerylglycine or 2-methylbutyrylglycine | 异戊酰甘氨酸或 2-甲基丁酰甘氨酸 | fatty acid oxidation | 脂肪酸氧化 | 1.57 |
| 8 | 5.89 | 311.1622 | + | ND | 未鉴定 | unknown | 未知 | 0.37 |
| 9 | 5.90 | 324.0724 | − | ND | 未鉴定 | unknown | 未知 | 1.39 |
| 10 | 7.48 | 357.1092 | − | hippuric acid dimer | 马尿酸二聚体 | phenylalanine metabolism | 苯丙氨酸代谢 | 0.51 |
| 11 | 7.49 | 180.0665 | + | hippuric acid | 马尿酸 | phenylalanine metabolism | 苯丙氨酸代谢 | 0.60 |
| 12 | 8.68 | 308.1171 | − | ND | 未鉴定 | unknown | 未知 | 0.50 |
| 13 | 9.82 | 162.0564 | + | dihydroxyquinoline | 二羟基喹啉 | tryptophan metabolism | 色氨酸代谢 | 0.37 |
| 14 | 10.40 | 212.0019 | − | indoxyl sulfate | 硫酸吲哚酚 | tryptophan metabolism | 色氨酸代谢 | 0.80 |
| 15 | 10.55 | 279.1357 | + | phenylalanylhyd roxy proline | 苯丙氨酰羟脯氨酸 | proteolysis of collagen | 胶原蛋白水解 | 0.37 |
| 16 | 10.72 | 377.1482 | + | riboflavin | 核黄素 | riboflavin metabolism | 核黄素代谢 | 1.34 |
| 17 | 11.18 | 567.1728 | − | p-cresol glucuronide dimer | 对甲酚葡萄糖苷酸二聚体 | toluene and xylene degradation | 甲苯和二甲苯的降解 | 2.31 |
| 18 | 13.55 | 265.073 | − | ND | 未鉴定 | unknown | 未知 | 11.63 |
| 19 | 17.65 | 199.0983 | − | decenedioic acid | 癸烯二酸 | fatty acid oxidation | 脂肪酸氧化 | 2.39 |
| 20 | 21.18 | 328.1418 | + | coproporphyrin doubly charged | 双电荷粪卟啉 | porphyrin metabolism | 卟啉代谢 | 4.19 |
| 21 | 21.18 | 655.2803 | + | coproporphyrin | 粪卟啉 | porphyrin metabolism | 卟啉代谢 | 3.17 |

① EDG 对 HCG 平均离子强度比。

② Wilcoxon test 确定，$p$ 值< 0.05。

③ N-甲基-2-吡啶酮-5-甲酰胺或 N-甲基-4-吡啶酮-3-甲酰胺。

（3）通心络和辛伐他汀的药效　通心络由 12 种药材组成，是一种传统中药，用于治疗心血管疾病。临床上可降低急性心肌梗死和复杂的心脏手术风险。本例用于研究对血管内皮功能异常大鼠的血液器官的保护作用。辛伐他汀是有效的降脂药物，广泛用于控制高胆固醇症和防止心血管疾病，还可通过增强血管内皮细胞功能，保护血管内皮功能失常。作为一个西药的代表，选择辛伐他汀为通心络的阳性对照。

在 HCG、EDG、EDTXLG、EDSVTG 中的 21 个生物标志物中，18 个在 EDTXLG 大鼠中被调节至相当于 HCG 的水平，而 8 个生物标志物，包括 1-甲基腺苷、异戊酰甘氨酸或 2-甲基丁酰甘氨酸二聚体、马尿酸、苯丙氨酰羟脯氨酸、癸烯二酸、粪卟啉，显示与内皮功能异常大鼠有显著差异。这个发现说明 EDG 大鼠中被扰乱了的代谢通路，如脂肪酸氧化，胶原蛋白水解，腺嘌呤、苯丙氨酸和卟啉代谢，为通心络所调整。相反，21 个标志物中的 6 个显示与 EDSVTG 有相同倾向，只有 1 个代谢物的 $p$ 值与 EDG 大鼠相比低于 0.05。这些结果说明通心络保护血管内皮功能的机制与辛伐他汀的明显不同。通心络调节多条代谢通路至正常状态,而辛伐他汀只影响少数代谢通路。

在实验中,尿液代谢组方法,还结合了病理学研究和测量 1-内皮素(1-endothelin)和一氧化氮(NO),以发现血管内皮功能失常的代谢扰乱及评价辛伐他汀和通心络对血管内皮功能失常的保护作用。

# 9.3 质谱成像

质谱成像(mass spectrometry imaging,MSI)是直接在生物样本上测定区域专一分子(regiospecific molecular)的技术。这种技术利用了现代质谱法的全部优点,包括灵敏度、分子专属性和高通量,产生基于特定分子(如肽类、蛋白质、脂类、药物和代谢物)的、可视的、代表组织生理学的图像[6]。生物样本,如组的切片的 MSI 要求登记特定空间区域的质谱数据,将分子信息与特定细胞或细胞组相关联。在代表从生物样本上采集的质谱的相关位置坐标体系上,绘制选定离子的强度,重建图像。所得的图像构建了基于从样品本身测得的特定分子信息的可视表征。

除了 MALDI(基质辅助激光解吸离子化)之外,还有一些质谱离子化方法可直接在组织或细胞上进行分析,如二次离子质谱(SIMS)、解吸电喷雾离子化(DESI)等,但 MALDI 技术比较成熟,在生物学、临床、药物及代谢物等应用最多。

MALDI MSI 在生物样本成像中有如下优点:① MALDI 是一种"软"离子化方法,可在从几百到几十万的分子量范围内分析化合物;② MALDI 质谱主要由单电荷离子组成,简化了蛋白质混合物的分析;③ 用激光解吸/离子化,可在非常小的特定空间范围内探索样品,将激光直接对准组织学上特殊的区域,因为激光可由操作者优化,照射区域在大于 100μm 或小于 1μm 范围可调,常规仪器及应用在 20~250μm 之间;④ MALDI MSI 采用了具高分辨率、高灵敏度和高速度的各种质量分析器,另一个关键的进步是应用固体激光器,重复频率达 200~5000Hz,这一发展显著减少生物样本成像的采集时间,对平均尺寸的组织样本,只需 2~10min。

## 9.3.1 MALDI-MSI 成像方法和技术

MALDI MSI 基本过程包括 4 个步骤:样本制备、激光解吸/离子化、分子的质量分析和图像重建。首先,将组织样本在低温条件下切片后转移至具有导电性的样品靶上,喷涂基质并干燥,通过激光照射,使组织切片表面的分子解吸/离子化,进行 MS 或 MS/MS 测定,利用软件将测得的质谱信息(数据由几百至几千个 *m/z* 值及其强度组成)转化为像素点,重建出组织表面上的分子分布图像,并进行化合物鉴定和生物统计分析(见图 9.8)。

MSI 的样本制备极其重要,将直接关系到研究结果的准确性和重复性。样本制备主要包括样本的收集和储存、组织切片、组织预处理、基质选择和基质喷涂等方面[7~9]。

(1)组织样本收集与储存 时间是涉及样品降解的重要因素,必须减少取样至适当保存样品之间的时间。获得新鲜的组织样本后,为避免组织中杂质的干扰和目标分子的降解或移位,需要将组织中的残留血液细心清除并迅速存于低温环境。

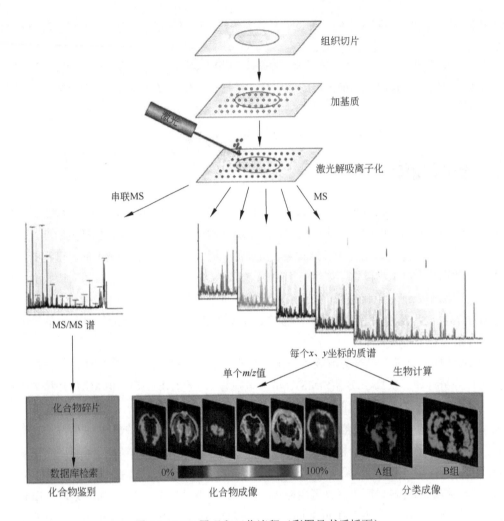

图 9.8　MSI 原理和工作流程（彩图见书后插页）

　　（2）样本制备　快速冷冻会使组织由于不同部分的降温速率不同而破裂，所以，一般将组织松松包入铝箔，使之浮在液氮顶部，使样品预冷冻，然后包好并浸入液氮深处，再存储于低于-80℃的温度下。存储时，通常还需将组织用塑料薄膜包裹或放入 EP 容器中，防止变形。

　　（3）固定组织　固定是保存组织样本的方法，广泛用于保存临床样本，但是一些保存样品的方法会对 MALDI MSI 造成困难。常用的方法，如用福尔马林储存的样本，会引起组织内蛋白质的亚甲基交联，阻碍目标蛋白质分子的离子化。组织固定后，常用石蜡包埋（formalin fixed paraffin embedded，FFPE）。因此，在分析 FFPE 组织中的蛋白质时，需先用有机溶剂如二甲苯和醇消除交联。

　　（4）组织切片的制备　组织切片制备的过程需要保证切片质量的稳定性、组织表面分子空间分布的完整性等，不当的操作过程或不合适的组织保存方式会引起组织表面分子的降解或者移位。切片制备时的温度、切片的厚度和如何将切片转移到质谱靶板上等，都需要通过实验来摸索。组织在冷冻切片机中进行切片处理，切片机的操作温度一般控制在-5～-25℃，此时冷冻组织硬度适宜，对大多数标本来说容易切出满意的切片。但纤维组织多且致密者或富含脂肪组织者，该温度下的组织硬度可能不够，无法切出完整的切片或切出的切片出现皱折，通常需要较低的温度以保证组织原来的形貌，从而保证切片的质量。切片的厚度非常重要，稍厚的切片易于进行切片操作，但覆盖基质后不容易干燥；而较薄的切片尽管容易干燥，但在切片制作过程中却比较难以操作。因此，通常的切片厚度是 3~20μm，大约是哺乳动物单个细胞的直径，这样既相对容易操作和干燥，也可以保证大多数的细胞被切开，将胞内的主要部分暴露出来，以便提取、分析。制备好的切片可以用多种方式转移到质谱的靶板上，在转移切片的过程中，需要保证切片本身的形貌，避免不当操作引起的切片划痕、破裂、卷曲等。常用的是先将导电载玻片在冷冻切片机中预冷，切片一旦切割下来后，立即转移到预冷好的载玻片上并缓慢回暖使之粘贴。或将常温的载玻片缓缓放在切片上，使之粘取组织切片。这两种方法使在切片过程中产生的细小冰晶同时被转移到载玻片上，不容易引起水溶性蛋白的丢失。多数 MALDI-TOF MS 要求装载组织切片的载玻片表面导电，以加上离子源的加速电压。氧化铟锡(indium-tin oxide，ITO)涂层载玻片是理想的靶板，足以避免在载玻片上的样品放电，且透明以便必要时用显微镜分析。大的组织切片可用双面胶带转移至 MALDI 靶上，如用导电碳胶带转移和固定样本。

（5）组织预处理　研究多肽或蛋白质时，组织切片中破裂的细胞和间隙液体所释放的盐将抑制多肽/蛋白质的离子化。清洗组织切片可去除盐的干扰。在清洗过程中，通常先用 70%乙醇清洗，以除去盐和组织碎片，再分别用 90%和 95%乙醇清洗，使组织脱水并固定。在进行蛋白质分布研究时，对于脂质含量较高的组织，常用有机溶剂（如氯仿、二甲苯）清洗，以降低小分子量脂类（$m/z$ 500~1000）的干扰。研究表明，用乙醇或有机溶剂清洗，不会引起蛋白质或多肽位置的改变。利用蛋白酶在组织切片表面的原位酶解，可以实现对蛋白质的原位鉴定。酶解产生的多肽的分子量范围为 400~3500u，该技术检测多肽的灵敏度显著高于检测完整蛋白质的灵敏度。

此外，组织染色可以引导 MSI 于目标区域或比对 MSI 与光学成像结果，方法有 MSI 前染色和 MSI 后染色，MSI 前染色需选用与质谱检测兼容的染料，如甲酚紫和亚甲基蓝，而苏木精-伊红(H&E)染色会影响质谱结果，通常在 MSI 检测后使用。

（6）基质选择　MALDI MSI 的基质种类和覆盖方法十分重要。基质溶液的组成通常包括三部分：有机溶剂（如甲醇或乙腈）、基质和三氟乙酸。基质的选择主要依据被分析物的物理化学特性。MSI 分析中常使用的基质包括芥子酸（sinapic acid, SA）、α-氰基-4-羟基肉桂酸（α-cyano-4-hydroxycinnamic acid，CHCA）和 2,5-二羟基苯甲酸(2,5-dihydroxybenzoic acid, DHB)。其中，SA 主要用于高分子量蛋白质的检测，CHCA 主要用于多肽或小分子量蛋白质的分析，DHB 主要用于磷脂和药物的分析。不同基质也可以混合使用，如在分析蛋白质或多肽时，SA 中加入 20%DHB，可以获得更好的结晶。基质自身的离子化信号常会出现在谱图的低质量端，严重干扰 MSI 技术对小分子物质的分析。为降低低质量端的基质信号，可以使用高分子量的卟啉基质研究小分子和药物在组织中的分布。

（7）喷涂方式选择　选择合理的基质喷涂方式，可以提高实验的重复性并防止分析物的扩散。实验中，需针对不同的组织类型选择最优的喷涂条件，因为基质的厚度和组织的湿度等都是影响 MSI 结果的重要因素。目前主要的喷涂方式包括单独成斑法和整体喷雾法两种，均可实现手动或自动喷涂，其中，自动喷涂具有较好的重现性。在具体操作中，要依据所需空间分辨率合理选择基质喷涂方法。在单独成斑方法中，手动产生的基质点一般为毫米数量级，自动喷涂产生的基质点直径为 100~200μm，大于激光的直径（20~150μm），因此，该方法的空间分辨率由基质斑的直径决定。单独成斑法中，常见的自动喷涂方式有化学打印喷涂法和声控喷涂法。化学打印喷涂法具有较高的空间分辨率和重复性，但喷口易被高浓度基质堵塞；声控喷涂法形成的基质点保湿时间长，分析物分子扩散较小，且没有喷口堵塞现象。整体喷雾法将基质液滴均匀喷涂在组织切片表面，液滴干燥后会形成均匀的固体结晶膜。该方法的手动喷涂方式有气动喷雾、空气刷及薄层色谱喷雾，自动喷涂方式有自动气动喷雾、振动喷雾和电喷雾。电喷雾法可产生更小的液滴，形成的基质结晶直径 20μm，具有较高的空间分辨率。

（8）数据采集

① 质谱仪性能的影响　通常，MALDI MSI 的仪器平台包括：由 MALDI 源和质量分析器等组成的质谱仪；采集 MSI 的软件；数据分析和可视化软件。某些仪器公司提供 MSI 解决方案（MSI solutions）将这三个部分整合为单一平台，提供了所有可提供的选项。对此，应仔细考虑对特定的 MSI 的实际需要。对于质谱仪应比较其质量范围、质量测定准确度、分辨率、质谱采集速率、灵敏度、动力学范围、$MS^n$ 功能等。MALDI MSI 用于蛋白质分析，主要用 TOF MS，因其质量范围宽，而用于肽、脂类、药物和代谢物等时，许多质量分析器均可采用，应根据工作需要选择性能合适的仪器。

② 空间分辨率　空间分辨率影响实验获得的分子信息和成像的质量。生物学或临床要求及样品性质决定了实验的最低分辨率。然而，增加空间分辨率将对其他参数产生负面影响，如样品通量、灵敏度和数据处理量。所以，MALDI MSI 实验参数选择应通盘考虑，平衡折中。为了规定 MSI 实验的空间分辨率，必须设定两个重要参数：激光束直径和激光烧融（ablation）斑点（像素，pixels）之间的间距（pitch）。商品仪器提供激光束聚焦范围约 20～200μm，取决于实验条件，实际性能与仪器指标可能有显著差异。

③ 灵敏度和动力学范围　在高空间分辨率时分析临床样本，通常将牺牲灵敏度，因为激光烧融面积越小，产生的离子越少。样品制备方法也很大程度上改变测定的灵敏度。由于离子抑制效应，在复杂生物组织中的待测物质的灵敏度较标准化合物的要低。组织样品是非常复杂的，待测物质的浓度和分子量相差好几个数量级。许多待测物质对 MSI 有限的灵敏度和动力学范围是个挑战。对于高分子量化合物（>5000u），MALDI-TOF MS 是最好的选择。

④ MS/MS 功能　对于有目标的分析，MS/MS 可提高灵敏度和专属性。现在，MALDI MSI 可用飞行时间（TOF/TOF）、四极-飞行时间（Q-TOF）、线形离子阱（LIT）、傅里叶变换-离子回旋共振（FT-ICR）和静电轨道场离子阱（orbital ion trap）质谱进行实验。在 $m/z$ 2000 以下区域，在每一名义质量范围内可能有许多化合存在，信号重叠，因此，MS/MS 功能、高分辨率和准确质量测定是必要的。

⑤ 质量准确度和分辨率　质量准确度和分辨率是两个概念。在 MALDI MSI 中，增加分辨率通常提高质量测定准确度，因而是相关的，而作用是不同的，分别产生有益于 MALDI MSI 的贡献。

⑥ 通量　近年来，商品化 MALDI MS 配备的激光器的操作频率达 1～2kHz；100μm 空间分辨率的图像对于平均尺寸的样本（直径约 1cm）可在 1～2h 内完成。如为组织学引导下的实验，选择有关区域成像，分析时间只需几分钟。即使如此，对于需高空间分辨率的实验或为了有统计意义的结果，要分析许多重复样本，对通量仍然是个挑战。最近，已有高达 5kHz 图像采样频率的商品 MALDI 仪器供应，便于临床应用。

（9）数据处理和分析　数据处理和分析是 MSI 实验的重要组成部分。MSI 数据十分复杂，人工处理非常困难，已有的自动处理软件还有待进一步发展，以得到准确的结果。

MSI 数据采集之后，首先要对质谱数据进行处理，包括背景扣除、质谱峰检测、平滑、准直、归一和校正，因为用 MALDI MSI 在组织切片上原位分析时，化学噪声和干扰较常规分析严重得多，仪器运行时间较长，可能发生坐标漂移等。对于这些数据预处理方法，通常包括在仪器的数据采集和处理软件之内。

用于 MSI 的仪器通常也提供图像处理软件，包括从组织切片上选择目标区域的数据，从各个像素中提取质谱并进一步分析，如统计分析、数据库检索和三维成像等，详见综述[6]。

## 9.3.2 小鼠肝组织中的磷脂类分子的分布

脂类分子是一大类重要的生命基础物质，是生物体质膜结构的重要组成部分，同时作为细胞信号分子参与生物体内的诸多生理活动。研究表明，脂类的异常代谢和分布与疾病相关，如胰岛素抗药性糖尿病、阿尔茨海默病、癌症和感染性疾病等[9]。

### 9.3.2.1 主要仪器、试剂与材料

9.4T Apex-Ultra™ Hybrid Qq-FTICR MS 质谱仪（德国布鲁克公司）；CM 1900 冷冻切片机（德国莱卡公司）；Image Prep 基质覆盖仪（德国布鲁克公司）；真空冻干机（美国西盟公司）；标准品 Peptide calibration standard Ⅱ（德国布鲁克公司）；氧化铟锡涂层(ITO)载玻片；α-氰基-4-羟基肉桂酸(CHCA)；6 周龄 C57 小鼠（中国医学科学院基础医学研究所实验动物中心）。

### 9.3.2.2 标准品及基质溶液的配制

0.5μmol/L 标准品溶解于 125μL 0.1% TFA 溶液中，振荡混匀 30s，分装后置于−20℃保存。准确称取 0.105g CHCA 基质两份，分别溶解于 15mL 50%甲醇和含 0.2% TFA 的 50%甲醇溶液中。

### 9.3.2.3 实验方法

（1）肝组织样本的制备　颈椎脱白法处死小鼠后，立即摘取肝组织，超纯水冲洗净肝组织表面血迹后直接置于 50mL 试管中。试管底部接触液氮即开始气化沸腾，大约保持 20s，组织迅速冻结成块后转移至−80℃冰箱保存。

（2）组织切片的制备　组织从−80℃冰箱转移至 CM1900 冷冻切片机，冷冻切片机操作温度为−20℃。连续获取相邻两个厚度为 7μm 的肝组织切片，分别置于两个 ITO 载玻片上，然后置于真空干燥机中干燥 10min。利用 Image Prep 基质覆盖仪对两个肝组织切片分别喷洒 25mL 两种基质溶液。

（3）质谱条件　正离子采集模式；扫描范围 $m/z$ 100～1500；扫描步长 200μm；激光斑点 40μm；激光照射点数 50；每张质谱图累加 4 次。质量校准：用标准品 Peptide mixture 进行外标法校正，误差小于 $2×10^{-6}$。Hystar 3.4 和 Apex Control 3.0 质谱图采集软件，Data Analysis 4.0 质谱图分析软件，Flex-Imaging 2.1 质谱成像软件由布鲁克公司提供。

（4）数据处理　根据傅里叶变换离子回旋共振质谱仪的一级质谱图可以准确测定脂类分子的分子量。通过检索脂类分子数据库 Lipid MAPS ( http://www.lipidmaps.org/)鉴定肝组织中的脂类分子。其参数设定为：离子强度大于 5000；质荷比容许误差：±0.005；离子种类：$[M+H]^+$、$[M+Na]^+$ 和 $[M+K]^+$。

（5）结果与讨论

① 基质条件的优化　以质谱峰个数和强度为优化基质条件的指标，在布鲁克公司推荐质谱成像的基质溶液（含 7g/L CHCA 的 50%甲醇溶液）的基础上，考察了基质 pH 值对质谱成像质量的影响。研究表明，添加 0.2% TFA 的基质溶液可以获得最佳质谱信号，表明组织表面的酸性环境有利于脂类分子的离子化。

② 脂类分子的鉴定　表 9.9 为本研究所鉴定的 13 种脂类分子对应的最强的准分子离子，其分子量主要集中在 700～900Da 之间。它们都属于磷脂类分子，其中包括 7 种磷脂酰胆碱(phosphatidylcholine，PC)，1 种磷脂酰乙醇胺(phosphatidylethanolamine，PE)，2 种磷脂酰丝氨酸(phosphatidylserine，PS)，1 种磷脂酰甘油(phosphatidylglycerol，PG)和 2 种甘油磷脂(phosphatidic acid，PA）。磷脂酰胆碱又称卵磷脂，婴儿期其细胞膜含量高达 90%，在生命过程中缓慢下降可低至 10%。磷脂酰胆碱不仅是细胞膜的主要成分，还参与细胞信号传导等生理活动。磷脂酰乙醇胺也称脑磷脂，人体中主要分布于神经系统。有报道称，磷脂酰乙醇胺具有保持膜蛋白正确构象的分子伴侣作用；磷脂酰丝氨酸是大脑细胞膜的重要组成成分之一，对大脑神经信号的传导及记忆的形成具有重要调节作用。甘油磷脂是机体内含量最多的一类磷脂，它除了构成生物膜外，还是胆汁和膜表面活性物质等的成分之一，并参与细胞膜对蛋白质的识别和信号传导。

**表 9.9　在肝组织中鉴定的磷脂类分子（仅给出最强的准分子离子）**

| 化合物名（碳原子数：双键数） | 测量质荷比 | 理论质荷比 | 误差/u | 准分子离子 |
|---|---|---|---|---|
| PC(32:0) | 734.5657 | 734.5695 | 0.0038 | [M+H]⁺ |
| PC(34:2) | 758.5680 | 758.5695 | 0.0015 | [M+H]⁺ |
| PC(34:1) | 760.5828 | 760.5851 | 0.0023 | [M+H]⁺ |
| PC(36:4) | 782.5724 | 782.5695 | 0.0029 | [M+H]⁺ |
| PC(36:2) | 786.6034 | 786.6008 | 0.0026 | [M+H]⁺ |
| PC(38:7) | 804.5581 | 804.5538 | 0.0043 | [M+H]⁺ |
| PC(38:6) | 828.5519 | 828.5520 | 0.0001 | [M+Na]⁺ |
| PE(44:8) | 882.5415 | 882.5415 | 0.0000 | [M+K]⁺ |
| PS(36:2) | 826.4978 | 826.5000 | 0.0022 | [M+K]⁺ |
| PS(40:4) | 848.5760 | 848.5782 | 0.0022 | [M+Na]⁺ |
| PG(28:2) | 701.3836 | 701.3796 | 0.0040 | [M+K]⁺ |
| PA(36:6) | 731.4005 | 731.4054 | 0.0049 | [M+K]⁺ |
| PA(36:3) | 737.4495 | 737.4524 | 0.0029 | [M+K]⁺ |

③ 脂类分子定位分析　图 9.9 是肝组织中某一点的质谱图和 PC（碳原子数：双键数=34：1）、PE（碳原子数：双键数=44：8）、PS（碳原子数：双键数=40：4）、PG（碳原子数：双键数=28：2）及 PA（碳原子数：双键数=36：3）5 种磷脂分子在小鼠肝组织中的分布信息。由它们在肝组织中的分布图可知，磷脂分子在肝组织中的分布是不均匀的，这可能是由于肝组织不同区域的组织结构和功能不同造成的。

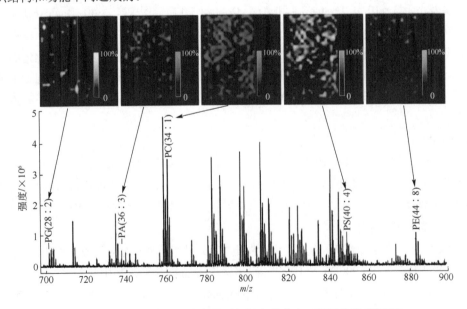

图 9.9　5 种磷脂类分子在小鼠肝组织中的分布（彩图见书后插页）

由表 9.9 可知，应用 FTICR MS，在外标法情况下鉴定的每种磷脂分子的质量误差均小于 0.005u。应用多级质谱技术对表 9.9 中的化合物进行了进一步确证。与基于低分辨和中分辨质谱仪的组织成像技术相比，超高分辨、高准确度的 FTICR MS 质谱仪可以快速地在组织中发现疾病标志物、研究药物代谢途径、代谢物定位，并可实现实时的定性分析。MALDI-FTICR MS 的应用减少了化合物的提取及分离步骤，大大简化了实验程序，为"直接"在分子水平上观察组织的病理变化提供了新的技术手段，可以用于研究不同病理状态下组织的微观变化，获得疾病相关分子在组织中的分布、定位及其丰度变化的信息。

## 9.3.3　小鼠脑下垂体中神经肽的 AP-MALDI MSI

小鼠脑下垂体是一种小的椭圆形器官，尺寸约 3mm×1mm。其中心由后叶形成，具胶质细胞和神经末梢。脑下垂体本身并不合成神经肽，但储存和分泌神经肽。

实验证明，结合准确质量、高分辨率、MS/MS 实验及高空间分辨仪器，MSI 可以在细胞分辨率水平上，分析哺乳动物组织[10]。

### 9.3.3.1　样品制备

C57B16/N 小鼠（12～20 周）被斩首，解剖取出脑下垂体，立即在液氮中冷冻。用冷冻切片机（HM500，Microm，Walldorf，Germany）在-20℃切成 20μm 厚的样本。切片熔融贴在导电 TIO 涂层载玻片上，-80℃保存直至分析。测定时，在干燥器中放置（30min）至室温，以防止水分冷凝于样品表面。组织切片用 Olympus BX-40 显微镜(Olympus Europa GmbH，Hamburg，Germany)先进行光学成像。在加基质之前，没有洗涤步骤。2,5-二羟基苯甲酸(DHB；98% purity，Aldrich，Germany)基质溶液浓度 30mg/mL 用乙腈-水(0.1%TFA) 1：1（体积比）配制。基质溶液用气动喷雾器喷涂。此后，立即进行分析。

### 9.3.3.2　仪器

全部实验用线形离子阱-静电轨道场离子阱质谱仪（LTQ Orbitrap Discovery,Thermo Scientific GmbH，Bremen，Germany）配备扫描微探针大气压-基质辅助激光解吸/离子化成像离子源（AP-MALDI）完成。氮激光器（$\lambda$=337nm，LTB MNL-106，LTB，Berlin，Germany）重复频率 60Hz 用于解吸/离子化。激光束聚焦至光学直径 8.4μm。组织上的烧蚀图形尺寸取决于脉冲能量，每次实验均需调节以免过度取样。每张质谱由 30 次激光脉冲产生的离子在线形离子阱中累加。样品靶电压 4.3kV，样品台步长设为 5μm 或 10μm。

LTQ-Orbitrap MS 在正离子模式工作，质量范围 $m/z$ 200～4000。MSI 用 Orbitrap 测定，分辨率 30000 于 $m/z$ 400。测量期间自动增益控制（AGC）关闭，离子注入期间手动设定为 650ms。外标校正时，所得质量准确度为误差<6×10⁻⁶，用锁定质量（lock mass）功能作内标校正，误差<2×10⁻⁶。DHB 的二聚体[2DHB-H₂O+H]⁺、三聚体[3DHB-2H₂O+NH₄]⁺和五聚体[5DHB-4H₂O+NH₄]⁺以及磷脂 PC(34：1)的钾离子加合物用作 lock mass。LTQ-Orbitrap 周期（cycle time）为 1.3s（包括靶台移动时间）。

所有 MS/MS 测定在 LTQ 中进行，正离子模式，名义质量范围 $m/z$ 100～2000。用碰撞诱导解离（CID）使肽裂解，归一化碰撞能设为 30V，分离窗口 $\Delta m/z$ = 3。

### 9.3.3.3　数据处理

（1）内源性肽的鉴别　用已发表的数据建立了一个小的神经肽的自建数据库。此外，列在 Sweden Peptide Database（www.swepep.org）中小鼠器官的 262 个肽（质量范围高达 2000u）的数据，加入上述自建数据库中。数据库中的所有肽，计算了质子化分子[M+H]⁺、钠离子加合物[M+Na]⁺、钾离子加合物[M+K]⁺和常用基质加合物[M+DHB−H₂O+H]⁺的准确 *m/z* 值。总共有 1872 个 *m/z* 值用于鉴别神经肽。在成像数据评价时，这个列表与由全部成像测定中的平均质谱比较。平均质谱包含最低信噪比为 2∶1 的 *m/z* 200～4000 的所有质谱峰。

（2）离子成像生成 用实验室自行发展的 MIRION 软件包生成选择离子成像。这个成像软件输入在图像采集时储存在 LTQ-Orbitrap 仪器软件的原始数据文件中，并将此质谱信息与扫描诠注文件(metadata)相连接。这个诠注文件（由离子源控制程序储存在分立的数据文件中）包括成像的行和列数及像素大小，以及由线形离子阱或 Orbitrap 傅里叶变换质谱组成的原始文件（棒图和轮廓图格式）。成像软件可从任何检测的 *m/z* 构建离子成像。在这个工作中，从 Orbitrap 数据组选 *m/z*，宽度 *m/z*=0.01。产物离子图像由 MS/MS 实验重建，宽度 *m/z*=1.0。离子图像的强度分别归一至每一离子的最高强度。

（3）结果和讨论

① 质谱成像 是为了在细胞尺度上研究在脑下垂体中神经肽的分布。组织切片的光学图像见图 9.10(a)。大小约为 1.5mm×2.5mm。后叶位于中心，前叶位于顶部和下部，中叶位于前叶和

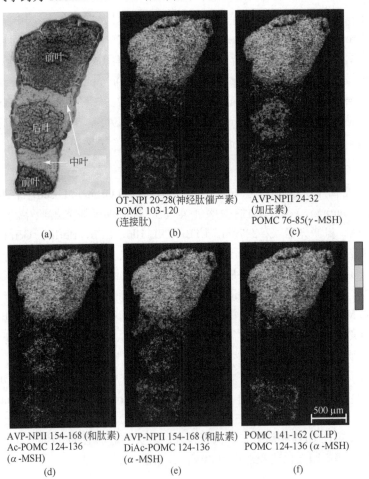

图 9.10 小鼠脑下垂体组织切片光学成像(a)和选择高分辨质谱肽离子成像(红色+蓝色)
及 PC(38∶4)(绿色)叠加图(b)～(f)(彩图见书后插页)

(宽度 *m/z* = 0.01，像素 155×255，像素尺寸 10μm)

后叶之间。扫描整个组织切片，步长 10μm。产生的离子用 Orbitrap 检测。图 9.11(a)表示由后叶得到的单像素典型质谱，图 9.11(b)表示从中叶检测的单像素典型质谱。获得的高质量质谱具众多质谱峰。测定的质量准确度很高，在扫描区域内检测的强度变化约两个数量级。由于离子产生于 8μm 直径（激光烧蚀斑点），质谱的质量相当高。大多数质谱峰源自脂类，在 $m/z$ 700～900 区域，主要为脂类单体质谱峰，但在 $m/z$ 1450～1650 范围内脂类二聚体分布明显，这是因为组织切片未经洗涤除去脂类。质量测定误差小于 $2×10^{-6}$（内标校正）。质量分辨率在单像素质谱中于肽类质量范围 1450～1650 内为 13000～20000。检测的 9 个神经肽（图 9.11，标成红色和蓝色），$m/z$ 范围高达 2500。由于某些肽位于特定区域，因此并非所有质谱峰均存在于图 9.11(a)和图 9.11(b) 的单个像素质谱中。

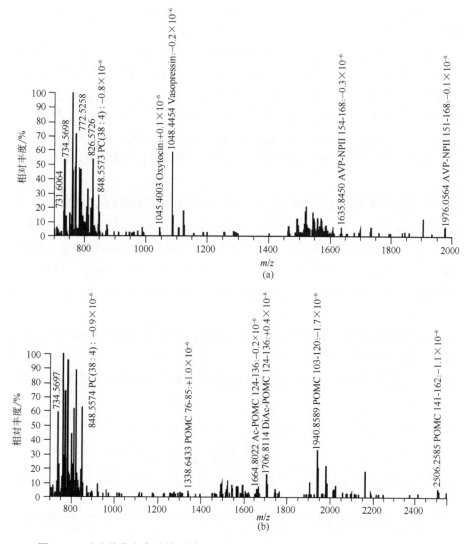

图 9.11 后叶单像素高分辨质谱(a)和中叶单像素高分辨质谱(b)（彩图见封三）

（质量准确度优于 $2×10^{-6}$，像素尺寸 10μm）

肽的鉴别通过比较其准确质量与数据库中已知神经肽的准确质量确定。通常，数据库中的匹配数主要取决于鉴别所用的质量允差。由于 Orbitrap 的高质量测定准确度，所以数据库检索可用

质量允差 $2\times10^{-6}$ 进行，初步鉴别的肽，进一步用 MS/MS 测定加以确证。图 9.10（b）～（f）表示组织中已鉴定的肽的图像分布。每个图像由叠加每个离子的三个图像所得。磷脂 PC(38:4)（绿色）的钾离子加合物用于指明脑下垂体的整个形状。神经肽用红色和蓝色表示。神经肽催产素（oxytocin）和加压素（vasopressin）均在后叶中检出[图 9.10(b)和(c)，红色]，但在组织中的位置不同，催产素在外围，而加压素多数位于中心。此外，和肽素（copeptin）的两个不同的碎片在后叶中心检出，与加压素共存[图 9.10(d)和(e)]。催产素和加压素分别源于不同的激素原（prohormone）OT-NPI 和 AVP-NPII。同样，共存的加压素和和肽素均源自激素源（AVP-NPII）。神经肽 $\alpha$-MSH，以其非修饰型[图 9.10(f)，红色]和两个修饰型（乙酰化和双乙酰化）[图 9.10(d)和(e)，蓝色]，检出于中叶。还有三个其他肽 $\gamma$-MSH[图 9.10(c)，蓝色]、连接肽[图 9.10(b)，蓝色]和 CLIP[图 9.10(f)，蓝色]也在这部分脑下垂体中检出。这三个肽均为同一激素源 POMC 开裂产物，在中叶中合成并开裂。

② 肽的 MS/MS 确认及成像　在生物组织复杂样品中，待测物质谱信号的准确质量测定，是质谱法的主要困难。由于实验中采用了高分辨仪器及内标校正，测定了肽的准确质量，降低了检索所得的候选化合物的数目，对目标肽类化合物进行了初步鉴别。为了进行确证，直接在组织上，以高空间分辨（像素尺寸 10μm）进一步进行了 MS/MS 实验。在线形离子阱中，用 CID 使前体离子裂解，分析产物离子，获得了肽的序列信息。用这个方法对所有初步鉴别的神经肽进行了确证。即使用上述方法鉴定了神经肽，由于在同一区域可能有名义质量相同的化合物，也仍然可能有误判。

为了确认上述方法的正确性，在垂体的前、后、中叶较大面积范围内，用 MS/MS 模式成像。如前体离子和产物离子图像分布相同指示作出了正确鉴定。实验的空间分辨率与 MS 成像相同（像素尺寸 10μm）。催产素和 POMC103～120 的前体离子交替 CID 裂解。因为每个前体离子从新鲜的样品点上裂解，故所得产物离子像素为 20μm×10μm。MS/MS 成像结果与相应的前体离子 MS 成像分布重合得非常好。从单一像素测得的 MS/MS 图谱中有众多的产物离子，应可用于未知肽类的序列分析。

③ 高空间分辨 MS 成像　为了研究脑下垂体的精细结构，还进行了 5μm 空间分辨、高分辨 MS 成像实验。尽管由于减小了像素尺寸，总离子流降低了 50%，所得图谱仍然是高质量的。质量误差经内标校正低于 $2\times10^{-6}$。实验证明 5μm 空间分辨 MS 成像可在细胞水平上区分组织类型。

## 参考文献

[1] 耿艳，张红红，胡亚卓等. 阿茨海默病患者和正常老年人颞叶脑皮质的蛋白质组学分析. 中国神经免疫学和神经病学杂志，2014，21(2): 109-115.
[2] Ryan C M, Souda P, Halgand F, et al. Confident assignment of intact mass tags to human salivary cystatins using top-down Fourier-transform ion cyclotron resonance mass spectrometry. J Am Soc Mass Spectrom, 2010, 21(6): 908-917.
[3] 盛龙生. 代谢组学与中药研究. 中国天然药物，2008，6(2): 98-102.
[4] Bai Y N, Zhang H T, Sun X H, et al. Biomarker identification and pathway analysis by serum metabolomics of childhood acute lymphoblastic leukemia. Clinica Chimica Acta, 2014, 436: 207-216.
[5] Dai W D, Wei C, Kong H W, et al. Effect of the traditional chinese medicine tongxinluo on endothelial dysfunction rats studied by using urinary metabonomics based on liquid chromatography-mass spectrometry. J Pharm Biomed Anal, 2011,

56(1)：86-92.

[6] Norris J L，Caprioli R M. Analysis of tissue specimens by matrix-assisted laser desorption/ionization imaging mass spectrometry in biological and clinical research. Chem Rev，2013，113(4)：2309-2342.

[7] 郭帅，李智立. 质谱成像及其在生物医学领域的应用. 生物物理学报，2011，27 (12)：1008-1018.

[8] 张莹，陆豪杰，杨芃原. 基质辅助激光解吸电离质谱用于生物组织的质谱成像应用进展. 质谱学报，2009，30(4)：250-256.

[9] 刘辉，陈国强，王艳英等. 应用超高分辨质谱成像技术研究脂类分子在小鼠肝组织中的分布. 分析化学，2011，39(1)：87-90.

[10] Guenther S，Römpp A，Kummer W，Bernhard Spengler B. AP-MALDI imaging of neuropeptides in mouse pituitary gland with 5μm spatial resolution and high mass accuracy. Int J Mass Spectrom，2011，305 (2-3)：228-237.

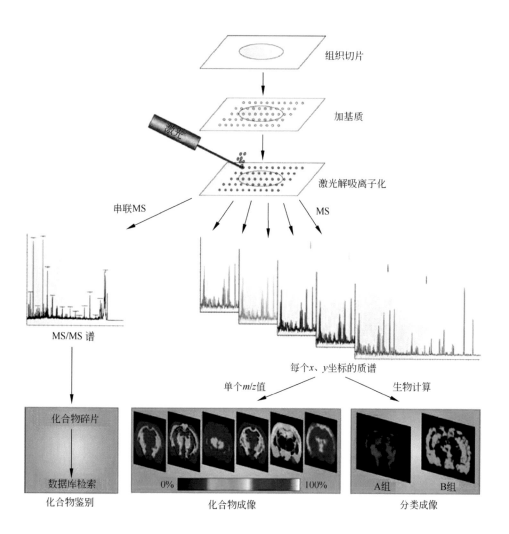

组织切片

加基质

激光解吸离子化

串联MS

MS

MS/MS 谱

每个x、y坐标的质谱

单个m/z值

生物计算

化合物碎片

数据库检索

化合物鉴别

0%　　　　　　　　100%

化合物成像

A组　　　B组

分类成像

图9.8　MSI原理和工作流程

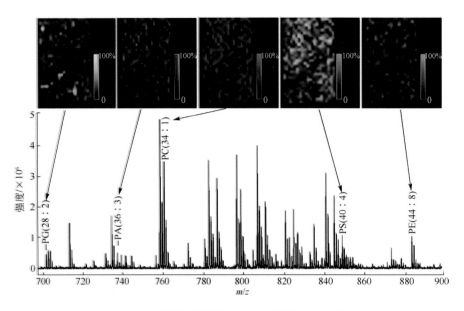

图9.9　5种磷脂类分子在小鼠肝组织中的分布

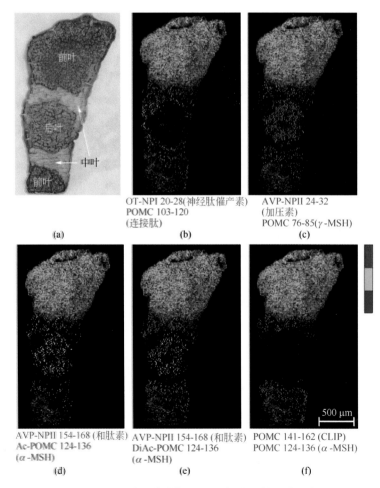

图9.10　小鼠脑下垂体组织切片光学成像(a)和选择高分辨质谱肽离子成像(红色+蓝色)
及PC(38：4)(绿色)叠加图(b)～(f)

(宽度*m/z* = 0.01，像素155×255，像素尺寸10μm)